网络空间安全系列丛书

中国科学院大学教材出版中心资助出版
工业和信息产业科技与教育专著出版资金资助出版

云计算安全

陈驰 于晶 马红霞 编著

电子工业出版社.
Publishing House of Electronics Industry
北京•BEIJING

内 容 简 介

本书是"网络空间安全系列丛书"之一。作为中国科学院大学研究生教材，本书系统、完整地讲解云计算安全方面的内容，包括云计算概述、云计算风险分析、云计算安全体系、云计算基础设施安全、云存储与数据安全、云计算应用安全、云计算安全管理、云计算安全标准、云计算风险管理与合规要求，以及云计算安全实践。

本书不仅可以作为网络空间安全专业的研究生教材，也可作为高等院校信息安全、计算机及其他信息学科的高年级本科生或研究生的教材，以及信息安全职业培训的教材，本书还可作为广大计算机用户、系统管理员、计算机安全技术人员，以及对云计算安全感兴趣的企业管理人员的技术参考书。

图书在版编目（CIP）数据

云计算安全 / 陈驰，于晶，马红霞编著. —北京：电子工业出版社，2020.6
（网络空间安全系列丛书）
ISBN 978-7-121-38262-8

Ⅰ. ①云…　Ⅱ. ①陈… ②于… ③马…　Ⅲ. ①云计算－网络安全　Ⅳ. ①TP393.08

中国版本图书馆 CIP 数据核字（2020）第 020001 号

责任编辑：田宏峰
印　　刷：涿州市般润文化传播有限公司
装　　订：涿州市般润文化传播有限公司
出版发行：电子工业出版社
　　　　北京市海淀区万寿路 173 信箱　　邮编：100036
开　　本：787×1092　1/16　印张：21　字数：538 千字
版　　次：2020 年 6 月第 1 版
印　　次：2022 年 1 月第 4 次印刷
定　　价：79.00 元

凡所购买电子工业出版社图书有缺损问题，请向购买书店调换。若书店售缺，请与本社发行部联系，联系及邮购电话：（010）88254888，88258888。

质量投诉请发邮件至 zlts@phei.com.cn，盗版侵权举报请发邮件至 dbqq@phei.com.cn。

本书咨询联系方式：tianhf@phei.com.cn。

丛书编委会

编委会主任：

    樊邦奎　中国工程院院士

编委会副主任：

    孙德刚　中国科学院信息工程研究所副所长、研究员

    黄伟庆　中国科学院信息工程研究所研究员

编委会成员（按姓氏拼音字母排序）：

    陈　驰　中国科学院信息工程研究所正高级工程师

    陈　宇　中国科学院信息工程研究所副研究员

    何桂忠　北京云班科技有限公司副总裁

    李云凡　国防科技大学副教授

    刘　超　中国科学院信息工程研究所高级工程师

    刘银龙　中国科学院信息工程研究所副研究员

    马　伟　中国科学院信息工程研究所科技处副处长、副研究员

    苟桂甲　杭州电子科技大学研究员

    王　妍　中国科学院信息工程研究所高级工程师

    王小娟　北京邮电大学副教授

    王胜开　亚太信息安全领袖成就奖获得者、教授

    文仲慧　国家信息安全工程技术研究中心首席专家

    吴秀诚　中国互联网协会理事、盈世 Coremail 副总裁、教授

    姚健康　国际普遍接受指导组专家委员、教授

    张　磊　中国民生银行总行网络安全技术主管、高级工程师

    朱大立　中国科学院信息工程研究所正高级工程师

序

如今云计算已步入发展的第二个十年，容器、微服务、DevOps 等新技术正在不断地推动着云计算的变革，基于云的应用已经深入政府、金融、工业、交通、物流、医疗健康和教育等传统行业，云计算市场在高速增长。然而，云计算在应用过程中的安全问题也逐渐显露，如何构建安全的云、如何安全地使用云已成为亟待解决的问题。近年来，国内外相关组织持续推进云安全技术的研究工作，制定了相应的技术标准，在很大程度上解决了云计算的安全问题。特别是，在 2019 年 12 月我国实施等级保护 2.0 标准以来，云安全的实施路线已基本明确。在此背景下，通过专业课程，向网络空间安全专业的大学生和研究生系统地传授云安全的相关知识和基于云计算技术开发安全的应用，具有十分重要的意义。

我与陈驰博士相识多年，他从 2003 年至今一直在信息安全国家重点实验室从事系统安全研究工作，是国内最早开展云安全研究的学者之一。陈驰博士带领团队完成了新疆"天山云"安全防护系统设计、原中央人民广播电台"广播云"安全防护系统设计和广东"数字政府"网络安全体系建设总体规划，对于大型云计算中心的安全建设规划具有比较丰富的经验。陈驰博士带领的团队还积极参与等级保护 2.0 标准、云安全参考架构和政务云安全要求等国家和行业标准的编制工作，为我国云安全标准体系的建设做出了贡献。与此同时，陈驰博士连续多年在中国科学院大学网络空间安全学院为研究生开设"云计算安全"课程，具有丰富的教学经验。

今天，我非常高兴地看到在中国科学院大学教材专项的支持下，通过陈驰博士及其团队的辛勤努力和付出，《云计算安全》《云存储安全实践》两部教材即将和读者见面。这两部教材适合作为网络空间安全专业高年级本科生或研究生的专业课教材，也可以作为该领域从业人员的参考书，其他学科背景的人员也能从本书所讲述的技术中获益，使云安全技术得以更加广泛地应用于政府、商业和工业等部门。

我衷心地希望这两部教材的出版可以帮助广大读者对云安全建立更加系统全面的理解和认识，并将安全的理念和技术应用于云计算实践之中。大数据安全和云安全有密切关系，但有不同的关注点。除了一般云安全，大数据安全还需要解决用户数据的安全审计、安全检索和安全计算外包等问题，特别是在云管理者不可信假设下，有效解决这些问题变得极为困难，也极为重要。除了必要的法律法规建设，还需要有力的技术支撑和广大科技工作者的共同努力。

中国科学院院士　郑建华

前　言

从 2006 年第一次提出云计算的概念开始，十几年来，云计算的发展一直备受关注，被看成信息技术变革和商业模式变革的核心。从美国的亚马逊到我国的阿里云，几乎所有的国际主流 IT 企业都在参与云计算的建设，提供了类型繁多、性价比高的 IT 服务模式。同时，多国政府和组织，如美国、欧盟、日本、中国，都制定了云计算发展战略规划，以引领或适应技术变革的趋势。

在云计算稳步发展的同时，云计算安全问题日益突显。如何保障云计算安全已成为政府、产业界、科研领域关注的重点及讨论的焦点。作为网络安全专业的教材，本书系统、完整地讲解云计算安全体系，从云计算基本概念入手，全面分析云计算面临的安全风险，并从基础设施安全、数据安全、应用安全、安全管理四个维度介绍风险应对策略及核心技术，然后从云计算安全标准、云计算风险管理与合规及云计算安全实践三个方面进行了全面细致的阐述。本书共分 10 章，各章的具体安排如下：

第 1 章是云计算概论，描述云计算的发展历程，定义什么是云计算及云计算的特征，介绍云计算的服务类型和部署方式，分析云计算所具有的优势；此外还阐述云计算产业的发展，使读者对云计算有一个初步的认识。

第 2 章分析云计算所面临的安全风险，从技术、管理、法律法规、行业应用四个方面对云计算所面临的风险进行全面的剖析，使读者能够清晰地认识到云计算在安全性上所面临的各种挑战。

第 3 章从宏观的角度论述云计算安全体系，包括云计算安全的定义与特征、云计算安全的发展与政策、云计算安全参考模型、云计算安全责任共担模型、云计算安全生态和云计算安全建设六个方面的内容。本章从云计算安全产业生态模型、云计算安全技术体系、云计算安全产品体系、云计算安全管理体系、云计算安全运维体系五个方面阐述云计算安全生态，并结合云计算安全生态模型提出云计算安全建设参考架构，介绍云计算中心安全建设的核心思想。

第 4 章主要内容为云计算基础设施安全，从物理安全、服务器虚拟化安全、网络虚拟化安全、容器安全、云管理平台安全五个方面进行全面的介绍。虚拟化技术是云计算的核心，如何保障虚拟资源安全成为保障云计算安全的关键，本章从虚拟化技术入手，分析服务器虚拟化、网络虚拟化及容器面临的安全隐患与安全攻击，并介绍保护虚拟服务器、虚拟网络及容器安全的有效方法及工具。最后，从云管理平台的定义入手，介绍云计算管理平台存在的安全隐患及保障措施。

第 5 章主要内容为云存储与数据安全，用户将数据托管到云中后，用户对数据失去了控制权，用户的数据面临着机密性、完整性和可用性的威胁，如何保障云中数据的安全性将在本章做详细描述。同时，在云计算中数据共享与隐私保护、数据库安全保障相关技术也在本章进行系统的阐述。

第 6 章描述了云中各种应用程序面临的威胁以及预防攻击的有效措施。云应用是驱动云计算发展的关键因素，而云应用安全建设是云应用真正"落地"的重要保障，本章首先分析云应用面临的安全问题，然后从 4A 安全机制、应用软件开发安全、应用安全防护与检测、应用安全迁移四个方面来论述应对云应用安全风险的策略及技术手段。

第 7 章从管理的角度阐述云计算安全的防护方法。首先，从信息安全管理入手，介绍信息安全管理标准及信息安全管理方法和模型；然后，介绍云计算安全管理理论知识，包括云计算安全管理框架、云计算安全管理模型、云计算安全管理能力评估模型、云计算安全管理流程；最后，针对云计算业务安全重点领域进行分析，包括全局安全策略管理、安全监控与告警、业务连续性管理、事件响应管理、人员管理五方面的内容。

第 8 章主要从云计算安全标准的角度阐述了云计算安全问题的解决思路，全面介绍了国内外云计算安全标准研究进展、云计算安全标准体系、云计算平台安全构建标准及云计算安全测评标准，着重解读等级保护 2.0 标准，使读者能够对云计算安全标准化工作有较为全面的了解和深刻的认识。

第 9 章主要是对云计算风险管理与合规进行阐述，包括云计算风险管理、云计算信息安全相关法律与取证、云计算安全合规、云服务提供商选择标准四个方面的内容。云计算风险管理主要介绍云计算安全风险管理理论知识及风险评估的方法及流程；云计算信息安全相关法律与取证主要介绍云计算在法律与取证方面面临的风险与挑战、云计算信息安全相关法律、云计算安全法律工具、云计算电子取证四个方面的内容；云计算安全合规主要介绍国内外云计算安全合规认证及云计算安全合规评估的方法及流程；云计算服务提供商选择主要介绍用户在选择云服务提供商时应参考的标准及注意事项。

第 10 章描述目前国内外云计算安全领域的安全实践与发展。本章首先介绍国内外云计算安全最佳实践案例，描述各大云服务提供商云安全理念及云安全解决方案；然后以政务云为例介绍政务云平台的安全解决方案，为其他行业云安全建设提供参考；最后从安全即服务的角度分析云计算给安全服务带来的优势和挑战，介绍云计算安全服务的发展现状及典型案例。

本书作为中国科学院大学信息安全、计算机及其他信息学科高年级本科生或硕士研究生的教材，知识体系清晰，内容循序渐进，注重知识与技术的系统性，使学生在全面学习云计算安全体系的同时，掌握云计算安全关键技术，了解云计算安全发展动态。本书也可以用作信息安全职业培训的教材，还可作为广大计算机用户、系统管理员、计算机安全技术人员，以及对云计算安全感兴趣的企业管理人员的技术参考书。

本书从构思、写作、修改到出版，不仅凝结了作者的辛勤汗水，还得到了业界和科研领域许多同仁的无私帮助，在此向他们致以衷心的感谢。

本书的出版得到了电子工业出版社的大力支持，并得到中国科学院大学教材出版中心的资助，以及国家重点研发计划（2017YFC0820700）、北京市科委大数据平台安全评估与防护关键系统研发（Z191100007119003）、重点研发计划地质信息应用平台技术（2016ZX05047003）专项项目的支持和资助，在此一并表示感谢。

与本书配套的还有《云存储安全实践》，即将由电子工业出版社出版，书中提供了关于云安全存储相关的实践内容，并可作为"云计算安全"课程的配套教材，指导读者开发安全的云存储系统，使读者在充分掌握云安全理论知识的同时增强动手实践能力。

本书代表作者及研究团队对于云计算安全的观点，由于水平有限，难免出现错误和考虑不周之处，恳请读者批评指正，使本书得以改进和完善。

作 者

2020 年 3 月

目　　录

第 1 章

云计算概述

进入 21 世纪以来，随着第四次工业革命的兴起，社会、企业、公民对信息资源的依赖和需求以指数形式增长，传统的互联网技术已无法适应大众的需求，云计算应运而生，并迅速席卷全球，站在了 IT 技术与产业的浪潮之巅[1]。从 2006 年第一次提出云计算的概念开始，十几年来，它的发展一直备受国内外的广泛关注，被看成信息技术变革和商业模式变革的核心，几乎所有的国际主流 IT 企业都在参与云计算的建设。

亚马逊（Amazon）率先在全球提供了亚马逊弹性计算云（EC2）和亚马逊简单存储服务（S3），为企业提供计算和存储服务。亚马逊提供了大量基于云的全球性产品，包括亚马逊弹性计算云、亚马逊简单存储服务、亚马逊简单数据库、亚马逊简单队列服务和内容分发网络等。Microsoft Azure 是微软提供的全面支持 IaaS、PaaS、SaaS 的完整云计算平台，提供了公有云、私有云及混合云解决方案，为企业提供安全、稳定、便捷的公有云计算平台。2014 年 3 月 26 日，Microsoft Azure 正式在国内商用，由独立的第三方企业世纪互联运营，中国的数据中心分布在北京、上海，是国内首个正式商用的国际公有云服务平台。近年来，国内的云计算产业也在飞速发展。成立于 2009 年的阿里云，在中国公有云市场份额排名位居前列，于 2016 年一度占据全球市场份额排名第三位。阿里云在国内拥有规模最大的数据中心集群，并已在美国的硅谷、弗吉尼亚，欧洲的法兰克福，中东的迪拜，东南亚的吉隆坡、新加坡，大洋洲的悉尼建设了数据中心，全球共部署 18 个地域、42 个可用区，提供高可用的弹性云计算能力和海量数据处理能力，在云计算安全领域获得全球首张 CSA-STAR 云安全国际认证，其产品云盾为淘宝、支付宝等提供了强有力的安全保障。

可以看到，云计算已经开始逐步落地应用，成为各大 IT 企业提供的产品和服务。与此同时，云计算也成为各国政府竞争的战略制高点。2011 年，美国率先发布了《联邦云战略》，并推行"Cloud First"计划，推进云计算产业的发展。随后，日本发布了《云计算与日本竞争力研究》，将云计算定位为提升国家竞争力的战略新兴技术与产业。2013 年，澳大利亚出台了《国家云计算战略》，用于布局云计算总体发展。2012 年，我国的《"十二五"国家战略性新兴产业发展规划》将促进云计算产业研发和示范应用看成新一代信息技术发展的重要内容之一。越来越多的国家开始意识到云计算的重要性并将其发展上升到了国家战略层次。

上述事实充分说明，云计算已成为各大 IT 企业争先规划建设、各国政府纷纷发布战略计划、各级研究机构积极探索的热点。可以看到，经过十多年的发展，中国乃至全球的 IT 服务市场已经正式步入了云时代。

1.1　云计算的产生及发展

云计算是信息和通信技术产业的一个重大变革，同时也是一种重要的商业计算模式，其理念同电力产业非常相似[2]，不同之处在于云计算的概念从提出到落地仅用了几年的时间。

一百多年前，每个企业都需要使用自己的发电机单独发电来维持生产，当公用电网建成后，企业逐渐转为从大型的电力公司按需购买价格低廉、可靠性高的电力，不仅大大减少了自身的生产成本，还节省了维护发电设备的人力、物力成本，更提高了企业发展的灵活性和可靠性。这种看似简单的模式转变却被誉为人类工程科学史上最重要的成就之一。如图 1.1 所示，云计算如电力一样，当云计算平台建设完成后，企业可以像用电一样从云服务提供商那里购买信息系统资源。

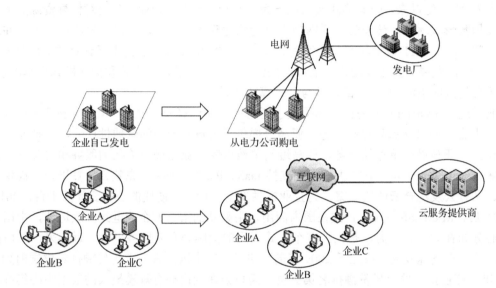

图 1.1　像用电一样使用信息系统资源

1.1.1　云计算产生背景

从 20 世纪 40 年代世界上第一台电子计算机诞生至今，计算模式经历了集中计算（大型机和小型机）、个人计算、互联网等几个重要时代[3、4]。在过去的二十年里，互联网的发展和普及使整个社会发生了翻天覆地的变化，不仅全世界的企业和个人被连接起来，企业的业务运作和人们的生活方式也被深刻地影响着、改变着。随着技术的不断进步，越来越多的应用软件都转变为以服务的形式被互联网发布和访问，它开始为政府部门提供信息系统管理等服务，为企业提供诸如电子商务等服务，为科研机构提供诸如强大的计算处理能力等服务，为普通用户提供诸如博客、视频、网上购物等服务。与此同时，随着网络带宽的显著提高，无线接入方式变得多种多样，智能手机、平板电脑、便携式计算机、智能电器等越来越多的终端设备已经具备了接入互联网的能力，用户对互联网内容的贡献也在以前所未有的速度增加。在信息爆炸的时代，借助互联网技术的快速发展，新闻、娱乐、广告等各种信息的数量也在以超乎人们想象的速度增长着。

这种日益增长的服务需求和海量数据的巨大冲击必然给现有的计算模式带来了诸多挑战。而云计算天然具有用户主导、需求驱动、按需服务、即用即付，以及专业化、规模化和显著的成本优势等特点，使它能够存储海量的数据资源、保证网络服务的效率、满足高要求的计算能力、提高资源的利用效率、最大限度地降低能耗并实现绿色环保。云计算产生的驱动力如图 1.2 所示，云计算是需求、技术、经济和环境保护等因素共同驱动产生的结果。

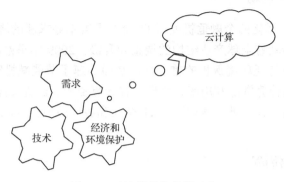

图 1.2 云计算产生的驱动力

1．需求驱动

随着经济和社会信息化的发展，特别是物联网、移动互联网的兴起与广泛应用，海量数据的计算、存储等处理需求迅猛增加；各种现代应用需要满足智能化、普适化等一系列要求；互联网服务需要更加灵活、便捷地提供；用户希望无须购买、安置和维护各种软硬件资源，希望可以低成本、高效率、随时按需地获取 IT 服务来加快部署、研发和收益的速度；大数据和人工智能等技术的发展依赖于云计算的支持。诸如按需即用的计算资源、全面的信息分析、随需应变的业务流程、实时的信息获取等服务对成本和效率的需求日渐增长，催化着云计算快速向前发展[22]。

2．技术驱动

芯片和硬件技术的飞速发展，虚拟化技术的逐渐成熟和不断运用，面向服务架构（SOA）思想的提出和广泛应用，软件即服务理念的出现，互联网技术的快速发展，Web 2.0 技术的产生和流行，都为云计算的发展奠定了技术基础[5]，如表 1.1 所示。

表 1.1 云计算发展的技术基础

技 术 基 础	对云计算发展的作用
芯片和硬件技术的飞速发展	硬件能力激增、成本大幅下降，使得建造大型数据中心成为可能，为云服务提供商构建公有云、企业机构用户构建私有云创造了条件
虚拟化技术的逐渐成熟和不断运用	使得云计算中的计算、存储、应用和服务等变成资源，并可以动态扩展和配置，最终使云计算能够在逻辑上以单一、整体的形式呈现
面向服务架构（SOA）的思想的提出和广泛应用	为云计算中资源与服务的组织方式提供了可行的解决方案，使得云计算可以通过标准化、流程化和自动化的松耦合组件为用户提供服务，构成一个有层次的、完整的应用运行平台
软件即服务理念的出现	使得云计算可以为那些曾经无法拥有专业计算中心和 Web 应用的用户提供只有实力雄厚的大公司才能够负担得起的 IT 基础设施和应用
互联网技术的快速发展	使得云计算中跨地域的资源共享与服务提供成为可能 使得用户通过互联网使用远程云端的服务成为可能 从而在用户和云间搭起了宽阔的桥梁
Web 2.0 技术的产生和流行	Web 应用的开发周期越来越短，从而能提供给用户更加快捷、更具吸引力的服务，为云计算的产生提供了有利条件

3．经济和环境保护驱动

2008 年爆发并持续恶化的金融危机使得 IT 企业不得不寻求新的降低成本、提高资源利用率的商业模式，进而推动着全球产业结构的调整和升级；2009 年举办的哥本哈根世界气候大会使得世界各国无法再忽视环境保护的重要性，从而加速了节能减排时代的到来。此时，具备减小初期投资、提高计算资源利用率、合理配置计算资源、促进节能减排、减少运营成本、实现绿色计算等优势的云计算便迅速得到了 IT 企业和各国政府的青睐，一跃成为重点扶植和发展的关键技术。

1.1.2 云计算发展历程

云计算自 2006 年被提出后迅速崛起，短短几年内就为人们所熟知。表 1.2 展示了云计算发展历程中的一些重大事件。

表 1.2　云计算发展历程中的一些重大事件

时　间	重大事件
2006 年 3 月	亚马逊相继推出了简单存储服务 S3 和弹性计算云 EC2 等服务[6]
2006 年 8 月 9 日	谷歌首席执行官埃里克·施密特（Eric Emerson Schmidt）在搜索引擎大会（SES San Jose 2006）首次提出"云计算"的概念[7]
2007 年 11 月	IBM 发布"蓝云"计划[8]，提出公有云和私有云的概念
2008 年 1 月	Salesforce.com 推出了云计算平台 Force.com，成为世界上第一个平台即服务（PaaS）的应用
2008 年 10 月	微软发布其公有云计算平台——Windows Azure Platform[9]，由此拉开了微软的云计算大幕
2009 年 1 月	阿里巴巴在江苏南京建立首个电子商务云计算中心
2010 年 7 月	美国国家航空航天局和包括 Rackspace、AMD、Intel、Dell 等在内的厂商共同宣布"OpenStack"开放源代码计划[10]
2012 年 8 月	百度建立了首个自建云计算中心
2013 年 3 月	dotcloud 发布了 Docker，使用了 LXC（Linux 容器），同时封装了一些新的功能，是一种成功的组合式创新
2014 年 3 月	微软宣布 Microsoft Azure 在中国正式商用；同年 4 月，微软 Office 365 正式落地中国
2014 年 11 月	亚马逊 AWS 推出首个业界云函数服务"Lambda"
2015 年 12 月	烽火通信发布了"云网一体化战略"，对云计算、数据中心、通信网络、大数据、等关键技术进行整合，推动信息通信技术产业的变革
2015 年 12 月	我国国家质量监督检验检疫总局、国家标准化管理委员会联合发布了 GB/T 32399—2015《信息技术　云计算　参考架构》与 GB/T 32400—2015《信息技术　云计算　概览与词汇》标准
2016 年 1 月	微软宣布了一项全新的计划"Microsoft Philanthropies"，将在未来三年为 7 万家非营利组织以及高校科研机构提供价值 10 亿美元的微软云服务
2016 年 10 月	VMware 和亚马逊旗下公司 Amazon Web Services 达成战略联盟，将 VMware 软件定义数据中心（SDDC）带入 AWS Cloud，支持用户在基于 VMware vSphere 私有云、公有云以及混合云中运行各种应用，并获得对 AWS 服务的最佳访问
2017 年 7 月	国际云安全联盟（Cloud Security Alliance，CSA）发布了《云计算关键领域安全指南 V4.0》
2017 年 10 月	AWS 宣布创建了新的基于 KVM 虚拟化引擎
2018 年 8 月	我国工业和信息化部印发了《推动企业上云实施指南（2018—2020 年）》

时　　间	重 大 事 件
2018 年 9 月	阿里云公布了面向万物智能的新一代云计算操作系统"飞天 2.0"
2019 年 7 月	中国信息通信研究院发布《云计算白皮书（2019 年）》

回顾云计算的发展历程可以看出，云计算以惊人的速度走向了成熟，成为信息与通信技术产业的一个重要方向。从云计算产业的角度来看，云计算可以分为储备期、发展期和成熟期三个阶段[2]，如表 1.3 所示。

表 1.3　云计算产业的三个阶段

阶　　段	特　　点
储备期（2007—2010 年）	这是云计算产业的技术储备和概念推广阶段，支撑技术相对完善，产业概念逐步清晰，解决方案和商业模式仍然处于尝试和探索阶段，云计算产业的广度和深度不足
发展期（2011—2015 年）	在这个阶段，用户逐渐接受云计算产业，云计算的产业链基本形成，产业的规模也正在进一步扩大，开始注重云计算生态环境和商业模式建设
成熟期（2016 年起）	到成熟期，云计算的商业模式、产业链和生态环境建设逐步走向稳定，云计算成为规模化的公用基础设施

正如电力革命给人类生产、生活带来的根本性变革一样，云计算产业日益成熟，给传统 IT 产业带来了巨大变化。有数据显示，2006 年，在全球 2900 万项 IT 工作负载中，有 98% 是在传统 IT 设备上完成的，而在云上完成的只有 2%；但到了 2016 年，全球的 IT 工作负载增加到了 1.6 亿项，其中承载在云上的 IT 工作负载已经占到了全部负载的 25% 以上[1]。云计算已成为互联网信息经济的重要基础设施，占据了 IT 产业的巨大份额。

1.2　云计算的概念

有观点认为，云计算是并行计算、网格计算和效用计算等既有理论的延续和发展，或者说是这些计算机科学概念的商业实现，其定义如下文所述。

1.2.1　什么是云计算

美国国家标准与技术研究院（National Institute of Standards and Technology，NIST）对云计算的定义是：云计算是一种模型，能支持用户便捷地按需通过网络访问一个可配置的共享计算资源池（包括网络、服务器、存储、应用程序、服务），共享计算资源池中的资源能够以最少的用户管理投入或最少的云服务提供商介入来实现快速供给和回收。

另外，还可以从用户、云服务提供商、产业、技术、影响五个不同的角度来解读云计算。

（1）从用户的角度来看，云计算是一种新的使用模式。其主要功能是将购买产品转换为租赁服务，即用户不需要购买软硬件产品，而是按需租赁提供商的 IT 设施和应用程序服务。

（2）从提供商的角度来看，云计算是一种信息系统架构和操作模式。其主要功能是通过 Internet 向很多用户提供第三方集中式的 IT 设施与应用程序服务。

（3）从产业的角度来看，云计算产业是一种新兴的信息产业，包括硬件、软件和信息服务，是网络计算系统与应用发展的新阶段。

（4）从技术的角度来看，云计算是大规模信息系统的革命化进步，云计算技术带来了更大规模、更高效率（运行更快、更稳定）的新一代信息系统，实现了更灵活的系统架构、更精细的系统运营、更贴近用户的使用环境。

（5）从影响的角度来看，云计算是大数据、物联网、人工智能等新兴技术的信息基础设施，云计算以其低成本、便捷化、可扩展性高等特征，为大数据、物联网、人工智能的发展提供了切实的技术保障。

1.2.2　云计算的特征

根据 NIST 给出的云计算定义[11]，云计算模型包含以下五个基本特征：

（1）按需自助服务。云计算按需自助服务的特征使用户可以根据自己的需要直接使用云计算的各种资源，而无须与云服务提供商进行人工交互。用户可以根据自己的实际需求来规划云计算的使用方案。如果云服务提供商的自助服务界面友好、方便、易用，并且能够有效管理所提供的服务，则会使服务模式更加有效，用户更容易接受和使用。

（2）泛在的网络访问。云计算通过互联网提供服务，用户可以在任何网络覆盖的地方，通过各种统一的标准机制，使用各种不同的客户端平台（如手机、笔记本电脑、平板电脑和工作站等）快速地连接到云服务，增加了服务的可用性。

（3）位置无关资源池。NIST 指出：云计算的资源与位置没有直接关系。用户通常无法掌控或知悉所提供资源的详细位置，但他们可以在一个较高抽象级别（如国家、州或数据中心）上指定资源的位置。即云计算资源可以在物理上分布于多个位置，它们通过虚拟化技术被抽象为虚拟的资源，并可以在需要时以虚拟组件的形式进行分配。

（4）快速伸缩能力。为了满足按需自助服务的要求，云计算的资源必须具备快速、有效增加或缩减的能力。这样的快速可扩展性使用户可以在需要时立即获得更多的资源，确保重要应用程序的高响应速度；也可以在应用结束后使用户尽快地释放资源，从而减少支出，降低成本。

（5）可被测量的服务。云计算具有面向服务的特征，可以动态、自动地分配和监控用户使用的云计算资源的数量，以便用户可以根据某种度量方式为其使用的云计算资源付费，例如按照所租用资源的成本支付相应费用。

1.2.3　云计算的优势

云计算作为一种新型的计算模式，具有的优势如下：

（1）灵活性。云计算所拥有的一个重要优势就是灵活性。在云计算中，用户可以按照自身喜好、需要或喜好定制相应的资源、应用及服务，云服务提供商可以按照用户的需求来提供相应的资源、计算能力、服务及应用。

（2）可靠性。云计算具有完备的容灾备份机制，通过多次冗余存储，确保数据的高可靠性。即使发生硬件故障或不小心删除数据，存储在云中的数据也不会受到影响，保证用户数据能从灾难中快速恢复，保持业务的连续性。

（3）可扩展性。云计算具有高可扩展性，可以动态地满足用户在不同场景下、不同时间段对资源的需求。即使在很难事先估算所需系统容量的情况下，也可以动态地平滑扩展资源以满足用户的不同要求。

（4）数据集中存储。相比于用户本地计算平台，云计算能够提供更大规模的数据存储资源，这种集中式的存储基础设施使得用户在厂房置备、设备管理和专业人才需求等方面的成本变得更低。同时，相比于大量分布于不同地域、不同部门的计算平台，在集中式的系统上实现数据防护和监控将会更加容易。然而，将大量敏感数据存储在一个集中式的系统中也会有风险，可能会引起黑客和犯罪组织的关注，进而遭受攻击和窃取。这就需要云服务提供商采用足够可靠的安全机制和监控方法来保障存储数据的安全性。

（5）部署周期短。云服务提供商通常采用大型数据中心，其硬件资源数量庞大、可靠性高，软件资源种类齐全、功能强大，管理团队具有丰富的知识和经验。一个新兴的企业仅需向云服务提供商支付相对较低的成本，便可快速获得和使用强大的计算资源、大量的存储资源以及先进的技术。通过这样的方式，新兴企业可以缩短自身的部署周期，集中精力快速地进行应用和服务的研发，从而提高自己的竞争力。

（6）成本低。云计算主要从减少初期投资和降低运营开销两个方面为用户降低成本。在减少初期投资方面，在硬件方面，用户无须进行一次性投入，包括数据中心的营建、硬件设备的购置和定期更换等，而是直接使用云计算中的计算资源；在软件方面，云计算提供的"按使用付费"的计价模式能降低企业的成本，并提供有效的服务。在降低运营开销方面，云计算不仅可以省去用户对硬件资源的长期运营成本，还可以帮助用户实现对应用的动态管理和自动化管理，减少用户的运营开销，从而获得更高的灵活性和效率。

1.3　云计算的服务类型

云计算的服务类型可分为三种：基础设施即服务 IaaS、平台即服务 PaaS 和软件即服务 SaaS。三种不同的云服务类型所拥有的资源不同，向用户提供的云服务也不相同，如图 1.3 所示。

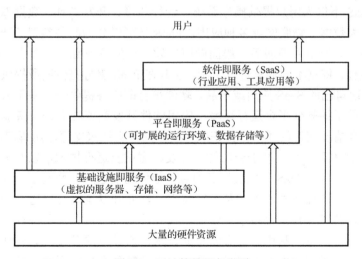

图 1.3　云计算的服务类型

这三种服务类型都是云服务提供商将资源以服务的形式通过网络提供给用户的。基础设施即服务提供基础性的计算资源，如计算、网络或存储；平台即服务提供开发或应用平台，如数据库、应用平台（如运行 Python、PHP 等代码的平台）等；软件即服务提供由云服务服务商管理和托管的完整应用软件，用户可以通过互联网来便捷地使用应用软件。下面具体介绍这三种服务类型的特点和其发展现状。

1.3.1　基础设施即服务

IaaS 把基础设施以服务的形式提供给用户，通常按照所消耗资源的成本进行收费。IaaS 提供的是基于服务器和存储等硬件资源的可高度扩展，以及按需变化的能力，如基本的计算和存储能力。用户通过互联网租用云计算平台上的基础资源，根据需求自动分配相应数量的资源，无须为基础的硬件设备付出相应的原始成本。同时，用户无须管理或控制任何云计算基础设施，但能在此基础上调用资源[12]。

服务的供应是 IaaS 的关键，其质量会直接影响用户的使用效率以及 IaaS 运行、维护的成本。IaaS 的一个核心技术是自动化技术，通过该技术，用户可以在没有云服务提供商干预的情况下以自助服务的方式完成对资源使用的请求。IaaS 的另一个重要技术是虚拟化技术，它以虚拟化技术为基础，实现物理资源共享，极大地提高资源利用率，同时降低 IaaS 建设成本与用户使用成本；并且，虚拟化技术的动态迁移功能可以大幅度地提高云服务可用性。目前 IaaS 市场主要参与者类型有：互联网公司（亚马逊、谷歌、阿里巴巴、腾讯等），创业公司，IDC/CDN 厂商，电信运营商（中国电信），硬件厂商（IBM、华为、浪潮），以及从事云计算安全、云存储、云管理（MSP）的专业型厂商。IaaS 市场竞争的关键要素有三个：拥有 IDC（Internet Data Center）资源的规模和质量、产品和解决方案成熟度，以及用户服务体系的搭建能力。

1.3.2　平台即服务

PaaS 把经过封装的计算能力和存储能力以服务的形式提供给用户，通常按照用户使用情况进行计费。PaaS 不仅为用户提供操作系统、运行环境、开发工具、数据库等服务，同时还承载人工智能、大数据、物联网等多种应用。PaaS 又可以分为两种类型：开发组件即服务和软件平台即服务。开发组件即服务一般面向应用软件开发商或独立开发者，提供的是一个开发平台和 API 组件，依据不同需求进行定制，使其在 PaaS 服务提供商所提供的在线开发平台上进行开发，实现自己的 SaaS 应用或产品。软件平台即服务提供一个基于云计算模式的软件平台运行环境，基于该软件平台运行环境，应用软件开发商或独立开发者能够动态地获取运行资源以满足负载情况变化的需求，并获取一些中间件支持来支撑应用程序的运行。

PaaS 的核心技术有两个：基于云的软件开发、测试及运行技术，以及大规模分布式应用运行环境。软件开发者是 PaaS 的主要服务对象，他们需要通过互联网在云计算平台中编写并运行程序。基于云的软件开发、测试及运行技术，软件开发者既可以通过浏览器、远程控制台（控制台中运行开发工具）等技术，使用在线开发工具直接在远程进行开发，而不需要在本地安装开发工具；也可以利用云计算的集成技术，通过本地开发工具将开发好的应用直接部署到云计算中，以远程操作的方式进行调试。大规模分布式应用运行环境，是指利用大量服务器构建的可扩展的文件系统、数据库及应用中间件，使应用程序充分利用云计算中心的海量存储和计算资源，充分扩展地自身的规模，消除原来单一物理硬件造成的资源瓶颈，可以满足数百万用户的访问要求。目前国际领先的云服务提供商几乎都具有 PaaS，如亚马逊

AWS、谷歌云、微软 Azure、阿里云、腾讯云、华为云等，均联合产业链上下游企业，打造开放的云生态。

1.3.3　软件即服务

SaaS 把应用软件以服务的形式提供给用户，是个人用户最常使用的云服务。云服务提供商先把应用软件部署在云上，用户只需通过互联网接入，无须耗费磁盘以及服务器空间等资源。

SaaS 的核心技术主要包括 Web 2.0、多用户和虚拟化技术。随着 AJAX 等技术的发展，Web 应用具有越来越高的易用性，使得用户能够体验到一些桌面应用的良好体验，从而让人们能够迅速地接受 Web 应用对桌面应用的替代。多用户是一种软件的单个实例可以向多个用户提供服务的软件架构，该实例的硬件和软件架构在多个用户之间共享，从而使得每个用户消耗的资源大大降低，为用户降低了成本。虚拟化不同于多用户技术，它的软件架构不共享，而是在多个用户之间共享硬件基础架构。SaaS 的服务对象包括个人与企业。面向个人的 SaaS 产品有在线文档编辑、表格制作、账务管理、文件管理、日程计划、照片管理、联系人管理等；面向企业的 SaaS 产品主要是 CRM（用户关系管理）、ERP（企业资源计划）、HRM（人力资源管理）、OA（办公系统）、财务管理等。SaaS 厂商分为云原生厂商（Salesforce、销售易、环信）和云转型传统软件厂商（Oracle、金蝶、用友、奥哲网络）。随着传统企业上云需求的增多，SaaS 厂商正在向集成方面发展，针对特定行业添加新的开发工具、系统集成和部署选项。目前，在 ERP、CRM 等通用型领域，国际厂商市场份额占比较大[13]。

1.3.4　三种云计算服务类型的对比

IaaS、PaaS、SaaS 这三种云计算服务类型均具有云计算的特征，均有支持其服务的核心技术。它们均可以单独地成为"一朵云"，直接面向最终用户提供服务，也可以通过获取下层云计算平台的资源提供服务，还可以只用来为上层服务提供支撑。三种云计算服务类型的对比如表 1.4 所示。

表 1.4　三种云计算服务类型的对比

云计算服务类型	主要服务内容	用 户 群 体	运用的灵活性	运用的难易程度
SaaS	特定功能的应用	终端用户	低	易
PaaS	应用的托管环境	系统集成商、软件系统开发人员	中	中
IaaS	接近原始的计算存储能力	对基础设施环境有所需求	高	难

SaaS 提供最为集成化的功能、最小的用户可扩展性及相对较高的集成化安全性。PaaS 提供的是开发者在平台之上开发应用的能力，它倾向于提供比 SaaS 更多的可扩展性，其代价是丧失 SaaS 为用户提供的特色功能，让用户拥有更多的灵活性。IaaS 几乎不提供和应用类似的特色功能，但却有极大的可扩展性，安全保护能力和功能较少，要求用户自己管理操作系统、应用和内容。

三种云计算服务类型隐含了类似软件架构范式的层次关系，自底向上依次为计算机硬件、操作系统、中间件和应用。图 1.4 所示为云计算架构的参考模型。

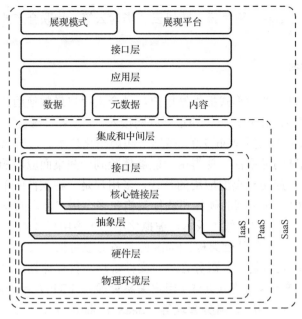

图 1.4　云计算架构的参考模型

由图 1.4 可以看到，IaaS 涵盖了从机房设备到硬件平台等所有的基础设施资源，包括将资源抽象的能力、交付资源的物理或逻辑网络连接，IaaS 提供一组 API，允许用户与基础设施进行管理或其他形式的交互。PaaS 增加了集成和中间层，用于与应用开发框架、中间件、数据库、消息传递和队列等功能进行集成，允许开发者在平台之上进行开发，开发的语言和工具由 PaaS 提供。SaaS 是完整的、多用户的应用程序，具有大型软件平台的复杂架构。企业在进行信息化平台建设时，可以直接租用 SaaS 的网络基础设施及相应的软件、硬件，并购买前期实施、后期维护等一系列服务，只需支付相应的租赁和服务费用，便可以通过互联网获取相应的硬件、软件和维护服务，享有软件的使用权和升级权。

1.4　云计算的部署方式及其实现形态

1.4.1　云计算的部署方式

为了满足不同用户对安全性和可靠性的要求，根据云计算的部署方式和服务对象可以将云计算的部署方式分为以下 4 类：

（1）公有云。公有云是指基础设施由某一组织所拥有，面向公众或某一行业提供云服务的部署方式。在公有云中，用户所需的服务由一个独立的第三方云服务提供商来提供，该云服务提供商也同时为其他用户服务，所有用户共享云服务提供商所提供的资源。云存储和云主机是公有云中应用比例最高的产品[14]。

（2）私有云。私有云是指为某个企业或组织所专有的云计算平台。在私有云中，用户是这个企业或组织的内部成员，这些成员共享该云计算平台所提供的所有资源，公司或组织以外的用户无法访问该云计算平台提供的服务。企业管理系统和办公系统是私有云的主要应用场景[15]。

（3）社区云。社区云是指由具有共同利益（如任务、安全需求、政策、合规考虑等）和共同计划的几个组织共享使用的云计算平台。社区云可以由这些组织自己来管理，也可以由第三方机构来管理，既可以部署在这些组织内部，也可以部署在这些组织外部。应用负载扩容，以及数据、业务的灾难恢复是社区云最主要的应用场景。

（4）混合云。混合云是两种或两种以上云（公有云、私有云或社区云）的结合。混合云既能提供私有云的安全性，也能够提供公有云的开放性。通过使用混合云，企业可以更加灵活地选择各部门工作负载的云计算部署方式。当一个企业的私有云不能满足需要或者出现业务起伏的情况，但又不值得去扩张云计算数据中心时，那么就可以租赁公有云的部分资源[16]。

通常来说，用户会根据自身需求，选择适合自己的云计算部署方式。一般来说，对安全性、可靠性及可监控性要求高的企业或组织（如政府机关、金融机构、大型企业等）会选择建立自己的私有云，这些企业或组织原有的 IT 基础设施已经具备足够的规模，只需要投入少量的成本，对自己的 IT 系统进行调整和升级，就可以享有云计算所带来的高效、灵活等特性，同时也无须考虑使用公有云可能存在的安全风险。这些企业或组织也可以选择使用混合云，将一些对安全性和可靠性需求相对较低的系统（如人力资源管理等）部署到公有云上，从而减轻自身信息技术基础设施的负担。而一般中小型企业和创业公司出于降低成本和快速部署的考虑，会优先选择公有云。

1.4.2　云计算部署方式的实现形态

在现实的生产环境中，企业需要从建设成本、运维成本等多方面来综合衡量使用云计算的部署方式，云的私有性和公有性也并不是泾渭分明的，主要有六种可能的实现形态[17]，如图 1.5 所示。

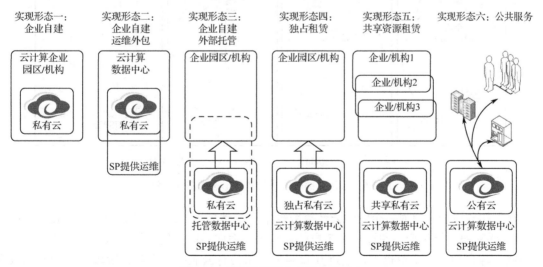

图 1.5　云计算部署方式的实现形态

实现形态一是一种私有云的典型模式，云计算数据中心由企业自己建设，基础资源在企业云计算数据中心的内部，仅供企业自身使用，运维也由企业自己承担。这种严格的私有云虽然具有较高的安全性保障，但需要较高的资金投入与持续的技术支持。

实现形态二也是一种私有云模式，与实现形态一不同的是，云计算平台的建设和运维分离，建设依然由企业自身负责，运维则通过外包的形式由服务提供商（SP）负责，基础资源依然在企业的云计算数据中心内，这样能够减少运维的成本开销。

实现形态三是一种被托管的私有云，相比实现形态二更进一步。云计算数据中心依然由企业投资建设，但是云计算平台从企业云计算数据中心内部转移至SP的云计算数据中心内，形成一种物理形体的托管，企业需要通过互联网访问云资源。这种方式在实现形态二的基础上进一步减少了企业在购买软硬件设备上的成本。

实现形态四也可以算作一种被托管的私有云。与实现形态三不同的是，实现形态四的基础资源由SP来构建，企业只是租赁基础资源来形成自身业务的虚拟云计算，但是相关物理资源完全由企业独占使用，这是一种虚拟的托管型服务（数据托管）。在这种模式下，企业通过与SP签定合同来保证其在该托管数据中心内对资源在物理上或逻辑上的独占性，这种独占性是该实现形态与公有云的本质区别。

实现形态五是一种共享的私有云，相较于实现形态四，实现形态五的基础资源还是由SP来构建的，不同的是，有多个企业同时租赁该SP的基础资源，SP需要负责基础资源的调度与分配，并通过虚拟化技术将不同企业在云计算中的业务应用进行有效隔，企业只需要考虑其业务的实现和运行。社区云或排他的公有云采用的就是这种实现形态。

实现形态六则是公有云的典型模式。由SP构建、运维云计算平台，通过互联网向个人或企业提供各种公共服务，并为不同企业与用户的数据提供安全保障。

随着云计算的发展和应用，云计算部署方式的实现形态将会继续演变进化，从孤立的云逐步发展到互联的云，如图1.6所示。

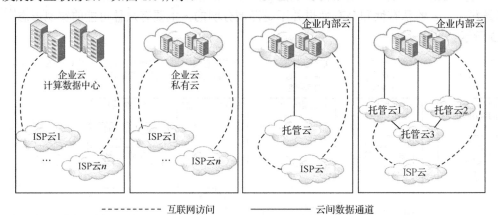

图1.6　云计算部署方式的实现形态的演变进化

在最初建设云计算时，企业的云计算数据中心依然采用传统的IT架构进行建设，不同的ISP（互联网服务提供商）通过建设各自的公有云，面向不同的用户提供服务，这些云之间没有关联，各自独立；企业也可以通过互联网来使用公有云服务。在第二阶段，企业开始改变云计算数据中心的架构。一方面，出于安全考虑，企业开始构建自己的私有云，或者租赁云服务提供商提供的私有云服务；另一方面，企业会增加采用公有云服务的业务，从而将成本逐渐降低。在第三阶段中，为进一步节省开支，企业逐渐转向采用由云服务提供商提供的虚拟私有云服务，形成企业内部云与外部云互联互通的混合云模式。在第四阶段中，企业从成本和服务的角度对比不同云服务之间的差异，从而采用一种或多种更加适合自身需求的云服务务，逐步形成一种不同云之间的互联形态，即互联云。

1.5　云计算产业

目前，全球云计算发展日趋成熟，越来越多的企业开始追求数字化的商业战略，云计算产业规模也在逐步扩大，已经步入相对成熟的产业发展时期。本节将介绍云计算产业的发展规模、云计算典型应用和未来几年云计算产业的发展趋势三个方面的内容。

1.5.1　云计算产业发展规模

近几年，全球云计算产业规模总体呈稳定增长态势。据 Gartner 研究院数据显示，2018年，以 IaaS、PaaS 和 SaaS 为代表的全球云计算产业规模达到 1363 亿美元，增速为 23.01%。未来几年市场平均增长率在 20% 左右，预计到 2022 年产业规模将超过 2700 亿美元，如图 1.7 所示[18]。

IaaS 的市场保持快速增长，2018 年全球 IaaS 市场规模达 325 亿美元，增速约为 28.46%，预计未来几年市场平均增长率将超过 26%，2022 年市场份额将增长到 815 亿美元。

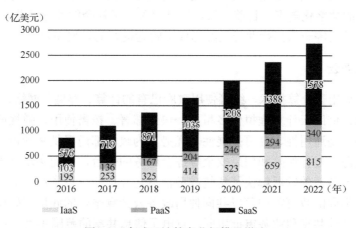

图 1.7　全球云计算产业规模及增速

PaaS 的市场增长稳定。2018 年 PaaS 的市场规模达 167 亿美元，增速约为 22.79%，预计未来几年的年复合增长率将保持在 20% 以上。

SaaS 的市场增长减缓，各服务类型占比趋于稳定。2018 年全球 SaaS 市场规模达 871 亿美元，增速约为 21.14%，预计 2022 年增速将降低至 13% 左右。其中，CRM（Customer Relationship Management，用户关系管理）、ERP（Enterprise Resource Planning，企业资源计划）、办公套件仍是主要 SaaS 服务类型，占据了 3/4 的市场份额，商务智能应用、项目组合管理等服务增速较快，但整体规模较小。全球 SaaS 的市场占比如图 1.8 所示。

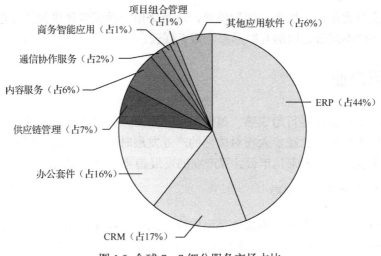

图 1.8 全球 SaaS 细分服务市场占比

1.5.2 云计算典型应用

云计算技术经过 10 多年发展已经逐渐成熟，云计算产业规模也在不断扩大。由于云计算能够给企业运营、业务创新等带来明显效用，越来越多的传统行业开始将自身的业务部署到云上，实现企业的数字化转型。目前，云计算已深入到了社会的各行各业，政务云、金融云、医疗云、电子商务云等一系列行业云已经形成了较为良好的发展态势。

1.5.2.1 政务云

政务云是指运用云计算技术，统筹使用政府已有的计算、存储、网络、安全、应用支撑、信息数据等资源，借助云计算虚拟化多租户、快速部署、按需使用、弹性服务等特征，发挥云计算高可靠性、高通用性、高可扩展性等优势，为政府部门提供基础设施、支撑软件、应用系统、信息资源、运行保障和信息安全等综合服务的平台，从而实现基于政务云的政府办公和政务服务。政务云的发展解决了传统政务信息化存在的信息资源分散、成本投入过高等问题。一方面，不同的政府部门可以共同使用政务云计算平台的底层基础架构，在不同政务系统之间实现软硬件共享和业务审批协同，将电子信息共享的范围扩大、效率提高[23]；另一方面，利用云计算实现政府基础设施集约化建设，可以解决机房和设备上的重复投资、重复建设、资源不能充分利用而造成浪费的问题。除此之外，云计算高可靠性的特点还可有效保证政府业务的连续性，降低业务中断和数据丢失的风险[19]。

基于上述优势，各国政府纷纷构建政务云。在国际上，美国于 2011 年发布了《联邦政府云战略》白皮书，指导政务云的管理和发展，到 2017 年，美国联邦政府采购使用的云服务机构已达 103 家，政务云已在美国实现了全方位的应用。在我国，政务云在国家的大力引导和产业界的共同推动下发展迅猛，2017 年，广东省制定并下发了《广东"数字政府"改革建设方案》，提出以"数字政府"建设引领"数字广东""智慧社会"发展；数梦工场和阿里云联手部署了浙江省政务云计算平台，助力"最多跑一次"改革；宁夏回族自治区在信息化建设办公室牵头下，部署了中国电信自主研发的电子政务公有云计算平台。目前，我国 90%以上的省级行政区和 70%的地市级行政区已经建成或正在建设政务云计算平台[19]。可以看到，政务云已被政府行业接受，成为电子政务集约化发展的支撑。

1.5.2.2 金融云

金融云是指专门面向银行、券商、保险等金融机构的业务而量身定制的，集互联网、行业解决方案、弹性 IT 资源为一体的云服务。具体而言，是指金融机构通过利用云计算的计算和分发优势，将自身的数据、用户、流程及系统通过云计算数据中心、客户端等技术手段发布到云端，以提升运算能力、重组数据价值，为用户提供更高水平的金融服务，降低运行成本，最终达到精简核心业务、扩充分散渠道的目的[20]。金融云是最早发展的行业云之一。一方面，"互联网+金融"使得金融机构交易量以及数据量呈现爆发式的增长态势，亟待构建具有弹性计算能力的 IT 架构。另一方面，由于金融行业核心系统涉及货币交易以及用户敏感信息，通过部署金融云，能够实现金融机构之间在基础设施领域的合作和资源共享，促进形成金融行业公共基础设施、公共接口、公共应用等一批公共服务，从而加快金融产品和服务的创新，拓宽普惠金融服务范围，为实体经济发展提供有效支撑。

国内外的云服务提供商早已开始大力推广其对金融行业的云服务。亚马逊、微软和谷歌等多家公司持续为金融公司提供服务，其中亚马逊服务的用户有 CapitalOne、FINRA、纳斯达克、太平洋人寿等多个金融机构。近年来，国内很多银行也纷纷建立科技公司，在金融云方面进行发力。兴业数字金融服务股份有限公司依托兴业银行，已经开展了多年的金融云服务。中国邮政储蓄银行已将一些创新型业务完整地迁移到了邮储银行互联网金融云计算平台，融联易云、招银云创、建信金融、民生科技等银行科技公司也已开始发展金融云[21]。据中国信息通信研究院 2018 年金融行业云计算技术调查报告显示，国内近九成的金融机构已经或正计划应用云计算技术。

1.5.2.3 医疗云

医疗云是一种新型的医院信息化服务模式，能够实现医院业务系统的快速部署和统一运维。通过采用医疗云，医院仅需购买少量的硬件设备和软件许可，减少一次性的采购支出，并通过更自动化、专业化的管理工具，减少人力管理的支出[1]。近几年来，医疗信息化数据以几何级数的速度增长，医疗信息化的价值也逐步显现。但与此同时，医院传统的软硬件条件很难满足医疗信息化的需求，带来的问题也越来越多。随着云计算技术的不断完善，云计算在医疗健康行业的应用加快了医疗信息资源的建设，降低了医疗开支，扩大了医疗范围，实现了医疗信息资源共享，提高了整个医疗机构服务水平。

目前，医疗云主要通过三大模式在我国落地应用。第一个是院内私有云模式，该模式适用于信息化程度较高的三甲等综合性医院，院内各个信息系统有互联互通的需求。例如，北京大学人民医院建立了自己的医疗云计算平台，达到了"让医生诊断更准确、医院运转更高效、患者就医更便捷"的目标。第二个是医院混合云模式，利用私有云存储热数据，采用公有云存储冷数据，从而形成混合云存储方案。例如，上海复旦大学附属华山医院应用该模式，在保障医院数据安全和系统可靠性的基础上，降低了基础设施管理成本，同时增强了影像数据的存储、计算能力。第三个是区域医疗云模式。例如，山东省济宁市采用医学图像处理及分析云计算技术，建立了区域医疗影像云计算数据中心，实现了区域内医疗机构仪器设备共享、影像数据共享、专家共享和诊疗信息共享。2017 年，医疗云的投资增长速度远高于医疗信息化整体增长水平。随着云计算技术、服务模式和生态系统的日益成熟，医疗云正式进入了快速发展阶段。

1.5.2.4 电子商务云

电子商务云是指基于云计算商业模式应用的电子商务平台。由于电子商务交易平台在访问量方面具有较强的突发性和并发性，在某些特殊时刻，如果服务器宕机，电子商务企业就会遭受无法估量的损失。为了保障电子商务平台的高可靠性和连续性，电子商务企业开始将目光转向云计算，采用云计算技术来构建电子商务云计算平台。首先，电子商务企业可以利用云计算的能力取代或补充原有的内部计算资源，降低基础设施的构建成本，并消除特定时期的峰值问题；其次，电子商务企业无须再花费大量资金采购高性能的硬件设备，云计算能够提供足够高的计算性能和几乎没有限制的存储空间；第三，云计算可以不受时空的限制，可以轻松地在不同电子商务企业之间真正地实现实时、快速、准确的内部共享与协同协作。

目前，亚马逊、阿里、京东、苏宁等电子商务企业已经纷纷发力云计算，建设基于大数据的电子商务云计算平台与数据库，并应用于自有的电子商务平台，使其成为自身业务发展的后台支撑力量。例如，早在 2008 年，阿里就开始将电子商务服务引入云计算平台，连接个人用户和电子商务企业，从本质上改变了电子商务的模式。之后，京东、苏宁等其他电子商务企业也逐渐扩大在云计算和大数据方面的布局和投入，并开始在电子商务交易中逐步运用以前获得的实践成果。

1.5.3 云计算产业的发展趋势

云计算技术经过 10 多年发展已经逐渐成熟，但仍有许多问题尚待解决，例如，如何管理复杂的多云、如何将人工智能与云计算结合等。在云计算产业的发展趋势方面，中国信息通信研究院于 2019 年 7 月发布的《云计算发展白皮书（2019）》中指出，未来几年，国内云计算产业的发展热点集中在以下 4 个方面。

（1）云管理服务开始兴起，助力企业管云。企业在将业务系统迁移至云计算平台上的过程中，会存在很多困难和问题。例如，企业应该将哪些业务部署到云计算平台中，如何在迁移过程中确保系统的稳定性，如何对复杂的多云和混合 IT 环境进行有效管理，等等。在这种情况下，云管理服务提供商（MSP）应运而生，专门提供云管理服务，致力于解决云使用过程中存在的这些问题。云 MSP 对接一家或者多家公有云服务厂商，为其提供上云、开发、迁移、运维等托管服务和专业服务。自 2017 年 3 月 Gartner 发布了首个公有云托管服务提供商的魔力象限报告后，云 MSP 作为一个细分领域越来越被市场关注。目前，国外主要公有云服务提供商陆续制定了相应的云 MSP 合作伙伴计划"，围绕云 MSP 生态大力开展规划建设；为了帮助企业更好地实现将业务系统迁移至云端，并有效使用云计算服务，国内公有云服务提供商也在咨询、分销、系统集成、独立软件开发等方面积极推动云 MSP 合作伙伴计划。

（2）"云+智能"开启新时代，智能云加速数字化转型。"云+智能"，即云计算与人工智能的结合，能够将人工智能应用转化成包含资源、平台和应用在内的人工智能云服务的形式，通过按需使用和自助获取方式提供给各个企业，降低企业应用人工智能技术的难度和成本。例如，借助虚拟化技术，GPU、FPGA 等云服务器的基础计算资源能够实现弹性伸缩、即买即用，为机器学习模型的训练和预测提供计算能力支撑，减少企业自行建设高性能计算平台的支出；在企业开发智能化应用时，人工智能是能平台（如机器学习平台）能够提供针对算法模型的快速训练上线服务，解决人才短缺、技术不足等方面的困难，加速企业的智能化转型；自然语言处理、人脸识别、语音识别等智能云应用服务逐步发展成熟，可以直接应用于智能化的业务场景，促进企业的业务创新。除此之外，智能云也逐渐应用于各个行业。在零售行业，通过对用户消费行为进行智能分析，制作用户行为画像，精准识别用户需求和喜好，精确推送相关产品，从而大幅提升交易率；在医疗领域，医学影像分析系统、辅助诊疗系统、远程诊疗平台等依靠图像识别技术有效地提升了医生的诊断效率和诊疗能力。可以说，智能云是智能化应用落地的引擎，可以大幅缩短研究和创新周期。

（3）云端开发成为新模式，开发云逐步商用。采用云端部署开发平台对软件全生命周期进行管理，能够快速构建开发、测试、运行环境，规范开发流程、降低成本、提升研发效率和创新水平，已逐渐成为软件行业新主流。目前，许多顶级软件企业均致力于软件开发云的建设和应用，相继发布了全自动化的 DevOps 持续交付云计算平台。例如，阿里云的云效平台，实现了敏捷开发、流式实时交付、分层自动化等 DevOps 理念，从需求开发到产品上线运维，提供端到端的提效工具，提供稳定的分布式代码托管服务；腾讯的蓝鲸智云平台提供了完整自动化工具链，包含代码构建、集成到最终交付部署的各个环节，支持多云并发、海量高效的运维操作。目前，软件开发云的商业化应用越来越多，逐渐改变着企业的研发过程，在企业云化转型方面起到了有效的推动作用。

（4）云边协同打造分布式云，催化物联网应用落地。将云计算与边缘计算紧密结合、协同应用，能够更好地满足各种物联网应用的需求。云边协同的分布式云包含两个部分：中心云（中心管理平台）和边缘云（分布式云节点）。其中，中心云的功能主要包括：大规模整体数据的分析、深度学习的训练、大数据的存储，并对边缘云进行管理；边缘云的功能主要包括：小规模局部数据的轻量处理、小数据的存储、数据采集与实时控制、快速进行决策等动作。衡量中心云与边缘云之间协同能力的关键因素包括：操作系统是否统一、数据接口是否统一、数据结构是否统一等。现在，随着智能终端、5G 通信等新技术应用日益广泛，分布式云可有效融合云计算与边缘计算的优势，为便捷地部署、管理物联网应用提供支撑，快速连接物联网应用中的各种技术。

1.6　小结

本章从云计算的产生及发展、云计算的概念、云计算的服务类型、云计算的部署方式及其实现形态、云计算产业五个方面对云计算进行了概述性的介绍。

在云计算概念的理解方面，引用 NIST 对云计算的定义，从用户、云服务提供商、产业、技术、影响五个不同的角度对云计算进行了解读，同时阐述了云计算的五个基本特征和云计算区别于传统信息技术的六大优势。

在云服务类型方面，介绍了云计算的三种服务类型。IaaS 提供基础性的计算资源，如计算、网络或存储；PaaS 提供开发或应用平台，如数据库、应用平台、开发工具等；SaaS 提供由云服务提供商管理和托管的完整应用软件。同时对这三种云计算的服务类型进行了对比分析。

在云计算的部署方式方面，介绍了云计算的四种部署方式，即公有云、私有云、社区云和混合云。公有云是指基础设施由某一组织所拥有，面向公众或某一行业提供云环境；私有云是指为某个企业或组织所提供的专有的云计算环境；社区云是指由有着共同利益和共同计划的几个组织共享使用的云计算环境；混合云是两种或两种以上不同部署方式的云计算的结合，同时介绍了四种部署方式的实现形态。

在云计算产业方面，分析了当前云计算的产业规模，介绍了目前较为常见的政务云、金融云、医疗云、电子商务云等；分析了各个行业云的优势和发展前景，最后阐述了管理云、智能云、软件开发云、云边协同的分布式云将成为云计算未来几年的发展趋势。

习题 1

一、选择题

（1）NIST 对云计算的定义是：云计算是一种模型，能支持用户便捷地按需通过网络访问一个可配置的共享计算资源池（包括网络、服务器、存储、应用程序、服务），共享计算资源池中的资源，能够以_____的用户管理投入或_____的云服务提供商介入实现快速的供给和回收。

（A）最少；最多 　　　　　　　　　（B）最少；最少

（C）最多；最少 　　　　　　　　　（D）最多；最多

参考答案：B

（2）下面哪项不是云计算的核心特征？（　　　）

（A）泛在的网络访问 　　　　　　　（B）快速伸缩能力

（C）第三方服务 　　　　　　　　　（D）可被测量的服务

参考答案：C

（3）云服务具有 5 种基本特征，展示了它与传统计算方式的关系和不同，下面哪个选项可以被描述为能力能够以快速扩展和快速释放的方式供应？（　　　）

（A）按需自助服务 　　　　　　　　（B）快速伸缩能力

（C）泛在的网络访问 　　　　　　　（D）可被测量的服务

参考答案：B

（4）下面哪个不属于云计算的三种服务类型？（　　　）

（A）PaaS 　　　　　　　　　　　　（B）IaaS

（C）SECaaS 　　　　　　　　　　　（D）SaaS

参考答案：C

（5）在云计算的服务类型中，下面哪个选项提供的是基于服务器和存储等硬件资源的可高度扩展和按需变化的 IT 能力？（　　　）

（A）PaaS 　　　　　　　　　　　　（B）IaaS

（C）SaaS 　　　　　　　　　　　　（D）都不是

参考答案：B

（6）在下面哪种云计算的服务类型中的用户有更多的实现和管理安全控制措施的职责？（　　　）

（A）软件即服务 （B）Jericho 云立方体模型
（C）基础设施即服务 （D）安全即服务

参考答案：C

（7）下面哪个选项属于云计算的优势？（ ）
（A）灵活性 （B）可扩展性
（C）成本低 （D）A、B、C 都是

参考答案：D

（8）在云计算的服务类型中，下面哪个选项主要面向的是软件开发者？（ ）
（A）平台即服务（PaaS） （B）基础设施即服务（IaaS）
（C）软件即服务（SaaS） （D）安全即服务（SECaaS）

参考答案：A

（9）存储即服务（Storage as a Service）可看成下面哪个选项的子产品？（ ）
（A）平台即服务（PaaS） （B）基础设施即服务（IaaS）
（C）软件即服务（SaaS） （D）安全即服务（SECaaS）

参考答案：B

（10）在云计算的三种服务类型中，哪一个灵活性最高?（ ）
（A）平台即服务（PaaS） （B）基础设施即服务（IaaS）
（C）软件即服务（SaaS） （D）存储即服务（Storage as a Service）

参考答案：C

（11）基础设施由某一组织所拥有，面向公众或某一行业提供云服务的部署方式被称为
_____。
（A）社区云 （B）混合云
（C）私有云 （D）公有云

参考答案：D

（12）云计算部署方式为两个或多个独立的云的被称为_____。
（A）社区云 （B）混合云
（C）私有云 （D）公有云

参考答案：B

（13）对安全性、可靠性及可监控性要求高的企业，首先会考虑下列哪种云计算部署方式？
（ ）
（A）社区云 （B）混合云
（C）私有云 （D）公有云

参考答案：C

（14）下面的哪个选项最好地代表了一个社区云的用户？（ ）
（A）一个单一民族国家 （B）一个大金融机构和它的分支办公室位置
（C）一组航天制造商的供应商 （D）一个政府机构或者部门

参考答案：C

（15）下面哪个选项最好地描述了 IaaS 与其他云计算服务类型相比的权衡因素？（ ）
（A）较低初始成本和较高安全特征 （B）更大的安全特征和更低的可扩展性

（C）较低初始成本和较高长期成本　　（D）更小的安全特征和更高的可扩展性

参考答案：D

（16）NIST 定义了云计算的 5 个基本特征：泛在的网络访问、快速伸缩能力、位置无关资源池、可被测量的服务，以及下面哪个选项？（　　）

（A）按需自助服务　　　　　　　　（B）多用户

（C）为全部用户提供独立的硬件　　（D）在所有用户中公开共享的资源

参考答案：A

（17）2018 年，在全球云计算市场中，_____占有率最大。

（A）平台即服务（PaaS）

（B）基础设施即服务（IaaS）

（C）软件即服务（SaaS）

（D）存储即服务（Storage as a Service）

参考答案：C

二、简答题

（1）简述云计算的产生背景。

（2）简述云计算的概念及特征。

（3）相比于传统的互联网技术，云计算有哪些优势？

（4）简述云计算的服务类型及服务类型之间的区别。

（5）简述云计算的四种部署方式。

（6）公有云适用于什么场景？

（7）简述政务云的特点。

（8）列举几个典型的行业云，并分析其属于哪种部署方式。

参考文献

[1] 中国信息通信研究院. 云计算关键行业应用报告（2017）[R]，2017.

[2] 中国云产业联盟战略委员会. 云计算技术与产业白皮书[R]，2012.

[3] 张为民，唐剑峰，罗治国，等. 云计算深刻改变未来[M]. 北京：科学出版社，2009.

[4] 赛迪顾问股份有限公司. 中国云计算产业发展白皮书[R]，2012.

[5] 成都虫洞奇迹科技有限公司. 云计算发展大事件[R]，2018.

[6] Amazon elastic compute cloud（Amazon EC2）[EB/OL].[2020-4-20].http://aws.amazon.com/ec2.

[7] Wikipedia Cloud computing[EB/OL].[2020-4-21].http://en.wikipedia.org/wiki/Cloud_computing.

[8] Sims K. IBM introduces ready-to-use cloud computing collaboration services get clients started with cloud computing, 2007. [EB/OL]. [2019-8-20].http://www-03.ibm.com/press/us/en/pressrelease/22613.wss.

[9] Microsoft Azure[EB/OL]. [2019-8-20].http://www.microsoft.com/azure/.

[10] Rackspace Open Sources Cloud Platform.Announces Plans to Collaborate with NASA and Other Industry Leaders on OpenStack Project[EB/OL]. [2019-8-20]http://www.rackspace.com/blog/newsarticles/rackspace-open-sources-cloud-platform-announces-plans-to-collaborate-with-nasa-and-other-industry- leaders-on-openstack-project.

[11] 中国电子技术标准化研究院．云计算标准化白皮书[R]，2014.

[12] 陈晓峰，马健峰，李晖，等．云计算安全[M]．北京：科学出版社，2016.

[13] 亿欧智库．2019 年中国云计算行业发展研究报告[R]，2019.

[14] 中国信息通信研究院．中国公有云发展调查报告（2018）[R]，2018.

[15] 中国信息通信研究院．中国私有云发展调查报告（2018）[R]，2018.

[16] 中国信息通信研究院．中国混合云发展调查报告（2018）[R]，2018.

[17] 步入云计算[EB/OL].[2019-8-20]. http://news.ccidnet.com/art/1032/20100714/2115209_7.html.

[18] 中国信息通信研究院．云计算发展白皮书（2019）[R]，2019.

[19] 云计算开源产业联盟．中国政务云发展白皮书（2018）[R]，2018.

[20] 挖财研究院．我国金融云行业发展研究报告[R]，2018.

[21] 中国信息通信研究院．云计算发展白皮书（2018）[R]，2018.

[22] 刘鹤群．云环境下支持用户撤销的数据完整性审计的研究[D]．西安：西安电子科技大学，2018.

[23] 肖拥军，姚磊.关于建设电子政务云平台的几点思考[J]. 中国信息界，2012(10):23-24.

[10] Shaikh Farhan, Haider Sajjad. Cloud Threats and Security. Threats to Collaboration Applications and Other Network Attacks on Short Servers[J]. DBLP, 2016: 8-9.https://www.comsoc.org/blog/...

第 2 章

云计算风险分析

云计算的应用已经深入政府、金融、医疗健康、商业、工业、交通、物流等传统行业，然而，在云计算得到广泛应用的同时也产生了很多安全问题。例如，2016 年 9 月，Cloudflare 用户数据遭受泄露，数据泄漏量达百万级；2017 年 3 月，微软 Azure 公有云由于存储故障，导致业务受到严重影响[22]；2017 年 6 月，亚马逊云服务器上美国共和党的 2 亿选民个人信息被曝光[1]。根据上述事件可看出，云计算的安全问题日益凸显，而安全恰恰是保障云计算可持续发展的先决条件。为了保障云计算的安全，首先应明确云计算会面临哪些风险。根据云安全联盟 2016 年发布的统计数据，云计算面临着 12 大安全威胁，分别为数据泄露、身份凭证和访问管理不善、不安全的接口和应用程序编程接口（API）、系统漏洞、账户劫持、怀有恶意的内部人士、高持续性威胁（APT）、数据丢失、尽职调查不足、滥用和恶意使用云服务、拒绝服务、共享技术漏洞[2]。为了全面了解云计算面临的安全威胁，本章将从技术、管理、法律法规和行业应用四个方面深入分析云计算面临的风险。

2.1 云计算面临的技术风险

云计算不同的服务类型采用不同的技术来实现，IaaS 采用虚拟化技术、PaaS 采用分布式处理技术、SaaS 采用应用虚拟化技术，所以每种服务类型面临的技术风险是不同的。另外，数据风险、接口风险和漏洞风险是 IaaS、PaaS、SaaS 这三种服务类型均面临的核心安全问题，所以本书构建了全新的云计算风险分析框架，在纵向上以云计算三种服务类型为分析出发点，体现云计算风险的继承关系，在横向上分析数据风险、接口风险、漏洞风险在云计算中的具体体现，如图 2.1 所示。

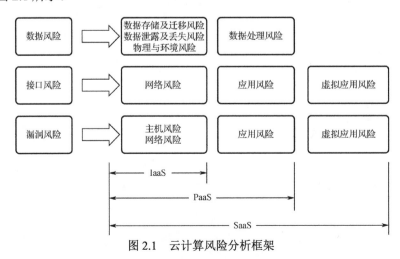

图 2.1 云计算风险分析框架

2.1.1 IaaS 的风险分析

由于虚拟化技术的应用，IaaS 面临着设施和设备、主机、网络、数据存储与迁移等多方面的风险。

2.1.1.1 IaaS 中的设施和设备面临的风险

在云计算中，IaaS 的设施和设备等都处于自然环境中，自然环境的优劣直接决定了 IaaS 提供服务的安全性。在云计算中，IaaS 中设施和设备会面临来自自然环境、硬件设备、人为事件的风险，因此本节从这三个方面对设施和设备面临的风险进行分析，如表 2.1 所示。

表 2.1　IaaS 的设施和设备面临的风险

风 险 来 源	风 险 种 类
自然环境	自然灾害
	供应系统面临的风险
硬件设备	硬件设备自身存在安全漏洞
	硬件设备被破坏
	硬件设备受到电磁环境的影响
人为事件	内部人员造成的风险
	外部人员造成的风险

（1）自然环境中的风险：在 IaaS 中，设施和设备保管在自然环境中，自然环境的优劣直接决定了设施和设备的安全。来自自然环境的风险主要分为两个方面。

① 自然灾害：自然灾害包括地震、洪水、火灾、雷击等对云计算数据中心的冲击，这些冲击往往是毁灭性的，它们能对设施和设备造成直接的破坏，这种破坏不仅会造成云服务提供商巨大的财产损失，而且保存在其中的用户数据也很难恢复。

② 供应系统面临的风险：要保证设施和设备的正常运行，不仅需要适宜的温度和湿度，也需要充足电力以及正常的通信等。一旦这些条件受到破坏，设施和设备无法正常运行，所提供的服务就面临着中断的风险。

（2）硬件设备中的风险。硬件设备主要有三个方面的风险。

① 硬件设备自身存在安全漏洞：硬件设备在工作时会产生电磁波，电磁波可被高灵敏度的接收设备接收并进行分析、还原，造成计算机的信息泄露。此外，硬件设备工作时产生的静电还会释放出电火花，不仅会增加发生火灾的概率，还会造成硬件设备自身的损害。

② 硬件设备被破坏：硬件设备的制造工艺或材料不达标，以及长时间使用硬件设备都会造成硬件设备的损坏。另外，由于硬件设备价值不菲，会使其成为偷窃者的目标，硬件设备存在被窃的风险。一旦硬件设备受到破坏，存储于其中的数据就会面临丢失的风险。

③ 硬件设备受到电磁环境的影响：在电磁环境下运行的硬件设备，不仅电子信号、传输速率、传输精准性受到严重影响，而且还会面临信号消失、信息获取和传输不顺畅等风险，尤其是在过强或者复杂的电磁环境下，硬件设备的使用性能可能会受到严重干扰，甚至无法工作。

（3）人为事件造成的风险：云计算提供服务的硬件设备需要由内部人员管理，然而内部人员也会成为风险。另外，有着利益纠纷的外部人员也会对硬件设备造成影响。

① 内部人员造成的风险：硬件设备会受到来自内部人员的威胁，包括内部人员的操作不当或由于某些原因对硬件设备进行报复性的破坏等。

② 外部人员造成的风险：偷窃者偷窃硬件设备，云服务提供商的竞争对手以及一些不怀好意的人员闯入云计算数据中心对硬件设备进行破坏等都是很严重的风险。

2.1.1.2　IaaS 中的主机面临的风险

IaaS 中的主机面临的风险主要来源于 Hypervisor 和虚拟机，如表 2.2 所示。

表 2.2　IaaS 中的主机面临的风险

风 险 来 源	风 险 种 类
Hypervisor	恶意代码通过 API（应用程序接口）进行攻击
	非法用户获取 Hypervisor 的访问权限
	Hypervisor 自身存在的安全漏洞
虚拟机	风险扩散
	虚拟机之间相互攻击
	基于主机的安全策略难以部署
	资源冲突
	虚拟机自身存在的安全漏洞

（1）Hypervisor 主要面临以下三种风险。

① 恶意代码通过 API（应用程序接口）进行攻击：虚拟机通过调用 API 向 Hypervisor 发送请求，如果 API 中被植入了对虚拟机、宿主机进行攻击的恶意代码，则虚拟机调用该 API 之后，虚拟机和宿主机就会面临风险。

② 非法用户获取 Hypervisor 的访问权限：黑客或者恶意使用者可通过使用 Rootkit 获得管理员权限，一旦 Rootkit 控制了 Hypervisor，就可以获得对宿主机的控制权，进行基于 Rootkit 的各种攻击。VM Escape（虚拟机逃逸）攻击就是通过获得对 Hypervisor 的访问权限来对其他虚拟机甚至宿主机进行的攻击。

③ Hypervisor 自身存在的安全漏洞：攻击者可以利用 Hypervisor 自身存在的安全漏洞发起对虚拟机和宿主机的攻击，如跨站脚本攻击、SQL 入侵等。

（2）虚拟机：虚拟机位于 Hypervisor 上，它主要面临以下五种风险。

① 风险扩散：在传统安全架构中，可以采用防火墙等技术对服务器进行有效隔离，对一台服务器的攻击不会对其他服务器造成影响。而在云计算中，即使基于主机的虚拟机进行了逻辑隔离，风险仍会从一台虚拟机扩散到其他虚拟机。

② 虚拟机之间相互攻击：无法通过传统的入侵检测设备来检测虚拟机之间通信流量，一旦攻击者控制了一台虚拟机，就有可能通过该虚拟机攻击其他虚拟机甚至宿主机。

③ 基于主机的安全策略难以部署：正常来讲，可以随时关闭闲置的虚拟机，等有业务系统运行时再开启虚拟机，这会导致在虚拟机关闭期间防病毒的代码无法更新，网络黑客和内部攻击者可以利用该脆弱性对虚拟机进行攻击。

④ 资源冲突：常规病毒扫描和防病毒的代码更新等会占用大量资源，并且会在很短的时间内导致系统负载过重。如果在所有虚拟机上同时启动病毒扫描或防病毒的代码更新，将会引起"防病毒风暴"，进而将影响上层软件（如操作系统和应用程序等）的正常运行。

⑤ 虚拟机自身存在的安全漏洞：在虚拟机中，Hypervisor 提供了备份、快照还原等功能，在系统崩溃时可以通过快照还原，但还原以后旧系统的安全机制不再适用当前的环境，会产生很多可以攻击的漏洞。此外，虚拟机存在一种不受 Hypervisor 控制的数据传输方式——直接内存操作（Direct Memory Access，DMA）传输，攻击者可以通过 DMA 对没有安全防范的目标机进行攻击。

2.1.1.3　IaaS 中的网络面临的风险

IaaS 中的网络面临的风险主要来自虚拟机与外部系统之间的通信以及虚拟机之间的通信两个部分，如表 2.3 所示。

表 2.3　IaaS 中的网络面临的风险

风 险 来 源	风 险 种 类
虚拟机与外部系统之间的通信	网络攻击，如 DoS 攻击、网络监听等
	网络安全防护边界消失
虚拟机之间的通信	恶意虚拟机进行网络攻击
	虚拟机共享物理网卡引起的风险

（1）虚拟机与外部系统之间的通信风险：主要面临网络攻击和网络安全防护边界消失两种风险。

① 网络攻击：任何通过网络进行的攻击，如 DoS（拒绝服务攻击）、DDoS（分布式拒绝服务攻击）等都会威胁到 IaaS 的安全。

② 网络安全防护边界消失：在 IaaS 中，用户不再和物理资源进行交互而是直接使用虚拟化资源，因此传统的存储、计算、网络等设备的安全边界已逐渐模糊，边界防火墙、入侵检测等传统的网络安全防护技术已不再适用。

（2）虚拟机之间的通信风险：虚拟化技术实现了物理硬件的池化，每个物理节点上都会运行一台或多台虚拟机，虚拟机之间可以相互通信，因此 IaaS 中的网络结构和传统 IT 架构下的网络结构有所不同，网络虚拟化技术带来了些新的风险，最典型的两种攻击是恶意虚拟机进行的网络攻击和虚拟机共享物理网卡引起的风险。

2.1.1.4　IaaS 中的数据存储及迁移面临的风险

IaaS 中的数据存储及迁移面临的风险如表 2.4 所示。

表 2.4　IaaS 中的数据存储及迁移面临的风险

风 险 来 源	风 险 种 类
数据存储	存储位置不确定
	数据难以有效隔离
	数据丢失
	数据残留

续表

风 险 来 源	风 险 种 类
数据迁移	数据传输过程中的安全性难以保障
	数据安全迁移面临着很多技术难题

（1）数据存储面临的风险：在数据外包的服务模式下数据存储将面临多种风险。

① 存储位置不确定：在 IaaS 中，用户对自己的数据失去了管理与控制权，用户无法确定自己的数据由哪些服务器进行操作应用，因而用户无法采取有效的安全措施来保障数据的存储服务器、操作和管理服务器的安全性[23]。

② 数据难以有效隔离：由于云端存储的数据是海量的，且数据的类型、类别和安全级别存在巨大差异，同时用户的身份、用户的角色、用户的属性也都不尽相同，在复杂的 IaaS 中保证数据间的有效隔离是一项十分艰巨的工作。

③ 数据丢失：IaaS 可能受到木马、病毒等人为攻击或者地震、火灾等不可控的自然灾害导致数据丢失。如果用户的原始数据丢失且原始数据没有备份，或者由于备份延迟等原因导致备份数据和原始数据不一致，或者备份出错，那么用户的数据就无法完全正确恢复。

④ 数据残留：在 IaaS 中，云服务提供商可以根据用户的指令来完成用户数据的删除。一方面，云服务提供商可能没有完全删除用户的数据，导致攻击者在数据被删除之后还可以通过有效技术手段恢复出这些数据；另一方面，云服务提供商可能只删除了用户的原始数据，而没有删除备份数据。这些行为都会导致数据残留，使用户数据的机密性无法得到保障。

（2）数据迁移面临的风险：数据迁移面临着很大的风险和技术难题。

① 数据传输过程中的安全性难以保障：数据迁移既可以使用物理迁移的方法，即直接通过存储设备将数据从旧平台复制到新平台，也可以通过网络进行数据迁移。由于物理迁移方法会受到地域上的约束，不适用于迁移大量实时的数据，因而云用户或云服务提供商通常通过网络进行数据迁移。但由于数据在传输过程中可能受到各种网络攻击，因而安全性无法得到保障。

② 数据安全迁移面临着很多技术难题：应根据数据量的大小、数据类型、数据类别及数据安全级别等属性的不同，采取不同的迁移措施；数据可能需要进行一些转换才能存储到 IaaS 中等。另外，随着需要迁移的数据量的增大，为了保证数据不泄露、不丢失而需要采取的安全控制措施和迁移所需的其他措施的严格性及复杂度也在逐渐增大。

2.1.2　PaaS 的风险分析

PaaS 为用户提供了包括中间件、数据库、操作系统、开发环境等在内的软件栈[24]，可以使用云服务提供商支持的编程语言和工具，在云基础设施上部署用户所创建或购买的应用程序。用户无须管理和控制底层的云基础设施，仅需对已部署的应用程序进行控制，对应用程序所在的环境进行配置[3]。为了解决分布式存储和分布式计算问题，PaaS 采用分布式处理技术，不仅能够使云计算数据中心的大量服务器集群协同工作，同时也屏蔽了底层复杂的分布式处理操作，把简单易用的编程接口和编程模型提供给用户[4,25]。分布式处理技术主要包括四个部分，如图 2.2 所示。

图 2.2　分布式处理技术

2.1.2.1　PaaS 中的数据处理面临的风险

PaaS 是基于 IaaS 构建的，因而对 PaaS 来说，在数据层面除了面临 IaaS 中存在的数据存储和迁移风险，还面临着数据处理风险，如表 2.5 所示。

表 2.5　PaaS 中的数据处理面临的风险

风险来源	风险种类
数据存储及迁移	和 IaaS 相同
数据处理	组件失效
	处理速度过慢
	多用户并发访问
	服务器频繁增减

数据处理面临的风险主要表现在数据与计算可用性无法保障，具体包括以下四个方面。

① 组件失效：为满足对海量数据进行存储和处理的需要，云计算部署的是大规模的廉价服务器集群，所以会经常发生组件失效的情况。存储服务器或者计算服务器的失效都会导致 PaaS 无法进行正常的数据存储和数据处理，从而可能导致数据丢失或者同一数据的多副本间数据不一致现象的发生。

② 处理速度过慢：属于同一逻辑区域的文件资源或者数据库资源，在物理上可能分散在网络上的不同节点，而且各个节点之间的间隔甚远，所以网络性能会直接影响数据处理的速度；而且，每个网络节点都可能存储大量数据，如何快速、准确地从海量数据中检索到需要的数据也是 PaaS 面临的技术难题。

③ 多用户并发访问：由于 PaaS 服务面向大量用户，因此用户访问文件系统或数据库的效率可能受到当前访问 PaaS 用户数量的直接影响；另外，在多用户并发访问时，需要对并发操作进行控制，否则可能导致数据处理错误。

④ 服务器频繁增减：为满足服务的需求，PaaS 可能需要动态调整存储及计算服务器的数量，这样就会使 PaaS 面临另外一个技术难题，即如何解决动态扩展的问题，使分布式文件系统和分布式数据库能自动感知服务器的变化情况，并对相应的存储和处理操作进行一定的调整，使数据处理的性能不会因服务器的动态调整而受到影响。

2.1.2.2　PaaS 中的应用安全

PaaS 与 IaaS 在主机风险、网络风险方面并无本质区别，但在应用风险方面有很大的差异。根据应用风险来源的不同，可将 PaaS 中的应用风险分为两个方面，如表 2.6 所示。

表 2.6　PaaS 中的应用风险的分类

风　险　来　源	风　险　种　类
应用开发	PaaS 提供的开发环境不安全
	用户不明确 PaaS 提供的编程模型
	PaaS 提供的编程接口过于复杂
应用部署	用户对应用及其运行环境的配置不当
	多用户应用无法安全隔离
	资源的分配和供给策略不当

（1）应用开发面临的风险：在应用的开发阶段，用户利用 PaaS 提供的开发环境进行应用开发，开发环境的安全性及用户对该开发环境的了解和掌握程度都会对应用安全产生直接影响。

① PaaS 提供的开发环境不安全：PaaS 提供的开发环境包括编程接口、操作系统、数据库、第三方应用等，如果任何一项内容存在安全漏洞，那么攻击者就可以利用这个安全漏洞发起攻击。

② 用户不明确 PaaS 提供的编程模型：提供编程模型可以让用户了解到基于该云计算平台的用户可以解决什么类型的问题，以及如何利用云计算平台解决这些问题。如果 PaaS 没有提供关于编程模型的详细内容，用户就可能在耗费了许多时间和资金之后仍然开发不出能满足安全性需求的应用。

③ PaaS 提供的编程接口过于复杂：如果编程接口过于复杂，不仅会加大用户基于云计算平台进行应用开发的难度，也会使用户难以编写用于进行安全防护的程序。

（2）应用部署面临的风险：在应用部署阶段，用户的应用部署措施不当及 PaaS 提供商的运营管理措施不当都会直接影响到应用的安全性。

① 用户对应用及其运行环境的配置不当：PaaS 为应用提供的默认安装配置中只包含基本的安全保障措施，如果用户在部署自己的应用时直接使用默认安装配置，那么在使用过程中应用可能无法抵挡大多数的安全攻击。

② 多用户应用无法安全隔离：为保证应用程序的可靠运行，PaaS 引入了沙盒隔离技术，让每个应用程序都在安全的沙盒环境中运行。但如果 PaaS 无法实时监控应用程序中出现的新的安全漏洞，那么攻击者就可能利用这些安全漏洞攻击 PaaS。

③ 资源的分配和供给策略不当：如果 PaaS 的运营管理系统不能根据应用的实际运行情况动态地增加或减少资源供给，就有可能造成应用程序之间互相争夺资源、资源供给不足、资源浪费等问题，严重影响应用的可用性。

2.1.3　SaaS 的风险分析

应用 SaaS 服务，用户仅需要对应用程序进行相应配置就可以实施操作，而无须管理和控制应用底层的网络、服务器、操作系统、存储等云基础设施[3]。所以，SaaS 面临的风险主要来自应用本身的风险，而主机风险、网络风险和 PaaS 基本相同。

应用虚拟化技术是 SaaS 中的核心技术，它将应用作为一种服务交付给用户[25]。虚拟桌面是应用虚拟化技术的典型应用场景，我们以虚拟桌面为例来分析其面临的风险，按照风险来源可分为三个方面，如表 2.7 所示。

表 2.7　基于 SaaS 架构的虚拟桌面的风险

风　险　来　源	风　险　种　类
SaaS	多用户架构下的应用隔离
	补丁管理复杂
用户	用户在虚拟桌面上自行安装软件
	客户端的外设接口引起数据泄露
传输链路	数据传输风险

（1）来自 SaaS 的风险。

① 多用户架构下的应用隔离：如果 SaaS 提供商不能采取有效的隔离手段来对各个用户的虚拟桌面系统进行隔离，那么恶意用户就可以通过技术手段对其他用户的虚拟桌面进行攻击。例如，非法访问其他用户的虚拟桌面，篡改虚拟桌面的设置、窃取其中的隐私数据等。

② 补丁管理复杂：补丁的安装依虚拟机和数据库版本的不同而不同，因此在对虚拟桌面系统进行补丁更新前，需先确认补丁的版本，并进行安全性测试[26]。另外，如果补丁和应用程序不兼容，那么补丁更新后还可能会影响应用程序的运行。

（2）来自用户的风险。

① 用户在虚拟桌面上自行安装软件：如果 SaaS 允许用户在虚拟桌面上自行安装未授权的软件，则未授权软件可能会威胁到虚拟桌面的安全性，比如若该软件包含后门程序，就为入侵者提供了隐蔽的入侵通道[26]。另外，如果用户安装的授权软件没有进行正确的配置或补丁更新，就可能存在可以被攻击者利用的安全漏洞。

② 客户端的外设接口引起数据泄露：对于配置有 USB 接口、可刻录光驱等外设接口的客户端，若 SaaS 允许客户端在使用虚拟桌面时启用这些外设接口，则虚拟桌面中的数据可能通过外设接口非法流出系统。

（3）来自传输链路的风险。虚拟桌面的应用大多是依靠网络来进行个人信息和应用数据传输的，在传输过程中可能面临着数据被窃取和修改的风险，一旦攻击者窃取了用户的身份信息，就可以非法访问用户的虚拟桌面。

2.1.4　数据风险分析

云计算和大数据存储技术的应用提高了人们的工作效率，优化了传统的数据处理方式。而在技术发展的同时，保障数据安全至关重要。一般来说，云计算中数据的生命周期可分为七个阶段，如图 2.3 所示。

图 2.3　数据的生命周期

在数据生命周期的每个阶段，数据安全面临着不同方面和不同程度的风险。本节根据数据生命周期的各个阶段来分析云计算中数据的风险，如表 2.8 所示。

表 2.8　数据风险分析

数据生命周期的阶段	风 险 分 析
数据生成	数据安全级别划分策略混乱
	数据的预处理风险
	审计策略难以制定
数据传输	传输信道存在安全隐患
	难以实现即时监控
数据存储	数据存放位置不确定
	数据隔离不健全
	数据丢失或被篡改
数据使用	访问控制策略不合理
	云服务性能
数据共享	信息丢失
	应用存在漏洞
数据归档	法律和合规性
数据销毁	销毁的数据被恢复
	云服务提供商不可信

（1）数据生成阶段的风险。数据生成阶段即数据刚被数据所有者创建，且尚未被存储到云端的阶段。在这个阶段，数据所有者需要为数据添加必要的属性，如数据的类型、安全级别等一些信息。此外，数据的所有者为了防范云端不可信，在将数据存储之前可能要对数据做一些预处理。在数据生成阶段，根据不同的安全需求，某些用户可能还需要对数据的存储、使用等各方面情况进行跟踪审计。在数据生成阶段，数据面临以下风险：

① 数据的安全级别划分策略混乱：数据安全级别划分策略依用户类别的不同而不同，同一用户类别的不同用户对数据的敏感度分类也可能各不相同。在云计算中，多个用户的数据可能存储在同一个位置，因此若数据的安全级别划分策略比较混乱，云服务提供商就无法对海量数据制定出切实有效的保护方案。

② 数据的预处理风险：用户要存储在云端的数据可能是海量的，因此在对数据进行预处理前，用户必须考虑预处理的计算、时间和存储开销，否则会因为过度追求安全性而失去使用云计算带来的便捷性。

③ 审计策略难以制定：即使在传统 IT 架构下，审计员制定有效的数据审计策略往往也是很困难的。而在多用户共享存储、计算和网络等资源的云计算中，用户对自己数据进行跟踪审计更是难上加难。

（2）数据传输阶段的风险。数据通过网络传输到云端，在数据传输阶段，数据面临如下安全问题：

① 传输信道存在安全隐患：用户通过网络传输数据，如果网络中的传输信道不安全，数

据可能会被非法拦截；传输信道也可能因遭受攻击而发生故障，导致云服务不可用。另外，数据传输需要通过云计算平台一系列的组件支持，硬件系统、通信协议等的失效均会导致数据在传输过程中丧失完整性和可用性[5]。

② 难以实现即时监控：数据在传输的过程中会使用不同的介质，不同介质下的安全控制措施有所不同，因此对数据进行即时的安全监控非常困难，若传输过程中数据出现了安全问题，相关技术操作人员很难及时察觉并进行补救[6]。

（3）数据存储阶段的风险。在云计算中，用户的数据都存储在云端，数据面临如下风险：

① 数据存放位置不确定：在云计算中，用户对自己的数据失去了物理控制权，不仅用户无法确定自己的数据存储在哪些服务器，更无法得知数据存储的地理位置。

② 数据隔离机制不健全：用户数据存储在云端，若云服务提供商没有采取有效的数据隔离机制，可能造成用户数据的泄露。

③ 数据丢失或被篡改：云服务器可能会遭受病毒、木马攻击；云服务提供商管理可能不可信或管理不当，操作违法；云服务器所在地可能遭受自然灾害、战争等不可抗力因素的影响。这些都会造成数据丢失或被篡改，威胁到数据的机密性、完整性和可用性。

（4）数据使用阶段的风险。用户访问云端的数据，并对数据进行增、删、改等操作。在数据使用阶段，数据面临如下风险：

① 访问控制策略不合理：如果云服务提供商制定的访问控制策略不合理、不全面，就有可能造成合法用户无法正常访问自己的数据或对自己的数据进行合规操作，有可能造成未授权用户非法访问甚至窃取、修改其他用户的敏感数据。

② 云服务性能：用户使用数据时，往往会对数据的传输速度、数据处理请求的响应时间等有一定的要求或期望，但云服务的性能受用户所使用的终端、网络环境等多方面因素的影响，因此云服务提供商可能无法切实保障云服务的性能。

（5）数据共享阶段的风险。数据共享即让在不同地方使用不同终端、不同软件的用户能够读取其他用户的数据并进行各种运算和分析。在数据共享阶段，数据除了面临云服务提供商的访问控制策略不当的风险，还面临着以下风险：

① 信息丢失：不同数据的内容、格式和质量千差万别，在数据共享阶段可能需要对数据的格式进行转换，而数据格式转换后可能面临数据丢失的风险。

② 应用存在漏洞：数据共享可以通过特定的应用实现，如果该应用本身有安全漏洞，则基于该应用实现的数据共享就有可能有数据泄露、丢失和被篡改的风险[27]。

（6）数据归档阶段的风险。数据归档就是将不再经常使用的数据迁移到一个单独的存储设备来进行长期保存的过程。在数据归档阶段，除了面临和数据存储阶段类似的风险，数据还面临法律和合规性风险。即某些特殊数据对归档所用的介质和归档的时间期限可能有特殊规定，而云服务提供商不一定支持这些规定，造成这些数据无法合规地进行归档。

（7）数据销毁阶段的风险。在云计算中，当用户需要删除某些数据时，最直接的方式就是向云服务提供商发送删除命令，依赖云服务提供商删除相应的数据。但这样会使数据面临多方面的风险：

① 销毁的数据被恢复：计算机数据存储基于磁介质形式（磁带和磁盘）或电荷形式（内存和固态磁盘），一方面可以采用技术手段直接访问这些已被删除数据的残留数据；另一方面可以通过对介质进行物理访问，确定介质上的电磁残余所代表的数据[7]。

② 云服务提供商不可信：一方面，用户无法确认云服务提供商是否真正执行了删除命令；另一方面，云服务提供商可能留有被删除数据的多个备份，在用户发送删除命令后，云服务提供商可能只将原数据删除而将备份数据据为己用。

2.1.5 接口风险分析

目前大数据企业的业务已经成功迁移到云计算中，并通过应用程序接口（Application Programming Interface，API）对业务系统进行管理、配置和监控，云计算平台的安全性和可用性依赖于每个基础 API 内置的安全性。此外，从身份认证和访问控制到加密和活动检测均需要依赖于 API 的安全性，安全性差的 API 无法进行有效的身份验证，也无法阻止非授权访问。基于上述现状，本节从外部攻击和设计风险两个方面分析接口风险，如表 2.9 所示。

表 2.9　接口风险分析

风　险　来　源	具　体　风　险
外部攻击	API 缺乏安全保护
	API 滥用风险
	API 凭证泄露
	API 截获攻击
	API 重放攻击
设计风险	API 安全缺陷
	API 复杂化

（1）API 面临的外部攻击。

① API 缺乏安全保护：一些缺乏安全意识的云服务提供商在给用户提供接口时并没有进行安全保护，使得用户在调用 API 时，敏感数据以明文的形式在网络上传输，一旦被劫持或监听将面临严重的数据泄露风险。

② API 滥用风险：当用户或者攻击者频繁调用 API 时会造成云服务器资源的浪费，严重时还会造成服务器瘫痪，使其他用户无法使用正常畅通的服务。

③ API 凭证泄露：API 凭证是用户访问云计算内部资源最重要的身份凭证，一旦被外部人员恶意获取或者被内部人员无意泄露，都将导致严重的数据泄露。

④ API 截获攻击：通过中间人或代理技术，攻击者能够截获在网络中传输的 API 参数，然后利用 SQL 注入或信息遍历的攻击方式来改变参数，进而获取到大量的用户信息，造成越权访问甚至数据泄露。

⑤ API 重放攻击：API 重放攻击指攻击者利用网络监听或者其他方式盗取 API 请求，进行一定的处理后，再把它重新发给服务器，达到欺骗系统的目的。目前，虽然很多 API 采用 HTTPS 进行加密传输，但是仍然有一部分接口（如身份认证类、交易类）存在重放攻击的风险。如果关键的 API 数据被重放，有可能造成用户身份伪造或重复交易[8]。

（2）API 的设计风险。

① API 安全缺陷：开发人员在设计 API 时没有进行足够的安全考量，使得 API 可能存在一定的缺陷，例如云计算平台接收传输的数据时，开发人员没有构建数据清洗和验证例行程序，可能会带来标准注入漏洞和跨站请求伪造攻击的风险。

② API 复杂化：一些第三方组织基于 API 为用户提供增值服务，使 API 层次化、复杂化，且要求用户的数据暴露给第三方组织，增加了数据泄露的风险[9]。

2.1.6　漏洞风险分析

安全漏洞是指计算机信息系统在需求、设计、实现、配置、运行等过程中，有意或无意产生的缺陷[10]。在云计算平台搭建及运行过程中也存在安全漏洞，这些漏洞以不同形式存在于云计算的各个层次和各个环节之中，一旦被恶意攻击者利用，就会对云计算数据中心的安全造成损害，从而影响云服务的正常提供。本节从关键的云特征漏洞以及云计算关键技术漏洞两个方面介绍云计算存在的安全漏洞风险[11]，如表 2.10 所示。

表 2.10　云计算漏洞风险分析

漏洞种类	存在的漏洞	可能存在的风险
关键云特征漏洞	未经授权的管理界面访问	未经授权访问
	互联网协议漏洞	网络攻击
	数据恢复漏洞	数据泄露
	逃避计量和计费	云服务提供商财产损失
云计算关键技术漏洞	单点故障漏洞	数据丢失、服务终止
	副本重构漏洞	云服务终止
	最脆弱节点	网络攻击

（1）关键云特征漏洞：NIST 给出了云计算的五个基本特征，这些特征同时也给云计算安全带来了一些隐患和漏洞，下面是与这些特征相关的漏洞的例子。

① 未经授权的管理界面访问：云计算的按需自助服务需要一个管理界面，用户可以自行访问该界面，这就会产生未经授权访问管理界面的漏洞，而且这种漏洞产生的概率要高于传统系统[28]。

② 互联网协议漏洞：泛在的网络访问意味着云计算是通过使用标准协议的网络进行访问的，互联网协议的漏洞会给云计算带来风险，例如，互联网协议漏洞可能会造成中间人攻击[28]。

③ 数据恢复漏洞：分配给一个用户的资源将有可能在稍后的时间被分配给不同的用户。这样，对于内存或存储资源来说，有可能恢复出前面用户写入的数据，造成用户数据泄露的风险[28]。

④ 逃避计量和计费：云计算中可能会出现通过操纵计量和计费数据以逃避计费的漏洞。这会使得云服务提供商无法对所提供云服务收取相应费用，导致财产损失的风险[28]。

（2）云计算关键技术漏洞：云计算的关键技术包括虚拟化技术、分布式数据存储技术、分布式计算技术、海量数据管理技术、编程模型等，这些关键技术本身也存在漏洞，这些漏洞也会给云计算带来风险。

① 单点故障漏洞：在云计算中，使用虚拟化技术可以在一台主机上部署多台虚拟机，虽然提高了主机资源的利用率，但是会使该主机成为单点故障源，即当主机发生故障时，该主机上的所有虚拟机都将受到威胁，导致数据丢失或云服务不可用的风险。

② 副本重构漏洞：在云计算分布式数据存储环境中，一般数据进行多备份后存储在不同的服务器中，若一台服务器故障，系统会在另一台服务器上重构副本。这不仅会占用正

常的数据存储流量，还会增加服务器的运行压力，导致服务器发生故障，面临云服务不可用的风险。

③ 最脆弱节点：云计算的分布式计算技术将计算任务分配到各个节点中，如果其中任何一个节点存在易于攻击的缺点，则可能因为分布式的特性迅速扩散到其他节点，给云计算带来巨大风险。

2.2 云计算面临的管理风险

由于云计算采用的是新的服务模式，这必然给安全管理带来新的挑战。例如，数据的所有权和管理权分离，如何在保障数据可用性的同时对数据进行安全有效的管理，如何确保用户终端操作的安全等。本节从云服务的服务等级协议、云服务不可持续、身份管理、供应链管理四个方面分析云计算在管理上面临的风险。

2.2.1 云服务无法满足服务等级协议

服务等级协议（Service Level Agreement，SLA）是云服务提供商和用户双方经协商而确定的关于服务质量等级的协议或合同，而制定该协议或合同是为了使云服务提供商和用户对服务、优先权和责任等达成共识，达到和维持特定的服务质量（Quality of Service，QoS）[29]。对于云服务的 SLA，它不仅可以消除用户在使用云服务时关于服务安全和服务质量的后顾之忧还可以向用户说明云服务提供商所能提供的云服务的质量等级、成本、收费等具体情况[12]。一份标准的 SLA 最少应该包含服务等级目标、违约处理方案以及规则例外这三方面的内容，如表 2.11 所示。

表 2.11 标准的 SLA 最少应该包含的内容

标准的 SLA 最少应该 包含的内容	具 体 规 定	
服务等级目标	可用性	规定用户能够享受何种服务、服务的收费情况，以及该服务的保证使用时间等
	响应时间	指定给定时间周期内数据包的平均延迟时间和数据包丢失数量的限度
	安全保障	保证用户对数据存取的权限和一定范围的独享性
	退出条款	当云服务提供商不能圆满解决经常发生的可用性、可靠性和安全性问题而使服务中断的频率达到某个程度，或者有其他不可接受的因素时，用户拥有即时终止协议或合同的权利
违约处理方案		如果经过指定的一段时期后云服务提供商仍无法达到已协商好的服务等级目标，用户就可以要求获得相应的赔偿
规则例外		在规则例外中列出一些特殊情况，当云服务提供商在这些情况下无法达到服务等级目标时，不用对用户进行相关赔偿

虽然在 SLA 中，云服务提供商会针对可用性、响应时间、安全保障等对服务等级做出一定的承诺，但在实际的服务过程中，云服务提供商难以完全履行 SLA 中所做出的承诺[30]。例如，2018 年 8 月，前沿数控公司发文声称，在使用腾讯云服务器 8 个月后，其存储在腾讯云服务器上的数据全部丢失，给公司业务带来灾难性的损失；2017 年，亚马逊 S3 云存储上的数据库配置错误，导致三台服务器下的数据可公开下载，造成了严重的数据泄露。

上述事件发生的原因是多方面的，例如，云服务提供商很难针对云计算的各种风险——找出对应的防护策略；如何对用户数据进行安全存储和安全管理，对云服务提供商来说是一个巨大的挑战；云服务的可用性在很大程度上依赖于网络的安全性和性能，但网络攻击事件层出不穷、防不胜防，由网络而造成云服务不可用的情况是云服务提供商无法控制的；在海量终端接入云服务的情况下，终端风险会严重威胁到云服务的质量；另外，若用户在使用云服务时对云服务中某些参数设置不当，会对云服务的性能造成一定的影响。

2.2.2 云服务不可持续风险

在云计算内部，任何一个小的代码错误、设备故障或操作失误都可能导致服务故障。例如，2018 年 6 月，因运维上的一个操作失误，阿里云部分产品及账号登录出现访问异常；2017 年 3 月，亚马逊 S3 存储服务因人为操作失误发生故障，导致包括美国证券交易委员会、苹果 iCloud 在内的多个网站和服务无法正常工作；2017 年 1 月，因员工在维护过程中错误地删除了数据库目录，导致 GitLab 的线上代码库 GibLab.com 遭遇了 18 小时的服务中断。另外，针对云计算的攻击层出不穷，也极大地影响了云服务的可用性，在云安全联盟发布的 2016 年云计算面临的十二大威胁中，拒绝服务赫然在列，从中可以看出网络攻击对云计算安全的威胁越来越大。除了设施故障和人为原因，地震、台风等自然灾害都可能导致云服务的中断。

此外，一些云服务提供商面临着破产或被收购的风险。如果云服务提供商破产，则云服务就存在被终止的风险；如果云服务提供商被收购，则存在原有云服务因技术升级导致一段时间内服务中断的风险，甚至最终也难逃被终止的厄运。

2.2.3 身份管理风险

身份管理涉及身份的鉴别、属性的管理、授权的管理等多个方面，在云计算多用户环境下有着大量的用户和海量的访问认证要求，因此和传统的 IT 架构相比，云服务面临着更为严峻的身份管理风险。

云服务提供商是身份管理的主要实施者。首先，对于云服务提供商来说，云服务面对的是来自不同领域的大量用户，不同用户所具有的身份属性又不尽相同，对数据的归属管理不清晰是云服务提供商在身份管理上面临的第一个挑战；其次，数据的所有者可能会将数据的某些访问和操作权限授予其他用户，因而同一用户可能有多重身份，即该用户对于自己的数据来说是所有者身份、对某些数据来说可能是访客身份、对其他数据来说则是非授权身份，做到对同一个用户设定不同的身份并严格地进行授权是比较困难的，因此权限管理的混乱是云服务提供商面临的又一项挑战；不同领域的数据具有不同的安全等级标准，同一用户所拥有的数据也有敏感度高低之分，难以制定清晰的安全边界也是云服务提供商所要面临的问题。另外，云服务提供商还必须考虑申请使用云服务的人员的合法性，如果攻击者可以注册并使用云服务，那么攻击者就可能向云端发送恶意数据、对云服务进行攻击等，给云服务安全带来极大的风险。

用户作为云服务的重要参与方，需要对自己的身份信息进行管理。在使用口令进行身份认证的情况下，如果用户设定的口令没有达到一定的安全强度，那么用户的账号就容易被攻击者攻破；如果用户没有对自己的身份信息采取合理的保存措施，造成身份信息泄露或丢失，那么用户身份信息的安全性就无法得到保障。另外，用户还需要对云服务提供商的身份有清醒的认识，不可信的云服务提供商可能会非法窃取用户数据、泄露用户隐私，使用户数据的安全性完全得不到保障。

2.2.4 供应链风险

2017 年，绰号为"Red Apollo"的黑客组织发动了史上规模最大的持续全球网络间谍攻势之一，它不直接攻击企业，而是瞄准云服务提供商，企图利用云计算网络将间谍工具传播到大量企业。据追踪了这场黑客攻势的专业服务机构普华永道会计师事务所（Price Waterhouse Coopers）介绍，该事件是所谓的"供应链攻击"构成风险的警示信号。云计算供应链指整个云服务环境所涉及的基础设施提供商、技术提供方、云服务提供商、用户以及服务流程等所形成的一条广泛而复杂的供应链。基础设施提供商提供软件和硬件，技术提供方提供构建云计算平台所需要的技术，云服务提供商从基础设施提供商处采购硬件和软件，在软件和硬件等基础设施之上采用相关技术构建云计算平台，再向用户提供云服务。云计算产业越庞大，供应链越复杂，管理难度就会越大。任何一方存在风险都会使得供应链断裂、服务中断，从而造成巨大的经济损失。本节重点分析云计算供应链中存在的风险[13]。

（1）第三方产品风险：由于云服务提供商要购买大量物理计算设备和网络设备，如果供应商产品不符合相关法律政策的标准或云服务提供商安全需求，甚至采用假冒伪劣的设备，将会对云服务提供商造成难以估量的巨大损失。

（2）第三方服务风险：云服务提供商需要的第三方服务主要包括基础设施服务（如水、电和网络服务等）和外包服务。对于基础设施服务，如果服务供应商未获得相关资质认证，或者提供的服务不稳定，如停电、停水等，将会影响云服务提供商的正常服务；对于外包服务，如果服务供应商没有完善的合规管理和质量控制、开发人员没有足够的安全开发能力，将会导致外包服务不能按时完成，或者提供的服务不合规、服务质量下降。

（3）安全标准不统一的风险：云计算供应链中存在着来自不同地区、国家的供应商，各个地区、国家的供应商安全意识、安全能力参差不齐，安全和合规标准不统一，这会导致审计工作难以进行，同时也会因为一些国家的法律问题导致云服务提供商审计人员难以获取一些供应商的审计数据，使得对供应商的风险管理工作难以开展。

（4）供应链断裂的风险：基础设施提供商、技术提供方等都是云计算供应链中不可缺少的参与者，如果任何一方突然无法继续供应，而云服务提供商又不能立即找到新的供应者，就会导致供应链中断，进而可能使相关的云服务故障或终止。

（5）供应链网络攻击：供应链中各方环环相扣，紧密联系，攻击者可以通过攻击其中薄弱的一环（如通过钓鱼邮件获取第三方供应商人员的登录凭证）渗透到供应链中，控制供应链的服务流程，进而进行范围更广、危害更大的攻击活动。

（6）信息不对称风险：云计算供应链的复杂性使各方在进行交流时，可能会发生信息延迟或不准确的情况。另外，一些供应商为了保证利益最大化而隐瞒重要信息，这会导致云服务提供商无法完全掌握完整有效的信息，做出错误的安全决策。

（7）政策风险：政府调控经济政策可能会影响云计算供应链中供应商的经营活动和经营策略，如供应商经营成本上升造成产品及服务价格提高，使得云服务提供商也必须承担更高的成本，进而影响到云服务的提供。

2.3　法律法规风险

2.3.1　隐私保护

在云计算中，用户数据存储在云中，加大了用户隐私泄露的风险，保护用户隐私成为国内外热门议题。云计算对各国数据保护法、隐私保护法的影响也成为目前的热点问题。在云计算中，云服务提供商需要切实保障用户隐私，不能让非授权用户获取用户的隐私信息，然而一些国家的隐私保护法却明确规定允许一些执法部门和政府成员在没有获得数据所有者允许的情况下查看其隐私信息，以切实保护国家安全。因此云计算中的隐私保护策略和某些国家的隐私保护法的相关规定可能产生矛盾。

美国有爱国者法、萨班斯法以及保护各类敏感信息的相关法律。其中，爱国者法案授权美国的执法者为达到反恐目的，可以经法庭批准后，在没有经过数据所有者允许的情况下查看任何人的个人记录。这意味着，如果用户的数据存储在美国境内，那么美国的执法者可以在经过法庭批准后，在用户毫不知情的情况下获取用户的所有数据，查看用户的所有隐私信息。另外，加拿大的反恐法案和国防法也赋予了国防部长检查存储在本国境内的任意数据的权力。

2.3.2　犯罪取证

在云服务提供商持续性地提供云服务时会面临来自各方的攻击，会使云服务提供商和用户的利益受到损害。另外，有一些攻击者可能利用云计算地域性弱、信息流动性大等特点，进行不良信息的传播。在云计算中的犯罪行为可能频频发生，为了能够对攻击者进行相应的惩处，需要进行犯罪证据的获取、保存、分析，然而云计算所具有的多用户、虚拟化等特征增加了在云计算中进行犯罪取证的难度，在一定程度上阻碍了执法的顺利进行。

在云计算中进行犯罪取证时，首先要进行数据采集，即在可能存有证据的数据源中鉴别、标识、记录和获得电子数据。由于云计算中的数据不是保存在一个确定的物理节点上，而是由云服务提供商动态提供存储空间，因此数据源可能存储在不同的司法管辖范围内，使执法人员难以采集到完整的犯罪证据[14]。

2.3.3　数据跨境

云计算具有地域性弱、信息流动性大等特点，一方面，即使用户选择的是本国的云服务提供商，但由于该提供商可能在世界的多个地方都建有云计算数据中心，用户的数据可能被跨境存储；另一方面，当云服务提供商要对数据进行备份或对服务器架构进行调整时，用户的数据可能需要迁移，因而数据在传输过程中可能跨越多个国家，产生跨境传输问题。对于是否允许本国的数据跨境存储和跨境传输，每个国家都有相关的法律要求，如表 2.12 所示[15]，而云计算中的数据跨境可能会违反用户所在国家的法律。

欧盟拥有世界上最全面的数据保护法，并被很多国家作为立法的参照。欧盟在 2018 年出台的《通用数据保护条例》中明确指出了对数据跨境流动的相关规定。按照条例规定，欧盟公民的个人数据要流动到欧盟外的国家、地区或国际组织，若该国家、地区或国际组织通过欧盟的"充分保护水平"①的评估，数据便可无须经过特别授权自由向其流动；而对于没有通过"充分保护水平"的评估的国家、地区或国际组织，数据也可以向其流动，但必须提供充分保障措施。充分保障措施包括[16]：

表 2.12　一些国家关于数据跨境存储和跨境传输的相关规定

立 法 国 家	相 关 内 容
美国	1974 年通过《隐私法》。由于美国在世界各地有大量的跨国公司及各种机构来获取巨大的政治、经济利益，且技术先进、信息处理能力强，因而主张全球信息的自由流通，对数据跨境流动一般不做专门限制
英国	1984 年通过《数据保护法》，规定在数据跨境流动时，需要向主管数据保护的机关登记有关情况；当数据送往非欧洲公约缔约国或者认为接收数据的公约国可能将数据传输至非公约成员国时，主管机关可不同意该数据跨境流动请求。英国对数据跨境流动的监管主要是为了控制本国数据向境外的传输，而对外国数据传入本国的情况不做过多限制
德国	20 世纪 70 年代通过《个人数据保护法》，规定当德国与其他国家有协定时，按照协定执行数据跨境流动的相关事项；如果没有协定，当申请人能够证明数据跨境流动为业务上的必要或者数据接收者从跨境流动的数据中获取的是正当利益时，才允许数据的跨境流动
俄罗斯	2006 年确立《俄罗斯联邦个人数据法》，规定在进行个人数据跨境流动前，处理者有义务确认数据跨境转交的其他国家保证会对个人数据主体的权利进行同等保护；为了保护俄罗斯联邦宪法制度体系，维护道德、保护公民权利以及保障国防和国家安全，政府可以终止或者限制数据跨境转交行为[31]
印度	2018 年 8 月通过的《个人数据法（草案）》规定个人数据跨境传输必须在境内留有副本。另外，该法案对三种类型的个人数据（个人数据、关键个人数据、个人敏感数据）规定了不同的跨境方案，关键个人数据不得跨境
澳大利亚	2013 年 7 月发布了《政府信息外包、离岸存储和处理 ICT 安排政策与风险管理指南》，规定政府信息中属于安全分类中的数据不能存储在任何境外公有云数据库中，应存储在拥有较高级别安全协议的私有云或社区云的数据库中
法国、挪威、丹麦、奥地利等国	规定个人数据跨境流动需要得到数据安全主管单位的许可
中国	2016 年 11 月发布的《网络安全法》第三十七条规定，关键信息基础设施的运营者在中华人民共和国境内运营中收集和产生的个人信息和重要数据应当在境内存储。因业务需要，确需向境外提供的，应当按照国家网信部门会同国务院有关部门制定的办法进行安全评估；法律、行政法规另有规定的，依照其规定执行

（1）标准合同：数据输出者和接收者可以以签订合同的形式进行数据跨境转移。

（2）约束性公司规则：跨国公司的内部机构间要跨境转移个人数据，必须根据其自身需要及特点制定数据保护政策，并得到欧盟的授权。

（3）行为准则和认证机制：对于未达到"充分保护水平"的国家、地区或国际组织，其数据控制者或处理者可做出有约束力的承诺，承诺遵守行为准则的规定，进而可向其转移数据。

虽然《通用数据保护条例》在数据跨境流动方面的规则更加清晰、细化、可操作，但是这些规则只解决了云服务提供商的部分问题。《通用数据保护条例》对于个人数据隐私的保护规定十分严格，云服务提供商想要达到合规标准并通过欧盟的认定存在着一定的困难。另外，《通用数据保护条例》中的规则与云计算商业模式之间可能存在冲突，例如，《通用数据保护

---

① "充分保护水平"是指国家、地区或国际组织的数据保护体制必须包含基本的数据保护内容及实施机制，并且得到有效的执行。

条例》中规定数据处理者必须在收到数据控制者书面通知后才可以处理数据，这就意味着得不到上层应用的书面通知，底层的基础设施和平台就不能对数据进行处理，这与云服务的实际应用场景是矛盾的[32]。云服务提供商面临的问题很复杂，可能因为《通用数据保护条例》中的其他规定而无法进行数据跨境传输，或者面临违规的风险。

2.3.4　安全性评估与责任认定

目前，云计算安全标准及测评体系尚未健全，在发生安全事故时也无法根据统一的标准进行责任认定；再加上目前国际社会对云服务中的跨境数据存储、流动和交付的监管政策尚未达成一致，也没有专门针对云计算安全的相关法律，因此云服务提供商和用户之间签订的合同的合规性、合法性是无法得到认定的，一旦发生安全事故，云服务提供商和用户可能会各持己见，根据不同的标准来进行责任认定，确保自己的利益最大化，由此会产生许多争议和纠纷。

云计算安全标准既需要支持用户描述安全保护的范围和程度，还需要支持用户尤其是企业用户的安全管理需求，如使用一定的手段、在特定的程度和范围内，在不触犯其他用户权益的前提下，分析查看日志信息，了解数据使用情况，以及开展违法操作调查等。此外，云计算安全标准应支持对灵活、复杂的云服务过程的安全评估，还应规定云服务安全目标验证的方法和程序[17,33]。因此，建立以安全目标验证、安全服务等级测评为核心的云计算安全标准及其测评体系是极具挑战性的。

2.4　行业应用风险

云计算已经在电子政务、电子商务、金融、医疗、工业等多个领域得到了推广和应用，如美国联邦政府已经实现了政务云的全方位应用；多家电子商务企业也已经构建了商务云计算平台；金融云计算平台也相继推出，根据 Gartner 的报告，2016 年全球云计算市场中金融云占据超过 20%的份额；IBM、亚马逊、谷歌等公司都推出了医疗云计算平台产品。此外，在工业领域，通用电气和西门子都相继向市场推出了工业云计算平台。由于不同行业的核心资产、关注问题、应用场景、监管要求各不相同，因此不同行业的云计算平台面临着不同的风险。

2.4.1　电子政务云

电子政务云是基于云计算技术构建的电子政务运营模型。结合云计算面临的风险，实施电子政务云面临的六大挑战[18,34]如表 2.13 所示。

表 2.13　实施电子政务云面临的六大挑战

挑　　战	具　体　内　容
数据风险	不同的政府部门都存储有敏感信息，若数据泄露，不仅会降低公民对政府机关的信任度，甚至可能影响社会稳定和国家安全
运营标准不统一	若运营标准不统一，则安全地管理政务云就会变得比较困难，云计算的可用性得不到保障
技术标准不统一	若技术标准不统一，则不同的政府部门可能采取不同的云计算解决方案，不同解决方案之间的沟通就会成为难题

挑　战	具 体 内 容
资源整合困难	各个部门都拥有大量的数据，不同部门的数据中有一些是重复的，有些数据可能由于某个部门更新不及时而存在不一致现象。如何将多个部门的资源进行整合存储在云端，消除数据冗余和不一致现象，并实现公共资源能够共享、敏感数据相互隔离，是比较困难的
不能满足政府的安全要求	云服务提供商可能不熟悉政府机构关于数据、应用等特有的安全规定，因而提供的解决方案可能无法满足政府的安全要求
不具备专业知识和技能	政府机构可能没有部署和运维电子政务云所需的资源，尤其是专业技术人员和专业管理人员

2.4.2　电子商务云

在传统的 IT 架构下，各个企业要想实现电子商务，必须花费高昂的成本来购买存储、计算、软件等基础资源，然后建设自己的数据中心和服务平台。另外，企业还需要耗费人力资源和大量的时间进行系统的维护更新。随着程序开发的要求以及用户体验上的需求日益增加，进行电子商务所需的相关程序和产生的文件的大小也在不断增加，企业和用户的计算机存储容量难以满足需求。由于电子商务涉及众多复杂的运算，电子商务的用户数量也在不断增加，企业单纯地通过增加硬件来提升运算速度的行为不仅不会从根本上解决运算能力受限的问题，还会使企业的运营成本大幅上升。

电子商务云是基于云计算构建的电子商务服务平台，使用云计算能够克服传统电子商务平台的缺点。在电子商务云中，企业直接使用云端先进的软硬件设施构建服务平台，服务种类不再受限；企业和用户的数据存储在云端，云端所具有的海量存储和计算资源解决了传统的电子商务平台中存储和计算能力受限的问题；设备的维护更新由云服务提供商负责，企业免去了系统维护更新所需的成本、人力和时间。虽然云计算能够极大地解决传统电子商务存在的问题，但在构建电子商务云之前，企业必须清醒地认识到电子商务云所具有的一些风险。

电子商务本质上是一种私密性较强的商务活动，涉及商务信息机密和大量资金的转移，因此企业最关注的就是数据安全。另外，由于电子商务云计算平台的数据存储和系统维护等运营过程由云服务提供商负责，云服务提供商运营经验的丰富程度将直接影响到电子商务云计算平台是否能顺利运行，因此企业比较关注云服务运营经验。云计算是否能提供隐私保护，以及系统的稳定性、可移植性、可用性同样也是企业比较关注的部分。实施电子商务云面临的四大挑战如表 2.14 所示[19]。

表 2.14　实施电子商务云面临的四大挑战

挑　战	具 体 内 容
数据风险	云服务提供商不可信、网络攻击、非授权访问等可能带来数据存储和迁移风险，若和商业机密相关的信息被泄露，则可能给企业带来巨大的损失；若用户的资产信息被篡改或丢失，则用户的利益就会受到严重损害
云计算平台的可靠性	自然灾害、基础设施故障和人员操作失误都可能引起云服务不可用，此时企业就无法继续开展电子商务，不仅会降低用户对该企业的信任度，也会给企业造成很大的经济损失

挑　　战	具 体 内 容
相关法律法规不完善	由于云计算和电子商务都是新兴事物，有关云计算和电子商务的法律还不完善，一旦出现安全问题，很容易引起云服务提供商、开展电子商务的企业以及使用电子商务的用户之间的纠纷
服务终止的风险	一旦云服务提供商终止服务或被其他公司收购，企业的电子商务平台可能无法继续运行，存储在云中的商业数据也可能无法安全拿回

2.4.3　金融云

金融云是指云计算在金融行业的应用，用来帮助金融机构实现数字化转型，加速系统资源整合，降低资源管理的成本，提高信息化处理能力。然而，由于金融行业涉及资金、交易、用户等大量敏感信息，对云服务提供商的安全、合规提出了很高的要求。为了保障数据安全与合规，许多金融机构要么采用严格的"无云"策略，要么选择部署私有云，选择公有云仍具有很大的挑战。实施金融云面临的四大挑战如表 2.15 所示。

表 2.15　实施金融云面临的四大挑战

挑　　战	具 体 内 容
数据安全和隐私保护	金融云中存在大量敏感的交易、资金、账户等数据，一旦被泄露、丢失或篡改，金融机构不仅会遭受巨大的经济损失，还会面临法律风险。因此金融机构对数据安全威胁可能导致的后果极为敏感，如果这些风险不能被规避，将会阻碍金融行业上云
合规风险	金融行业属于严监管行业，然而，目前尚未对市场上各种云服务提供商在不同层面提供各式各样的金融云服务进行监管，导致市场上金融云外包服务提供能力良莠不齐，存在合规风险
监管和法律	金融云可支持银行、证券、保险等不同业务，混业运行特点明显，当前有关金融云的标准、法规还不完善，跨行业、跨区域、跨境的金融云服务面临监管差异和纠纷。另外，由于多用户共享资源，以及用户数据和系统的边界模糊，导致司法取证困难，从而造成金融云面临很高的监管及法律风险[20]
服务终止风险	金融业务大量敏感数据存储在云计算中，要求云服务提供商有能力提供长期、稳定的服务。而云服务提供商作为商业经营实体，如果发生经营不善或其他突发事件，可能无法持续经营而终止服务，使用其服务的金融机构直接面临业务中断和数据丢失的风险[35]

2.4.4　医疗云

云计算技术的发展为医疗领域带来了生机。传统的医疗信息系统集成度低，不同医院甚至同一家医院内部的不同部门都必须购买存储、计算、软件等基础设施，然后建设自己的信息系统，不同信息系统之间的通信困难重重，难以支持综合性临床诊断和临床科研。医院要维护不同信息系统的难度很大、成本很高。医疗云的应用，不仅可以打通不同医院、不同信息系统之间的通道，还能有效提升基层医疗机构的服务能力，解决医疗卫生资源分布不平衡的问题。虽然医疗云具有很多优势，但是也必须认识到医疗云所具有的风险。2017 年，中国数字医疗网针对医疗健康行业用户对云计算的关注点做出了统计，如图 2.4 所示。

结果显示医疗健康行业的用户对安全的关注度最高。由于医疗健康信息具有私密性、敏感性，数据安全和隐私保护必然是医疗行业用户最为关心的问题，除此之外，医疗云还面临来自许多方面的安全挑战，如表 2.16 所示。

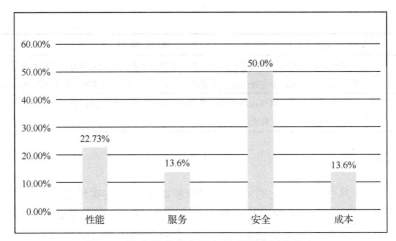

图 2.4　医疗健康行业用户对云计算的关注点

表 2.16　医疗云面临的安全挑战

挑　　战	具 体 内 容
数据风险	医疗数据涉及患者的隐私，存储在云上的患者医疗数据很可能会被不同的医院使用，这会对患者的隐私构成威胁。另外，若医疗云根据医疗数据的私密程度将其分段并分级保护，提取或搜索数据将变得困难，可能会导致部分数据遗失，将威胁数据的完整性
缺少合规性审查标准	由于有关云计算和医疗信息化的法律还不完善，云服务提供商与医疗行业用户很难建立在安全、稳定、可靠和合规等方面的信任
业务运行稳定性	由于医疗行业的特殊性，往往需要业务 7×24 小时不断运行，一旦云服务提供商的系统宕机或出现网络中断，都会影响到医疗业务的稳定和安全

2.4.5　工业云

近年来，工业互联网的兴起，使工业云也得到了广泛的应用。使用工业云，企业可以直接将工业设计、加工工艺分析、装配工艺分析、模具设计、机械零部件设计集成在一个系统中，优化资源分配，大幅缩短产品升级换代周期、降低设计与制造成本、提高产品性能。

虽然云计算能够很好地解决传统工业信息系统存在的问题，但是企业在构建工业云计算平台之前，必须清醒地认识到工业云所面临的一些风险。结合云计算面临的风险，实施工业云面临的四大挑战如表 2.17 所示。

表 2.17　实施工业云面临的四大挑战

挑　　战	具 体 内 容
数据风险	工业云数据具有较高的敏感性，涉及工业企业知识产权和商业机密，这些数据是其核心资产的重要组成部分，有些数据资料甚至关系到国家安全，因此对数据的窃取或者破坏将造成严重经济损失、社会影响，甚至国家安全等问题[21]
设备接入风险	在工业生产环境中智能设备、无线设备的应用，工业无线网络的部署，运营商网络的接入都会使攻击者侵入工业云的可能大大增加。不恰当的设备接入管理，往往会导致非法接入、非法控制、链路窃听等安全问题

挑　　战	具体内容
云计算平台的可靠性和可用性	工业云计算平台需要高可靠性和强健性，不但要处理高并发的业务，还要能够有效地屏蔽各种软硬件错误和网络错误，为工业云服务提供 7×24 小时的可用性，这给实施工业云带来了不小的挑战
相关标准仍需完善	虽然云计算国际化标准工作已经取得了丰硕的成果，但是这些标准具有通用性，适用于所有云计算领域，没有考虑工业云的差异化架构以及工业云企业对云计算的特殊性需求

2.5　小结

本章从云计算技术、云计算管理、法律法规以及行业应用四个方面对云计算面临的风险进行了细致的分析。

针对云计算技术，分别分析了 Iaas、PaaS、SaaS 三种服务类型面临的风险。分析了主机、网络、数据存储与迁移的风险；PaaS 以 IaaS 为基础，除了面临和 IaaS 同样的风险，还存在着数据处理及应用风险；SaaS 以 PaaS 为基础，除了面临和 PaaS 同样的风险，还存在着应用的风险。另外，数据风险、接口风险和漏洞风险是 IaaS、PaaS、SaaS 均面临的核心安全问题。对于数据风险，本章从数据生命周期的七个阶段分析了数据风险；对于接口风险，则从外部攻击、接口设计两个方面进行了风险分析；对于漏洞风险，分析了关键云特性漏洞及云计算关键技术漏洞带来的风险。

在云计算的管理方面，本章从云服务是否满足 SLA、云服务不可持续、身份管理及供应链管理四个方面进行了全面的分析。在云计算中，虽然有 SLA 的限定，但是云服务提供商却可能面临因为各种原因达不到服务质量的风险；在云服务提供商的运营过程中，存在因人员操作失误、设备故障、云服务提供商破产等原因面临服务终止的风险；在身份管理方面，云计算采用多用户模式，如果云服务提供商对用户管理不当，则会带来各种安全隐患；在云计算供应链中，存在着第三方产品及第三方服务带来的安全隐患、安全标准不统一、供应链断裂、供应链攻击等风险。

在法律法规方面，分析了云计算在隐私保护、犯罪取证、数据跨境、安全性评估与责任认定四个方面的风险。在隐私保护方面，存在云服务的隐私保护策略和某些国家的隐私保护法律规定相矛盾的风险；在犯罪取证方面，存在数据采集困难、依赖链断裂、用户隐私泄露风险；在数据跨境方面，存在数据跨境违反用户所在国家法律的风险；在安全性评估与责任认定方面，存在着由于标准不统一而难以进行安全性评估及认定的风险。

在行业应用方面，分析了电子政务云、电子商务云、金融云、医疗云以及工业云中存在的风险。在电子政务云中，存在数据安全、运营标准不统一、技术标准不统一、资源整合困难、不能满足政府的安全要求等风险；在电子商务云中，存在数据安全、云计算平台不可靠、相关法律法规不完善、服务终止等风险；在金融云中，存在数据安全和隐私保护、合规、监管和法律、服务终止等风险；在医疗云中，存在数据安全、缺少合规性审查标准、业务运行不稳定等风险；在工业云中，存在数据安全、设备接入、云计算平台不可靠或不可用、相关标准仍不完善等风险。

云计算面临的风险虽然遍及技术、管理、法律法规以及行业应用等多个方面，但只要能够充分地了解云计算面临的风险，"对症下药"，合理地规划出云计算安全体系，并且分层次地构建出云计算安全解决方案，一定能够将云计算安全问题各个击破，使云计算脱离风险的束缚，具有更加广阔、美好的发展前景。

习题 2

一、选择题

（1）在云计算中，物理安全领域受到来自_____的威胁。

（A）自然环境、硬件设备、人为事件

（B）自然环境、硬件设备、用户

（C）硬件设备、人为事件、传输链路

（D）硬件设备、人为事件、用户

参考答案：A

（2）下列哪个选项不属于 IaaS 面临的风险？（　　　）

（A）主机风险　　　　　　　　　　（B）网络风险

（C）数据存储及迁移风险　　　　　　（D）应用风险

参考答案：D

（3）下列哪个选项不属于 IaaS 物理与环境风险？（　　　）

（A）自然灾害　　　　　　　　　　（B）设备破坏

（C）网络攻击　　　　　　　　　　（D）设备受到电磁环境影响

参考答案：C

（4）下列哪个选项不属于 IaaS 中主机面临的技术风险？（　　　）

（A）恶意代码通过应用程序接口（API）进行攻击

（B）Hypervisor 的访问权限被非法用户获取

（C）自然灾害

（D）Hypervisor 自身存在安全漏洞

参考答案：C

（5）云计算中拒绝服务攻击（DoS）是指_____。

（A）公司声誉的破坏

（B）云服务提供商的财务状况恶化，导致其不能继续维持运营

（C）由于疏忽或者攻击者恶意操作导致的云服务暂停或终止

（D）由于密钥破坏导致关键资产损失

参考答案：C

（6）分布式数据库指_____。

（A）将分散在网络中的文件资源以统一的视角呈现给用户，使用户能够不考虑文件资源的存储位置，直接对文件或目录进行创建、移动和文件读写等操作

（B）在物理上分散的多个位置，通过网络连接而在逻辑上属于同一个系统的数据集，统一由一个分布式数据库管理系统进行管理

（C）让多个物理上独立的组件作为一个单独的系统协同工作，以此提高计算能力和计算

效率

（D）为了解决对资源共享的并行操作引起的数据不一致问题，保证数据的一致性和安全性

参考答案：B

（7）下面哪个选项不是数据安全生命周期的一个阶段？（　　　）

（A）数据生成　　　　　　　　　（B）数据使用

（C）数据更新　　　　　　　　　（D）数据共享

参考答案：C

（8）数据共享阶段是指_____。

（A）数据刚被数据所有者创建，且尚未被存储到云端的阶段

（B）数据通过网络传输到云端的阶段

（C）让在不同地方使用不同终端、不同软件的用户能够读取其他用户的数据并进行各种运算和分析的阶段

（D）将不再经常使用的数据迁移到一个单独的存储设备来进行长期保存的阶段

参考答案：C

（9）当用户或者攻击者频繁调用 API 时，会造成云服务器资源的浪费，严重的情况下可能会造成服务器瘫痪，使其他用户无法享用到正常畅通的服务。这句话描述的是_____。

（A）API 缺乏安全保护　　　　　　（B）API 凭证泄露

（C）API 设计风险　　　　　　　　（D）API 滥用风险

参考答案：D

（10）属于 API 设计风险的是_____。

（A）API 滥用风险　　　　　　　　（B）API 凭证泄露

（C）增值服务风险　　　　　　　　（D）API 重放攻击

参考答案：C

（11）未经授权的管理界面访问漏洞与下列哪个选项关键的云计算特征相关？（　　　）

（A）按需自助服务　　　　　　　　（B）泛在的网络访问

（C）位置无关资源池和快速的伸缩能力　　（D）可被测量的服务

参考答案：A

（12）数据恢复漏洞与下列哪个选项的关键的云计算特征相关？（　　　）

（A）按需自助服务　　　　　　　　（B）泛在的网络访问

（C）位置无关资源池和快速的伸缩能力　　（D）可被测量的服务

参考答案：C

（13）云计算面临的管理风险不包括_____。

（A）云服务无法满足 SLA　　　　　（B）云服务不可持续风险

（C）身份管理风险　　　　　　　　（D）安全漏洞带来的风险

参考答案：D

（14）云计算供应链包括_____。

（A）基础设施提供商、云服务提供商、分销商、用户

（B）基础设施提供商、技术提供方、云服务提供商、用户、服务流程等

（C）供应商、制造商、分销商、用户

（D）制造商、基础设施提供商、技术提供方、云服务提供商

参考答案：B

（15）供应商生产的产品不符合相关法律政策的标准或云服务提供商安全需求，或采用假冒伪劣的设备。这句话描述的是供应链风险中的_____。

（A）第三方产品风险 （B）第三方服务风险

（C）供应链断裂的风险 （D）信息不对称的风险

参考答案：A

（16）服务供应商未获得相关资质认证，或者提供的服务不稳定，如出现停电、停水的现象。这句话描述的是供应链风险中的_____。

（A）第三方产品风险 （B）第三方服务风险

（C）供应链断裂的风险 （D）信息不对称的风险

参考答案：B

（17）通常情况下，与网络或云计算中的数据有关的大部分法律和规章都是被设计用于什么目的的？（　　）

（A）实施多种管理职责 （B）保护个人数据防止丢失、误用、替换

（C）确保毫无疑问安全规程合规性 （D）管理公司责任

参考答案：B

（18）在欧盟的《通用数据保护条例》中，对于没有通过"充分保护水平"认定的国家、地区或国际组织，数据也可以向其流动，但必须提供充分保障措施。这里的充分保障措施是指_____。

（A）标准合同 （B）约束性公司规则

（C）行为准则和认证机制 （D）A、B和C

参考答案：D

（19）由于政府部门的数据信息不仅涉及经济利益，更涉及社会稳定、国家安全等敏感问题，因此_____是政府用户对云计算最关注的部分。

（A）数据安全 （B）运营标准

（C）信息互通 （D）技术标准

参考答案：A

（20）电子商务云中的"服务终止的风险"指的是_____。

（A）一旦云服务提供商终止服务或被其他公司收购，企业的电子商务平台可能无法继续运行，存储在云中的商业数据也可能无法安全拿回

（B）各个部门都拥有大量的数据，不同部门的数据中有一些是重复的，有些数据可能由于某个部门更新不及时而存在不一致现象

（C）有关云计算和电子商务的法律还不完善，一旦出现安全问题，很容易引起云服务提供商、开展电子商务的企业以及使用电子商务的用户之间的纠纷

（D）和商业机密相关的信息泄露，或用户的资产信息被篡改或丢失，给企业带来巨大的损失

参考答案：A

（21）2017 年，中国数字医疗网针对医疗健康行业用户对云计算的关注点做出了统计，其中关注度最高的是_____。

（A）性能 （B）服务

（C）安全 （D）成本

参考答案：C

（22）下列哪个选项不属于实施工业云面临的安全挑战？（　　　）

（A）数据风险 （B）设备接入风险

（C）云计算平台的可靠性和可用性 （D）云服务不能满足政府的安全要求

参考答案：D

二、简答题

（1）简述云计算 IaaS 面临的风险。

（2）简述云计算 PaaS 面临的风险。

（3）简述云计算 SaaS 面临的风险。

（4）简述云计算数据安全面临的风险。

（5）简述云计算接口面临的风险。

（6）简述安全漏洞给云计算带来的安全挑战。

（7）从 SLA、云服务不可持续、身份管理、供应链管理四个方面简述云计算安全管理面临的风险。

（8）简述云计算在法律法规方面面临的风险。

（9）简述云计算在电子政务、电子商务、金融、医疗、工业等行业面临的风险。

参考文献

[1] 中国信息通信研究院．云计算发展白皮书（2018）[R]，2018．

[2] Cloud Security Alliance, Top Threats Working Group. "The Treacherous Twelve" Cloud Computing TopThreats in 2016[EB/OL]. (2016-2-29)[2019-9-15]. https://cloudsecurityalliance.org/artifacts/the-treacherous-twelve-cloud-computing-top-threats-in-2016.

[3] Peter M. Mell, Timothy Grance. The NIST definition of cloud computing. [R/OL].[2019-9-20].https://www.cloudindustryforum.org/content/nist-definition-cloud-computing.

[4] 胡乐明，冯明，唐宏．云计算安全技术与应用[M]．北京：电子工业出版社，2012．

[5] 云计算开源产业联盟．云计算安全白皮书（2018）[R]，2018．

[6] 梁波．大数据云计算环境下的数据安全研究[J]．现代工业经济和信息化，2018(15):74-75．

[7] Winkler V J R. Securing the Cloud: Cloud computer Security techniques and tactics[M]. Elsevier, 2011．

[8] 王建华．API 技术安全问题及相关安全解决方案研究[J]．中国金融电脑, 2018(09):76-80．

[9] 姜政伟，刘宝旭．云计算安全威胁与风险分析[J]．信息安全与技术，2012,3(11):36-38;47．

[10] 全国信息安全标准化技术委员会. 信息安全技术 安全漏洞分类: GB/T 33561—2017[S].

[11] 徐蓉. 理解云计算漏洞[J]. 网络安全技术与应用, 2015(08):79-80.

[12] 张健. 云服务等级协议（SLA）研究[J]. 电信网技术, 2012(2):7-10.

[13] 陈兴蜀, 葛龙. 云安全原理与实践[M]. 北京: 机械工业出版社, 2017.

[14] 丁秋峰, 孙国梓. 云计算环境下取证技术研究[J]. 信息网络安全, 2011,11:37.

[15] 丁惠强. 征信数据跨境流动监管研究[J]. 征信, 2011,29(2):17-20.

[16] 吴迪. 个人数据跨境流动的国际规制[D]. 武汉: 武汉大学, 2018.

[17] 冯登国, 张敏, 张妍. 云计算安全研究[J]. 软件学报, 2011,22(1):71-83.

[18] 李德毅. 云计算技术发展报告（第三版）[M]. 北京: 科学出版社, 2013.

[19] 刘春艳, 杜蕊. 云计算模式下的电子商务安全研究[J]. 电子商务, 2012,7:41-42.

[20] 赵义斌, 沈一飞. 金融云发展面临的问题及应对策略研究[J]. 金融电子化, 2015(11):75-76.

[21] 刘晓曼, 李艺, 杜霖, 等. 工业云安全威胁及相关安全标准的研究[J]. 电信网技术, 2017(10):68-71.

[22] 邵美祺. 云计算合同所涉数据安全法律问题研究[D]. 北京: 外交学院, 2019.

[23] 王文钊. 基于用户行为的农业信息云平台统一身份认证技术研究[D]. 保定: 河北农业大学, 2015.

[24] 朱祥乐, 石启良. 云平台规划方法研究[J]. 电信快报, 2012(10):17-20.

[25] 付平武, 幸筱流. 微软应用虚拟化技术（APP-V）应用研究[J]. 电脑知识与技术, 2013,9(28):6257-6258.

[26] 张庆萍. 虚拟桌面基础架构（VDI）安全研究[J]. 计算机安全, 2011(04):72-74.

[27] 孙婕. 基于云计算的广域量测系统数据存储与安全方法研究[D]. 保定: 华北电力大学, 2016.

[28] 王冉晴, 范伟. 云计算安全威胁研究初探[J]. 保密科学技术, 2015(04):13-18.

[29] 邓卫红, 高其胜. 典型云服务等级协议内容及管理比较研究[J]. 图书馆学研究, 2015(03):28-35;23.

[30] 赵鑫龙. 云计算安全动态检测与静态评测技术研究[D]. 大连: 大连海事大学, 2017.

[31] 何波. 俄罗斯跨境数据流动立法规则与执法实践[J]. 大数据, 2016,2(06):129-134.

[32] 魏书音. GDPR 对我国数字经济企业的影响及建议[J]. 网络空间安全, 2018,9(08):34-37.

[33] 罗东俊. 基于可信计算的云计算安全若干关键问题研究[D]. 广州: 华南理工大学, 2014.

[34] 张志辉. 云服务信息安全质量评估若干关键技术研究[D]. 北京: 北京邮电大学, 2018.

[35] 赵义斌, 沈一飞. 金融公有云安全风险及安全体系研究[J]. 金融电子化, 2015(04):53-54.

第 3 章

云计算安全体系

云计算的出现是传统 IT 和通信技术发展、需求推动以及商业模式变化共同促进的结果。自从云计算诞生以来就一直受到各种安全问题的考验，云服务提供商为了建立起用户的信心，安全性保障成为其首要考虑的问题。当前，无论在产业界、学术界还是标准化领域，云计算安全都受到了广泛的关注，各国政府也针对云计算安全纷纷发布了一系列政策，云计算安全组织也发布了一些云计算安全参考模型，如云立方体模型、CSA 模型等，同时云计算安全产业生态已经形成。本章重点介绍云计算安全体系，为云服务提供商进行云计算安全建设提供参考。

3.1 云计算安全的定义与特征

3.1.1 云计算安全的定义

云计算安全（也称为云安全）一直以来都是云计算发展中最为重要的问题之一。现阶段对云计算安全的定义主要有两种。

定义一：云计算安全即云计算信息系统自身的安全防护，包括云计算的数据中心安全、基础设施安全、业务系统安全、应用服务安全、用户数据安全等。

定义二：云计算安全也称为云计算安全服务，即使用云计算的形式提供和交付安全能力，提升安全系统的服务能力，是云计算技术在信息安全领域的具体应用，如基于云计算的防病毒技术、挂马检查技术等。

目前，在云计算安全方面，主要有三种不同的研究方向。第一种是主要研究如何保障云计算信息系统自身及云上的数据与应用的安全；第二种是主要研究安全基础设置的云化，即如何使用云计算技术整合安全基础设施资源，优化安全防护机制，提升风险的预判及安全事件的控制能力；第三种是主要研究云计算安全服务，即如何使用云计算的资源为用户持续提供安全服务。

结合云计算安全的定义，本书重点针对定义一进行解读，探讨如何构建一个安全的云计算信息系统。对于云计算信息系统来说，由于其服务模式的特殊性，不能再采用传统互联网企业所采取的"先建设、后治理"的方式，而是要在云计算信息系统设计阶段就充分考虑其安全问题。

3.1.2 云计算安全的特征

云计算安全与传统信息安全特征的不同表现在以下三点[12]。

（1）安全防护理念不同。在传统信息系统的安全防护中，有一个很重要的原则就是基于边界的安全隔离和访问控制，所以各个安全区域之间有明晰的边界，针对不同的安全区域设置差异化的安全防护策略。但在云计算中，存储和计算资源高度整合，基础设施统一化，安全设备的部署边界消失了[11]。

（2）虚拟机安全的问题。云计算平台存在着大量的虚拟机，涉及如何监控虚拟机之间的流量，如何实现虚拟机之间的安全隔离，传统的网络安全设备如何进行虚拟化部署等问题。

（3）数据安全的权利与职责问题。在云计算中，数据的拥有者与数据本身存在物理分离，产生了用户隐私保护与云计算可用性之间的矛盾，同时数据的使用权和管理权分离，数据保护的权利和责任发生变化，如何科学地区分权利与责任问题也是云计算亟待解决的问题。

上述特征在公有云中尤为突出。在公有云中，用户会租用基础设施资源和虚拟机，存在着一台物理机上有多个用户的现象。如何对同一物理机上的不同用户进行网络隔离、流量监控、访问控制，构建完整的审计链，这些云计算特有的问题都需要运用有效的技术手段来解决。

3.2 云计算安全的发展与政策

近年来，随着云计算产业生态的日趋成熟，云计算安全问题也受到了前所未有的重视，国际云计算巨头纷纷就云计算安全提出了各种解决方案，有效地推动了云计算安全的发展；同时，云计算在学术领域也受到了广泛的关注，各国科学家纷纷投入云计算安全领域的研究，提出了很多具有价值的安全方案，推动了云计算安全技术的发展；另外，在云计算标准领域，国际及各国的标准化组织已经发布了很多云计算安全的相关标准，促进了各国云服务安全、无缝地对接。伴随着云计算安全产业、技术、标准的发展，云计算安全已成为各国政府积极布局的重要领域，如美国、欧盟、中国等都已经在政府层面出台了云计算安全的应对策略。为了使读者更加深入地了解云计算安全的发展与政策，本节将从云计算安全的发展现状及云计算安全相关政策两个方面来详细介绍云计算安全在产业界、学术界、标准化方面的发展，并就美国、欧盟、中国在云计算安全方面的相关政策进行详细解读。

3.2.1 云计算安全发展

2011 年，"云计算安全和云计算风险标准"首次出现在了 Gartner 公布的云计算前沿技术成熟度曲线中，这意味着云计算安全已受到了业界的关注。综合分析 Gartner 从 2011 年到 2018 年发布的前沿技术成熟度曲线，如图 3.1 所示[1]，云计算安全技术已经进入稳步攀升的光明期，即将进入实际生产的高峰期。

2017 年，Gartner 公布了关于云计算安全关键技术成熟度曲线的报告，在该报告中展示了云计算安全关键技术发展的分布情况，如图 3.2 所示[2]，指出容器安全、云基础架构安全态势评估、数据备份等技术仍然处于刚刚发展阶段，应用安全即服务、身份验证服务等技术已经进入了实际生产的高峰期。

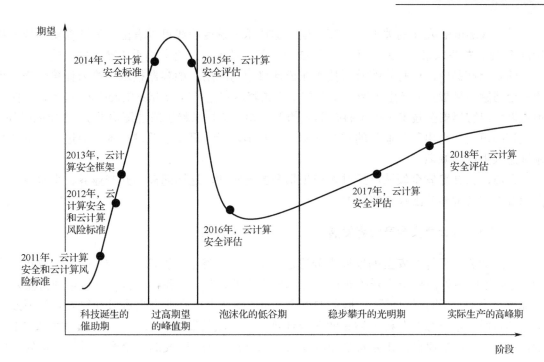

图 3.1 2011—2018 年云计算安全发展技术曲线分析

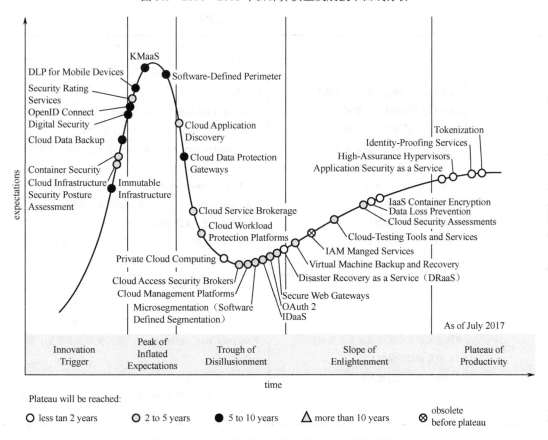

图 3.2 2017 云计算安全关键技术成熟度曲线图

通过 Gartner 发布的关于云计算安全关键技术成熟度曲线可以看出，云计算安全技术从 2011 年受到关注以来，一直处于稳定发展中，部分技术已经逐渐趋于成熟，并且能够应用到量产的安全产品中。但是伴随着新技术在云计算中的应用，如容器技术，给云计算带来了新的安全问题与挑战，故产生了新的安全技术，如容器安全（Container Security）技术，从曲线中可以看出容器安全技术正处于科技诞生的催助期，该技术趋于成熟还需要 2～5 年的时间，在这期间可能还会出现其他新的安全技术，不断丰富云计算安全关键技术，促进云计算安全领域进入生产高峰期。

目前，云计算安全领域已经进入稳步攀升的光明期，这期间离不开产业界、学术界、国际标准组织及世界各国政府的努力。

3.2.1.1　云计算安全产业界发展

在产业界，云计算安全的发展十分迅速，亚马逊、谷歌、微软、IBM、阿里、腾讯、华为、奇虎等国内外巨头纷纷开始布局云计算安全产业，推出了各种云技术安全解决方案及云计算安全产品，帮助用户保障云服务的安全。为了阐述上述企业在促进云计算安全领域发展方面的贡献，本节综合分析上述企业在云计算安全领域的发展现状与布局，具体如表 3.1 所示，展示了上述企业在云计算安全领域发布的部分白皮书、研发的安全产品及提出的安全解决方案。

表 3.1　产业界云计算安全进展

企　　业	安全白皮书	部分安全产品/解决方案
亚马逊	《AWS 安全性概述—应用程序服务》 《AWS 安全性概述—计算服务》 《AWS 安全性概述—数据库服务》 《AWS 安全性概述—网络服务》 《AWS 安全性概述—存储服务》 《AWS 安全性最佳实践》 《AWS 安全流程概览》 《AWS 风险与合规性》 《AWS 安全事故响应指南》	AWS Identity and Access Management（IAM）：管理用户访问和加密密钥。 Amazon Guard Duty：托管的威胁检测服务。 Amazon Inspector：分析应用程序安全性。 Active Directory AWS Firewall Manager：集中管理防火墙规则。 AWS Key Management Service：管理型的密钥创建和控制。 AWS Security Hub：一体化安全性与合规性中心。 AWS Shield：实施 DDoS 攻击防护。 AWS Single Sign-On：云单点登录（SSO）服务。 AWS WAF：过滤恶意 Web 流量
谷歌	《Google Cloud 安全性白皮书》 《通过云计算实现规模化安全保障》 《一般数据保护条例》 《谷歌架构安全白皮书》	Cloud IAM：身份和访问权限管理服务。 Firebase：支持多平台登录的身份验证服务。 Cloud Data Loss Prevention：发现并隐藏敏感数据。 Security Key Enforcement：强制使用安全密钥，防范网上诈骗。 Titan：安全密钥。 Cloud HSM：使用完全托管的硬件安全模块保护加密密钥。 Cloud Security Scanner：自动扫描 App Engine 应用

续表

企　业	安全白皮书	部分安全产品/解决方案
微软	《云中的 Azure 安全响应》 《Azure 高级威胁检测》 《Azure 网络安全》 《在 Azure 上开发安全的应用程序》	Azure Sentinel：用于整个企业的智能安全性分析。 Key Vault：保护并保持控制密钥和机密。 Azure Active Directory：同步本地目录并启用单点登录。 Azure 信息保护。 VPN 网关：创建安全的跨界连接。 Azure DDoS 攻击防护。 Azure 专用 HSM：管理云中使用的硬件安全模块
IBM	《IBM Cloud 合规性》 《数据安全防护白皮书》 《选择托管安全服务提供商的八个重要标准》	活动跟踪程序：在云中查看、管理和审计活动。 应用标识：向 Web 和移动应用添加认证过程。 网络安全性：防火墙和安全组保护服务器。 SSL 证书：加密客户端和服务器应用之间传输的数据。 证书管理器：在安全存储库中存储并集中管理证书。 硬件安全模块：具有密钥管理和密钥存储功能的物理设备。 Hyper Protect 服务：为内存中的数据、传输中的数据和静态数据提供保护。 IBM X-Force：云计算安全服务
阿里	《阿里云安全白皮书》 《数据安全白皮书》 《阿里云安全策略解读》	DDoS 高防 IP； Web 应用防火墙； SSL 证书； 堡垒机； 云防火墙； 密钥管理服务； 游戏盾； 企业上云计算安全建设解决方案； 互联网金融安全解决方案； 新零售安全解决方案； 游戏安全解决方案； 政务云计算安全解决方案； 混合云态势感知解决方案
腾讯	《腾讯云安全白皮书》 《腾讯云数据安全白皮书》	DDoS 防护； 高级威胁检测系统； 高级威胁追溯系统； 威胁情报云查服务； 欺骗防护与威胁感知系统； 金融风控解决方案； 电子合同解决方案； 企业数据安全解决方案； 直播安全解决方案； 品牌保护解决方案

企　　业	安全白皮书	部分安全产品/解决方案
华为	《华为云安全白皮书》 《华为云数据安全白皮书》	Anti-DDoS； DBSS 数据加密服务； 态势感知 SSL； Web 应用防火墙 WAF； 通用安全解决方案； SAP 安全解决方案； 电商安全解决方案； 云主机防暴力破解解决方案； 金融安全解决方案
奇虎	《360 用户隐私保护白皮书》 《360 安全桌面云产品白皮书》 《360 云安全管理平台产品白皮书》	云计算安全； 网站卫士； 云监控； 高防 DNS

从表 3.1 可以看出，国内外云服务提供商对云计算安全更加重视，发布了大量的白皮书并研制了很多安全产品，展示自己在云计算安全技术、云计算安全管理、安全运维方面部署情况，向用户展示了其提供安全云服务的能力。在我国，很多云服务提供商已经根据国家相关法律法规和上级监管部门要求，在网络安全、系统安全、应用安全、数据安全、安全管理等基础安全方面进行了实践应用，如在技术方面定期开展对主机、应用软件、数据库软件的安全扫描及加固，严格控制运维人员的访问权限，确保风险可控，在管理方面确定了安全管理制度和安全运维流程，确保安全管理工作合规开展；部分云服务提供商成立了安全管理部门，负责推动安全工作的同步规划、同步建设、同步使用，确保其云计算平台的运营安全。同时，根据用户的安全需求，云服务提供商还提供云抗 DDoS 攻击、云 WAF、云杀毒、云态势感知等安全服务，帮助用户提升安全防护水平。

3.2.1.2　学术界主要研究方向

云计算安全已成为学术领域研究的热点，主要的研究方向包括虚拟化安全、网络安全、数据安全及应用安全。在虚拟化安全方面，主要研究主机虚拟化安全、操作系统虚拟化安全、网络虚拟化安全等相关技术，解决云计算平台的资源调度及资源共享方面的安全问题；在网络安全方面，主要研究在云计算中网络安全接入及网络安全防护等相关技术，应对云计算中网络入侵等威胁；在数据安全方面，主要研究数据隔离、数据安全存储、密文计算、数据完整性验证、数据共享与隐私、数据库安全等相关技术，解决在云计算中数据的机密性、完整性及可用性保护等问题；在应用安全方面，主要研究用户身份认证及访问控制等相关技术，解决云计算中非授权访问等安全问题。上述每个研究方向又可分为多个研究分支，学术界云计算安全的主要研究内容如表 3.2 所示。

表 3.2　学术界云计算安全的主要研究内容

主要研究方向	主要研究技术	主要研究内容
虚拟化安全	主机虚拟化安全	虚拟机隔离、虚拟可信计算技术、轻量级 Hypervisor
	操作系统虚拟化安全	容器安全技术
	网络虚拟化安全	Overlay 网络三大技术、VXLAN、NVGRE、STT、SDN
网络安全	网络安全接入	FTTB+LAN 接入、DDN（Digital Data Network）接入
	网络安全防护	防火墙、入侵检测、UTM 技术、态势感知
数据安全	数据隔离	数据分级和数据访问控制（如密钥策略属性基加密、密文策略属性基加密）
	数据安全存储	数据加密技术、密钥管理技术、密文去重技术
	密文计算	同态计算、保序加密、密文检索
	数据完整性验证	用户主导、可信第三方验证
	数据共享与隐私	代理重加密技术，共享数据安全搜索技术和隐私保护（如数据匿名技术、数据脱敏技术、数据水印技术、差分隐私技术）
	数据库安全	数据库加密、数据库透明加/解密、数据库访问控制
应用安全	用户身份认证	SAML、OAuth、OpenID、XACML、SCIM
	访问控制	基于角色的访问控制、基于属性的访问控制、动态策略

从学术界的主要研究内容来看，一些传统的安全技术仍然适用于云计算安全防护，例如入侵检测技术、数据加密技术等，如何将这些技术用于云计算的安全保护是学术界的重要研究内容。同时，在云计算新的服务模式下，也需要新的安全保障技术和方法，这给学术界带来了全新的研究方向，例如容器安全技术和虚拟化安全技术。在这些新的安全技术研究中，虽然已经取得了一些进展，但总体来说还不够成熟，例如虚拟化安全中的虚拟资源隔离，数据安全中数据完整性验证时的存储开销大，以及密钥管理难度较大等问题，这些均是未来研究中十分值得关注的重要问题[3]。

3.2.1.3　云计算安全标准化进展

当前，很多标准化组织和团体都开展了对云计算安全标准的研究工作。国际上有 ISO/IEC（International Organization for Standardization/International Electrotechnical Commission，国际标准化组织/国际电工委员会）、ITU（International Telecommunication Union，国际电信联盟）、NIST（National Institute of Standards and Technology，美国国家标准与技术研究院）、ENISA（European Network and Information Security Agency，欧洲网络与信息安全局）等标准化组织以及 CSA（Cloud Security Alliance，云安全联盟）、OASIS（Organization for the Advancement of Structured Information Standards，结构化信息标准促进组织）等产业联盟；在国内，信息安全标准化技术委员会一直布局云计算安全标准的研究和制定。目前，国际和国内在云计算安全标准化方面都发布了一些重要成果，如表 3.3 所示。

表 3.3 云计算安全部分标准化成果

标准组织和协会	标 准	覆 盖 范 围
ISO/IEC	《基于 ISO/IEC 27002 的云服务的信息安全控制措施实用规则》 《公共云服务的数据保护控制措施实用规则》 《ISO/IEC 27001 在特定行业/服务的认可的第三方认证中的使用和应用》 《供应商关系的信息安全　第四部分：云服务安全》	国际标准化组织
ITU	《云计算安全框架》 《云计算身份管理要求》 《云计算基础设施要求》	国际标准化组织
NIST	《云计算参考体系架构》 《完全虚拟化技术安全指南》 《云计算安全障碍与缓和措施》 《公共云计算中安全与隐私》 《云安全参考架构》 《云安全自动化框架》	美洲
ENISA	《云计算　信息安全保障框架》 《云计算　信息安全的好处、风险和建议》 《政府云安全框架》 《中小企业的云安全指南》	欧洲
CSA	《云计算的主要风险》 《关键领域的云计算安全指南》（V1、V2、V3、V4） 《云安全联盟的云安全控制矩阵》 《身份管理和访问控制指南》 《云计算安全技术要求》 《云安全控制矩阵》	国际标准化协会
OASIS	《云计算使用案例中的身份管理》 《密钥管理和互操作性协议规范》	国际标准化协会
全国信息安全标准化 技术委员会	《信息安全技术　云计算服务安全指南》 《信息安全技术　云计算服务安全能力要求》 《信息安全技术　云计算服务安全能力评估方法》 《信息安全技术　云计算安全参考架构》	中国

从国内外云计算安全标准的发展现状来看，经过国际上各大组织的研究、探索和实践，云计算安全标准的制定工作已经进入稳步发展阶段，产生了多项被业界广泛认可的技术标准或规范成果，一些云计算安全相关的认证也依照相关标准来制定。然而，国内外云计算安全相关标准众多，不同的企业执行不同的标准，会导致市场对安全质量的度量较为混乱，也会影响云计算的应用推广。未来，国际云计算安全标准将逐渐趋于统一，助力云计算产业快速发展[4]。

3.2.2 云计算安全政策

在云计算安全发展的背后，离不开各国政府的政策支持。世界各国已普遍认识到了云计算所带来的机遇，美国等国家率先制定了一系列云计算安全政策，促进其发展。虽然我国云计算发展相对滞后，但近几年对网络安全的重视，也推进了有关云计算安全政策的落地。

3.2.2.1　美国

美国作为云计算使用和发展最充分的国家之一，早在 2009 年，美国国家标准与技术研究院（NIST）在《有效安全地使用云计算范式》的研究报告中就分析了云计算安全的众多优势和挑战，之后几年，美国联邦政府出台了多项政策来推动云计算安全的发展。

2010 年 11 月，由 NIST、GSA、CIOC 以及信息安全及身份管理委员会（ISIMC）等组成的团队历时 18 个月的调研后提出了《美国政府云计算安全评估和授权建议方案》。2011 年 1 月美国国土安全部（DHS）给出了《从安全角度看云计算：联邦 IT 管理者入门》读本，指出了联邦面临的 16 项关键安全挑战：隐私、司法、调查与电子发现、数据保留、过程验证、多用户、安全评估、共享风险、人员安全甄选、分布式数据中心、物理安全、程序编码安全、数据泄露、未来的规章制度、云计算应用、有能力的 IT 人员。NIST 发布了《公共云计算安全和隐私指南》《完全虚拟化技术安全指南》[13]。2011 年 2 月，美国国土安全部发布了《联邦云计算战略》，要求 NIST 及时发布相关安全标准。2011 年 12 月，美国联邦政府行政管理和预算办公室（OMB）颁布政策备忘录，宣布建立美国联邦政府风险和授权管理项目（Federal Risk and Authorization Management Program，FedRAMP）。2012 年 2 月成立了 FedRAMP 联合授权委员会（JAB）并发布了《FedRAMP 概念框架（CONOPS）》《FedRAMP 安全控制措施》。FedRAMP 的引入，为美国联邦政府机构采购云产品和云服务提供了一个包含风险评估、授权管理与持续监测在内的基于标准的认证项目，其目标是构建一个统一的风险管理过程，确保从国家的层面实现政府部门采用云计算的安全[5]。

3.2.2.2　欧盟

相比美国，欧盟对于数据的安全性和隐私性的要求更加严格，因此对云计算安全的监管力度更大。欧盟于 2012 年 9 月 27 日宣布启动一项旨在进一步开发云计算潜力的战略计划，其中包括为云服务（特别是云计算服务的 SLA）制定安全和公平的标准规范。2013 年 2 月 7 日，欧盟议会、欧盟理事会、欧洲经济和社会委员会，以及欧洲地区委员会联合发布了《欧盟网络安全战略：一个开放、安全的网络空间》，指出欧盟委员会将支持云计算领域内的安全标准制定，并协助欧洲的自愿性认证项目。这一工作将基于欧洲标准化组织（如 CEN、CENELEC 和 ETSI）以及网络安全协调小组（CSCG）所开展的持续性的标准化工作，此外也会听取欧洲网络和信息安全局、欧盟委员会和其他相关参与者的专业信息。2013 年 6 月，欧盟议会通过了关键信息基础设施（CIIP）——面向全球网络安全的决议，其中将云计算纳入 CIIP 的范畴。同时，欧盟云计算联盟制定并发布了一系列指导方针，如《数据安全法律》《云计算验收指南》《公有云采购指南》《云服务合同》等，尤其在数据隐私保护方面，先后出台了一系列的有关数据隐私保护方面的法规，确保用户在采用云服务时的数据安全[14]。

在欧盟云计算安全政策的指导下，欧盟各成员国积极部署云计算安全相关政策法规与保障措施，比较有代表性的国家有法国和德国。法国通过项目资助和加大科技企业扶持的方式，带动云计算的发展。2009 年 12 月，法国政府为了推动国家基础设施建设和促进创新领域的快速发展启动了"未来投资计划"，推动了云计算技术和云计算数据安全技术的发展。德国是云计算安全发展较快的国家。2010 年德国发布《信息与通信技术战略：2015 数字化德国》，规划了 2015 年前信息通信技术和新媒体领域的发展目标及具体行动措施。在该战略中，制定了德国有关技术发展与网络安全方面的政策，加强数据保护和隐私保护，实现安全的"数字化德国"。同年，德国政府发布了《针对云服务提供商的安全建议》，该文档在 NIST 一系列成果的基础上，构建了云计算安全体系结构，涵盖了服务器、网络等方面所需的安全能力。

英国也十分重视云计算安全。2012 年，英国政府开通"云市场"（Cloud Store）网站，启动 G-Cloud 认证工作，目的是对云服务进行规范和安全审查，指导政府部门选择、采购各类云服务。政府部门可以在"云市场"网站上选择、采购各类云服务，确保云服务的安全性。除此之外，2018 年 11 月，英国国家网络安全中心（NCSC）发布了《云安全指导》，提出了一个围绕 14 项云计算安全原则而构建的框架。这些云计算安全原则覆盖面广、内容全面，涵盖了许多重要因素，例如保护传输中的数据、供应链安全性、身份验证以及云服务的安全使用。

3.2.2.3　中国

中国政府对云计算安全问题也逐渐重视起来，在国家层面和地方层面都出台了多项政策来推动云计算安全的发展。

从国家层面来说，早在 2010 年 10 月，国家发展改革委、工业和信息化部就联合发布《关于做好云服务创新发展试点示范工作的通知》，文件提出，要加强云计算技术标准、服务标准和安全管理的制度建设。2011 年 3 月，第十一届全国人民代表大会第四次会议通过了《中华人民共和国国民经济和社会发展第十二个五年规划纲要》，对未来五年经济社会发展进行了总体规划，该纲要第十三章"全面提高信息化水平"指出：要健全网络与信息安全的法律法规，完善信息安全标准体系，实施信息安全的等级保护制度；构建以云计算为基础的信息系统网络，用云计算提升信息产业发展的水平。2012 年 5 月，工业和信息化部发布了《互联网行业"十二五"发展规划》，提出要重点突破超大规模云计算操作系统、虚拟化、高速网络等关键技术，推进云计算产业发展。规划指出，要开展云计算安全技术研发，突破云计算安全领域的核心技术，制定云计算安全管理制度，保证云计算的健康有序发展。同时，制定云计算关键技术标准、服务标准和安全管理规范，并积极参与国际标准的制定。2015 年，中共中央网络安全和信息化委员会办公室（简称中央网信办）发布了《关于加强党政部门云服务网络安全管理的意见》，指出了政府选用云服务提供商的三大核心内容是安全、可控、稳定。2017 年，工业和信息化部编制印发了《云计算发展三年行动计划（2017—2019 年）》，计划指出要完善云计算网络安全保障制度、推动云计算网络安全技术发展、推动云计算安全服务产业发展，到 2019 年实现云计算网络安全保障能力明显提高，网络安全监管体系和法规体系逐步健全。

在地方层面上，自 2017 年工业和信息化部印发《云计算发展三年行动计划（2017—2019年）》后，地方政府不断出台政策积极推动企业上云，同时将云计算安全放在了重中之重。广东省于 2014 年发布《广东省云计算发展规划（2014—2020 年）》，提出要支持云计算安全相关技术、产品和服务的推广应用，加快构建云计算安全体系，并于 2015 年建立广东省云计算信息安全工程实验室，以应用中的信息安全问题为主线，突破云计算信息安全核心关键技术，为广东省云计算产业快速发展提供技术支撑和安全保障。浙江省 2018 年发布《浙江省深化推进"企业上云"三年行动计划（2018—2020 年）》，文件指出要夯实云服务与云计算安全保障，督促云服务提供商建立云服务和云计算安全保障机制，引导上云企业正确认识并重视安全问题，与云服务提供商协同做好上云信息安全保护。河南、四川、辽宁等地也相继制定有关政策，在安全的保障下推动云计算的发展。

3.3　云计算安全参考模型

云计算安全模型是一个协助指导安全决策的工具。目前，业界已经推出了一些云计算安全模型，以帮助企业满足合规要求。本节将详细对三种业界较为认可的云计算安全参考模型进行介绍。

3.3.1　云立方体模型

2009 年 2 月，Jericho Forum（杰里科论坛，一个致力于定义和促进去边界化的国际组织）从安全协同的角度提出了云立方体模型，该模型从数据的物理位置（Internal 和 External）、云计算相关技术和服务的所有关系状态（Proprietary 和 Open）、应用资源和服务时的边界状态（Perimeterised 和 De-Perimeterised）、云服务的运行和管理者（Insourced 和 Outsourced）4 个影响安全协同的维度上分成了 16 种可能的云计算形态[15]。云立方体模型如图 3.3 所示[6]，云立方体模型的分解如图 3.4 所示，云立方体模型的维度如表 3.4 所示。

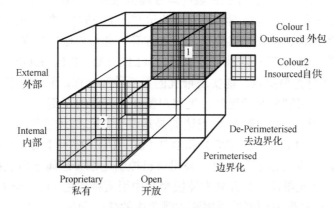

图 3.3　云立方体模型

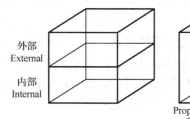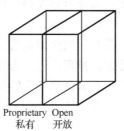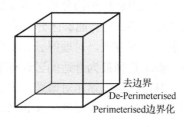

图 3.4　云立方体模型的分解[6]

表 3.4　云立方体模型的维度表

序　号	维　　度	备　注
1	Dimension1：Internal（I）/External（E）	维度 1：内部/外部
2	Dimension2：Proprietary（P）/Open（O）	维度 2：私有/开放
3	Dimension3：Perimeterised（Per）/De-Perimeterised（D.P）Architectures	维度 3：边界化/去边界化
4	Dimension4：Insourced（In）/Outsourced（Out）	维度 4：自供/外包

（1）维度 1：内部/外部。维度 1 表达的是数据物理位置，衡量依据是数据是否在组织内部。如果部署在组织内则是内部维度，反之是外部维度。例如，虚拟化硬盘位于公司的数据中心属于内部维度，亚马逊 SC3 位于"场外"属于外部维度。这里需要说明的是，内部不一定比外部安全，有时，结合实际情况将两个维度进行有效结合能提供更加安全的模型。

（2）维度 2：私有/开放。维度 2 表达的是技术路线，该维度定义云技术、服务、接口等所有权，表明了云间的互操作性程度，即私有云和其他云间的数据和应用可移植性。在私有云中，不对私有云进行大的改动，是无法将数据和应用转移到其他云中的。然而，云计算技术的进步和创新却多发生在私有云，私有云服务提供商也以专利和商业技术的形式对新技术加以限制和保护。公有云则通过使用开放技术，使数据在云之间共享，使云之间相互协作不再受限，也使公有云成为提高多个组织之间合作的最有效的云。

（3）维度 3：边界化/去边界化。维度 3 表达的是体系理念，即云在企业的传统 IT 边界以内还是之外。边界化意味着在以防火墙为标志的传统 IT 边界内运行云计算，但是这种做法阻碍了企业与企业（如私有云与私有云）的合作。在边界化的情况下，可以通过 VPN 来简单地将组织边界延伸到外部云，在公司的 IP 域内运行虚拟服务，当计算任务完成后，把边界退回到原来的传统位置。去边界化是指逐渐移除企业传统的 IT 边界，使企业能够越过任何网络与第三方企业（如业务伙伴、用户、供应商、外包方等）进行全球性的安全合作。

目前，可以在维度 3 中运营四种云计算形态（I/P、I/O、E/P、E/O）。云立方体模型中的云计算形态 E/O/D.P 称为最优点，能实现最优的灵活性和合作。然而，私有云服务提供商出于商业利益的考虑，会限制私有云迁移，把用户留在立方体的左侧。

（4）维度 4：自供/外包。维度 4 表达的是运维管理，描述运维管理权的归属问题。8 个云计算形态 Per（I/P、I/O、E/P、E/O）和 D.P（I/P、I/O、E/P、E/O）里每个云计算形态有两种运维管理状态，分别为自供和外包。公司自己控制运维管理属于自供维度，运维管理服务外包给第三方属于外包维度。在云立方体模型图中用两种颜色（Colour 1 和 Colour 2）表示维度 4。上述 8 个云计算形态均可以采用两种颜色中的任一颜色。

从对云立方体模型的分析可以看出，云立方体模型可以很好地对位置、所有权、架构和维护模式进行边界界定，能够区分云从一种形态转换到另外一种形态的四种准则/维度，以及各种组成的供应配置方式，对理解云计算所具有的安全问题有很好的帮助。用户需要根据自身的业务和安全需求选择最为合适的云计算形态。然而，云立方体定义的云计算形态维度主要用于商业决策，对技术的概述相对薄弱，因此将对云计算安全的架构和技术问题的研究置于云立方体模型的下一层次，结合每种云计算形态的安全特点来分析云计算安全的应对策略和核心技术。

3.3.2　CSA 模型

云安全联盟（Cloud Security Alliance，CSA）从 2009 年发布《云计算关键领域安全指南 V1.0》版本开始，逐步更新，2017 年发布了《云计算关键领域安全指南 V4.0》（简称新指南）。新指南从架构（Architecture）、治理（Governance）和运行（Operational）三个方面的 14 个领域对安全性和支持技术等提供最佳实践指导[7]。

云计算部署方式的实现如图 3.5 所示。

如图 3.5 所示，对于私有云和社区云，有多种实现方式，可以和公有云一样，由第三方拥有和管理，并提供场外服务，所不同的是共享云服务的用户之间具有信任关系，这样就使保障云计算的安全性的责任局限于组织内部和可信任的用户之间。

	管理者	所有者	位置	消费者
公共云	第三方	第三方	场外	不信任
私有和社区云	组织 或 第三方	组织 或 第三方	场内 或 场外	信任
混合云	组织和第三方	组织和第三方	场内和场外	信任和不信任

图 3.5　云计算部署方式的实现

　　云计算部署方式的实现和基本云服务的组合构成了不同的云服务模式。在《云计算关键领域安全指南 V3.0》中，指出了云计算技术架构模型、安全控制模型以及相关合规模型之间的映射关系，如图 3.6 所示。

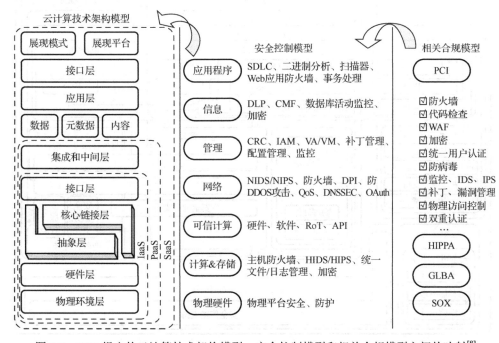

图 3.6　CSA 提出的云计算技术架构模型、安全控制模型和相关合规模型之间的映射[8]

　　结合图 3.6 中的安全控制模型，可以确定不同的云服务类型下云服务提供商和用户的安全控制范围和责任，可以帮助用户评估和比较不同云服务模式的风险，以及现有安全控制与要求的安全控制之间的差距，可以帮助云服务提供商和用户做出合理的决策。

3.3.3　NIST 云计算安全参考框架

　　2013 年 5 月，美国国家标准与技术研究院（NIST）发布了 SP 500-299《云计算安全参考框架（NCC-SRA）》草案，描绘了云服务中各种角色的安全职责[9]，具体如图 3.7 所示。

　　该架构是基于角色来分层描述的，从用户、云服务提供商、云代理者、云审计者和云基础网络运营者五个层面，详细描述了如何保障云服务的安全。

（1）用户。用户需要由安全云服务协同和安全云服务管理两方面支持云计算安全。安全云服务协同是系统组件的一种组合，支持云服务提供商对计算资源进行部署、协调与管理，为用户提供安全的云服务。安全云服务协同是一个过程，需要所有的云参与者通力合作，基于云服务类型与部署模型不同程度地实现各自的安全职责。

安全服务层涉及云服务提供商、云代理者与用户。用户仅需确保云服务接口，以及接口之上功能层的安全。根据云部署模型的不同，云服务接口可能位于 IaaS、PaaS 或 SaaS。用户只能依靠云服务提供商或技术代理者保障安全功能层的安全。

安全云服务管理包含支撑用户业务运行与管理所需的安全功能。用户业务运行与管理的安全需求包括：安全业务支持需求、服务提供与配置安全需求、移植与互操作安全需求，以及组织支持（包括组织处理、策略与步骤）。因此该模块主要包括安全业务支持、安全配置、可移植性与互操作性、组织支持。

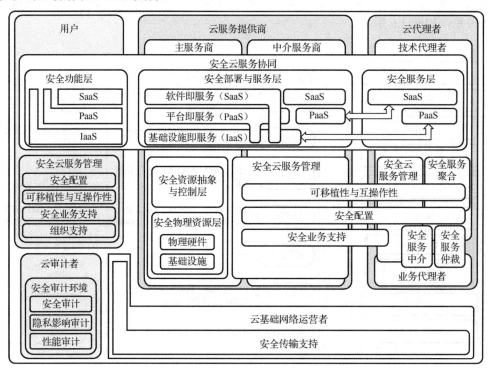

图 3.7　云计算安全参考架构

（2）云服务提供商。根据云服务提供商的服务范围与实施的活动，云服务提供商的架构组件为安全云服务管理、安全云服务协同。由于安全与隐私保护、数据内容管理、服务级别协议（SLA）等是跨组件的，因此云计算安全参考架构模型将云服务提供商的安全活动交错分布到所有的组件，覆盖了云服务提供商负责的全部领域，并且将安全性嵌入与云服务提供商有关的全部架构组件中。另外，云部署方式作为云服务的一部分，直接与云服务提供商提供的服务相关。因此，云计算安全参考架构为云服务提供商定义了两个框架组件与子组件。两个框架组件是：安全云服务管理，包括安全供应与配置、安全可移植性与互操作性和安全业务支持；安全云服务协同，包括安全物理资源层（物理硬件与基础设施，仅主服务商）、安全资源抽象与控制层（物理硬件与基础设施，仅主服务商）。子组件是安全部署与服务层。

主服务商通过技术代理者直接向用户提供服务，或通过中介服务商间接地向用户提供服务。中介服务商也可将一个或多个主服务商的服务集成后向用户提供服务。多个云服务提供商之间形成依赖关系，此依赖关系通常对用户不可见，即主服务商与中介服务商提供服务的方式对用户没有区别。中介服务商负责的安全组件、控制措施与主服务商相同，并需在多个云服务提供商之间进行协调。

（3）云代理者。云代理者是管理云服务的使用、性能与交付，并协调云服务提供商与用户之间关系的实体。云计算安全参考架构模型中强调了两种类型的云代理者：技术代理者与业务代理者。在实践中，技术代理者用于保护用户的数据迁移到云的安全组件集（与提供类似服务的中介服务商所使用的安全组件集相同）；业务代理者提供业务与关系支持服务（如安全服务仲裁与安全服务中介）。与技术代理者相反，业务代理者不接触任何用户在云中的数据、操作过程与其他组件。

通常，云代理者提供的服务组合可以分为五种架构组件：安全服务聚合、安全服务仲裁、安全服务中介、安全云服务管理和安全云服务协同。其中，前四个组件分别对应云代理者所提供的服务，第五个组件则对应云代理者的责任，即作为安全云服务协同的一部分保障云服务的安全性。

（4）云审计者。云审计者是对云服务、信息系统运维、性能、隐私影响、安全等进行独立审计的云参与者。云审计者可为任何其他云参与者执行各类审计。云审计者中的安全审计环境可确保以安全与可信的方式从责任方收集目标证据。通常，云审计者可用的安全组件与相关的控制措施独立于云服务模式与/或被审计的云参与者。

（5）云基础网络运营者。云基础网络运营者是提供云服务连接与传输的云参与者。从用户角度来看，用户与云服务提供商或云代理者有更为直接的关系。除非云服务提供商或云代理者同时充当云基础网络运营者的角色，否则云基础网络运营者的角色将不会被用户注意到。因此，为履行合同义务并满足指定的服务要求，云基础网络运营者应对云服务提供商与云代理者的云服务提供安全传输支持。虽然云基础网络运营者具有安全服务管理功能，如保证安全的服务交付以及满足用户的安全需求，但这些功能并不直接提供给用户。

从上述分析我们可以看到，NIST 提出的云计算安全参考架构根据参与云计算的五个角色，从云计算的三种服务类型开始，详细给出了每个角色在不同的服务类型中需要承担的安全责任。

3.4 云计算安全责任共担

传统观点认为，用户将自己的业务部署在云上，云服务提供商就有义务保证用户数据的安全以及业务运行的稳定。但事实上，由于用户业务的类型多样，部署架构也不同，针对每个用户的实际需求提供完整的安全解决方案并不是云服务提供商所关注和擅长的。针对上述情况，为避免云服务提供商与用户之间安全责任分工不清，业界普遍使用云计算安全责任共担的模型来界定云服务提供商和用户之间的责任，本节将对安全责任共担模型以及不同的云计算服务类型下的安全责任划分进行详细阐述。

3.4.1 云计算安全责任共担模型

云计算平台由基础设施、物理硬件、资源抽象控制层、虚拟资源、软件平台和应用软件等组成。针对三种不同的云计算服务类型，云计算安全责任共担模型如图 3.8 所示。

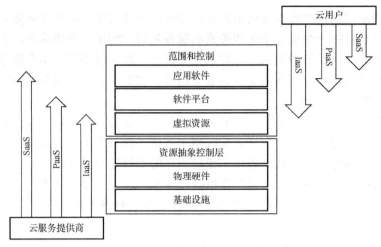

图 3.8　云计算安全责任共担模型

从图 3.8 中可以看出，不管哪种服务类型，云计算的基础设施、物理硬件和资源抽象控制层均由云服务提供商负责，云服务提供商承担所有的安全责任。但是在不同的服务类型中，云服务提供商和用户对资源拥有不同的控制范围，控制范围决定了云服务提供商和用户安全责任的边界[16]。

（1）IaaS 中的责任划分：在 IaaS 中，云服务提供商提供基本的计算、存储、网络等资源，并为用户分配虚拟机、存储空间、网络地址等资源，因此虚拟机本身以及运行在其上的应用、数据以及虚拟网络的安全均由用户承担。

（2）PaaS 中的责任划分：在 PaaS 中，由于用户使用云服务提供商部署的基础软件，无须部署和管理虚拟机等，因此，用户只需对基础软件之上的应用、数据的安全负责，其他的安全责任由云服务提供商承担。

（3）SaaS 中的责任划分：在 SaaS 中，由于用户使用云服务提供商的应用，而无须部署应用系统，因此，用户只需对数据及客户端的安全负责，云服务提供商承担从底层到应用自身的安全责任。然而在 SaaS 中，由于用户的数据保存在云端，数据传输和存储的完整性、保密性以及数据的可用性也依赖于云服务提供商。

3.4.2　不同服务类型的安全管理责任主体

云计算安全涵盖物理安全、主机安全、网络安全、应用安全、数据安全、安全管理和安全运维七个层面，每个层面的安全都关乎云计算系统的安全。在每个层面中又包含相应的安全控制点，而在不同的云服务模式下，安全控制点的责任主体有所不同，例如应用系统及相关软件组件的安全在 IaaS 中由用户负责，但在 SaaS 中则由云服务提供商负责。三种云计算服务类型下安全控制点的责任主体如表 3.5、表 3.6、表 3.7 所示。

表 3.5　IaaS 中安全控制点的责任主体

层　　面	安全控制点	责 任 主 体
物理安全	数据中心、物理硬件、基础设施	云服务提供商
主机安全	主机及附属设备、虚拟机管理平台、镜像等	云服务提供商
	用户虚拟安全设备、虚拟机等	用户

层　　面	安全控制点	责 任 主 体
网络安全	物理网络及附属设备、虚拟网络管理平台、虚拟网络安全区域	云服务提供商
	用户虚拟网络设备、虚拟网络安全区域	用户
应用安全	云管理平台（含运维和运营）、镜像、快照等	云服务提供商
	用户应用系统及相关软件组件、用户应用系统配置等	用户
数据安全	用户业务相关数据	用户
安全管理	授权和审批流程、文档等、云计算平台接口、安全控制措施、供应链管理流程、安全事件和重要变更信息	云服务提供商
	云服务提供商选择及管理流程	用户
安全运维	监控和审计管理的相关流程、策略和数据	云服务提供商、用户

表 3.6　PaaS 中安全控制点的责任主体

层　　面	安全控制点	责 任 主 体
物理安全	数据中心、物理硬件、基础设施	云服务提供商
主机安全	主机及附属设备、虚拟机管理平台、镜像、虚拟机、虚拟安全设备等	云服务提供商
网络安全	物理网络及附属设备、虚拟网络管理平台、虚拟网络安全区域、虚拟网络设备等	云服务提供商
应用安全	云管理平台（含运维和运营）、镜像、快照等	云服务提供商
	用户应用系统及相关软件组件、用户应用系统配置等	用户
数据安全	用户业务相关数据等	用户
安全管理	授权和审批流程、文档、云计算平台接口、安全控制措施、供应链管理流程、安全事件和重要变更信息	云服务提供商
	云服务提供商选择及管理流程	用户
安全运维	监控和审计管理的相关流程、策略和数据	云服务提供商

表 3.7　SaaS 中安全控制点的责任主体

层　　面	安全控制点	责 任 主 体
物理安全	数据中心、物理硬件、基础设施	云服务提供商
主机安全	主机及附属设备、虚拟安全设备、虚拟机、虚拟机管理平台、镜像等	云服务提供商
网络安全	物理网络及附属设备、虚拟网络管理平台、虚拟网络安全区域、虚拟网络设备	云服务提供商
应用安全	云管理平台（含运维和运营）、镜像、快照、应用系统及相关软件组件等	云服务提供商
	用户应用系统配置	用户
数据安全	用户业务相关数据等	用户
安全管理	授权和审批流程、文档、云计算平台接口、安全控制措施、供应链管理流程、安全事件和重要变更信息	云服务提供商
	云服务提供商选择及管理流程	用户
安全运维	监控和审计管理的相关流程、策略和数据	云服务提供商

3.5 云计算安全产业生态

3.5.1 云计算安全产业生态模型

云计算的信息安全不再单纯依赖某一类技术或某一些人就能实现，只有对各类资源进行有效整合，才能构建一个完善、健康的云计算安全产业生态。基于对云计算安全领域各参与者责任和业务结构的分析，云计算安全需要由云计算安全标准研制机构、云计算安全技术研究机构、云计算安全服务咨询机构、云计算安全产品生产商、云计算安全建设集成商、云计算安全测评机构来共同维护，不同的角色承担不同的职责，共同构成云计算安全产业生态系统。云计算安全生态模型如图 3.9 所示。

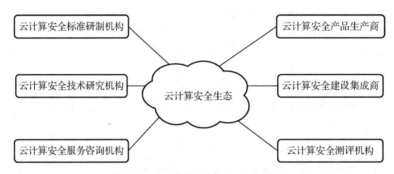

图 3.9 云计算安全产业生态模型

（1）云计算安全标准研制机构。云计算安全标准研制机构负责组织制定和持续完善云计算安全的各类标准，包括云计算安全的架构、技术、服务、管理、评估等标准化技术工作。在国家层面，云计算安全标准的制定工作主要由全国信息安全标准化技术委员会（简称信安标委）组织和管理，由产、学、研、测各单位机构共同研究和编制。此外，工业和信息化部在基于云计算的电子政务公共平台方面也制定了一些云计算安全相关国家标准。在各个行业领域，云计算安全标准的制定工作由该行业的标准化机构组织和管理，如政务行业的云计算安全标准由国家电子政务外网管理中心组织制定，公共安全行业的云计算安全标准由公安部信息系统安全标准化技术委员会组织制定，信息通信行业的云计算安全标准由中国通信标准化协会组织制定，金融行业的云计算安全标准由全国金融标准化技术委员会组织制定。同时，一些省市地方的标准化机构和团体联盟也组织开展了云计算安全标准制定相关工作，如广东省市场监督管理局、辽宁省市场监督管理局、CSA 云安全联盟大中华区等。

（2）云计算安全技术研究机构。云计算安全技术研究机构负责对云计算安全的产业发展现状、技术热点、发展趋势进行研究，承担关键技术研发工作。云计算安全技术研究机构主要分为两类，一类是各高校实验室或中国科学院信息技术相关的科研单位，例如清华大学网络安全实验室等，这类研究机构侧重于学术研究，推动云计算安全相关理论基础的发展；另一类是大型信息科技公司的研究实验室，例如腾讯安全玄武实验室、阿里达摩院、谷歌实验室等，这类研究机构主要是为企业的云服务提供安全保障，侧重于产业方向的研究，推动云计算安全相关产品的研发。

（3）云计算安全服务咨询机构。云计算安全服务咨询机构负责为用户提供云计算安全方面的咨询服务，帮助用户建立立体化的云计算安全保障体系。云计算安全咨询一般包含云计算安全保障体系设计、规划、咨询服务，云计算安全管理体系建设咨询服务，云计算系统信息安全等级保护合规设计与建设咨询服务，云计算风险管理体系建设咨询服务等。著名的云计算安全服务咨询机构主要有安永、德勤、谷安天下、安言咨询等，除此之外，有些云服务提供商也会为用户提供云计算安全咨询服务，如 IBM、绿盟科技等公司。

（4）云计算安全产品生产商。云计算安全产品生产商负责云计算安全产品的研发与市场化，可分为硬件、软件产品生产商。云计算安全保障是一个复杂的整体，其构建需要各种基于不同技术的产品协同作用，因此云计算安全行业内硬件、软件产品生产商并没有明显的界限，具有一定规模的云计算安全企业通常会覆盖部分硬件及软件产品，并提供安全集成服务。国内外主流的云计算安全产品生产商有赛门铁克、卡巴斯基、趋势科技、阿里云、腾讯云、奇虎、启明星辰等。

（5）云计算安全建设集成商。云计算安全建设集成商负责云计算系统建设运营过程中安全解决方案的制定、安全产品采购及工程实施等，内容涵盖安全设计、安全建设、安全管理、安全运维等各个方面。目前来讲，国内云计算安全建设集成商主要由云服务提供商承担，如阿里云、腾讯云、电信云等，也有一些专门提供云计算安全服务的企业，例如默安科技、青松云安全等。

（6）云计算安全测评机构。云计算安全测评机构依照国家相关标准，对云计算信息系统进行安全性测评，以及对云服务提供商的安全管理能力成熟度进行评估。目前，我国比较知名的云计算安全测评机构有中国信息安全测评中心、信息产业信息安全测评中心（原信息产业部计算机安全技术检测中心）等，通过安全测评的云服务提供商能够获得云计算安全相关资质认证，为用户提供优质的云服务。

上述六种角色相互作用、相互促进、相互制约，经过十多年的发展，已经构建了完整的云计算安全产业生态，促进了云服务的长足发展。也正是在这六种角色的努力下，云计算安全产生了很多新技术、新产品、新理念、新方法，丰富了云计算安全领域的技术内容与安全产品，拓展了云计算安全领域的管理范围，提升了云计算安全运维管理能力，形成了云计算安全的四大体系，即云计算安全技术体系、云计算安全产品体系、云计算安全管理体系、云计算安全运维体系，下文将对这四大体系进行重点阐述。

3.5.2　云计算安全技术体系

虽然传统安全技术在云计算中仍然适用，但是云计算面临的独具特色的风险（见第 2 章）必然带来新的安全技术的应用，如虚拟化安全技术、数据共享模式下的数据安全保护技术。这些新的安全技术的应用使传统安全技术体系发生了变化，所以对于云计算，亟待重新构建云计算安全技术体系。结合云计算安全产业界、学术界的研究进展，遵循纵深防御的原则，从云计算物理层、主机层、网络层、虚拟平台层、应用层、数据层、公共支撑层七个层面构建云计算安全技术体系，如图 3.10 所示。

（1）物理层安全。物理层安全包括环境安全、设备安全、电源系统安全和通信线路安全。环境安全主要指机房物理空间安全，包括防盗、防毁、防雷、防火、防水、防潮、防静电、温湿度控制、出入控制等安全控制措施；设备安全主要指硬件设备和移动存储介质的安全，包括防丢、防窃、安全标记、分类专用、病毒查杀、加密保护、数据备份、安全销毁等安全控制措施；电源系统安全包括电力能源供应、输电线路安全、保持电源的稳定性等；通信线路安全包括防止电磁泄漏、防止线路截获，以及抗电磁干扰。

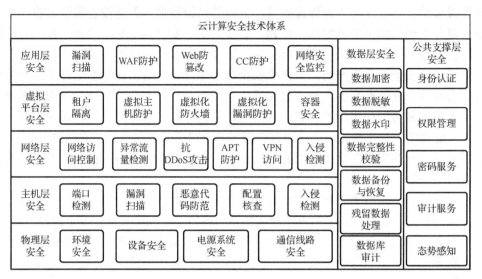

图 3.10　云计算安全技术体系

（2）主机层安全。主机层安全防护技术包括端口检测、漏洞扫描、恶意代码防范、配置核查、入侵检测等技术。使用端口检测技术定期对主机开放的端口进行扫描、检测，一旦发现高危端口应及时关闭，防止被非法利用；使用漏洞扫描和恶意代码防范技术可检测主机中存在的安全漏洞和病毒等，并对病毒等恶意代码进行防范；使用配置核查技术可以自动地检测主机参数配置是否满足等级保护、分级保护等相关规定要求；使用入侵检测技术能够及时发现并报告系统中的入侵攻击，从而进行防护。

（3）网络层安全。网络层安全即云计算平台网络环境安全，包括网络访问控制、异常流量检测、抗 DDoS 攻击、APT 防护、VPN 访问、入侵检测等技术。网络访问控制主要是指在网络边界处部署防火墙，设置合理的访问控制规则，防止非授权访问；异常流量检测是指对平台流量进行检测、过滤，发现异常流量时及时阻断；抗 DDoS 攻击是指部署抗 DDoS 攻击设备，增强云计算平台网络抗 DDoS 攻击能力；APT 防护是指通过恶意代码检测、实时动态异常流量检测、关联分析等技术发现已知威胁、识别未知风险，提升高级持续性威胁防护能力；VPN 访问是指部署专用的 VPN 访问通道，采取安全可靠的方式访问云计算平台；入侵检测是指在网络边界、关键节点处部署入侵检测设备，及时发现网络入侵行为，保障网络安全。

（4）虚拟平台层安全。虚拟平台层安全是指虚拟资源管理平台安全，包括用户隔离、虚拟主机防护、虚拟化防火墙、虚拟化漏洞防护和容器安全等技术。用户隔离是指在虚拟化平台上不同用户的虚拟机之间采取有效的隔离措施，确保用户间的网络隔离、计算资源隔离、存储空间隔离等，防止用户之间相互攻击或相互影响；虚拟主机防护是指针对虚拟化平台采取安全防护措施，包括入侵防护、恶意代码检测、身份鉴别、访问控制等技术；虚拟化防火墙是指部署在虚拟平台网络边界处、用户虚拟机之间的虚拟化防火墙，并设置访问控制规则；虚拟化漏洞防护是指定期对虚拟化平台进行漏洞扫描和检测，并根据漏洞危险等级及时采取防护措施；容器安全是指对容器整个生命周期的安全防护，包括镜像创建、镜像传输、容器运行过程的安全。

（5）应用层安全。应用层安全指的是 Web 应用层的安全问题，通过漏洞扫描、WAF 防护、Web 防篡改、CC 防护、网络安全监控等技术，解决 Web 应用层攻击的检测和防范问题。漏洞扫描是指对应用系统中存在的安全漏洞进行扫描检测；WAF、CC 防护是指部署云 WAF 设备、应用抗 DDoS 攻击网关等进行实时攻击拦截、抵御 CC 攻击；Web 防篡改是指针对 Web 系统进行挂马扫描、篡改扫描等主动探测服务；网站安全监控即部署或构建网站安全监控平台，对应用层的安全状态进行实时监控。

（6）数据层安全。围绕数据生成、数据传输、数据存储、数据使用、数据共享、数据归档、数据销毁等数据生命周期的各个阶段，使用数据加密、数据脱敏、数据水印、数据完整性校验、数据备份与恢复、残留数据处理、数据库审计等技术进行安全防护。使用数据加密技术可对敏感数据进行加密保护，使用数据脱敏技术可对敏感信息进行隐私遮蔽，使用数据水印技术实现数据外发可追，使用数据完整性校验可保障数据精确可靠，使用数据备份与恢复实现数据的容灾性，使用残留数据处理技术可完全清除数据、不可恢复，使用数据库审计技术可实现对数据任何操作的记录。

（7）公共支撑层安全。公共支撑层安全包括身份认证、权限管理、密码服务、审计服务和态势感知等技术。身份认证是指在云计算系统中确认操作者身份的过程，防止非法用户获取资源的访问权限，保证系统和数据的安全。权限管理是指基于用户身份对云计算系统进行权限的控制，设计基于多维度的权限管理策略，避免因权限控制缺失或操作不当引发操作错误、数据泄露等问题。密码服务包括密码基础设施建设、密码应用服务开发、密码应用安全性评估等，保证云计算密码服务调用的高性能、高质量实现。审计服务是指对云计算信息系统进行实时审计，可以保障安全事件有据可查。态势感知可以帮助云服务提供商准确、高效地感知云计算信息系统的安全状态以及变化趋势，从而及时发现内、外部的攻击行为，并采取相应的防护措施保障云计算安全。

3.5.3　云计算安全产品体系

随着云计算安全技术的快速发展，云计算安全产品也在不断丰富。目前，国内云计算安全市场已形成了以云主机安全为核心，网络安全、数据安全、应用安全、安全管理和业务安全为重要组成部分的格局。云计算安全产品体系如图 3.11 所示。

（1）主机安全：提供面向云主机的安全防护，产品的主要功能包括入侵行为检测、告警、漏洞管理，异常行为检测，基线检查等。例如，华为云提供的企业主机安全产品 HSS，能够提升主机整体安全性的服务，帮助企业构建服务器安全防护体系，降低当前服务器面临的风险。

（2）网络安全：关注云计算所受的外部网络攻击，主要产品为云抗 DDoS 攻击，它能够结合云节点实现性能灵活扩展，基于海量带宽和高速传输网络有效抵御 DDoS 攻击和 CC 攻击，突破了传统防护设备单点部署的性能瓶颈。例如，阿里云盾中的 BGP 高防可提供国内 T 级 BGP 带宽资源，可抗超大流量 DDoS 攻击。与静态 IDC 高防相比，云抗 DDoS 攻击天然具有灾备能力、线路更稳定、访问速度更快等优点。

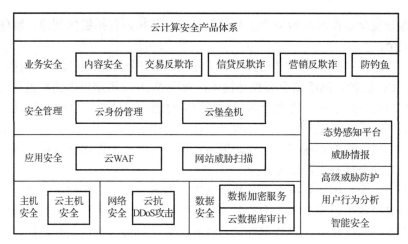

图 3.11　云计算安全产品体系[10]

（3）数据安全：保障云上数据存储、传输和使用的安全性，主流产品包括数据加密服务和云数据库审计。数据加密服务提供云上数据的加/解密功能，支持弹性扩展以满足不同加密算法对性能的要求。例如，腾讯云提供的数据加密服务 CloudHSM 产品，该产品利用虚拟化技术，提供弹性、高可用、高性能的数据加/解密、密钥管理等云上数据安全服务，符合国家监管合规要求，可满足金融、互联网等行业的加密需求，保障用户的业务数据隐私安全。云数据库审计主要提供云数据库的监控与审计功能，能够监测异常操作、SQL 注入等风险，实现云上数据的高效安全防护，帮助用户满足合规性要求。例如，启明星辰的天玥云数据库审计产品，专门适用于云计算的数据库审计及防护产品，可兼容主流云计算平台，能够对云计算中的数据库操作进行实时审计及防护。

（4）应用安全：侧重用户云上 Web 应用的安全防护，目前应用较为成熟的产品包括两类，分别为云 WAF 防护和网站威胁扫描。云 WAF 防护可保护 Web 应用远离外部攻击，与传统硬件或软件部署相比，云 WAF 防护部署简单、运维成本低，可实时更新防护策略，能够有效防护 0 day 等新型漏洞。例如，腾讯云的网站管家就是基于 AI 的云 WAF 防护产品，可以有效防护 SQL 注入、XSS 跨站脚本、木马上传、非授权访问等攻击，还可以有效过滤 CC 攻击、检测 DNS 链路劫持、提供 0 day 漏洞补丁、防止网页篡改等。网站威胁扫描可以挖掘 Web 应用的内在威胁，无须部署，具备强大的并发扫描能力。例如，阿里云的网站威胁扫描系统（WTI）结合情报大数据、白帽渗透测试实战经验和深度机器学习，可进行全面网站威胁检测。

（5）安全管理：主要产品为云身份管理和云堡垒机。云身份管理提可供云计算中的统一身份与策略管理，实现 IaaS、PaS、SaaS 中云资源的访问控制，解决传统身份管理模式在云上身份管理与认证的割裂、无序问题。例如，华为云提供的统一身份认证服务，可以实现身份的权限管理、安全认证等功能。云堡垒机可帮助企业用户构建云上统一的运维通道，满足云端人员和资产权限管理、运维操作审计、安全合规等需求。例如，天翼云提供的云堡垒机可针对云主机、云数据库、网络设备等的运维权限、运维行为进行管理和审计。

（6）业务安全：依托云计算的强大计算能力和大数据分析技术，可提供内容安全、交易反欺诈、信贷反欺诈、营销反欺诈和防钓鱼等业务安全产品。例如，腾讯云提供的天御业务安全防护（Business Security Protection）是针对互联网业务场景提供的多功能安全产品，其基于腾讯云先进的安全技术架构，无论注册保护、登录保护、活动防刷等用户交互安全服务，还是消息过滤、图片鉴黄等内容安全服务，都能为用户提供准确、全面的业务安全保障。

（7）智能安全：运用人工智能技术保障云计算平台的安全，是近几年云计算安全市场的新方向。目前国内已进入应用阶段的智能安全类产品主要分为两类：一类是智能安全检测与防护产品，如用户行为分析（UBA）、高级威胁防护（API）及威胁情报；另一类是智能安全管理产品，如态势感知平台等。

3.5.4　云计算安全管理体系

在信息安全领域，安全管理已经从传统的网络时代进入到云计算时代。在云计算时代，安全管理面临诸多挑战，如管理权与所有权分离问题、企业与云服务提供商的管理需求一致性问题、云服务提供商内部人员管理问题，这些问题都给云计算安全管理带来了巨大的挑战。如何合理、有效地对云计算安全非技术因素进行安全管理成为亟待解决的问题，本节针对云计算安全管理，从保障性管理和支撑性管理两个方面构建了云计算安全管理体系，具体如图 3.12 所示。

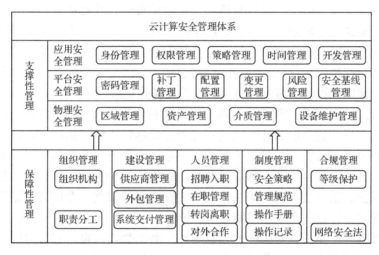

图 3.12　云计算安全管理体系

（1）保障性管理：是指在进行云计算信息系统建设过程中对需要采取的保障性措施所实施的管理，包括组织管理、建设管理、人员管理、制度管理、合规管理，通过对上述保障性措施实施的管理能够明确云计算信息系统建设的安全管理主体，落实参与各方的权限和责任，建立健全安全管理工作机制，保障云计算信息系统建设的合法与合规。

① 组织管理。组织管理是指在云计算信息系统构建初期需成立建设组织机构，并明确参与建设各方的职责与分工。组织机构一般包括领导小组、管理部门及执行部门，也可以在组织机构中包含第三方安全机构和专家小组。其中，领导小组负责云计算信息系统安全建设统筹规划和重大事件的决策；管理部门负责云计算安全保障工作；执行部门负责落实领导小组及管理部门下发的关于云计算安全建设的相关工作；第三方安全机构负责对云计算信息系统建设过程中与安全相关的工作落实情况进行监督、评估与审计；专家小组负责参与重要安全工作的审议并提供专业咨询建议。

② 建设管理。建设管理主要对云计算信息系统建设过程中的重点问题进行安全管理，包

括供应商管理、外包管理、系统交付管理。在选择供应商时，应选择安全合规的供应商，规定供应商的权限与责任，并与选定的供应商签订安全保密协议。在选择外包商时，需要选择合规的外包商，并与其签订相关安全约束条约来约束外包商的行为。在系统交付时需要对负责软硬件交付的技术人员进行安全培训，保障其在实施软硬件部署安装期间履行公司内部安全管理制度。

③ 人员管理。人员管理旨在营造安全文化氛围，建立问责审查机制，提升全员安全意识。在招聘入职时进行背景审查、签署劳动合同和保密协议、实施入职安全培训；在职期间进行审计考核、安全问责、定期安全教育；在转岗离职时要注意权限注销、资产注销并平稳交接工作；在对外合作时要进行背景调查、资质审查、签署保密协议并进行安全培训。

④ 制度管理。制度管理是指针对云计算信息系统建设及应用，制定安全管理制度并保证制度的实施与执行。制度管理主要包括四个层级的制度，第一层级为安全策略，制定云计算安全工作的总体方针和安全策略，说明安全工作的总体目标、范围、原则和安全框架等；第二层级是管理规范，通过对组织安全、人员安全、网络安全等级保护、业务连续性、资产安全、云计算信息系统建设安全、云计算信息系统运维安全、物理环境安全和其他云计算安全管理工作等多方面建立管理规范，指导、约束云计算安全管理行为；第三层级是操作手册，即云计算安全技术标准、操作手册，规范云计算安全管理制度的具体技术实现细节，要求管理人员或操作人员在执行日常管理行为中严格遵守；第四层级是操作记录，在云计算安全管理办法及细则、操作规程的实施过程中填写相关的操作记录。

⑤ 合规管理。合规管理主要指云计算信息系统在建设运营过程中要符合网络安全相关法律法规的要求，并保证建立的云计算安全管理制度能够得到实际执行。云服务提供商应建立一套行之有效和及时响应的合规管理机制，并在第三方安全服务机构的配合下，在相关业务环节和内部运营流程中开展关键信息基础设施、网络安全等级保护等工作，完成网络安全法、网络安全等级保护、重要数据保护等法律法规的合规义务识别、合规风险评价、合规风险控制等过程，实现对云计算的全生命周期安全防护。

（2）支撑性管理：是指针对云计算信息系统所处的物理环境、部署的相关技术及运营的服务所部署的安全管理措施，可将其划分为物理安全管理、平台安全管理和应用安全管理三个层次的管理内容。。

① 物理安全管理。物理安全管理是为保障云计算信息系统物理环境安全所实施的安全管理措施，包括区域管理、资产管理、介质管理和设备维护管理。在区域管理方面，应对云计算所处的区域进行安全区域划分，敏感程度较高设备应存放在高安全级别的区域，并且区域与区域之间应进行物理隔离；在资产管理方面，首先应进行清点资产，编制并保存资产清单，然后对资产进行标识管理，标注资产责任部门、重要程度和所处位置等内容；在介质管理方面，首先需要确保介质存放在安全的环境中，防盗窃、防毁坏、防发霉等，其次要对各类介质进行控制和保护，保护介质内的数据安全；在设备维护管理方面，需要建立配套设施、软硬件维护方面的管理制度，对其维护进行有效的管理。

② 平台安全管理。平台安全管理是指对云计算平台实施的安全管理措施，包含密码管理、补丁管理、配置管理、变更管理、风险管理和安全基线管理。密码管理是指在云计算信息系统的整个生命周期中定义和执行综合密钥管理，包括创建、使用、存储、备份、恢复、升级和销毁密钥，保障密钥的合规使用；补丁管理是指对一个正在运行的云计算信息系统进行补

丁的收集、测试、升级和检查，弥补安全漏洞并保障云计算的稳定性；配置管理通常包括配置变更管理和配置发布管理，通过监测、记录配置的变更和配置的发布，可减少因错误配置引起的操作风险，促进云计算的安全和稳定；变更管理是指对云计算基础设施或服务进行修改、补充、优化等变更过程的管理，应该确保使用标准方法有效且迅速地处理所有变动，降低云服务被中断的风险；风险管理是指围绕云计算的风险而展开的评估、处理和控制活动，在对云计算进行风险管理时要辨别风险，评估风险出现的概率及产生的影响，然后建立一个规划来管理风险；安全基线管理是指对云计算信息系统建立最低的安全标准，在云计算信息系统的整个生命周期的各个环节对设备以及系统进行定期检查，确保其遵守安全基线，保障云计算的稳定运行。

③ 应用安全管理。应用安全管理是指在云服务过程中，配合云计算应用层所部署的安全技术，对用户身份、权限及系统一致性的管理，包含身份管理、权限管理、策略管理、时间管理和开发管理。身份管理是指对云计算中身份全生命周期以及身份认证的管理，包括身份注册、身份更改、身份删除、认证凭证管理等，还需保证跨系统的用户身份一致性，实现身份信息共享；权限管理是指对身份的授权、权限更改、权限回收等管理，通过权限管理保障系统资源的安全；策略管理是指对访问策略的管理，包括基于身份的策略管理、基于资源的策略管理等，通过策略管理可简单、精确地实现对资源的访问控制；时间管理是指对跨时区云服务时间一致性的管理，解决因系统时间不一致而引发的审计和安全问题；开发管理是指对应用软件开发流程中的相关安全活动以及开发文档的安全管理。

3.5.5 云计算安全运维体系

由于云计算信息系统的开放性，遭受攻击是不可避免的，亟待建立有效的安全运维机制，做到"事前主动防护，事中监控响应，事后总结追踪"，保障云计算业务的连续性。本节结合传统信息系统安全运维管理的实践经验，充分考虑云计算业务连续性的高要求，建立了云计算安全运维体系，该体系包括三个层次，分别为事前主动防护、事中监控响应、事后总结追踪，如图 3.13 所示。

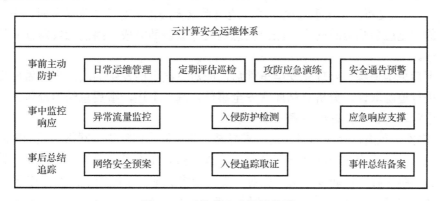

图 3.13　云计算安全运维体系

（1）事前主动防护。事前主动防护是指在建设及运营过程中对云计算信息系统进行安全防护，明确边界，划分安全区域，提高入侵的门槛与难度，主要包括日常运维管理、定期评估巡检、攻防应急演练和安全通告预警。

① 日常运维管理：日常安全运维服务是整个安全运维体系的基础，是安全运维团队主要的日常工作内容，主要包括桌面终端安全运维、安全设备运行状态检查、安全设备系统升级、安全设备故障处理、安全设备防护告警监测、安全漏洞整改跟踪、安全咨询支持和安全运行情况统计分析。

② 定期评估巡检：合理的定期评估巡检有利于及时发现云计算信息系统中存在的不足，提前做出预案。具体评估巡检服务内容可分为安全基线检测服务、漏洞扫描服务、渗透测试服务、安全加固协助服务、回归测试服务等。

③ 攻防应急演练：攻防应急演练是维护云计算安全的重要手段，是有效提升云计算安全事件应急响应和处置能力的基础。具体包括模拟演练和实战演练。通过模拟演练，讨论和推演应急决策及现场处置过程，从而促进相关人员掌握应急预案中所规定的职责和程序，提高指挥决策和协同配合能力。通过实战演练，针对事先设置的突发事件情景及其后续的发展情景，在现有安全应急响应设备和资源条件下，通过实际决策、行动和操作，完成真实应急响应的过程，从而检验和提高相关人员的临场组织指挥、队伍调动、应急处置技能和后勤保障等应急能力。

④ 安全通告预警：收集和整理最新安全漏洞、安全事件、安全资讯等信息，定期向有关部门发送安全通告预警，在遇到紧急高危漏洞或重大网络安全事件时即时通告。通告内容包含系统漏洞信息、病毒信息、安全事件预警、最新攻击方式信息、防护措施、网络安全监管要求以及监管部门对云计算安全行业的最新要求。

（2）事中监控响应。事中监控响应指在云计算信息系统运行中进行动态监控，时刻观察攻击者的动向，一旦发现异常，立即进行响应。事中监控响应主要包括异常流量监控、入侵防护检测和应急响应支撑。

① 异常流量监控：通过流量智能识别检测、多源信息安全分析及多元网络安全策略协同，实现安全威胁可视化、资产可视化、风险可视化、安全态势可视化；借助全网高效协调能力，实现快速安全响应/恢复能力。

② 入侵防护检测：从网络层、主机层到应用层，进行深度安全防护，及时监测僵尸网络、黑客攻击、蠕虫病毒、木马后门、间谍软件或阻截带有攻击的数据流量。

③ 应急响应支撑：当出现安全事件，造成系统无法正常对外提供服务时，安全运维团队应在规定的安全应急响应时间内，派出应急响应专家协助完成网络病毒灾难恢复等在内的灾难恢复工作。

（3）事后总结追踪。处理完安全事件后，应对下次可能发生的攻击事件做好安全预案，对入侵者进行追踪取证，分析总结此次安全事件。基于上述，事后总结追踪包括网络安全预案、入侵追踪取证和事件总结备案三个环节。

① 网络安全预案：针对网络访问流量异常、非授权访问行为、网络相关的风险情报等网络安全场景，分别确定对应的网络安全预案。预案需要在人员、流程及系统层面针对性地做出应对，包括响应时间、通报机制、应对步骤、升级机制、系统控制点及操作方案等。

② 入侵追踪取证：在发生攻击事件后，要定位网络攻击的源头并获取相关证据，构建网络攻击链和证据链，追究入侵者的法律责任，对潜在的攻击者起到震慑或警告作用。

③ 事件总结备案：在系统出现各类型安全事件后，安全运维团队应对安全事件进行分析，总结此次安全事件发生的原因，从而发现防护体系与监控体系的漏洞，针对安全事件加强安全教育培训，将事件进行总结备案，总结宝贵的经验，防止此类安全事件再次发生。

3.6　云计算安全建设

云计算安全产业生态服务于云计算安全建设，云计算技术体系、产品体系、管理体系、运维体系为云计算安全建设提供保障。本节从云服务提供商如何构建安全的云计算信息系统的角度出发，阐述云计算安全建设应遵循的基本原则，构建云计算信息系统安全架构及云计算安全最佳实践，旨在为云服务提供商进行云计算安全建设时提供参考。

3.6.1　云计算安全建设原则

进行云计算安全建设时，遵循一定的建设原则是十分必要的。云计算的核心安全需求与传统信息系统安全并无本质区别，仍是对基础设施安全、数据安全及应用安全的保护。因此，云计算安全建设原则应从传统的安全建设角度出发，综合考虑用户与云服务提供商的安全需求，满足云计算的安全防护需求。云计算安全建设原则主要有以下几点：

（1）整体性原则：应遵循"木桶原理"，对云计算信息系统进行均衡、全面的保护，提高整个系统的安全最低点的安全性能。

（2）纵深防护原则：又被称为"多层防护"，指将云计算信息系统置于多层保护之中，即使一种手段失效，也能够从另一个层面进行防护。同时不能只依赖单一安全机制，应该建立多种机制，多种机制互相支持以保障云计算信息系统的安全。

（3）技术与管理并重原则：安全技术与安全管理同样重要，不能偏重技术忽略管理，更不能只注重管理而疏忽核心技术的部署。

（4）最小特权原则：在进行云计算信息系统建设及运营时，应赋予每个参与主体必不可少的特权，一方面可以减少建设运营过程中各个执行环节之间的相互影响，另一方面也可以降低未授权访问敏感信息的可能性。

3.6.2　云计算安全架构

在进行云计算安全建设时，不论公有云还是私有云，不论只提供 IaaS，还是提供 IaaS、PaaS 和 SaaS，都应遵循上述安全建设原则，来保护基础设施安全、网络安全、数据安全、应用安全。在面对云计算信息系统建设新需求时更应该注意对虚拟化的支持、安全威胁的防护、风险的快速反应等问题[17]：

为了更好地指导云计算的安全建设，坚持云计算安全建设基本原则，充分考虑云计算安全建设重点问题，结合云计算技术体系、管理体系、运维体系，构建了云计算安全总体架构，如图 3.14 所示。

（1）云计算安全标准及政策法规。云计算安全标准及政策法规是进行云计算信息系统安全建设的基础，在进行云计算安全建设时必须符合《信息安全技术　网络安全等级保护基本要求》等相关标准，严格遵循《网络安全法》等相关法规。

（2）云计算安全技术。

① 云计算安全接入：在进行云计算信息系统安全建设时，首先要考虑云计算安全接入问题，可通过云边界防护、传输通道安全、可信接入和 API 安全使用等技术来保障云边界接入的安全。

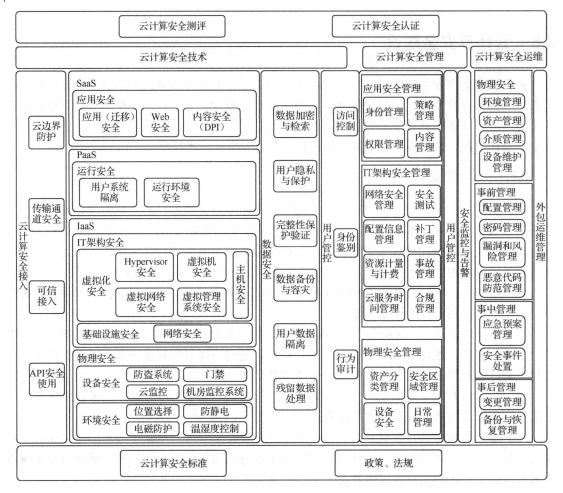

图 3.14　云计算安全总体架构

② 物理安全：物理安全包括环境安全和设备安全。云服务提供商需要将云计算数据中心构建在一个相对适宜的环境中，通过电磁防护、防静电、温湿度控制等保障环境安全，并使用防盗系统、监控系统、云监控等保障设备安全。

③ IT 架构安全：基础设施安全是 IT 架构安全的基石，基础设施包括计算设备、存储设备、网络设备，不仅要从物理上保障这些基础设备的安全性，还要通过部署一定的安全策略保护其不受攻击和非法访问；基础设施的安全性直接关系到虚拟化安全，云服务提供商需要进行 Hypervisor 安全、虚拟机安全、虚拟网络安全和虚拟管理系统安全等方面的部署，提高云计算信息系统抵御攻击的能力。

④ 运行安全：在 PaaS 中，云服务提供商需要保证租用 PaaS 的系统之间的隔离性及 PaaS 运行环境的安全性，保障云计算 PaaS 安全、稳定运行。

⑤ 应用安全：在 SaaS 中，云服务提供商需要从应用（迁移）安全、Web 安全和内容安全三个方面来保障应用安全，增强用户对 SaaS 的信任。

⑥ 数据安全：数据安全从数据加密与检索、用户隐私与保护、完整性保护验证、数据备份与容灾、用户数据隔离、残留数据处理几个方面进行安全保护。数据的安全性将直接影响

云服务提供商的信誉问题，对云服务的可持续性具有重要意义。

⑦ 用户管控：用户管控主要从访问控制、身份鉴别和行为审计三个方面进行部署，通过用户管控增强云计算资源的可控性。

（3）云计算安全管理。

① 物理安全管理：云服务提供商需要从资产分类管理、安全区域管理、设备安全和日常管理四个方面进行部署，为云计算信息系统提供一个安全、可靠、稳定的物理环境。

② IT 架构安全管理：云服务提供商需要从网络安全管理、配置信息管理、资源计量与计费、云服务时间管理、安全测试、补丁管理、事故管理、合规管理方面来部署安全管理措施，保障云计算信息系统的 IT 架构安全。

③ 应用安全管理：应用安全管理需要从身份管理、权限管理、策略管理、内容管理四个方面进行部署，提高云应用的安全性。

除此之外，在整个云计算安全管理过程中还需要进行用户管控、安全监控与告警管理部署，提高云计算信息系统的安全性。

（4）云计算安全运维。在云计算信息系统运行期间，需要从系统的物理安全，安全事件的事前、事中和事后进行安全运维管理。物理安全包含环境管理、资产管理、介质管理和设备维护管理；事前管理包含配置管理、密码管理、漏洞和风险管理、恶意代码防范管理；事中管理包含应急预案管理和安全事件处置；事后管理包含变更管理、备份与恢复管理。除此之外，还可将运维服务外包给专业的安全运维公司，保障云服务的业务连续性。

（5）云计算安全测评与云计算安全认证。在云计算信息系统建设完成后，需要对云计算信息系统和云服务进行安全评估，通过取得认证来增强云计算信息系统和云服务的安全可信可靠程度，从而获得用户的信任。

3.6.3　云计算安全部署

云计算安全架构对于云计算信息系统的安全建设具有重要的指导意义，它明确地指出了云计算安全建设在技术、管理、运维等多个方面需要注意的问题。在建设云计算信息系统时，要从环境安全部署、角色管控部署、安全防护部署、安全监控和管理部署多个角度对云计算信息系统进行全面防护，建立纵深防护体系，图 3.15 所示为云计算安全部署参考架构。

（1）环境安全部署。选址问题关系到云计算信息系统的长远发展，要重点考虑到云计算信息系统周围的电力能源、水利能源、通信发展、税率、交通条件、人才聚集、社会安保、城市环境质量、城市气候等因素。

（2）角色管控部署。

① 用户：用户可以通过多种终端来访问云计算信息系统，所以对于用户来讲，选择安全的终端至关重要。目前可以通过可信计算、数据加密等技术来保障终端的安全。此外，对于云服务提供商来说，应通过用户认证技术来保障用户身份的合法性，分级认证也是云计算信息系统认证的核心方法，可实现用户对数据的访问控制。

② 云服务提供商：云服务提供商对云的威胁主要来自内部工作人员，可以采用加密、认证、访问控制等技术手段（如 OAuth 认证）来防护内部工作人员的恶意行为。

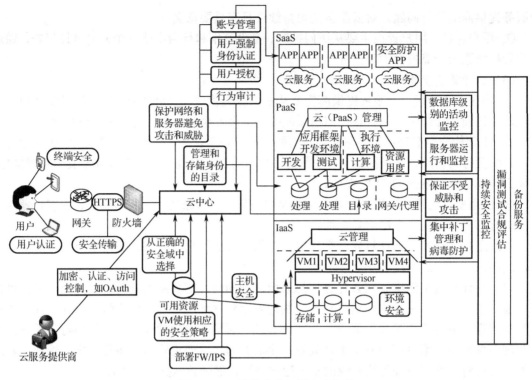

图 3.15　云计算安全部署参考架构

（3）安全防护部署。

① 主机安全：云计算中的主机不仅是进行计算和存储的载体，也充当着虚拟机的宿主机角色，对上层虚拟机的安全性保护至关重要。所以，要保证主机上运行的程序和数据资源一定是"干净"的，要求其所承载的资源务必来自正确的安全区域。虽然云计算技术的提出将传统信息系统的安全边界模糊化，但是安全区域的思想可以体现在云计算中，设定不同级别的安全区域，并针对安全区域进行保护。

② 网络基础设施安全：如前文所述，云计算信息系统面临着多样化的安全威胁，因此，首先需要在网络基础架构上进行安全加固。可以通过部署防火墙、IPS、VPN、防毒墙等一系列安全设备进行多层防护，应对各种混合型攻击。

③ 虚拟化安全：根据需要，可将不同的 VM 划分到不同的安全区域进行隔离和访问控制。可通过 EVB 协议（如 VEPA 协议）将不同 VM 之间的网络流量全部交由与服务器相连的物理交换机进行处理[18]。

（4）安全监控和管理部署。云计算信息系统复杂，管理难度很高，一旦出现任何异常，很难对其进行定位。所以要建立实时监控系统，对云计算中心进行 7×24 小时监控，并建立不同级别的安全监控措施，做到监控工作的分级管理。此外，云计算日志审计中心、可视化安全管理也是亟待解决的问题，只有这样才能随时掌握全局安全态势，为安全建设、监控、响应、优化提供科学依据。

除了以上内容，对于安全的云计算信息系统的建设还需要一支专业的信息安全团队，负责云计算中心安全建设、安全管理、安全运维和安全事件分析等工作。

3.6 小结

本章主要介绍了云计算安全的定义与特征、云计算安全的发展和政策、云计算安全参考模型、云计算安全责任共担，并从宏观角度构建了云计算安全的产业生态，阐述了云计算安全技术、产品、管理、运维相关内容，最后提出了云计算安全建设的基本原则、总体架构及最佳实践，为云服务提供商进行安全建设提供参考。

在云计算安全定义方面，介绍了云计算安全的两种定义，第一种是云计算信息系统自身的安全防护，第二种是云计算安全服务。本章定位为第一种，并从安全防护理念、虚拟机安全、数据安全的权利与职责三个方面分析了云计算安全与传统信息系统安全的不同点。在云计算安全的发展与政策方面，本章从云计算安全产业界、云计算安全学术界和云计算安全标准化工作三个方面介绍了目前的发展状况及存在的主要问题，并详细阐述了美国、欧盟和中国在云计算安全领域的相关政策。

在云计算安全参考模型方面，本章介绍了云立方体模型、CSA 模型、NIST 云计算安全参考框架三个业界比较认可的云计算安全模型。云立方体模型从四个维度分析了云计算安全的影响因素；CSA 模型描述了云模型、安全控制和合规模型的映射；NIST 模型描述了云服务中各种参与角色的安全职责。通过对以上模型的介绍，为云服务提供商进行安全建设提供参考。

在云计算安全责任共担方面，本章分析了在 IaaS、PaaS、SaaS 三种不同服务类型下云服务提供商和用户需要承担的安全职责，并详细介绍了安全管理中的安全责任主体。

在云计算安全产业生态方面，本章构建了包含云计算安全标准研制机构、云计算安全技术研究机构、云计算安全服务咨询机构、云计算安全产品生产商、云计算安全建设集成商、云计算安全测评机构六种角色的云计算安全产业生态模型，并分别介绍了六种角色的职责。在云计算安全产业生态模型六种角色的相互作用下，产生了新技术、新产品、新标准，并构建了云计算安全技术体系、云计算安全产品体系、云计算安全管理体系、云计算安全运维体系，为云计算信息系统提供安全保障。

在云计算安全建设方面，本书首先介绍了在云计算信息系统安全建设中需要遵循的六个基本原则，即整体性原则、纵深防护原则、技术与管理并重原则、可管理与易操作原则、适应性与灵活性原则、最小特权原则；然后从安全标准与法律法规、安全技术、安全管理、安全运维、安全评估与认证几个方面构建了云计算安全架构；最后介绍了云计算安全部署参考架构，为云计算信息系统的安全建设提供参考。

习题 3

一、选择题

（1）下面哪项不属于云计算自身的安全防护？（　　　）

（A）业务系统安全　　　　　　　　（B）基于云计算的安全服务

（C）基础设施安全　　　　　　　　（D）数据中心安全

参考答案：B

（2）"云计算安全和云计算风险标准"于_____年首次出现在云计算前沿技术曲线成熟度报告中。

（A）2009 （B）2010

（C）2011 （D）2012

参考答案：C

（3）2018 年，"云安全评估"位于云计算前沿技术曲线中的_____阶段。

（A）过高期望的峰值期 （B）泡沫化的低谷期

（C）稳步攀升的光明期 （D）实质生产的高峰期

参考答案：D

（4）FedRAMP 是_____的风险和授权管理项目。

（A）中国 （B）法国

（C）美国 （D）日本

参考答案：C

（5）下列哪些组织没有制定过云计算安全标准？（ ）

（A）ISO/IEC JTC1/SC27 （B）NIST

（C）CSA （D）GT

参考答案：D

（6）下列哪个是欧洲的标准化组织？（ ）

（A）ISO （B）ITU

（C）ENISI （D）OASIA

参考答案：D

（7）下面_____不是 Jericho 云立方体模型的四个维度之一。

（A）私有/开放 （B）外部/内部

（C）外包/自供 （D）投资成本/运营成本

参考答案：D

（8）云立方体模型中，"边界化/去边界化"表达的是什么维度？（ ）

（A）数据物理位置 （B）技术路线

（C）体系理念 （D）运维管理

参考答案：C

（9）在 CSA 发布的《云计算关键领域安全指南 V3.0》中，提出了哪三种模型的映射？（ ）

（A）云计算技术架构模型、安全控制模型、相关合规模型

（B）云计算技术架构模型、安全技术、安全管理

（C）云计算技术架构模型、安全管理、相关合规模型

（D）云计算技术架构模型、安全控制模型、安全技术

参考答案：A

（10）在 NIST 提出的云计算安全参考架构中，用户需要在_____两个方面支持云计算的安全。

（A）安全云服务协同和安全云服务聚合

（B）安全云服务聚合和安全云服务管理

（C）安全云服务协同和安全云服务管理

（D）安全云服务协同和安全云服务审计

参考答案：C

（11）在云计算安全责任共担模型中，在云计算的三种服务类型中_____不属于用户的责任。

（A）基础设施　　　　　　　　　（B）应用软件

（C）软件平台　　　　　　　　　（D）虚拟资源

参考答案：A

（12）在 IaaS 中，_____的责任主体是用户和云服务提供商。

（A）云管理平台（含运维和运营）、镜像、快照等

（B）监控和审计管理的相关流程、策略和数据

（C）云服务提供商选择及管理流程

（D）用户业务相关数据

参考答案：B

（13）在 NIST 云计算安全参考架构中出现了_____角色。

（A）三种　　　　　　　　　　　（B）四种

（C）五种　　　　　　　　　　　（D）六种

参考答案：C

（14）云计算安全产业生态系统由六种角色共同维护，其中负责为用户提供云计算安全方面的咨询服务，帮助用户建立立体化的云计算安全保障体系的是_____。

（A）云计算安全标准研制机构　　（B）云计算安全测评机构

（C）云计算安全服务咨询机构　　（D）云计算安全技术研究机构

参考答案：C

（15）下列_____不是物理安全的范围。

（A）应用安全　　　　　　　　　（B）环境安全

（C）设备安全　　　　　　　　　（D）电源系统安全

参考答案：A

（16）下列_____不属于智能安全的产品。

（A）威胁情报　　　　　　　　　（B）用户行为分析

（C）高级威胁防护　　　　　　　（D）云 WAF

参考答案：D

（17）在云计算安全服务管理中，下列_____不属于合规管理。

（A）符合企业建立的安全管理制度

（B）符合网络安全相关法律法规要求

（C）符合法律、法规和合同的要求

（D）符合国家标准的要求

参考答案：A

（18）在云计算安全运维中，下列_____不属于事前主动防护行为。

（A）日常运维管理　　　　　　　（B）入侵追踪取证

（C）攻防应急演练 （D）定期评估巡检

参考答案：B

（19）在云计算安全运维中，下列_____不属于事后总结追踪。

（A）安全事件分析 （B）入侵追踪取证

（C）应急响应支撑 （D）事件总结备案

参考答案：C

（20）下列_____不属于云计算安全建设原则。

（A）最小特权原则 （B）纵深防护原则

（C）整体性原则 （D）安全数据标准化原则

参考答案：D

二、简答题

（1）云计算安全的两个定义分别是什么？

（2）简述学术界在数据安全的研究内容。

（3）简述云计算安全标准化组织及其发布的有关云计算安全标准。

（4）云立方体模型从四个维度划分了云计算形态，这四个维度分别是什么？

（5）简述 NIST 的云计算安全参考模型是如何保障云服务的安全的。

（6）简述云计算安全产业生态模型中的六个角色及其承担的责任。

（7）简述如何构建云计算安全技术体系。

（8）简述如何构建云计算安全运维体系。

（9）云计算安全建设的基本原则有哪些？

（10）简单描述一下云计算信息系统部署时需要考虑的问题。

参考文献

[1] Gartner. Cloud Computing Hype Cycle[EB/OL].[2019-9-15].https://www.gartner.com.

[2] Gartner. Cloud Security Hype Cycle for 2017[EB/OL].[2019-9-15].https://www.gartner.com.

[3] 张玉清，王晓菲，刘雪峰，等．云计算环境安全综述[J]．软件学报，2016,27(6):1328-1348．

[4] 云安全联盟全球企业顾问委员会．云安全现状年度报告[R]，2018．

[5] 赵章界，刘海峰．美国联邦政府云计算安全策略分析[J]．信息网络安全，2013(2):1-4．

[6] Jericho. Cloud Cube Model：Selecting Cloud Formations for Secure Collaboration[R/OL]. [2019-9-20].http://www.opengroup.org/sites/default/files/contentimages/Consortia/Jericho/documents/cloud_cube_model_v1.0.pdf.

[7] Cloud Security Alliance. Security Guidance for Critical Areas of Focus in Cloud Computing V4.0[R/OL]. (2017-7-26)[2019-9-20].https://cloudsecurityalliance.org/artifacts/security- guidance-v4.

[8] Cloud Security Alliance. Security Guidance for Critical Areas of Focus in Cloud Computing V3.0[R/OL]. (2011-14-17)[2019-9-20].https://cloudsecurityalliance.org/artifacts/security-guidance-for-critical-areas-of-focus-in-cloud-computing-v3.

[9]　美国国家标准与技术研究院．SP 500-299 NIST 云计算安全参考框架（草案），2013．

[10]　中国信息通信研究院．云计算发展白皮书[R]，2019．

[11]　戴舒樽．云计算环境下应用安全保护技术研究[J]．保密科学技术，2012(07):18-22．

[12]　充分认识云安全　走出应用第一步[EB/OL]. (2012-9-3)[2019-9-20].http://www. ithowwhy. com.cn．

[13] Chulong．全球发达国家云安全发展摘要　美日欧上演云安全"三国杀"[J]．信息安全与通信保密，2015(11):44-47．

[14]　陈阳．国内外云计算产业发展现状对比分析[J]．北京邮电大学学报（社会科学版），2014,16(5):77-83．

[15]　黄秀丽．解读云立方体模型[J]．计算机技术与发展，2012,22(3):245-248．

[16]　陈妍，戈建勇，赖静，等．云上信息系统安全体系研究[J]．信息网络安全，2018(4):85-92．

[17]　薛涛，吕毅．云计算数据中心安全体系架构浅析[J]．金融科技时代，2012(8):50-53．

[18]　李彦宾．云计算数据中心网络安全防护部署[J]．网络与信息，2012(6):38-39．

第 4 章

云计算基础设施安全

云计算基础设施包括物理环境，计算、存储、网络等物理系统，以及虚拟化、网络、负载等各种非实体的系统。云计算基础设施安全是云计算安全、稳定运行的基础。基础设施一旦遭受破坏，将会对云计算数据中心造成严重的打击。本章将从物理安全、服务器虚拟化安全、网络虚拟化安全、容器安全以及云管理平台安全五个方面介绍云计算基础设施安全保障措施，为 IaaS 稳定、可靠的服务提供安全保障。

4.1 物理安全

物理安全是云计算安全体系的重要组成部分，在实践中，很大一部分网络故障都归结于物理安全，所以物理安全机制与云计算其他安全机制一样重要。云计算物理安全涉及整个系统的配套部件、设备和设施的安全、所处的环境安全、人员安全等几个方面，是云计算信息系统运行的基本保障[24]。

4.1.1 物理安全概述

为了充分保障云计算中物理系统的安全，首先，应该明确物理安全保障的内容及范围；其次，还要明确物理安全面临的安全威胁，以便针对这些安全威胁采取必要的保障措施。

4.1.1.1 物理安全概念

物理安全指应用物理屏障、控制程序作为对抗资源和敏感信息威胁的预防措施及对抗措施，它通过采取适当措施来降低或阻止人为或自然因素从物理层面对信息系统保密性、完整性、可用性带来的安全威胁，保证信息系统的安全可靠运行[24]。

由于云计算信息系统结构的复杂性、软硬件的多样性、人员责任的多元性，确保云计算信息系统物理安全，需坚持各个击破、统筹兼顾的原则，从广义的物理安全角度对物理设施进行安全部署。

4.1.1.2 物理安全威胁

云计算物理设施面临的安全威胁包括非人为的影响（如自然灾害、电磁环境影响、物理环境影响和软硬件影响）以及人为造成的安全威胁（如物理攻击、操作失误、管理不到位、越权或滥用）两个方面。下面主要介绍自然灾害、环境影响以及物理攻击[2]。

（1）自然灾害：自然灾害对于云计算数据中心安全的影响往往是毁灭性的，包括地震、水灾、雷击、火灾等。地震灾害具有突发性和不可预测性，如果在地震发生之前没有对云计算数据中心做好地震防护措施，就会对数据中心造成严重的破坏，带来严重的经济损失和人员伤亡；水灾不仅会威胁人民生命安全，也会对设备造成巨大损失，并对云计算信息系统运行产生不良影响；雷击是一种多发现象，由于电子设备的电磁兼容能力低，不能承受雷电及强电磁浪涌产生的瞬间过电压或过电流，会造成电子设备的损坏，影响业务的正常运行[26]；火灾是最经常、最普遍发生的灾害，机房发生火灾一般是由电器原因、人为事故或者外部火灾蔓延引起的。

（2）环境影响：环境因素对数据中心造成的威胁主要来自两个方面：一方面来自电磁环境的影响，包括断电、电压波动、静电、电磁干扰等；另一方面来自物理环境的影响，包括灰尘、潮湿、温度等[3]。

（3）物理攻击：物理攻击包括物理设备接触、物理设备破坏、物理设备失窃等，在云计算数据中心，很多设备和部件价值不菲，往往会成为偷窃者的目标；人为损坏包括故意和无意损坏设备。无意损坏设备多半是操作不当造成的；而有意损坏设备则是有预谋的，这类攻击很难防范，因为攻击者往往是能够接触到这些设备的工作人员。

4.1.2　物理安全体系

传统信息系统在面对各种物理安全威胁时，一般是从环境安全、设备安全、介质安全、人员安全四个方面进行保护的。物理安全体系结构如图 4.1 所示。

具体如下[1]：

（1）环境安全：是指通过采取适当的措施对信息系统所处的环境进行严密保护和控制，提供安全可靠的运行环境，从而降低或避免各种威胁。

（2）设备安全：是指对硬件设备及部件采取适当安全控制措施，来保证信息系统的安全可靠运行，降低或阻止人为或自然因素对硬件设备安全可靠运行带来的威胁[25]。

（3）介质安全：为了使信息系统的数据得到物理上的保护，通过采取适当的措施保障介质的安全，从而降低或避免数据存储的威胁。

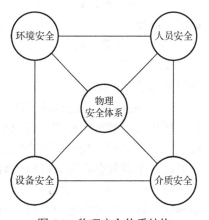

图 4.1　物理安全体系结构

（4）人员安全：是指通过加强对人员的管理，从而降低或避免信息系统遭受的来自内部或外部个人或组织的恶意攻击。

以上是物理安全重点关注的四个领域。云计算信息系统具备信息系统的所有特质，所以云计算信息系统的物理安全建设也可以从以上几个方面来展开，即从云环境安全、设备安全、介质安全、人员安全四个方面进行安全建设。

4.1.2.1　环境安全

环境安全是物理安全的最基本的保障，是整个安全系统不可缺少的重要组成部分。云计算环境安全是指对云计算信息系统所处环境的保护，应具有消防报警[5]、安全照明、不间断供电、温湿度控制和防盗报警等设施。机房与设施安全是指机房的选址、防火、防洪、防雷、防震、防静电等能力。

（1）机房选址。为了保证云计算数据中心的服务器及各种设备能够持续、安全地运行，在进行机房选址时应避开易发生火灾、落雷、强电磁干扰、核辐射源等区域，还需考虑所选地址的社会经济及人文环境、高科技人才资源条件、配套设施条件、周边环境和政策环境等因素。

（2）电能供给。保证云计算数据中心具有充足的电能是非常关键的，可通过采用后备电能供给系统来保障云计算数据中心电能的供给。目前有三种后备电源供给方式，即不间断供电系统（Uninterruptible Power System，UPS)、电源连接器和备用电源。如果电力中断的时间超过了 UPS 电源能够持续的时间，这时就需要使用备用电源。备用电源可以是从另一个变电站或者从另一个发电机接过来的后备电力线，用来提供主要电能，或者给 UPS 的电池充电。

在建设云计算数据中心时，首先确定要有不间断电源保护，然后估计备用电源能够提供多久的电能及每台设备需要多少电能。一些 UPS 提供的电能仅够系统完成一些后续工作，但是有些系统可能需要工作更长时间。针对云计算业务的特点，在选用 UPS 时要选用当云计算数据中心断电的情况下能够支持系统继续运行以完成关键业务的 UPS。此外，还需定期检测备用电源，保证它能够正常运行并达到预期的要求。

（3）火灾防护。在构建云计算数据中心时，防火措施的部署一定要受到高度重视。在设计规划阶段一定要明确火灾产生的一般性原因，如电器原因、人为事故、外部火灾蔓延等，并遵守火灾预防、探测和扑灭方法等国家和地方有关标准。具体的预防措施包括[4]：

① 静电防护：对产生静电的主要因素应予以排除，例如机房设备接地、使用静电消除产品进行静电中和。

② 消防预警：数据中心机房内应常备防火器材且保持良好状态，机房装修应采用防火材料，安全通道要用醒目的指示标记并保持畅通，便携式灭火器应放在设备附近，并且放在容易看到和拿到的地方[5, 6]。

③ 供电需求：提供良好的供电方式和稳定的电压，并进行良好的接地措施，预防雷击等造成的火灾；数据中心的门旁应安装一个紧急断电开关，当发生火灾时，在员工离开房间、喷洒灭火剂之前，先按下这个紧急断电开关；或安装连接到这个开关的灭火系统，在探测到火警时，电源就会在灭火材料喷洒之前自动关闭，确保火势得到及时控制。

④ 区域隔离：机房布局要隔离脆弱区和危险区，防止外部火灾进入机房，特别是重要设备地区，可以通过安装防火门、使用阻燃材料装修等措施来预防火灾的发生[24]。

此外，还可以通过提供合适的灭火设备、正确存放可燃物品、保证附近水源充足、教育员工提高防火意识和掌握正确灭火方法等方式来预防机房火灾的发生。

（4）"四防"与"三度"。云计算数据中心机房"四防"要求，即防水、防静电、防雷击、防鼠害，然而在云计算数据中心机房中传统机房的"三度"要求也是必需的[7]。温度、湿度和洁净度并称为"三度"，机房保持适宜的温度、湿度和洁净度能够促进云计算信息系统稳定运行。

4.1.2.2　设备安全

在云计算中，设备安全保护对象包括构成信息系统的各种设备、网络线路、供电连接、各种介质等，设备的抗电磁干扰能力、防电磁泄漏能力、电源保护能力，以及设备振动、碰撞、冲击适应性等直接决定了云计算信息系统的保密性、完整性和可用性[24]，所以保障物理设备的安全是保障云计算物理安全的基础。

对物理设备保护的具体措施如下：

（1）防毁防盗。对云计算信息系统来说，如果云存储服务器或者网络设备被盗被毁，存储其上的重要数据和业务信息也随之丢失，其所造成的损失远远超过被盗被毁设备本身，甚至构成犯罪。因此，应妥善安置及保护设备，并对重要的设备和介质（磁盘等）采取严格的防盗措施[24]。

为了防止设备被盗取，可以在重要设备上贴上标签、设置锁定装置。这样，一旦非法携带设备外出，检测器就会发出警报。另外，安装监控报警系统也是很有必要的，它不仅能对整个云计算数据中心进行实时监控，还可以迅速找到出现问题的设备。

（2）防电磁泄漏。计算机主机及其附属电子设备在工作时会不可避免地产生电磁辐射，这些辐射中携带有计算机正在处理的数据信息[27]，因而电磁泄漏很容易造成信息泄露。此外，电磁泄漏极易对周围的电子设备形成电磁干扰，影响周围电子设备的正常工作。从技术上讲，目前常用的防电磁泄漏措施主要有抑源防护、屏蔽防护、滤波防护、干扰防护、隔离防护、接地接搭防护和光纤防护等。

（3）电源保护。电源系统电压的波动、浪涌电流和突然断电等意外情况的发生，很可能引起云计算信息系统存储信息的丢失、存储设备的损坏。传统电源保护方法有三种，即选择合适的电源调整器、使用 UPS 和正确操作电源。

（4）设备保护。云计算信息系统设备的安全保障除了防盗、防毁、防电磁泄漏、电源保护，还要对设备进行维护和保养，对于报废的设备也要正确地处理和利用，如将设备进行地点转移应该按照相关规定来执行，以免由于疏忽造成数据的泄露和丢失[8]。

4.1.2.3　介质安全

在云计算信息系统中，常用的介质有硬盘、磁盘、磁带、打印纸、光盘等，使用这些介质来存储、交换数据，极大地方便了云计算信息系统的数据转移和交换，但这种方便性也给云计算信息系统带来很大的风险。

（1）介质的安全管理。介质也可以看成云计算数据中心的设备，其管理办法和设备安全管理有相似之处，但是由于介质的独特性质，与设备安全管理也存在着差异性，具体的管理措施如下[2]：

① 对于存储业务数据或程序的介质，必须注意防磁、防潮、防火、防盗，并且其管理必须落实到人，并分类建立登记簿[28]。

② 对于存储在硬盘上的数据，要建立有效的级别、权限并严格管理，必要时要对数据进行加密，以确保数据的安全。

③ 对存储重要数据的介质，要备份两份并分两处保管。

④ 打印有业务数据或程序的打印纸，要视同档案进行管理。

⑤ 凡超过数据保存期的介质，必须经过特殊的数据清除处理。

⑥ 凡不能正常记录数据的介质，必须经过测试确认后方可销毁。

⑦ 对删除和销毁的介质数据，应采取有效措施，防止被非法复制。

⑧ 对需要长期保存的有效数据，应在介质的质量保证期内进行转储，转储时应确保数据正确。

（2）移动介质安全。移动介质体积小巧、移动轻便，但存在易丢失、存储的数据易传播和复制等安全隐患，而且其自身又缺乏有效的审计和监管手段，因此加强移动介质的安全管理非常重要。移动介质的管理和使用可分为涉密移动介质、内部移动介质和普通移动介质的管理与使用。

4.1.2.4 人员安全

在云计算信息系统中，任何一个环节都需要人员的保障，然而，人员也会给云计算信息系统带来很大的风险。云计算信息系统所遭受的人为威胁主要来自内部人员、准内部人员、特殊身份人员、外部个人或组织以及竞争对手。针对以上人为的威胁，云服务提供商要加强对人员的安全管理。人员安全管理的内容如下：

（1）了解可以访问云基础设施的每一个内部人员的背景。

（2）坚持人员安全管理的原则，进行合理的职责分配。

（3）执行人员安全培训等有效措施，加强人员的安全保障。

（4）在对安全相关工作进行部署时，每一项工作都必须有两人或多人在场，这样可以确保没有一个人能够执行未经授权的事务而不被发现。

（5）每一个人员最好不要长期担任与安全相关的职务，这样可以保持该职务的竞争性和流动性。

（6）出于对安全的考虑，科技开发、生产运行和业务操作等都应该实行人员职责分离，当职责分离后，相关人员对计算机、生产数据资料库、生产程序、编程文档、操作系统及其工具的访问就会受到一定的限制，某一个人的潜在破坏行为就被减弱。

（7）通过定期的安全培训，提升内部人员的安全意识，既要提高领导者的安全意识，也要提高普通工作人员的安全意识。

（8）内部人员需要严格遵守安全管理制度，以确保设备和人员安全。

（9）相关部门应定期检查安全管理要求的执行情况，发现问题立即纠正并按照相关规范的要求进行处理。

（10）如果云服务提供商需和第三方合作，就要提高第三方的安全意识，要求第三方的员工完全了解和遵守相同的安全政策，还要对第三方的工作进行监控，确保第三方的工作遵守安全准则，防止恶意第三方事件的发生。

4.1.3 物理安全保障

4.1.3.1 安全区域的划分

云服务提供商可根据区域的人员和区域所面临的相关风险，将云计算数据中心的物理空间划分为安全级别不同的区域，即控制区域、限制区域、敏感区域、高度敏感区域。每个区域都应有一个特殊保护级别，这样不仅可以提高云计算数据中心安全防护的能力，也可以节约人力物力成本，做到有针对性地保障云计算数据中心的安全。

（1）控制区域：云计算数据中心机房的入口处属于控制区域，安全保护级别最低，应采取一定的访问控制措施，可以使用身份标识门禁卡控制人员出入。

（2）限制区域：办公区域、辅助和支持区域属于限制区域，安全级别稍高于控制区域，必须使用身份标识门禁卡控制人员出入。

（3）敏感区域：云计算数据中心的系统运营管理区域属于敏感区域，包括系统控制室、场地安全监控中心、配电室等，此区域安全级别较高，必须使用身份标识门禁卡或人体特征鉴别控制人员出入。

（4）高度敏感区域：高度敏感区域是存放机密数据设备的区域，安全级别最高，必须有安全的出入控制，必须使用身份标识门禁卡和人体特征鉴别身份，并且在该区内必须采取职责分离与权限分割的方案和措施，使得单独一个人无法在高度敏感区域内完成敏感操作。

云计算数据中心的物理空间也可以按照重要程度划分为控制区域、限制区域、敏感区域和公共区域，每个区域都应有一个特殊保护级别，这样不仅可以提高云计算数据中心安全防护的能力，也可以节约人力物力成本，做到有针对性地保障云计算数据中心的安全。

4.1.3.2 综合部署

物理安全的部署应是多方面的，包括环境考虑，访问控制（包括访问机房、设备、程序）、监测（包括视频监控、热度传感器、接近度传感器以及环境传感器），人员识别和访问控制，以及具有响应机制的非法行为检测等。为了保障云计算数据中心的物理安全，必须对云计算数据中心物理环境进行多方面的安全防护。云计算数据中心物理安全综合部署如图 4.2 所示。

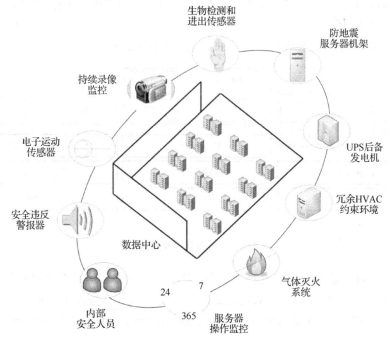

图 4.2 云计算数据中心物理安全综合部署

图 4.2 从安全违反警报器、电子运动传感器、持续录像监控、生物检测和进出传感器、防地震服务器机架、UPS 后备发电机、冗余 HVAC 约束环境、气体灭火系统、服务器操作监控和内部安全人员十个方面进行了部署，能够保障云计算数据中心的物理安全。

4.2 服务器虚拟化安全

4.2.1 虚拟化技术概述

4.2.1.1 虚拟化架构类型

虚拟化（Virtualization）是一种资源管理技术，可将计算机的各种实体资源，如服务器、网络、内存及存储等，予以抽象、转换后呈现出来，打破实体结构间的不可切割的障碍，使用户可以比原本的组态更好的方式来使用这些资源，这些资源的虚拟部分是不受现有资源的架设方式、地域或物理组态限制的[30]。

虚拟化架构主要由主机、虚拟化层软件和虚拟机组成。主机是包含 CPU、内存、I/O 设备等硬件资源的物理机器[31]。虚拟化层软件通常被称为 Hypervisor 或虚拟机监视器（Virtual Machine Monitor，VMM），主要功能是将一个主机的硬件资源虚拟化为逻辑资源，提供给上层的若干虚拟机，协调各台虚拟机对这些资源的访问，管理各台虚拟机之间的防护。虚拟机是运行在 Hypervisor 上的用户操作系统[31]，通过 Hypervisor 提供的硬件资源，多台虚拟机可以运行在同一个主机上。

目前广泛使用的虚拟化架构主要有三种类型，如图 4.3 所示。

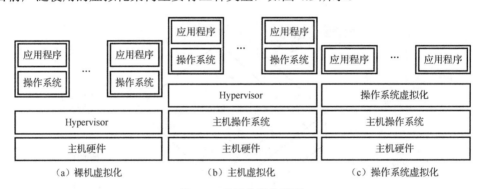

图 4.3　虚拟化架构类型

（1）类型一：裸机虚拟化。在这种架构中，Hypervisor 直接运行在主机硬件上，通过提供指令集和设备接口来提供对上层虚拟机的支持[32]。这种模式实现起来比较复杂，但通常具有较好的性能，典型的实现有 VMware ESX、Microsoft Hyper-V、Oracle VM、LynxSecure 和 IBM z/VM。

（2）类型二：主机虚拟化。在这种架构中，Hypervisor 以应用程序的方式运行在主机操作系统上，利用主机操作系统的功能来实现硬件资源的抽象和上层虚拟机的管理[32]。这种模式实现起来较为容易，但由于虚拟机对硬件资源的操作需要经过主机操作系统来完成，因此性能大大低于裸机虚拟化，典型实现有 VMware Workstation、VMware Fusion、VMware Server、Xen、XenServer、Oracle VirtualBox、Microsoft Virtual Server R2、Microsoft Virtual PC。

（3）类型三：操作系统虚拟化。在这种架构中，没有独立的 Hypervisor，主机操作系统本身充当 Hypervisor 的角色，负责在多台虚拟机之间分配硬件资源，并且让这些虚拟机彼此独立[33]。这种模式提供了更高的运行效率,所有的虚拟机都使用单一、标准的操作系统,管理起来比异构环境要容易,但灵活性比较差[34]。另外,由于各台虚拟机的操作系统文件及其他相关资源的共享,使得其提供的隔离性也不如前面所述的两种架构。典型实现有 Parallels Virtuozzo Containers、Solaris Containers、Linux VServer、BSDjails、Open VZ。

在这三种虚拟化架构中,裸机虚拟化是当今主流的企业级虚拟化架构,在企业数据中心的虚拟化进程中得到广泛应用;主机虚拟化由于其性能低下不能胜任企业级的工作量,最常用于开发/测试或桌面类应用程序;操作系统虚拟化主要是为需要高虚拟机密度的应用程序而量身打造的,如虚拟桌面。三种虚拟化架构存在一定的差异,各有利弊,在具体部署时应根据架构特点和使用需求进行充分考虑后再慎重选择。

4.2.1.2　虚拟化技术类型

目前常见的虚拟化技术有服务器虚拟化、网络虚拟化、存储虚拟化、桌面虚拟化和应用虚拟化等[35]。

(1)服务器虚拟化。服务器虚拟化是将虚拟化技术应用于服务器上,将一个服务器虚拟成若干个服务器[32],如图 4.4 所示。

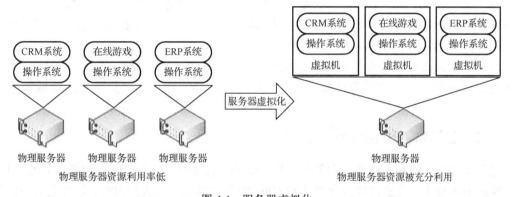

图 4.4　服务器虚拟化

在采用服务器虚拟化之前,图 4.4 中三种不同的应用分别运行在三个独立的物理服务器上;在采用服务器虚拟化之后,这三种应用运行在三台独立的虚拟机上,而这三台虚拟机托管于一个物理服务器[35]。服务器虚拟化为虚拟机提供了能够支持其运行的硬件资源抽象,包括虚拟 BIOS、虚拟处理器、虚拟内存、虚拟设备与 I/O,并为虚拟机提供了良好的隔离性和安全性[32]。

服务器虚拟化具有很多优势,例如,能够降低运营成本、提高应用兼容性、加快应用部署、提高服务可用性、提高资源利用率、动态调度资源、降低能耗等。这些独特的优势使服务器虚拟化受到了很多大型企业的青睐,同时也加速了该技术的普及与应用。服务器虚拟化开启了基础硬件利用方式的全新时代,尤其是为构建云计算基础架构奠定了重要的技术基础。

(2)网络虚拟化。网络虚拟化是使用基于软件的抽象从物理网络元素中分离网络流量的一种方式。对网络虚拟化来说,抽象隔离了网络中的交换机、网络端口、路由器以及其他物理元素的网络流量[5,36]。传统的网络虚拟化部署需要手动逐跳部署,其效率低下,人力成本很高,而新出现的网络虚拟化实现方式——SDN 很好地解决了这个问题。基于 SDN 的网络架构可以更容易地实现网络虚拟化。

（3）存储虚拟化。存储虚拟化是一种将存储资源整合并统一管理的技术。对用户来说，使用存储虚拟化技术，用户不会看到具体的存储介质，也不用关心数据经过哪一条路径存储在哪一个具体的介质中。从管理的角度来看，虚拟存储采取集中管理，并根据具体的需求把介质动态地分配给各个应用[36]。

（4）桌面虚拟化。桌面虚拟化主要是对桌面应用及其运行环境进行的模拟与分发。使用桌面虚拟化后，所有的应用客户端都将一次性地部署在专用服务器上，客户端也将不需要通过网络向每个用户发送实际的数据，只有虚拟的客户端界面（如屏幕图像更新、按键、鼠标移动等）被实际传送并显示在用户的计算机上[37]。通过桌面虚拟化，企业可对信息系统进行集中管理，能够节约带宽成本、提高信息系统的效率和员工的生产力、延长信息系统的使用寿命，从而提高成本效益。

（5）应用虚拟化。应用虚拟化是指将应用程序从操作系统中分离出来，通过压缩后的可执行文件来运行，而不需要借助任何设备驱动程序或者与用户的本地文件系统相连。另外，应用程序虚拟化技术改变了应用程序需要本地安装的传统方式，通过将应用程序安装在某个组织（如企业或政府机构）的服务器上，可以使应用程序被该组织内部网络中的每个成员远程使用，用户只需注册一个账号，就可以在线使用软件资源办公[36]。应用虚拟化可以帮助 IT 部门员工跟踪企业内部员工对应用程序的使用状况，为不同的员工群体分配不同应用程序许可，从而有效地简化应用程序的管理过程。

本书重点关注服务器虚拟化和网络虚拟化，并讨论其安全问题与挑战、安全解决方案，旨在为云服务提供商提供虚拟化安全防护的思路与途径，提高云计算信息系统抵御风险的能力。

4.2.2　服务器虚拟化的安全隐患

服务器虚拟化提高了硬件资源的利用率。例如，在进行虚拟化以前，主机上 CPU 的利用率一般在 10%以下，在应用虚拟化技术后 CPU 的利用率至少能达到 50%。除此之外，服务器虚拟化还具有许多优势，这也使得服务器虚拟化技术迅速发展，应用范围更加广泛。然而，新技术的使用必然会带来新的安全隐患。

4.2.2.1　虚拟机蔓延

随着虚拟化技术的不断成熟，虚拟机的创建越来越容易，数量也越来越多，导致回收计算资源或清理虚拟机的工作越来越困难，这种失去控制的虚拟机繁殖称为虚拟机蔓延（VM Sprawl）[9]。虚拟机蔓延有僵尸虚拟机、幽灵虚拟机、虚胖虚拟机三种表现形式[7,38]。

（1）僵尸虚拟机（Zombie VM）。在实际的信息系统中，许多已经停用的虚拟机及相关的镜像文件依然保留在硬盘上，甚至还可能有多份副本，这些已停用的虚拟机会占据大量系统资源。另外，由于虚拟机创建简单，导致用户会经常创建数千台虚拟机，随着时间的推移，管理员很难知道哪些虚拟机在使用，哪些是荒废的，这会对系统资源利用及安全性产生影响。

（2）幽灵虚拟机。许多虚拟机的创建没有经过合理的验证和审核，导致了不必要的虚拟机配置，或者由于业务需求，需要保留一定数量的冗余虚拟机，当这些虚拟机被弃用后，如果在虚拟机的生命周期管理上缺乏控制，随着时间的推移，没有人知道这些虚拟机的创建原因，从而不敢删除、回收，不得不任其消耗系统资源。

（3）虚胖虚拟机。许多虚拟机在配置时被分配了过多的资源（过高的 CPU、内存和存储容量等），然而在实际部署后，这些被分配的资源没有得到充分利用。由于这些虚拟机仍然占据着分配给它的资源，长此以往，不仅会造成严重的资源浪费，还可能影响企业业务的效率。

在云计算数据中心，如果在数量上没有适当地控制虚拟机的创建和部署，在虚拟机资源配置上没有进行合理的分析和限制，就会产生虚拟机蔓延的现象，这会对系统安全性、资源利用率以及使用成本等产生影响，尤其是对系统安全性的威胁将严重影响用户对虚拟化技术的信任。因此，必须寻找和部署有效的技术或管理手段来抑制虚拟机的蔓延，充分保证虚拟化部署的安全性。

4.2.2.2 特殊配置隐患

很多企业经常会采用虚拟化技术来模拟不同的操作系统配置，仿真各种各样的操作系统环境[29]。例如，软件开发者想在现在的和以前的操作系统上同时测试软件，就可能在云计算数据中心中租用多台虚拟机，但这种特殊化的虚拟机配置[9]却带来了一定的风险。

（1）使用者会在一些虚拟机上特意不更新所有的补丁，以保证他们的软件在有或没有这些补丁的情况下都能正常工作。而这些虚拟机上的漏洞就可能会被攻击者发现并利用，不仅会使该虚拟机遭受攻击，甚至可能影响到 Hypervisor 和其他虚拟机。

（2）在传统的共享物理服务器中，分配给每个用户的账户权限都有一定的限制。而在虚拟化基础架构中，经常将虚拟机用户操作系统的管理员账户分配给每个用户，这样用户就具有移除安全策略的权限。如果该用户是一个恶意用户，那么他就能进行任何形式的攻击。

（3）在传统的基础架构安全模型中，一种安全配置能够部署在所有的计算机上。但当操作系统变得多样化时，这种手动配置就会变得越来越复杂，给系统管理员的安全防护工作带来了许多问题。

4.2.2.3 状态恢复隐患

虚拟机的虚拟磁盘中的内容通常以文件的形式存储在主机上，在发生改动时，大多数虚拟机都会对虚拟磁盘的内容采取快照处理，因此虚拟机的状态信息会被保留在主机上，从而使得虚拟机具有恢复到先前某个状态的能力[29]。这样的功能有助于找回丢失的数据，并且能够有效地删除当前系统中的病毒。然而，虚拟机的状态恢复机制在带来好处的同时也给系统安全性带来了极大的挑战。

（1）当新的安全补丁发布时，主机能够及时地更新补丁并能够持续地保持补丁更新，虚拟机可能也获取了这个安全补丁并进行更新，但是由于某些原因，用户需要将虚拟机恢复到先前的某个状态，那么该虚拟机将再也不会被更新，从而给系统留下安全隐患。

（2）虚拟机恢复有可能将虚拟机恢复到一个未打补丁的状态或者一个缺乏抵抗力的状态，例如，虚拟机恢复到恶意状态，如图 4.5 所示[9]，这将产生极大的风险。如果用户将虚拟机恢复到一个已经被感染而病毒还未删除的状态，那么病毒就有可能仍然在操作系统上，使系统处于不安全状态中。

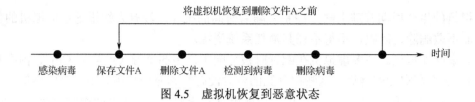

图 4.5　虚拟机恢复到恶意状态

（3）构建安全性操作系统的一个准则是将敏感数据保留在系统中的时间最大限度地减少，而虚拟机的状态恢复能力却违背了这一原则。例如，曾经在虚拟机操作系统中存在的信息仍然无限期地保留在主机操作系统中，如果攻击者攻破了 Hypervisor，那么他就能够访问虚拟机上曾经含有的所有信息。

（4）对系统管理员来说，他不仅需要记录每个补丁的更新时间，在虚拟机恢复到先前某个状态后还要评估哪些补丁需要被再次更新，这些对系统管理员来说都是具有挑战性的难题。

4.2.2.4　虚拟机暂态隐患

在云计算中，虚拟机可以根据实际需要动态地使用，这样就产生了一种现象，大量的虚拟机时而出现在网络中，时而消失在网络中，这种现象称为虚拟机暂态（VM Transience）[11,29]。当虚拟机离线时，攻击者无法访问到该虚拟机，可减少攻击者试图危害操作系统的机会。将一台虚拟机的在线时间减到最少是对恶意攻击最有效的遏制方法，但是这样做会给系统的安全维护和审计带来很大的挑战，也会使系统管理员的安全防护工作变得更加复杂。例如，当一个蠕虫病毒攻击一个传统的服务器基础架构，则所有有漏洞的机器都将会迅速地被感染，系统管理员能够快速地评估出哪些机器受到了感染，并尽快地修复问题。然而，在虚拟化基础架构中，如果一个被感染的虚拟机在检测之前离线了，不仅会威胁到整个信息系统的安全，也会增大系统管理员的工作难度。此外，传统的安全更新周期需要所有的机器都在线，同时进行补丁更新、病毒删除、审计和配置更改，而虚拟机暂态却使得这项工作变得更加困难。

4.2.3　服务器虚拟化安全攻击

4.2.3.1　虚拟机信息窃取和篡改

大多数 Hypervisor 将每台虚拟机的虚拟磁盘内容以文件的形式存储在主机上，使得虚拟机能够很容易地迁移出主机[29]。对使用者来说，能够轻松快速地将虚拟机环境在其他主机上重建。对攻击者来说也是如此，攻击者可以在不用窃取主机或硬盘的情况下，通过网络将虚拟机从原有环境迁出，或者将虚拟机复制到一个便携式存储介质中带走[6]。一旦攻击者能够直接访问虚拟磁盘，则他就有足够的时间来攻破虚拟机上所有的安全机制，进而访问虚拟机中的数据。由于攻击者访问的只是虚拟机的一个副本，而非真正的虚拟机本身，因此在原来的虚拟机上不会显示任何入侵记录[29]。另外，如果主机没有受到有效的安全保护，攻击者可能会在虚拟机离线时破坏或者修改虚拟机的镜像文件，导致离线虚拟机的完整性和可用性受到威胁和破坏[29]。

4.2.3.2　虚拟机跳跃

虚拟机跳跃（VM Hopping）是指攻击者基于一台虚拟机通过某种方式获取同一个

Hypervisor 上的其他虚拟机的访问权限，进而对其展开攻击[38]。根据虚拟化的实现方式，我们可知同一个 Hypervisor 上虚拟机之间能够通过网络连接、共享内存或者其他共享资源等相互通信，虚拟化这种实现方式是攻击者进行虚拟机跳跃攻击的根源所在。虚拟机跳跃攻击可以分为两种情况：

一种情况是攻击者可能会使用一个恶意的虚拟机通过虚拟机之间的通信方式访问或者控制该 Hypervisor 上的其他虚拟机。图 4.6 描述的是攻击者利用 VM1 来攻击 VM2 和 VM3。无论该攻击者是经过授权访问 VM1 还是非法访问 VM1，通过虚拟机跳跃攻击方式都能够获取对 VM2 和 VM3 的未授权访问。

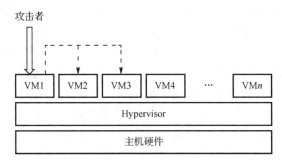

图 4.6　虚拟机跳跃攻击

另一种情况是如果位于某台虚拟机（如 VM1）上的攻击者通过某种方式越过了 Hypervisor 层获得了主机操作系统的访问权限，那么攻击者就能够对他感兴趣的虚拟机（如 VM2）展开破坏行动。一方面，攻击者能够监控流经 VM2 的流量；另一方面，也可以通过修改配置文件来篡改 VM2，使正在运行的 VM2 被迫关闭，导致与 VM2 相关的通信被中断。

4.2.3.3　虚拟机逃逸

Hypervisor 是运行基础服务器和操作系统之间的中间软件层，它将主机的硬件资源抽象后分配给虚拟机。Hypervisor 小巧、简单的特征限制了可能经常出现在很多程序中的低级漏洞，因此 Hypervisor 通常比操作系统更安全。然而，仍然有攻击者试图利用 Hypervisor 对其他虚拟机展开攻击，这种攻击被称为虚拟机逃逸（VM Escape）[11,38]，如图 4.7 所示。

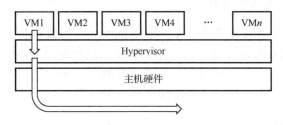

图 4.7　虚拟机逃逸攻击

虚拟机逃逸攻击与虚拟机跳跃攻击的不同之处在于，虚拟机逃逸攻击需要获取 Hypervisor 的访问权限甚至入侵或破坏 Hypervisor。Hypervisor 在虚拟机操作系统和主机操作系统之间起到指令转换的作用，如果虚拟机操作系统已经被攻破，则由它发送给 Hypervisor 的指令可能是非法的。例如，攻击者在控制了一台虚拟机后，通过一定手段在虚拟机内部产生大量随机的 I/O 端口活动使 Hypervisor 崩溃[10]。一旦 Hypervisor 被攻破，则它所控制的所有虚拟机和主机操作系统都能够被攻击者访问。另外，攻击者一旦获取 Hypervisor 的访问权限之后，就能够在主机操作系统上执行恶意代码，进而入侵内部网络，威胁整个云计算信息系统安全。

4.2.3.4 VMBR 攻击

VMBR 攻击是一种基于虚拟机的 Rootkit 攻击（Virtual Machine Based Rootkit，VMBR），Rootkit 是一组用于隐藏恶意入侵活动的工具集[29]。当攻击者获得较高的系统控制权后，就能在避开入侵检测的同时监控、拦截和篡改系统中其他软件的状态和动作[38]。而系统防护者要想检测出恶意的入侵活动，就必须获得比攻击者更高的系统控制权。早期的 Rootkit 只是一些简单的用户级程序，很容易被用户级的入侵检测系统检测出来。即使 Rootkit 转移到操作系统内核，入侵检测软件也深入到内核进行安全检测，使得 Rootkit 逐渐丧失了隐藏自身和控制系统的优势，从而保证系统不被攻击者控制。但是在云计算中，利用虚拟化技术实现的 Rootkit 会打破这种平衡。基于虚拟机的 Rootkit 在获取操作系统权限方面的能力更强，并且能够提供更多的恶意入侵功能，同时能够完全隐藏自身所有的状态和活动。

4.2.3.5 拒绝服务攻击

在虚拟化基础架构中，有一种拒绝服务攻击是指，如果管理员在 Hypervisor 上制定的资源分配策略不严格或者不合理，攻击者就能利用单台虚拟机消耗所有的系统资源，从而造成其他虚拟机由于资源匮乏而无法正常工作、提供服务[11,37]，如图 4.8 所示。

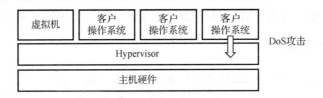

图 4.8　拒绝服务攻击

4.2.4　服务器虚拟化安全方案

在服务器虚拟化安全的研究中，保护 Hypervisor 和虚拟机安全是研究的热点[39]。Hypervisior 的安全性保障可以通过简化 Hypervisor 功能和保护 Hypervisor 完整性两个方面来入手。虚拟机的安全可以通过加密机制、安全区域划分、制定访问控制策略等措施来保障，并结合基于虚拟化架构的安全监控来保障操作系统和应用程序的安全性。

4.2.4.1　主机安全机制

一旦攻击者能够访问主机，就能够展开针对虚拟机的各种攻击，如图 4.9 所示。

攻击者可以不用登录虚拟机系统而直接使用主机操作系统特定的热键（快捷键）来杀死虚拟机进程、监控虚拟机资源的使用情况或者关闭虚拟机；也可以暴力地删除整个虚拟机或者利用软驱、光驱、USB、内存等窃取存储在主机操作系统中的虚拟机镜像文件；还可以在主机操作系统中使用网络嗅探工具捕获网卡中流入或流出的数据流量，进而通过分析和篡改来达到窃取数据或破坏虚拟机通信的目的。

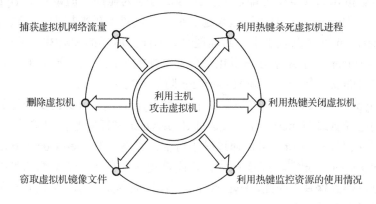

图 4.9　利用主机攻击虚拟机

　　由此可见，保护主机安全是防止虚拟机遭受攻击的一个必要环节。目前，绝大多数传统的计算机系统都已经具备了较为完善并行之有效的安全机制，包括物理安全、操作系统安全、防火墙、入侵检测与防护、访问控制、补丁更新以及远程管理技术等方面，这些安全技术对于虚拟化系统而言仍是安全有效的保障[11]，我们完全可以使用这些技术保护虚拟机和主机的安全。主机安全保障措施如表 4.1 所示[38]。

表 4.1　主机安全保障措施

类　　型	安全保障措施
物理安全	需要安保人员许可或者门禁卡认证才能进入机房进行访问； 用安全锁将主机固定在机房中，或者将机箱加锁以防止硬盘被盗； 在服务器安装完毕、初始化启动之后拆除软驱和光驱； 对 BOIS 进行设置，除了从主硬盘启动，禁止从其他设备启动；此外，还要对 BOIS 设置口令，防止启动选项被非法修改； 控制主机、客户端操作系统和第三方应用的所有外部端口
操作系统安全	使用高强度的口令，例如使用字母、数字、符号充分混合的、尽可能长的、难以猜测的口令，并且经常更换口令； 采用细致的认证策略和完善的访问控制，如严格限制非法认证的次数；对于连续一定次数登录失败的用户，系统将自动取消其账号；限制登录访问的时间和访问范围，对限时和超出范围的访问一律加以拒绝； 禁用系统中不经常使用或者不必要的服务和程序，特别是网络服务； 在主机上部署独立的防火墙和入侵检测系统，在开启服务之前，使用防火墙进行限制，只允许必要的人员进行访问； 及时对主机操作系统进行升级和更新补丁，这些升级和更新必须首先在非工作环境中进行测试，因为一旦主机升级失败，将会影响到所有的虚拟机运行

　　当前，传统的安全防护技术已经十分成熟，利用这些技术对主机进行全面的防护，避免攻击者通过主机对虚拟机进行攻击，对于增强虚拟机的安全性而言，具有十分重要的意义。

4.2.4.2 Hypervisor 安全机制

大部分针对虚拟化的安全研究都以 Hypervisor 可信为前提，但事实上 Hypervisor 并非完全可信，并且随着 Hypervisor 的功能越来越复杂，其代码量越来越大，导致安全漏洞也越来越多，针对 Hypervisor 的恶意攻击也不断涌现[31]，如前文所述的 VMBR、虚拟机逃逸攻击等。因此，保障 Hypervisor 安全是增强虚拟化平台安全性的关键，目前研究的重点主要集中在加强 Hypervisor 自身的安全保障和提高 Hypervisor 防护能力两个方面。

（1）加强 Hypervisor 自身的安全保障。目前对 Hypervisor 自身的安全保障主要有两个研究方向，一是构建轻量级 Hypervisor，二是对 Hypervisor 进行完整性保护[29]。

① 构建轻量级 Hypervisor。可以通过减小可信计算基（Trusted Computing Base，TCB）来构建轻量级的 Hypervisor[29]。TCB 越大，代码量越多，存在安全漏洞的可能性就越大，自身可信性就越难以得到保障，因此，Hypervisor 的设计应尽量简单，降低实现的复杂度，从而能够更容易地保证自身的安全性[29]。

② Hypervisor 完整性保护。利用可信计算技术对 Hypervisor 进行完整性度量和验证，保证它的可信性，也是 Hypervisor 安全研究中的重要方向。在可信计算技术中，完整性保护由完整性度量和完整性验证两部分组成。完整性度量是指从计算机系统的可信度量根（RTM）开始，到硬件平台、操作系统，再到应用，在程序运行之前，由前一个程序度量该级程序的完整性，并将度量结果通过可信平台模块（TPM）提供的扩展操作来记录到 TPM 的平台配置寄存器（Platform Configuration Register，PCR）中，最终构建一条可信启动的信任链。完整性验证是将完整性度量的结果进行数字签名后报告给远程验证方，由远程验证方验证该计算机系统是否安全可信。通过上述方式对 Hypervisor 进行完整性保护，可以确保 Hypervisor 的安全可信，进而可以从根本上提高整个虚拟化平台的安全和可信[29]。

（2）提高 Hypervisor 防护能力。无论通过构建轻量级的 Hypervisor，还是利用可信计算技术对 Hypervisor 进行完整性保护，在技术实现上均有较大难度。相比之下，借助一些传统的安全防护技术来增强 Hypervisor 的防护能力将更加容易实现，主要有以下四种防护方法：

① 利用虚拟防火墙保护 Hypervisor 安全。虚拟防火墙能够在虚拟机的虚拟网卡层获取并查看网络流量，因而能够对虚拟机之间的流量进行监控、过滤和保护[38]。

② 合理地分配主机资源。在 Hypervisor 中实施资源控制，可以采取以下两种措施；第一，通过限制、预约等机制，保证重要的虚拟机能够优先访问主机资源；第二，将主机资源划分、隔离成不同的资源池，将所有虚拟机分配到各个资源池中，使每台虚拟机只能使用其所在的资源池中的资源，从而降低由于资源争夺而导致的虚拟机拒绝服务的风险[38]。

③ 扩大 Hypervisor 安全到远程控制台。虚拟机的远程控制台和 Windows 操作系统的远程桌面类似，可以使用远程访问技术启用、禁用和配置虚拟机。如果虚拟机远程控制台配置不当，可能会给 Hypervisor 带来风险。首先，虚拟机的远程控制台允许多用户同时连接，如果具有较高权限的用户先登录远程控制台，则后来具有较低权限的用户登录后就可以获得第一个用户具有的较高权限，由此可能造成越权非法访问，给系统造成危害。其次，远程虚拟机操作系统与用户本地计算机操作系统之间具有复制、粘贴功能，通过远程控制台或者其他方式连接到虚拟机的任何用户都可以使用剪贴板上的信息，由此可能会造成用户敏感信息的泄露。为了避免这些风险，必须对远程控制台进行必要的配置[38]，例如，第一，应当设置同一时刻只允许一个用户访问远程控制台，即把远程控制台的会话数限制为 1，从而防止多用户

登录造成的原本权限较低的用户访问敏感信息。第二，禁用连接到远程控制台的复制、粘贴功能，从而避免信息泄露问题。这些配置虽然十分简单，却可以规范远程控制台的使用，进而能够增强 Hypervisor 的安全性。

④ 通过限制特权减少 Hypervisor 的风险。在 Hypervisor 的访问授权上，许多系统管理员为求简单方便直接将管理员权限分配给用户，但是拥有管理员权限的用户可能会执行很多危险操作，破坏 Hypervisor 的安全，如重新配置虚拟机、改变网络配置、窃取数据、改变其他用户权限等。为了避免这样的安全威胁，必须对用户进行细粒度的权限分配。首先创建用户角色，并且不分配权限；然后将角色分配给用户，根据用户需求来不断增加该用户对应的角色的权限，以此确保该用户只获取了他所需要的权限，从而降低特权用户给 Hypervisor 带来的风险。

上述安全防护措施大都可以降低 Hypervisor 的风险，提高 Hypervisor 的安全性，但并不能对 Hypervisor 进行全面的安全防护。因此，在增强 Hypervisor 防护能力方面还需要更加全面、更加深入的研究和探索。

4.2.4.3　虚拟机隔离机制

为了提高虚拟化环境的安全性，虚拟机隔离技术的研究必不可少[31]。

（1）虚拟机安全隔离模型。目前，虚拟机安全隔离研究多以 Xen 虚拟机监视器为基础。2010 年，林昆等人基于 Intel VT-d 技术提出了一种虚拟机安全隔离架构，该架构通过安全内存管理（SMM）和安全 I/O 管理（SIOM）两种手段进行保护，将重要的内存和 I/O 虚拟功能从虚拟机管理与 VM0 中转移到虚拟引擎中，以实现用户虚拟机内存和 VM 内存间的物理隔离，从而确保 VM 和用户虚拟机的高强度隔离，为 Xen 虚拟机在实际的安全隔离环境中的应用提供了较高的安全保障[38]。2015 年，杨永娇等人提出了一种基于 VT-d 技术的虚拟机安全隔离框架，该框架由 vTPM 独立域对虚拟机内的数据和代码进行加密保护，使用 VT-d 技术为虚拟机直接分配网卡设备，避免虚拟机直接通过设备内存访问，可以有效地确保虚拟机之间的设备 I/O 及内存访问安全隔离，提升虚拟机隔离环境的安全性。2016 年，刘明达等人[12]针对虚拟计算环境安全隔离的问题提出了一种基于 SR-IOV 技术的虚拟环境安全隔离模型，该模型根据用户需求将虚拟区域进行安全分级，安全等级高的虚拟区域可分配专门的物理网卡和加密卡，安全等级较低的虚拟区域仍采用传统的软件模拟方法实现 I/O 设备。在 SR-IOV 的结构设计中，采用设备直连技术实现了虚拟区域和物理设备的通信，设备直连技术本身具备良好的隔离效果，这样就能够根据其安全等级实现网络数据隔离和数据加密隔离。SR-IOV 模型能够提高虚拟计算环境的安全隔离特性，增强虚拟环境的安全，不仅具有可行性，而且具有良好的性能效率。

（2）虚拟机访问控制模型。通过适当的访问控制机制来增强虚拟机之间的隔离性也是虚拟机隔离技术的重要研究方向。目前，最具有代表性的虚拟机访问控制模型是由 IBM 美国研究中心的 Reiner Sailer 等人在 2005 年提出的 Hypervisor 架构 sHype[40]。sHype 是基于强制访问控制的安全管理程序架构，通过访问控制模块（Access Control Module，ACM）来控制系统进程对内存的访问，实现内部资源的安全隔离。sHype 在 Xen 中得到了实现，集成在 Xen 的安全模块 XSM。通过 XSM 模块，Xen 虚拟机管理器可以控制单台主机上多台虚拟机之间的资源共享和隔离性，但还不能解决大规模分布式环境下的虚拟机隔离安全问题。针对这个问题，美国卡内基梅隆大学的 Jonathan McCune 和 IBM 的 Stefan Berger 等人基于 sHype 提出了一种分布式强制访问控制系统，称为 Shamon。Shamon 系统通过 MAC 虚拟机管理器控制不同用户虚拟机之间的信息流传递。另外，由于 sHype 可以通过中国墙策略使得有利益冲突的虚拟机不能同时在虚拟机监控器上运行，从而减少隐蔽信道的发生，但是这会降低虚拟机系统资源的利用率。因此，2008 年 Cheng 等人提出带有优先权的中国墙（Prioritized Chinese Wall，PCW）模型，可以动态构造可互相通信的虚拟机集合。2014 年邹德清等人[13]提出了一种防护系统内核完整性和虚拟区域内访问控制的安全策略模型，能够有效抵御 Rootkit 攻击[41]。

4.2.4.4 虚拟机安全监控

虚拟化技术在给云计算安全带来挑战的同时，也为安全监控提供了一种解决问题的思路。本节将从技术实现角度详细描述虚拟机安全监控技术。

（1）安全监控架构。目前，存在两种主流的虚拟机安全监控架构：一种是以 LiveWire 为代表的虚拟机自省的监控架构，即将安全工具放在单独的虚拟机中来对其他虚拟机进行监控；另一种是以 Lares 和 SIM 为代表的基于虚拟化的安全主动监控架构[31]。

（2）安全监控分类。现阶段基于虚拟化安全监控的相关研究工作可分为内部监控和外部监控两大类。内部监控是指在虚拟机中加载内核模块来拦截目标虚拟机的内部事件；外部监控是指通过在 Hypervisor 中对目标虚拟机中的时间进行拦截，从而在虚拟机外部进行监控[42]。

① 内部监控。Lares 和 SIM 是基于虚拟化的内部监控模型的典型代表系统，图 4.10 所示为 Lares 内部监控的架构。

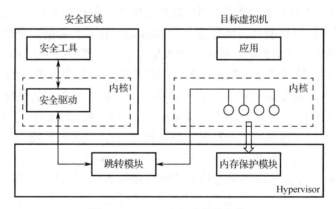

图 4.10　Lares 内部监控的架构

在图 4.10 中，安全工具部署在一个隔离的虚拟机中，该虚拟机所在的环境在理论上被认为是安全的，称为安全区域，如 Xen 的管理虚拟机[38]。被监控的用户操作系统运行在目标虚拟机中，同时该目标虚拟机中会部署钩子函数，用于拦截某些事件，如进程创建、文件读写等。当钩子函数加载到用户操作系统中时，会向 Hypervisor 通知其占据的内存空间，使 Hypervisor 中的内存保护模块能够根据钩子函数所在的内存页面对其进行保护[43]。Hypervisor 中还有一个跳转模块，该模块可作为目标虚拟机和安全区域之间通信的桥梁。为了防止恶意攻击者篡改，钩子函数和跳转模块都必须是自包含的，不能调用内核的其他函数，同时它们都必须很简单，可以方便地被内存保护模块所保护[43]。

利用该架构进行一次事件拦截响应的过程为：当钩子函数探测到目标虚拟机中发生了某

些事件时，它会主动地陷入 Hypervisor 中，通过 Hypervisor 中的跳转模块，将目标虚拟机中发生的事件传递给安全区域中的安全驱动，进而传递给安全工具；然后，安全工具根据发生的事件执行某种安全策略，产生响应并将响应发送给安全驱动，从而对目标虚拟机中的事件采取响应措施[43]。

这种架构的优势在于，事件截获在虚拟机中实现，而且可以直接获取操作系统级语义。因为不需要进行语义重构，故减少了性能开销[42]。但这种架构还存在两个不足，一是它需要在用户操作系统中插入内核模块，造成对目标虚拟机的监控不具有透明性；二是内存保护模块和跳转模块是与目标虚拟机紧密相关的，不具有通用性。这些不足限制了内部监控架构的进一步研究和应用。

② 外部监控。基于虚拟化的外部监控模型的典型代表系统是 LiveWire，图 4.11 所示为 LiveWire 外部监控的架构。

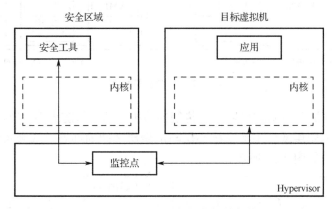

图 4.11　LiveWire 外部监控的架构

通过对比图 4.11 和图 4.10 可以看出，外部监控架构中安全工具和用户操作系统的部署与内部监控架构相同，分别位于两个彼此隔离的虚拟机中，增强了安全工具的安全性。与内部监控架构不同的是，外部监控架构的关键模块是部署在 Hypervisor 中的监控点，通过该监控点来控制目标虚拟机[42]。由于 Hypervisor 位于目标虚拟机的底层，因此监控点可以监控到目标虚拟机的状态（如 CPU 信息、内存页面等），故在 Hypervisor 的辅助下，安全工具能够对目标虚拟机进行监控。

从以上内容可以看出，虽然上述两种监控架构都能很好地实现虚拟机的安全监控，但是也存在一些不足，主要体现在两个方面：第一，现有研究工作缺乏通用性；第二，虚拟机监控与现有安全工具存在融合问题。

4.2.4.5　虚拟机安全防护与检测

在虚拟环境下，同一个主机上的不同虚拟机可能在同一个物理 VLAN 内，这时相邻虚拟机之间的流量交换不再通过外部交换机，而是通过基于主机内部的虚拟交换网络来解决的。此时，虚拟机之间的流量交换处于不可控的状态，带来了全新的安全问题。首先，需要判断虚拟机之间的二层流量交换在规则允许范围内是合法访问还是非法访问；其次，即使不同虚拟机之间的流量允许交换，也需要判断这些流量是否存在诸如针对应用层安全漏洞的网络攻击行为。从这两点可以看出，虚拟机的安全防护需要重点关注虚拟机之间的流量安全。根据流量的转发路径可将用户流量划分成纵向流量和横向流量两个维度,本节将从这两个维度来分析虚拟机安全防护的技术手段和解决方法。

(1)纵向流量的防护与检测。纵向流量包括从客户端到服务器的访问请求流量,以及不同虚拟机之间转发的流量。这些流量的共同特点是其交换必然经过外置的硬件安全防护层,也称为纵向流量控制层。纵向流量模型如图 4.12 所示[44]。

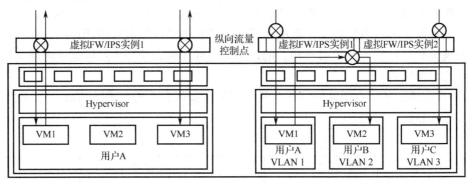

(a)外部用户对VM的访问　　　　　　(b)不同用户VM之间的访问

图 4.12　纵向流量模型

一方面,对纵向流量的防护可以借鉴传统的防护方法,将防火墙(FW)和入侵防护系统(IPS)通过旁挂在汇聚层或者串接在核心层与汇聚层之间的部署方式来实现对虚拟化环境下的纵向流量的检测,如图 4.13 所示。

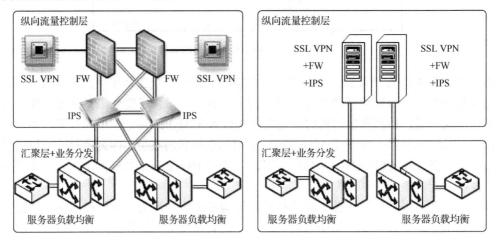

图 4.13　纵向流量控制层的安全设备部署方式

另一方面,除了要求对常规的虚拟机进行流量转发隔离和独立配置安全策略,还要求对不同用户的资源进行独立的管理配置,每台虚拟机的管理员可以随时监控、调整本用户的安全策略配置等[44]。

(2)横向流量的安全防护与检测。在虚拟化环境下,同一主机的不同虚拟机之间的流量直接在主机内部实现交换,使外层网络安全管理员无法通过传统的防护与检测技术对虚拟机之间的横向流量进行监控[44]。图 4.14 所示为在虚拟化环境下重点关注的横向流量模型。

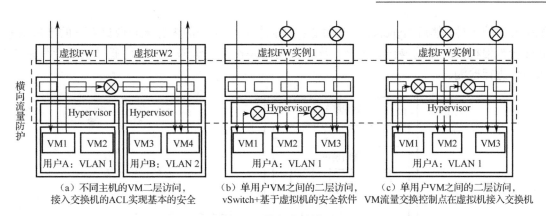

（a）不同主机的VM二层访问，　　　（b）单用户VM之间的二层访问，　　　（c）单用户VM之间的二层访问，
接入交换机的ACL实现基本的安全　　　vSwitch+基于虚拟机的安全软件　　VM流量交换控制点在虚拟机接入交换机

图 4.14　横向流量模型

在主机的虚拟化过程中，以 VMware 为代表的虚拟化厂商通过在主机的 Hypervisor 集成
vSwitch 虚拟交换机，能够实现一些基本的访问控制规则（但并没有集成高级的安全防护与检
测工具），以实现对虚拟机之间横向流量的安全检测。要做到更深度的安全检测，目前主要有
两种防护方式，一是基于虚拟机的安全服务模型技术，二是利用边缘虚拟桥（Edge Virtual
Bridging，EVB）技术实现流量重定向的安全检测模型，如图 4.15 所示[44]。

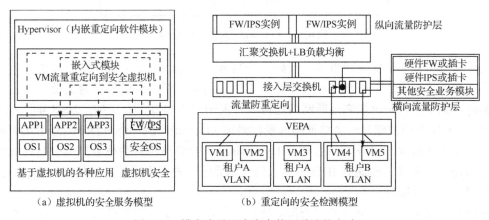

（a）虚拟机的安全服务模型　　　　　　（b）重定向的安全检测模型

图 4.15　横向流量深度安全的两种防护方式

① 基于虚拟机的安全防护。采用直接在服务器（主机）内部部署虚拟机安全软件的方法
可以实现虚拟机的安全防护。通过对 Hypervisor 开放的 API，可将所有虚拟机之间的流量在
进入虚拟交换机之前先引入虚拟机安全软件中进行检查。此时，可以根据需求将不同的虚拟
机划分到不同的安全区域，并配置各种安全区域间隔离和互访的策略，同时还可以在虚拟机
安全软件中集成 IPS 技术，用来判断在虚拟机之间的流量交换中是否存在漏洞攻击[44]。

前文提到的外部监控架构 LiveWire，其实就是一个基于虚拟机的入侵检测系统。通过修
改 VMware Workstation 可以实现具有入侵检测功能的 LiveWire 原型系统。Livewire 入侵检测
架构如图 4.16 所示。

在图 4.16 所示的入侵检测架构中，入侵检测系统部署在一个与被检测虚拟机相隔离的安
全虚拟机中，通过虚拟机的自省机制检测目标虚拟机的内部状态，包括与其他虚拟机之间的
横向流量。其工作原理是，首先通过 Hypervisor 观察被检测系统的内部状态，拦截被检测系

统中发生的事件，然后 Hypervisor 通过直接访问被检测系统的内存来获取该系统的当前状态，并交给入侵检测系统的操作系统接口库以恢复出操作系统级语义，进而通过入侵检测系统对该事件进行检测。

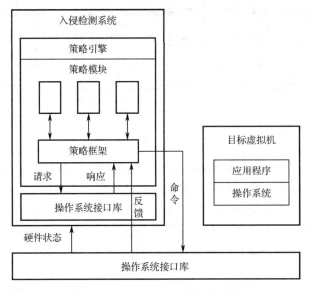

图 4.16　LiveWare 入侵检测架构

　　与该架构类似的研究还有很多。例如，2004 年，Laureano 等人提出从外部监控中检测系统的系统调用序列[27,28]，外部监控根据系统调用序列来判断系统进程行为是否异常，当检测到异常时，采用软件防火墙来阻断网络连接或者关闭网络端口[42]。又如，2008 年，Zhang 等人提出的 VNIDA 通过建立一个单独的入侵检测域（Intrusion Detection Domain，IDD）来为其他虚拟机提供入侵检测服务[43]，它利用 Hypervisor 的事件传感器拦截虚拟机中的系统调用，并通过 Hypervisor 接口传递到 IDD 中的入侵检测系统。根据不同的安全策略，Hypervisor 的入侵检测域助手能够针对入侵采取相应的响应。

　　这种基于虚拟机的安全防护方式部署比较简单，只需要在服务器上专门开辟资源运行一个隔离的虚拟机，并在其中运行虚拟机软件即可，但是其不足之处也很明显[44]。一方面，每个服务器需要有专门的资源来满足专用虚拟机的需求，服务器流量越大，开启的功能（如 IPS 深度检测）越多，对系统的资源占用就越大。另一方面，由于该防护模型需要安全软件厂商在 Hypervisor 进行代码开发，其开发水平的差异将导致 Hypervisor 出现潜在的安全漏洞，并危及整个虚拟机的正常运转。而基于重定向技术的防护模型则可以很好地解决这些问题[44]。

　　② 基于重定向技术的安全防护[31]。通过边缘虚拟桥（EVB）和虚拟以太网端口汇聚器（VEPA）等技术，可以将虚拟机的内部流量引入外部交换机上，在外部交换机转发这些流量之前，通过镜像或者重定向等技术将流量先引入安全设备进行检测、安全策略配置或访问控制策略配置。其中，EVB 技术是 IEEE 标准化组织针对数据中心虚拟化制定的一组技术标准，包含了虚拟化服务器和网络之间数据互通的格式、转发要求，以及针对虚拟机、虚拟 IO 通道对接网络的一组控制管理协议，解决了服务器虚拟化后计算资源与网络资源之间产生的管理边界模糊问题，以及计算资源调度与网络自动化感知之间无法关联的问题[45]。VEPA 技术可

以将虚拟机生成的所有流量转移到外部的网络交换机上。

　　采用上述虚拟机安全防护技术具有很多优点，如外置硬件安全设备性能较高，在不损失服务器资源的情况下，可以使用数目较少的高端安全设备来实现万兆位甚至十万兆位的安全检测能力；管理员也可以方便地对这些外置安全设备进行管理和维护[44]。

　　基于虚拟机的安全防护和基于重定向技术的安全防护各有利弊，表 4.2 对两种安全防护方式从多方面进行了对比。

表 4.2　两种安全防护方式的对比

对 比 项 目	基于虚拟机的安全防护	基于重定向技术的安全防护
部署简易性	部署简单：只涉及服务器、虚拟机的配置，以及基于虚拟机的安全软件的安装	部署复杂：需要在机房中调整布线，旁路安装防火墙等设备
深度报文检测能力	通过虚拟机防火墙和 IPS 等实现	利用专业硬件产品（如防火墙和 IPS 等）实现
性能高低	性能低：深度报文检测对 CPU 资源消耗很大，影响服务器性能	性能高：外置硬件设备，不影响服务器的业务部署，不占用服务器的 CPU
管理复杂度	复杂度高：管理员需要学习新的技能，要应对数万台虚拟机的安全软件的安装维护和策略配置	复杂度低：管理员无须学习新技术，设备配置管理方式与传统信息系统类似；高性能设备的部署减少了管理节点，采用基于集中管理软件可以简化运维
风险	风险高：虚拟机安全软件嵌入 Hypervisor 中进行开发，安全软件本身也会存在安全漏洞	风险低：设备属于外挂式的部署，不涉及服务器、虚拟机本身的风险

4.3　网络虚拟化安全

　　网络虚拟化与服务器虚拟化是虚拟化技术的两个重要分支，目前在云计算中常用的网络虚拟化实现方式除了传统的虚拟化技术，如虚拟局域网（VLAN）、虚拟专用网，还包括软件定义网络（Software Defined Network，SDN）。网络虚拟化技术将逻辑网络和物理网络分离，可满足云计算多用户、按需服务的特性，但也带来了许多安全挑战。

4.3.1　网络虚拟化概述

　　网络虚拟化的基本思想是抽象物理网络资源，建立多个互相隔离、可各自独立进行部署和管理的虚拟网络。网络虚拟化有很多优势，例如，可以使网络设计、维护简单化以及网络结构扁平化；可以快速进行网络部署、变更的操作，即根据业务需求快速重新部署网络结构或进行网络策略的变更；增加网络虚拟化开放性，网络设备可以有更多的选择。

　　当前，云计算数据中心的网络虚拟化已经成熟，基于 SDN 的网络虚拟化在数据中心发挥着重要的作用。SDN 是一种新型网络创新架构，其核心理念是将网络设备控制平面与数据平面分离，从而实现网络流量的灵活控制，为网络和应用的创新提供良好的环境。在 SDN 中，网络设备可以采用通用的硬件，只负责数据转发；而原来负责控制的操作系统被提炼为独立的网络操作系统，负责对不同业务特性进行适配，而且网络操作系统、业务特性以及硬件设备之间的通信都可以通过编程实现。SDN 的典型架构共分三层，如图 4.17 所示[46]。

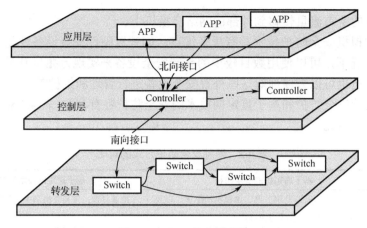

图 4.17　SDN 的典型架构

最上层为应用层，包括各种不同的业务和应用；中间的控制层主要负责处理数据平面资源的编排，维护网络拓扑、状态信息等；最下层的转发层负责基于流表的数据处理、转发和状态收集。因此，SDN 具有三个主要特征[14]：

（1）控制与转发分离：相较于传统的网络架构，SDN 将原有转发、控制一体的形式一分为二，通过 SDN 控制器控制协议计算、产生流表等功能，通过转发设备实现数据包转发的功能，使协议控制与数据转发分离。

（2）集中控制：相较于传统的网络架构，SDN 不再需要对转发设备逐个进行修改或配置网络协议，只需在控制层直接进行配置和管理即可，实现了集中控制。

（3）开放接口：第三方应用只需要通过 SDN 控制器提供的开放接口，通过编程方式定义新的网络功能，然后在网络操作系统上运行即可，极大地方便了用户进行自定义网络[47]。

4.3.2　网络虚拟化安全问题分析

网络虚拟化安全问题可以分为两个方面。一方面，传统的安全产品和安全解决方案无法解决网络虚拟化后出现的新的安全问题；另一方面，网络虚拟化技术（如 SDN 技术）自身存在安全问题。下面将从网络虚拟化面临的安全问题及 SDN 面临的安全威胁两个方面进行阐述。

4.3.2.1　网络虚拟化面临的安全问题

网络虚拟化主要面临的安全问题如下：

（1）存在检测死角。想要网络虚拟化发挥应有的作用，就需要设置虚拟机，并建立虚拟机与外界的联系[48]。虚拟机与外界进行数据交换的渠道有两种，即不同主机的虚拟机数据交换和同一主机内部的虚拟机数据交换[49]。前者一般通过隧道或 VLAN 等方式进行数据交换，可以使用入侵检测系统（IDS）、入侵防护系统（IPS）等安全设备在传输通道上进行监控；但后者只在主机中通过虚拟交换机进行数据交换，无法使用传统检测方法，攻击者可以悄悄地在内部虚拟网络中发动任何攻击。因此，同一主机中虚拟主机之间的数据交换成为安全检测的死角。

（2）虚拟网络的数据流难以理解。虽然安全设备无法获得同一主机的虚拟机间的数据包，但可以获取不同主机的虚拟机之间的数据流。尽管如此，传统的安全设备可能无法理解这些数据流，也就无法实施正确的安全策略。

（3）虚拟网络流量不保密。虚拟网络可细分为管理网络、显示网络、业务网络等。对于管理网络的部分端口，可能采用加密协议传输数据，而虚拟机之间、虚拟机与外界之间的流量则一般以明文进行传递，易被窃取和篡改[51]。

（4）安全策略不一致。不同的虚拟机可能安装不同的防火墙，设定不同的安全策略，攻击者会选定一个安全策略最低的目标进行渗透攻击[51]。

（5）安全策略难以迁移。当虚拟机从一台主机迁移到另一台主机时，或当增、删虚拟机时，网络虚拟化管理可以快速调整网络拓扑，在原来的物理网络中删除原网络资源（地址、路由策略等），并在新的物理网络中分配所需网络资源。相应地，安全解决方案也应将原来网络设备和安全设备的安全控制跟随迁移到新的物理网络，然而现有的安全产品缺乏对安全策略迁移的支持，不能适应虚拟网络的变化[50]。

4.3.2.2　SDN 面临的安全威胁

SDN 面临的安全问题比较突出，主要有以下几个方面的原因[14]：

（1）集中控制的特性降低了攻击的门槛。SDN 采用 OpenFlow 协议作为控制器与转发设备的南向通信协议，南向接口（控制器和底层转发设备之间的接口）很容易成为攻击者的目标。由于缺乏健全的身份认证机制，攻击者可以控制甚至伪造虚拟的转发设备，从而通过伪造、篡改数据包等方式导致数据平面的性能下降，可用性和完整性遭到破坏，攻击者甚至还能够通过伪造大量的请求数据流、数据包等方法威胁控制平面的安全。

（2）集中控制的特性使得 SDN 控制器成为攻击者的主要攻击目标。在 SDN 中，数据平面与控制平面的分离主要是通过 SDN 控制器实现的，所以 SDN 控制器是网络虚拟化的重要设施。同时 SDN 控制器也是一个潜在的单点故障源，是攻击者最主要的攻击目标，攻击者一旦攻破它，就可以进行任意操控。

（3）传统网络安全防护手段不可用。传统网络安全手段是假设转发设备（如路由器）具有一定的配置、学习、管理能力，而 SDN 中的转发设备仅仅负责查表转发，需要对 OpenFlow 协议以及转发设备进行升级才能直接应用传统网络安全方法，但这势必会影响 SDN 的设计初衷，降低网络的运行效率。

（4）SDN 攻击面扩大。在 SDN 中，转发设备通常使用虚拟化的方法来实现，软件转发设备更容易被攻击者捕获，虚拟化使 SDN 的灵活性得到提升的同时也扩大了 SDN 的攻击面。

（5）SDN 攻击方式增多。在传统网络中，主要通过控制用户主机来达到攻击的目的；但在 SDN 中，除了通过控制主机，还可以通过控制转发设备来实现攻击，如主机可以伪装成转发设备发动针对控制器的 Flood 攻击。

4.3.3　网络虚拟化安全方案

4.3.3.1　保护 SDN 的虚拟资源

传统的网络安全认为被攻击的目标有应用、服务器和实体网络，SDN 还增加了 SDN 控制器和虚拟网络设备，所以网络虚拟化安全的第一步就是要保证新增资源的安全[15]。

（1）设计安全可靠的 SDN 控制器。SDN 控制器是 SDN 的中心，也是其前置安全保证，所以要保障网络虚拟化必须设计一个高可信、安全、健壮的 SDN 控制器。首先，SDN 控制器需要加入审计机制，检查访问 SDN 控制器的用户，保证用户是合法可信的，并记录原始日志，做到定时或事后检测异常行为。其次，保证 SDN 控制器和交换设备的通信安全，如 OpenFlow 协议就要求两者通信必须存在一个加密通道，防止中间人攻击。最后，针对内部攻击或管理员不正确的配置，可实时或定时检测 SDN 控制器的路由规则是否兼容并满足安全需求。

（2）保证虚拟网络设备安全。在 SDN 中，虚拟网络设备主要是指支持 OpenFlow 协议的虚拟交换机，如果虚拟交换机出现异常，就会造成网络拓扑变化，甚至影响 SDN 控制器的正常工作，因此需要保证虚拟网络设备的安全。首先，应通过配置口令、变更端口号等方式确保登录的安全；其次，应对虚拟网络设备端口进行有效隔离；另外，应禁用或关闭多余无用的服务。此外，还需要在网络运营过程中预留足够的冗余，一旦出现节点问题，虚拟网络设备可以自动切换，保障运营过程的安全。

（3）保证 SDN 控制器和网络设备的通信安全。当前 OpenFlow 协议中规定 SDN 控制器和虚拟交换机之间的通信使用 TCP 或 TCP/TLS 协议，为了防止攻击者伪造虚拟交换机的信息，扰乱 SDN 控制器所获知的网络拓扑，应使用加密的 TCP 方式。但如果使用认证的加密方式，在大规模网络中 SDN 控制器容易遭受拒绝服务攻击。所以设计一个轻量级可认证的通信方式，保证 SDN 控制器收到的消息的秘密性、完整性和可用性，是非常有必要的。

4.3.3.2　部署虚拟化安全产品

传统的网络防护工具在虚拟化环境下往往失去作用，为此，必须使用一些适应网络虚拟化的安全产品。虚拟化安全产品一般分为两类，分别为虚拟机形态的安全产品和代理形态的安全产品。虚拟机形态的安全产品不会对网络拓扑和计算节点进行任何改动，使用非常方便，但容易遭到被感染的虚拟机的攻击，配置也比较复杂。代理形态的安全产品可根据感知到的虚拟机和网络的变化而应用安全策略，而且产品部署在虚拟机不可见的 Hypervisor 层面，在很大程度上减少了对安全产品的攻击，但需要修改物理的系统。

主要的安全产品如下：

（1）入侵检测/防护系统（Intrusion Detection System/Intrusion Prevention System，IDS/IPS）。传统的 IDS 能够监控网络流量并定位和识别恶意流量，IPS 能防护异常协议攻击、暴力攻击、端口/漏洞扫描、病毒/木马、针对漏洞的攻击等各种入侵行为，还可以提供信息来帮助定位和调查网络异常，分配定向流量的限制策略，保障生产环境下的应用程序和网络基础设施的安全。但是传统 IDS/IPS 系统难以对虚拟环境中的流量进行监控，因此，为了感知虚拟网络之间东西向的攻击，并针对攻击实施阻断，可以部署支持虚拟化的 IDS/IPS 系统。目前，许多知名的产商，如 Sourcefire 公司、HP TippingPoint 公司等都将已有的 IDS 和 IPS 平台移植到对应的虚拟化系统。这些虚拟化入侵检测、防护系统能容易地集成到虚拟网络中，在虚拟机之间提供流量监测，在虚拟网络与真实物理网络之间提供流量监测。

（2）虚拟防火墙。传统网络架构中防火墙部署形式单一，已经不能适应网络虚拟化环境中不同虚拟网络之间存在不同安全需求的情况，而虚拟防火墙很好地解决了这个问题。虚拟防火墙通过在同一台物理设备上划分多个逻辑的防火墙来实现对多个虚拟私有网的安全策略部署，不同虚拟防火墙具有各自的管理系统，并配置不同的安全策略。因此，应用虚拟防火墙，能够缓解由各虚拟专用网采用独立安全策略所带来的网络拓扑和管理复杂化、网络结构扩展性差、成本高等问题。根据网络建设的需求来调配和扩展虚拟防火墙，能够满足虚拟环境的动态要求，达到东西向流量以及南北向流量的全面防护。目前，许多厂商都推出了虚拟防火墙产品，如中兴推出的 ZXSG SVFW-S 和 ZXSG SVFW-Z，ZXSG SVFW-S 广泛应用于核心网、中大型私有云等场景，ZXSG SVFW-Z 广泛应用于小型私有云、公有云和企业网等场景。

（3）虚拟安全网关。传统安全网关用于抵御来自外部网络的安全威胁，无法检测虚拟化环境中的数据流。部署虚拟安全网关，不仅可以监控、过滤各虚拟机之间的通信，全面抵御来自服务器和外部环境的攻击，还能够根据不同用户和不同业务的组合，通过虚拟网络中的路由和安全隔离手段在虚拟化环境中划分出安全区域并将其隔离开，保障各安全区域的网络安全。目前许多厂商针对不同的虚拟化平台提出了相应的虚拟安全网关产品，如 Clavister 公司推出的 VSG 能够部署在 VMware 虚拟化环境中；思科公司针对 VMware vSphere、Microsoft Hyper-V 以及 KVM 虚拟机推出了不同版本的 VSG。

4.4　容器安全

容器技术是虚拟化技术的一种，相较于传统的虚拟机，容器更加轻量、部署更加方便，但不可避免地会出现一些新的安全问题，为了解决容器的安全隐患，必须从容器的整个生命周期进行防护。

4.4.1　容器技术概述

容器技术是一种轻量级的操作系统层的虚拟化技术，其基本思想是对单个操作系统管理的资源进行隔离和打包，即在操作系统之上创建出多个应用进程独立的虚拟执行环境，这些相互独立的虚拟执行环境共用主机操作系统内核，一个虚拟的执行环境就是一个容器[16]。容器技术可以分离资源与运行环境，使得容器内的进程作为一个整体，可以在任何支持它的地方运行，而不需要重新配置环境。容器使用主机的操作系统，不需要模拟硬件。

容器虚拟化架构主要由主机硬件资源、主机操作系统和容器组成。主机硬件资源包含 CPU、内存 I/O 设备等硬件资源。主机操作系统是对底层硬件资源进行管理的系统，此外，提供容器创建功能的主机操作系统还包含了一个容器引擎模块。容器引擎是容器虚拟化技术的核心，容器引擎提供两个重要的功能，一是将容器的进程、网络、消息、文件系统进行隔离，给每个容器创建一个独立的空间；二是实现容器所使用资源的配额和度量。容器就是通过容器引擎创建的实例，在容器中包含着支持应用所需的资源包和应用，不同容器之间相互隔离、互不影响。容器虚拟化技术的基本架构如图 4.18 所示。

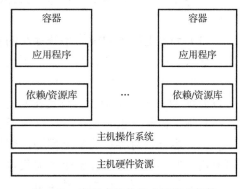

图 4.18　容器虚拟化技术的基本架构

传统的虚拟化（如虚拟机）技术，创建环境和部署应用相对麻烦，而且应用的移植性也很烦琐。有了容器技术，只需添加特定的资源库就可以使用，部署相对简单，相比于传统的虚拟化技术，容器技术的主要优势有[17]：

（1）资源的隔离。容器通过 Namespace、Cgroups 技术限制了硬件资源与软件运行环境，与主机上其他应用实现了隔离，做到了互不影响。不同应用或服务以容器为单位打包，运行容器的主机或集群中的容器排列整齐，运行应用所需的依赖、资源库保持独立。

（2）环境的一致性。容器镜像中打包了运行容器所需的程序、组件、运行环境等资源，因此，在不同的开发环境、测试环境、生成环境中，容器中的程序、组件、运行环境等都能保持不变，使容器中的应用程序不会因为安装了不同版本的资源库而运行异常。

（3）轻量化。容器技术相比于传统的虚拟化技术，在 CPU、内存、磁盘 I/O、网络 I/O 上的性能损耗相对较低，容器的快速创建、启动、销毁都较为简便。容器使用主机操作系统，只需打包必要的依赖和资源库即可，而不像虚拟机一样需要完整的虚拟化操作系统，容器轻量化的设计极大地节约了资源。

（4）部署时间短[18]。一般创建一台虚拟机需要几分钟，而一个容器的创建、启动只需要数秒。在云计算中，当瞬时工作负载达到峰值时，如电商促销活动，使用容器更能满足要求。

目前，在容器技术方面应用最为广泛的技术是 Docker，Docker 是由 dotCloud 开发的一个基于 Linux Container 的应用容器引擎。实现 Docker 容器的三大核心技术分别是：

（1）Cgroups（Control Groups，控制群组）：提供了计算和限制每个容器中的进程可以访问的资源的机制。

（2）Namespace（命名空间）：提供了对容器进行不同维度的资源隔离的机制。例如，通过"mount namespace"命令可以让容器具有自己独立的挂载空间，在主机或别的容器中发生的挂载事件对该容器不可见，反之亦然。通过"network namespace"命令可以让容器具有自己独立的网络协议栈，而不必和其所在主机共用同一个网络协议栈。

（3）Union Filesystem（联合文件系统）：允许将不同文件系统中的文件和目录组合成单个一致的文件系统，可以快速部署容器自己独立的根文件系统。基于同一个镜像文件创建出来的多个容器可以共享该镜像文件中相同的只读分层，以达到节省主机存储空间的效果。

4.4.2 容器安全问题

容器技术存在的安全问题一方面来源于容器依托的操作系统存在的安全隐患，另一方面来源于容器自身存在的安全隐患。另外，容器从镜像中创建，镜像的安全问题也会对容器产生影响。

（1）为容器服务的操作系统存在的安全隐患。首先，容器技术是操作系统层的虚拟化技术，这就意味着不同的容器进程使用同一个操作系统及环境，若主机操作系统存在可攻击的漏洞，对主机操作系统的攻击可能导致所有容器被攻击。其次，在传统云计算虚拟化环境下可以通过 Hypervisor 监控具体虚拟机行为，而容器和内核之间没有中间层，虽然实现了轻量化的目标，但是这也导致在云计算中无法对具体容器行为进行安全监控与审计[19]。

（2）容器自身存在的安全问题。容器因为软件漏洞或者配置不当极易产生漏洞，攻击者可利用这些漏洞轻松攻破整个容器集群。另外，容器在运行过程中，其上的应用极易受到攻击，从而导致容器被控制，甚至可能导致从容器逃逸到主机的逃逸攻击，进而攻击整个容器集群。容器自身存在的安全问题具体如下：

① 滥用 Docker API 攻击[20]。攻击者通过滥用 Docker API 隐藏目标系统上的恶意软件，实现远程代码执行与安全机制回避等目的，进而可以访问内部网络、扫描网络、发现开放端口、进行横向渗透攻击，并感染其他设备。

② 容器逃逸攻击。容器可以利用主机的内核漏洞提升用户权限，进而逃逸至主机获取完全控制权限。例如，脏牛漏洞（CVE-2016-5195）是 Linux 内核的一个提权漏洞，攻击者在获取低权限的本地用户账号后可以通过该漏洞获取只读内存区域的写权限，进而可以修改内存区域的数据（如密码等）、获取 Root 权限。因此，攻击者入侵容器后，可以利用这个有漏洞的内核系统，获取主机的 Root 权限。利用内核漏洞攻击容器的过程如图 4.19 所示。

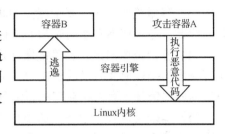

图 4.19　利用内核漏洞攻击容器的过程

③ 容器间通信的风险。容器间通信除了使用网络，同一主机上的容器间还可能通过其他方式进行通信，例如，Docker 就可以将多个容器连接在一起使用，此时容器间通信不通过网络进行，在这种情况下现有的信息技术将无法对容器间通信进行防护与检测[52]。

④ 容器配置不当引起的安全问题。容器本身的配置及容器在运行时的配置不当，也会引发安全问题。例如，若以 Root 权限启动容器，则一旦攻击者入侵容器，即可拥有主机内核的操作权限，可以对主机进行操作。

（3）容器镜像安全问题。容器镜像安全问题是指容器镜像使用了带漏洞的软件，甚至在镜像生成过程中被植入恶意代码，导致有问题的镜像被直接应用到生产环境中而产生的安全威胁。容器镜像存在的安全问题如下：

① 无法检测安全性。容器技术普遍通过只读基础镜像来构造容器，同一基础镜像可能被大量容器共享使用。即使基础镜像是安全的，也不能防止存在被篡改的可能。目前尚无检测基础镜像安全与否的标准，也缺乏相应的技术产品，一旦容器的基础镜像中被植入恶意代码，就会给以其为基础的容器带来巨大的风险[52]。

② 不安全的镜像源[20]。用户通常会在公开仓库（如 Docker 仓库）中下载镜像来构建容器，这些镜像一部分来自开发镜像内相应软件的官方组织，另一部分来自第三方组织或个人，这些镜像内软件可能存在安全漏洞，也可能是攻击者上传的恶意镜像。

4.4.3　容器安全防护

容器安全防护应该从容器的整个生命周期来考虑，容器生命周期是指一个容器镜像从创建、传输、运行到停止的全过程。容器安全防护本质上是保证容器镜像创建、容器镜像传输、容器运行等过程的安全。

4.4.3.1　容器镜像创建阶段的安全防护

容器镜像创建阶段的安全防护是保障容器安全的第一步，在容器镜像创建时进行保护，可以从源头上减少容器被攻击的可能。容器镜像创建阶段的安全防护如下：

（1）代码审计。首先，在创建容器镜像时，开发者应该具备一定的安全知识，从源头上减少容器被攻击的风险。其次，在进行代码集成和测试前，应利用代码审计工具检查代码中潜在的漏洞。

（2）可信基础镜像。不同的容器镜像可能来自统一的基础镜像（如操作系统基础镜像、编程语言基础镜像等），基础镜像存在的安全隐患会导致以基础镜像为源头的其他镜像也存在相同的安全隐患。因此在创建基础镜像时，首先应确保基础镜像是从头开始编写的，或者直接采用安全仓库上的可信基础镜像。

（3）容器镜像加固。复杂庞大的容器镜像可能会隐藏更多的未知漏洞，增大被攻击的风险，为此，应去掉不必要的库和安装包，对镜像进行精简、加固，以减少被攻击面。

（4）容器镜像扫描。容器镜像创建完成后，在容器镜像正式投入使用前，应对容器镜像进行漏洞扫描以便及时发现潜在的风险；对正式投入使用的容器镜像也应进行周期性的扫描，以应对容器镜像中有可能存在的新漏洞。

（5）基础镜像安全管理。加强对基础镜像的生命周期管理，及时删除不再使用的基础镜像[53]；定期对基础镜像进行安全更新，以保证在新的漏洞产生时，可信的基础镜像不包含已知漏洞。

4.4.3.2　容器镜像传输阶段的安全防护

在镜像仓库下载容器镜像的过程中，可能会遭受中间人攻击等威胁，导致容器镜像丧失机密性以及完整性。为此，在容器镜像传输阶段，必须采取一定的措施保证容器镜像传输阶段的安全。容器镜像传输阶段的安全防护措施如下：

（1）镜像签名。对存储在镜像仓库中的容器镜像添加镜像签名，在下载获取容器镜像后可以先对签名进行验证再使用，以防止容器镜像在传输过程中遭受恶意篡改。

（2）用户访问控制。敏感系统和部署工具（如注册中心、编排工具等）应具备有效地限制和监控用户访问权限的机制。

（3）支持 HTTPS 的镜像仓库。为了避免引入可疑容器镜像，应该谨慎选择连接来源不可靠的 HTTP 镜像仓库，选择支持 HTTPS 的镜像仓库下载容器镜像。

4.4.3.3　容器运行阶段的安全防护

容器运行阶段的安全防护措施如下：

（1）对容器主机进行加固。作为云基础设施的容器主机应避免直接运行程序，而是将程序全部容器化，这样容器主机本身可以实现功能最小化，从而显著减少漏洞数量[52]；避免赋予容器超级用户权限，使用强制访问控制技术隔离容器超级用户，强制限制容器对主机资源的访问；为容器主机自用的磁盘、内存、交换分区等划定单独区域，将容器设为只读模式，必要时还可以通过加密等手段彻底屏蔽容器无须访问的部分，加强容器主机的资源隔离[52]。

（2）容器安全配置：在运行容器时，为了防止用户越权引起的安全问题，可以将容器的 Root 权限用户映射到主机上的非 Root 权限用户，或使用户在非 Root 权限下运行，当需要执行某些 Root 权限操作时，可以通过安全可靠的子进程（如仅负责虚拟网络设定或文件系统管理、配置操作等的进程）代理执行。

（3）容器隔离。不同容器主机之间、同一主机上的容器之间需要进行安全隔离，并划分出多个安全组，互相信任的容器主机、容器划分到同一个组中，组与组之间需要进行安全隔离，对安全需求高的容器要进行高级别的保护（如对容器中的数据进行加密存储，对容器使用的主机内存进行加密和访问控制等）。

（4）容器安全监控与审计。扩展容器主机的进程监控和日志功能，使其能够对不同容器进行区别，并将容器的操作日志发送给专门的监控与审计程序。监控与审计程序可以部署在经过特别加固的容器中，能够根据安全策略识别其他容器的非法操作，及时做出阻塞进程、报警等响应并记录日志以备审计[52]。

（5）容器安全防护与入侵检测。类似于安全监控与审计，可以在安全容器中部署安全防护与入侵检测程序，通过扩展内核进程间通信功能和网络功能可使容器间通信全部通过安全容器进行，从而达到安全防护效果[52]。

（6）容器运行时的漏洞扫描。虽然在容器使用镜像运行之前，会对镜像进行一次全方位的漏洞扫描，但运行容器后，可能会被黑客安装上有漏洞的应用加以利用。另外，随着时间的推移，软件应用中更多的漏洞被发现了，这些有可能在正在运行的容器中被使用，因此需定期扫描运行中的容器，以确保运行态的容器不存在新的漏洞。

（7）网络安全防护。容器的使用带来更频繁的东西向流量，而传统的安全产品无法检测容器内的活动，因此需检测容器之间的访问关系，并检测容器之间的异常访问事件，对于异常、恶意的访问连接进行告警，同时检测基于网络的攻击事件如 DDOS 攻击、DNS 攻击等。

4.4.4　容器安全工具简介

许多厂商都致力于开发更安全的容器以及容器安全防护产品，例如由 Aqua Security 公司开发的 Aqua 容器安全平台、NeuVector 公司创建的自动化容器安全平台等，它们为云端的容器提供了漏洞检测、合规检查、白名单、防火墙和运行时保护等功能。一般而言，容器安全平台提供的容器安全防护主要有：

（1）镜像保证、用户身份验证及授权。对注册用户进行身份验证和授权，获取注册中心的每一个镜像以及运行在生产环境中的容器的可见性，以便进行监督。

（2）漏洞扫描程序。扫描所有容器、主机以及业务流程平台，以发现已知的漏洞和恶意软件。另外，在容器发生改变时，漏洞扫描程序会再次触发，自动扫描漏洞。

（3）细粒度的访问控制。在容器级别和用户角色上强制使用细粒度访问控制，它决定了哪些用户可以访问哪些容器，以及这些用户的权限。在容器上执行安全策略以控制容器的权限，当容器执行超出范围的任务时会触发警报或预防措施。

（4）入侵预防及检测。该工具会监督容器进程、文件系统和网络活动的行为，使用自动化学习和行为策略查看容器要进行的操作，如果容器的操作被认为是恶意的，或者容器正在做一些滥用主机资源的事情（例如，占用更多的内存或者 CPU），那么入侵预防工具就可以对此采取行动。另外，该工具还可以阻止容器之间或外部网络之间的未经授权的连接，而不切断正常的容器会话。

（5）审查并降低容器安全运行时风险。为运行容器时的攻击风险（如基于网络的攻击以及基于容器漏洞的攻击）提供风险评分和报告，可帮助云服务提供商更好地评估生产中已部署服务的安全状况。

4.5 云管理平台安全

云管理平台可以为云服务提供商管理数据中心的硬件设备、介质、计算资源等基础设施提供有效的管理。然而，由于具有管控云计算数据中心中各种资源的权限，云管理平台一旦出现安全问题，将会使得云服务提供商无法有效管理云计算的基础设施，进而无法为用户提供云服务。因此，本节将介绍云管理平台存在的安全隐患及安全防护措施。

4.5.1 云管理平台概述

云管理平台将云计算中的物理计算设备、虚拟计算设备、存储设备等资源整合起来，转化为可统一管理、灵活调度、动态分配的逻辑资源，以向用户提供云服务。构建云管理平台，对于实时掌握基础设施运行情况，及时发现隐患、故障，降低运维成本，控制云计算数据中心的能耗，合理分配计算资源，提高基础设施利用率大有益处。云管理平台建立在由多台主机所组成的计算机集群上，其架构按照逻辑层次可以分为三个逻辑层，分别是计算设备层、计算资源层和计算服务层[21]。

（1）计算设备层。计算设备层是利用现有的主机构成一个基础物理环境，向上提供基本的计算、存储和其他处理能力。为了配合上层更好地管理主机，在计算设备层需要一定的设备监控管理机制进行设备的基本软硬件信息收集、状态监控等管理，并且还需要向上层提供监管接口，支持设备可控可管理；为了达到统一管理的目的，计算设备层中主机需要遵循统一的管理规范，采用标准的主机管理接口，对上层提供统一的硬件监控、管理与配置服务。

（2）计算资源层。计算资源层是对云计算中计算资源进行统一管理的层次。为了实现计算资源的按需配置、共享使用，计算资源层通过虚拟化管理模块将计算设备层中的物理设备经过虚拟化封装解耦，形成各种虚拟化公共计算资源池，包括虚拟化主机资源池、虚拟化存储资源池、虚拟化系统模板资源池和虚拟化公共服务资源池等，并提供相应的管理和监控。计算资源层可细分为虚拟化计算适配层、主机管理、虚拟存储管理、虚拟机管理及公共服务管理、虚拟网络管理、请求管理六个管理模块。

（3）计算服务层。计算服务层为上层应用提供按需的计算服务，包括计算服务部署与管理模块、计算环境规划门户，以及计算环境使用门户。计算服务部署与管理模块将虚拟化资源按需组合封装为各种服务（如主机服务、存储服务、数据库服务、高性能计算服务、高可靠计算服务、Web 应用服务、音/视频服务、工具软件服务等）后进行统一管理调度，并提供给上层门户层使用；计算环境规划门户支持用户根据应用需求对计算服务进行规划描述，并借助计算服务部署与管理模块组合各种虚拟化资源，构建所需的计算服务；计算环境使用门户提供友好的计算环境使用界面，方便用户对计算服务的使用，并灵活提供命令行、本地交互和远程访问等多种使用模式。

云管理平台是实现云计算商业模式的底层技术平台，为此，许多厂商都开发出了具有代表性的云管理平台产品，包括亚马逊的 AWS 平台、加利福尼亚大学圣芭芭拉分校计算机系研制的 Eucalyptus 以及美国国家航空航天局（NASA）和 Rackspace 公司发起的 OpenStack 等[22]。AWS 是亚马逊推出的云服务，主要包括弹性计算云（Elastic Compute Cloud，EC2）、弹性块存储（EBS）和简单对象存储（S3）三个部分。通过这三个部分，云服务提供商可以将虚拟机的实例作为计算单元提供给用户，并为虚拟机分配存储设备，按照所提供的服务向用户收费。Eucalyptus 可以构建在计算机集群之上，为用户提供弹性可扩展的云服务，它基于包括 Linux、Web Service、虚拟机（Xen、KVM）在内的现有 IT 技术，能够快速和轻松地建立私有云或混合云；它的虚拟化数据中心对外提供与亚马逊 EC2、S3 完全兼容的编程接口，因此可以直接使用为亚马逊开发的管理工具与第三方应用。OpenStack 能够控制和管理云计算数据中心的计算、存储和网络等资源，整个 OpenStack 是由控制节点、计算节点、网络节点、存储节点四大部分组成的。OpenStack 已经被越来越多的厂家和云服务提供商采纳并应用到实际生产环境中，这其中就包括业界巨头 IBM、HP、RedHat、Intel、Microsoft 等。

4.5.2　云管理平台的安全隐患

云管理平台对资源管理进行了抽象化和集中化，直接通过 API 和 Web 控制台就可以管理数据中心的配置。因此，访问管理平台获得对数据中心的控制权是十分便捷的，但是在便捷的同时也带来了极大的安全隐患。

首先，云管理平台通过 API 和 Web 控制台进行访问，使得其自身存在遭受外部攻击的可能。若云管理平台没有足够的防护能力，一旦遭受攻击将无法对云基础设施进行有效管理，进而将无法给用户提供服务。其次，云管理员作为内部员工，本身属于防范边界（如防火墙）内部的可信任实体，且云管理员具有特权，可轻易地绕过传统的安全策略[54]。如恶意的云管理员可能会使用特权，导出虚拟机内存并分析其中的用户敏感数据，给用户的数据安全造成威胁。另外，各大厂商在设计云管理平台时，虽然提供了诸如系统管理、资源管理、业务运营管理等功能，使得云资源能够被有效地管理，但是往往忽略了对安全的管理，而安全管理是云管理平台不得不考虑的问题。如果没有有效的安全监控以及管理机制，在基础设施被破坏或者系统遭受攻击时，由于云管理平台的复杂、庞大以及自动化特性，云服务提供商往往不能及时发现安全问题，这样的安全隐患往往很容易被忽略，往往发现问题时为时已晚。

4.5.3　云管理平台的安全控制措施

由于云管理平台管理着云计算的底层基础设施以及各种资源，若没有完善的安全控制措施，会对云计算数据中心产生严重的安全威胁。因此必须要制定一系列的安全控制措施，保证云管理平台的安全性，从而保证云计算信息系统的安全性。云管理平台的安全控制措施如下：

（1）网络防护。在构建云管理平台时，需要部署网络防护机制，防止针对云管理平台组件本身（如 Web 和 API 服务器）的攻击。

（2）管理权限细粒度划分。根据云管理员的不同职责，如服务器管理员、云计算平台管理员、虚拟机镜像管理员、项目管理员，使用基于角色的权限访问控制的方式，可以给不同的角色划分不同的权限。这样，一旦出现操作失误或管理员恶意使用特权，对云计算平台造成的损害也不会扩大[54]。

（3）特权行为动态管控[23]。当云管理员对运行在云计算平台中的服务器、网络设备、虚拟机等设备进行操作时，管控系统应该拦截操作指令，并对其进行判别，若判定结果为正常指令，则云管理平台正常执行指令；若判定为敏感指令或越权操作，管控系统会根据该操作的类型进行拦截或交给上级进行授权决策。通过特权行为的动态管控，可以有效制止恶意云管理员利用特权破坏云计算平台或盗取用户敏感数据的行为。

（4）安全管理模块。在构建云管理平台时，需要增加安全管理模块，对云管理平台所管理的基础设施进行安全配置、监控以及防护。安全管理模块应包括对云管理平台控制节点、虚拟机、Hypervisor 以及主机的加固，对基础设施运行状况的监控，对可能存在的安全隐患进行防护等功能。

4.6 小结

云计算基础设施安全是云计算安全体系的基础，承载着云计算数据中心的安全运行、云服务安全提供等任务，其安全的重要性不言而喻。本章从云计算的物理安全、服务器虚拟化安全、网络虚拟化安全、容器安全以及云管理平台五个方面对基础设施安全保障进行了阐述。

在物理安全方面，从环境安全、设备安全、介质安全、人员安全四个方面对物理安全体系进行了阐述。首先从机房选址、电能供给、火灾防护、"四防"与"三度"四个方面阐述了物理环境的安全保障措施；然后从防盗防毁、防电磁泄漏、电源保护、设备保护四个方面阐述了设备安全的保障措施，并介绍了介质的安全管理和移动介质安全；最后介绍了人员安全管理措施。此外，本章还从安全区域的划分以及物理安全综合部署两个方面阐述了物理安全的综合保障措施。

在服务器虚拟化安全方面，首先分析了虚拟化的概念，提出虚拟化包括服务器虚拟化、网络虚拟化、存储虚拟化、桌面虚拟化、应用虚拟化等多种类型。然后分析了服务器虚拟化存在的安全隐患以及安全攻击，其中，服务器虚拟化存在的安全隐患包括虚拟机蔓延、特殊配置隐患、状态恢复隐患、虚拟机暂态隐患；服务器虚拟化面临的安全攻击包括虚拟机信息窃取和篡改、虚拟机跳跃、虚拟机逃逸、VMBR 攻击、拒绝服务攻击等。最后介绍了服务器虚拟化的安全解决方案，包括主机安全机制、Hypervisor 安全机制、虚拟机隔离机制、虚拟机安全监控以及虚拟机安全防护与检测。

在网络虚拟化安全方面，首先介绍了网络虚拟化的思想及 SDN 的定义及特征；然后分析了网络虚拟化面临的安全问题及 SDN 面临的安全威胁；最后介绍了网络虚拟化安全方案，包括保护 SDN 的虚拟资源及部署虚拟化安全产品。

在容器安全方面，首先介绍了容器技术以及容器技术具有的优势；其次分析了容器具有的安全问题，主要从容器依托的操作系统、容器自身以及容器镜像三个方面进行分析；再次从容器镜像创建阶段、容器镜像传输阶段、容器运行阶段阐述容器安全防护措施；最后介绍了容器安全工具及其提供的安全能力。

在云管理平台安全方面，首先介绍了云管理平台的定义以及架构；然后分析了云管理平台存在的安全隐患；最后从网络防护、管理权限细粒度划分、特权行为动态管控及安全管理模式四个方面介绍了云管理平台的安全控制措施。

云计算基础设施面临着严峻的风险，为此，提出合理有效的安全防护措施能够充分地保障云计算基础设施的安全，为依托于云计算基础设施提供的云服务安全稳定的运行打下坚实的基础。

习题 4

一、选择题

（1）下列_____不属于物理安全体系的内容。

（A）设备安全　　　　　　　　　　（B）环境安全

（C）容器安全　　　　　　　　　　（D）介质安全

参考答案：C

（2）云计算数据中心物理设施面临的安全威胁不包括_____。

（A）自然灾害　　　　　　　　　　（B）环境影响

（C）物理攻击　　　　　　　　　　（D）虚拟机蔓延

参考答案：D

（3）云计算物理安全建设一般从_____四个方面考虑。

（A）环境安全、设备安全、介质安全、人员安全

（B）环境安全、容器安全、介质安全、人员安全

（C）介质安全、信息安全、人员安全、设备安全

（D）综合部署、环境安全、虚拟化安全、人员安全

参考答案：A

（4）机房选址要考虑哪些条件？（　　　）

（A）应避开易产生粉尘、油烟、有害气体源以及存放腐蚀、易燃、易爆物品的地方

（B）应避开低洼、潮湿、落雷、重盐害区域和地震频繁的地方

（C）应避开强振动源和强噪声源

（D）以上全部

参考答案：D

（5）Hypervisor 直接运行在主机硬件上，通过提供指令集和设备接口来提供对上层虚拟机的支持。这句话是哪种虚拟化架构类型？（　　　）

（A）裸机虚拟化　　　　　　　　　（B）主机虚拟化

（C）操作系统虚拟化　　　　　　　（D）桌面虚拟化

参考答案：C

（6）虚拟机跳跃（VM Hopping）是_____。

（A）虚拟机补丁管理的不稳定性导致虚拟机路由错误

（B）对虚拟机实施进行不适当的管理，导致用户虚拟机与其他用户系统混合

（C）在虚拟化路由系统中循环

（D）攻击者使用一个恶意的虚拟机通过虚拟机之间的通信方式悄悄地访问或者控制该 Hypervisor 上的其他虚拟机

参考答案：D

（7）虚拟机逃逸是指_____。

（A）虚拟机补丁管理的不稳定性导致虚拟机路由错误

（B）对虚拟机实例进行不适当的管理，导致用户虚拟机与其他用户系统混合

（C）缺少漏洞管理标准

（D）获取 Hypervisor 的访问权限对其他虚拟机展开攻击，甚至入侵或破坏 Hypervisor

参考答案：D

（8）僵尸虚拟机是＿＿＿＿＿的表现形式。

（A）虚拟机蔓延
（B）特殊配置隐患

（C）状态恢复隐患
（D）虚拟机暂态隐患

参考答案：A

（9）保障 Hypervisor 安全是增强虚拟化平台安全性的关键，目前的研究重点主要有加强 Hypervisor 自身安全性和提高 Hypervisor 防护能力两个方面。下列选项属于加强 Hypervisor 自身安全性的是＿＿＿＿＿。

（A）构建轻量级 Hypervisor

（B）防火墙保护 Hypervisor 安全

（C）通过限制特权减少 Hypervisor 的风险

（D）合理地分配主机资源

参考答案：A

（10）下列不属于 SDN 的主要特征的是＿＿＿＿＿。

（A）控制与转发分离
（B）集中控制

（C）开放接口
（D）轻量化

参考答案：D

（11）SDN 的核心理念是将网络设备的＿＿＿＿＿分离开来，从而实现网络流量的灵活控制。

（A）控制平面与管理平面
（B）数据平面与转发平面

（C）控制平面与数据平面
（D）管理平面与数据平面

参考答案：C

（12）虚拟化云计算中，安全策略不一致的风险指的是＿＿＿＿＿。

（A）不同的虚拟机可能安装不同的防火墙，设定不同的安全策略，攻击者可能选定一个安全策略最低的目标进行渗透攻击

（B）当虚拟机从一台主机无缝快速迁移到另一台主机时，安全策略难以迁移，以适应虚拟网络的变化

（C）同一台主机中虚拟机进行数据交换时，传统的安全设备无法对其进行监控

（D）虚拟机之间、虚拟机与外界之间的流量则一般以明文进行传递，易被窃取和篡改

参考答案：A

（13）SDN 控制器极易成为攻击者的主要攻击目标，这主要是因为＿＿＿＿＿。

（A）由于控制器集中控制的特性，同时控制器也是一个潜在的单点故障源

（B）SDN 采用 OpenFlow 协议作为控制器与转发设备之间的通信协议

（C）传统的网络安全防护手段在 SDN 网络中不可用

（D）SDN 网络架构中转发设备使用虚拟化的方法实现

参考答案：A

（14）容器技术是＿＿＿＿＿。

（A）裸机虚拟化技术　　　　　　　　　　（B）操作系统层虚拟化技术

（C）主机虚拟化技术　　　　　　　　　　（D）网络虚拟化技术

参考答案：B

（15）容器逃逸攻击指的是_____。

（A）容器利用漏洞提升用户权限控制主机进而攻击其他容器

（B）攻击者通过滥用 Docker API 攻击容器，实现远程代码执行与安全机制回避的目的

（C）镜像内软件存在漏洞，或者攻击者上传恶意镜像

（D）容器的基础镜像中被植入恶意代码

参考答案：A

（16）镜像加固指的是_____。

（A）对存储在镜像仓库中的镜像添加镜像签名，在下载获取镜像后可以先对签名进行验证再使用，以防止镜像在传输过程中遭受恶意篡改。

（B）在进行代码集成和测试之前，应利用代码审计工具检测代码中潜在的漏洞。

（C）扩展容器主机的进程监控和日志功能，使其能够对不同容器进行区别，并将容器的操作日志发送给专门的监控与审计程序。

（D）去掉不必要的库和安装包，对镜像进行精简、加固，以减少可被攻击面

参考答案：D

（17）镜像签名是_____。

（A）容器镜像创建阶段的安全防护　　　　（B）容器运行阶段的安全防护

（C）容器镜像传输阶段的安全防护　　　　（D）容器镜像所有阶段的安全防护

参考答案：C

（18）云管理平台建立在由多台主机所组成的计算机集群上，其架构按照逻辑层次可以分为三个逻辑层，分别是_____。

（A）计算资源层、计算服务层、云管理层

（B）计算设备层、计算资源层、计算服务层

（C）基础设施层、计算资源层、计算设备层

（D）基础设施层、计算服务层、计算设备层

参考答案：B

（19）云管理平台的计算设备层是_____。

（A）利用现有的物理机器构成一个基础物理环境，向上提供基本的计算、存储和其他处理能力

（B）对云计算中计算资源进行统一管理的层次

（C）为上层应用提供按需的计算服务，包括计算服务部署与管理模块、计算环境规划门户，以及计算环境使用门户

（D）提供友好的计算环境使用界面，方便用户对计算服务的使用

参考答案：A

（20）对云管理平台实施的安全控制措施中"管理权限细粒度划分"指的是_____。

（A）在构建云管理平台时，需要部署网络防护机制，防止针对管理平台组件本身（如 Web 和 API 服务器）的攻击

（B）根据云管理员的不同职责，使用基于角色的权限访问控制的方式，给不同的角色划分不同的权限

（C）管控系统暂时拦截操作指令，并对其进行判别，若判定为敏感指令或越权操作，管控系统会根据该操作的类型进行拦截或交给上级进行授权决策

（D）增加安全管理模块，对云管理平台所管理的基础设施进行安全配置、监控以及防护

参考答案：B

二、简答题

（1）简述物理安全体系结构。

（2）简述云计算物理安全综合部署。

（3）简述服务器虚拟化的安全隐患及安全攻击。

（4）简述 Hypervisor 的作用及安全防护方法。

（5）简述服务器虚拟化安全防护解决方案。

（6）简述网络虚拟化面临的安全问题及防护方法。

（7）简述 SDN 的概念、特征及安全隐患。

（8）简述 SDN 安全防护方法。

（9）简述容器技术面临的安全问题及防护方法。

（10）简述容器的安全工具以及这些工具提供的安全能力。

（11）简述云管理平台的概念、安全隐患及安全控制措施。

参考文献

[1] 张凯. 物联网安全教程[M]. 北京：清华大学出版社，2013.

[2] 徐国爱. 北京邮电大学物理安全教学课件.

[3] 徐云峰，郭正彪. 物理安全[M]. 武汉：武汉大学出版社，2010.

[4] 工业和信息化部. 电子信息系统机房设计规范：GB 50174—2008[S].

[5] 工业和信息化部. 火灾自动报警系统设计规范：GB 50116—2013[S].

[6] 陈朝. 通信机房火灾早期探测报警方法的研究[J]. 价值工程，2012(35):180-181.

[7] 刘远生. 计算机网络安全[M]. 北京：清华大学出版社，2009.

[8] 中华人民共和国计算机信息系统安全保护条例（国务院 147 号令）.

[9] Hyde D. A Survey on the Security of Virtual Machines[J]. Dept. of Comp.Science，Washington Univ. in St. Louis,Tech.Rep,2009.

[10] Ormandy T. An empirical study into the security exposure to hosts of hostile virtualized environments[C]//Proceedings of CanSecWest Applied Security Conference, 2007.

[11] Ronald L, Krutz, Russell Dean Vines, Glenn Brunette.Cloud Security:A Comprehensive Guide to Secure Cloud Computing[M].John Wiley & Sons, 2010.

[12] 刘明达，马龙宇. 一种基于 SR-IOV 技术的虚拟环境安全隔离模型[J]. 信息网络安全，2016(9):84-89.

[13] 邹德清，杨凯，张晓旭，等. 虚拟域内访问控制系统的保护机制研究[J]. 山东大学学报（理学版），2014, 49(9):135-142.

[14] 武泽慧，魏强，王清贤．基于 OpenFlow 的 SDN 网络攻防方法综述[J].计算机科学，2017, 44(6):121-132.

[15] 易文平．谈网络虚拟化安全[J]．信息与电脑（理论版），2013(12):118-119.

[16] 魏小锋．Linux 容器防护技术研究[D]．郑州：解放军信息工程大学，2017.

[17] 石瑞生．大数据安全与隐私保护[M]．北京：北京邮电大学出版社，2019.

[18] 邹德清，代炜琦，金海．云服务安全[M]．北京：机械工业出版社，2018:16.

[19] 张楠.云计算中使用容器技术的信息风险与对策[J].信息网络安全，2015(9):278-282.

[20] 胡俊，李漫．容器安全解决方案探讨与研究[J]．网络空间安全，2018, 9(12):105-113.

[21] 汲汾．云计算中心基础设施管理系统的设计与实现[D]．天津：天津大学，2012.

[22] 钟志伟．基于 OpenStack 的私有云管理平台及其关键技术研究[D]．北京：北京邮电大学，2014.

[23] 杨春鹏．IaaS 云计算平台安全加固分析与实现[D]．北京：北京邮电大学，2017.

[24] 全国信息安全标准化技术委员会．信息系统物理安全技术要求：GB/T 21052—2007[S].

[25] 刘军，滕旭，郑征．信息系统物理安全等级保护标准研究[C]//第二十二届全国计算机安全学术交流会，2007.

[26] 李俊婷，宋爽．雷电对信息系统的危害及其预防[J]．商场现代化，2008(12):391-392.

[27] 邱家胜，李代彬，潘贵清．对涉密信息系统安全现状及加强管理的对策研究——以国家保密工作为视角[J]．中共乐山市委党校学报，2012,14(02):69-73+75.

[28] 张若楠．基于 ASP 技术的学院电子政务系统设计与实现[D]．成都：电子科技大学，2011.

[29] 刘宏．云计算环境下虚拟机逃逸问题研究[D]．上海：上海大学，2015.

[30] 罗杨．基于微服务框架的地理空间数据服务平台设计与实现技术研究[D]西安：西安电子科技大学，2019.

[31] 汤飞．基于信息安全等级保护思想的云计算安全防护技术研究[D]．北京：中国铁道科学研究院，2015.

[32] 崔倩楠．基于云计算环境的虚拟化资源平台研究与评价[D]．北京：北京邮电大学，2011.

[33] 夏文龙．车联网移动云通信网络系统的设计与关键技术研究[D]．广州：广东工业大学，2014.

[34] 李双权，王燕伟.云计算中服务器虚拟化技术探讨[J].邮电设计技术，2011(10):27-33.

[35] 李刚健．基于虚拟化技术的云计算平台架构研究[J]．吉林建筑工程学院学报，2011,28(01):79-81.

[36] 秦蕊，李跃，秦薇．信息时代的重大变革——虚拟化技术浅谈[J]．网络与信息，2012,26(06):34-35.

[37] 修长虹，梁建坤，辛艳．虚拟化技术综述[J]．网络安全技术与应用，2016(05):18-19.

[38] 宫月，李超，吴薇．虚拟化安全技术研究[J]．信息网络安全，2016(9):73-78.

[39] 金令旭．虚拟化架构下的信息安全防护探索[C]//中国烟草学会 2016 年度优秀论文汇编——信息化管理主题．中国烟草学会，2016:152-160.

[40] 陆彦琦，伍华凤，高毅．云计算环境下虚拟机安全性分析与研究[C]//中国造船工程学会电子技术学术委员会 2017 年装备技术发展论坛．

[41] 柯文浚，董碧丹，高洋．基于 Xen 的虚拟化访问控制研究综述[J]．计算机科学，2017,44(z1):34-38．

[42] 项国富，金海，邹德清，等．基于虚拟化的安全监控[J]．软件学报，2012(8):243-257．

[43] 项国富．虚拟计算环境的安全监控技术研究[D]．武汉：华中科技大学，2012．

[44] 江雪，何晓霞．云计算中的服务器虚拟化安全[C]//2012 年互联网技术与应用国际学术会议．

[45] 任新，杨波，杨德保，等．企业数据中心网络虚拟化技术[J]．信息技术与标准化，2015(3):27-30．

[46] 李赟，左一男．SDN 在铁路信息网络中的应用前景[J]．铁道通信信号，2014(1):54-57．

[47] 叶叶．基于 K-Dijkstra 算法的 SDN 负载均衡策略研究[J]．电子技术与软件工程，2018(24):14-15．

[48] 沈贵杰．基于 SDN 的网络虚拟化安全探究[J]．信息系统工程，2018(09):75．

[49] 张念东．互联网+环境下云南某电信运营商业务支撑系统信息安全管理体系研究[D]．昆明：云南大学，2018．

[50] 陶松．基于 SDN 的网络虚拟化安全研究[J]．电脑知识与技术，2015(15):29-31．

[51] 张新涛，周君平，杜佳颖，等．云数据中心的安全虚拟网络[J]．信息安全与通信保密，2012(11):91-94．

[52] 张楠．云计算中使用容器技术的信息安全风险与对策[J]．信息网络安全，2015(9):278-282．

[53] 林逸风．面向 Docker 环境的调查取证研究[D]．重庆：重庆邮电大学，2017．

[55] 杨春鹏．IaaS 云平台安全加固分析与实现[D]．北京：北京邮电大学，2017．

第 5 章

云存储与数据安全

数据安全在云计算安全体系中占据重要位置。2016 年，在云安全联盟（CSA）发布的云计算面临的十二大威胁中[1]，"数据破坏"一项的威胁等级排名第一，且"数据丢失"一项的威胁等级排名第八[31]。在 2013 年发布的云计算面临的九大威胁中，"数据破坏"和"数据丢失"分列第一、第二位。与 2013 年的排名相比，虽然"数据丢失"的排名有所下降，但是"数据破坏"的排名保持不变，可见数据安全仍是云计算面临的最为严峻的问题之一。

数据是信息的载体，其安全性与用户数据的安全和隐私息息相关。云计算已经发生过多起数据安全事故，例如，2017 年，亚马逊 S3 云存储上的数据库配置错误导致三台服务器下的数据可公开下载，造成严重的数据泄露；2017 年 2 月，知名云计算安全服务商 Cloudflare 被曝泄露用户 HTTPS 网络会话中的加密数据长达数月，受影响的网站预计至少 200 万之多，其中涉及 Uber、OKCupid 等多家知名互联网公司。这些安全事故告诉我们，如果不采取措施加强云计算的数据安全，必然会对用户的数据安全与隐私带来威胁，也会极大地阻碍云计算的发展。

5.1　数据安全概述

云计算是架构在传统服务器设施上的一种服务的交互和使用模式，因此传统 IT 架构下存在的诸多数据安全问题都可能在云计算中出现；另外，云计算又具有超大规模、虚拟化、按需自助服务等特征，是一种全新的服务模式，因此和传统的 IT 架构相比，云计算又具有新的数据安全需求。

5.1.1　数据安全需求

对用户来说，在使用云服务时总希望数据能够安全、完整地存储，并且能够在需要时访问、使用或取回。在云计算中，数据保护就是保障数据的安全属性不被破坏，即保障数据的机密性、完整性和可用性。

（1）数据机密性需求。数据机密性是指数据不能被非授权者、实体或进程利用或泄露的特性，是数据安全需求三元素之一。对于存储在云端的数据，云服务提供商有必要采取一定的安全控制措施来保障数据不会泄露给未授权用户，不能被恶意敌手攻击获取，云服务提供商也不能随意使用用户数据，以此来保障用户的数据安全与隐私。具体来说，数据的机密性需求如下：

① 云服务提供商应根据数据的不同敏感程度对数据进行分级存储，并针对不同的级别制定不同的安全策略。

② 云服务提供商必须对访问数据的用户进行身份鉴别，保证合法用户仅能访问授权的数

据，同时也必须建立有效的隔离机制来防止其他用户或者恶意攻击者获取存储于云端的数据。

③ 云服务提供商应采取有效的加密手段来保障存储在云端数据的机密性，同时应保证加/解密算法的安全性和效率，保障加/解密过程尽量不影响云计算信息系统的性能。

④ 对于不再使用的数据，云服务提供商应删除或者销毁，并且删除后的数据不能被恢复。

（2）数据完整性需求。数据完整性是指数据不能被非法授权者、实体或进程修改而破坏的特性，是数据安全需求三元素之一。云服务提供商有必要对用户存储在云端的数据进行完整性保护和完整性校验，以保证用户能够随时知悉云端存储的数据是否完好无损。具体来说，数据完整性需求如下：

① 云服务提供商应确保数据在存入云端后不会被非授权的操作进行非法修改，并能够在用户提出需求时及时地提供完整的数据。

② 云服务提供商应提供完整性校验机制，以便用户在使用数据前能够预先对数据的完整性进行验证，知悉存储在云端的数据的完整性是否遭到破坏。

（3）数据可用性需求。数据可用性是指数据能被数据所有者或授权用户及时可靠地访问或使用的特性，也是数据安全需求三元素之一。在云计算中对数据可用性具有更高的要求，云服务提供商必须采取有效的措施来保证用户能够随时访问存储在云端的数据，具体安全需求如下：

① 云服务提供商应确保用户能够正常并且高效地访问其在云上存储的数据。

② 云服务提供商应采取有效的措施确保云服务的业务连续性，以保证用户不会因为业务终止而无法使用数据。

③ 云服务提供商应确保在因自然灾害等不可控因素导致数据丢失或服务器宕机之后，可以迅速地恢复用户数据和重新开始云服务。

（4）数据安全共享与隐私。在云计算中，云服务提供商应采取必要的安全控制措施保障数据在共享过程中不会被非授权用户或者其他恶意用户进行访问与窃取，保障用户的数据安全与隐私，具体安全需求如下：

① 云服务提供商应制定适当的加密方案，并采用适当的加密算法，对共享的数据进行加密，保证数据在共享过程中不会被非授权用户访问及窃取。

② 云服务提供商应采取技术措施对共享数据进行处理，在保证数据可用性的前提下保护用户数据安全与隐私。

（5）数据库安全。云服务提供商有必要对数据库提供安全保障，以保证数据能够在数据库中安全地存取。具体来说，对数据库的安全需求如下：

① 云服务提供商应对云数据库进行加密，以保证数据库中数据在被泄露或窃取时仍能保持数据的机密性。

② 云服务提供商应对访问云数据库的用户进行身份鉴别与权限控制，实现对数据库内容的访问控制。

5.1.2 责任与权利

在云计算中，数据由用户创建并存储在云端，数据从产生到销毁的全过程需要用户与云服务提供商共同参与，因此，如何划分用户和云服务提供商对数据的责任，如何确定云计算中数据的所有权、使用权和管理权是在保障数据安全时需要考虑的问题。

5.1.2.1　用户和云服务提供商对数据的责任

第 1 章曾介绍过云计算的三种服务类型 IaaS、PaaS 和 SaaS。在这三种服务类型中，云服务提供商和用户的安全责任分工如图 5.1 所示[2]。

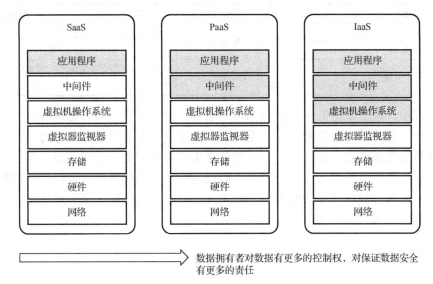

图 5.1　不同云服务类型下用户和云服务提供商的安全责任分工

图 5.1 中白色部分是对应的服务类型中云服务提供商需要保证安全的范围，灰色标注的则是用户要保证安全的范围。整体而言，由于所有的基础设施及用户数据都部署在云端，所以，云端数据的安全性必然由云服务提供商承担主要责任。但用户作为数据的拥有者，也不能完全依赖云服务提供商来保障数据安全，用户除了需要承担起自己职责范围之内的数据安全责任，还需要做好调查、审计等工作，以确保云服务提供商能够妥善保护数据。

从数据生命周期的角度看，数据生成阶段的数据安全由用户负责，而数据传输、数据存储、数据使用、数据共享、数据归档和销毁阶段的安全由云服务提供商负责。用户和云服务提供商都需要针对数据在生命周期的各个阶段所面临的安全问题制定相对应的解决方案，才能切实保障数据安全。

5.1.2.2　云计算中数据的所有权、使用权与管理权

在传统的 IT 系统中，个人用户将自己的数据保存在自己的终端或者光盘、硬盘等存储设备上；企业、政府、社会团体等用户需要建设自己专有的数据中心，需要购买、部署并定期更换硬件设备，将数据保存在专有数据中心内。在云计算中，用户所需的数据、计算结果等经由网络通道从云计算平台回传给用户本地的客户端[32]。传统 IT 系统和云计算中数据的所有权、使用权和管理权如表 5.1 所示。

与传统 IT 系统相比，数据的所有权没有发生变化，仍为数据的创建者及该数据的授权用户所有；在云计算中，用户将创建的数据传输到云端，在这种情况下，他们更关注数据的流通和使用，因此可以根据自身开放数据的使用权，其他用户可以通过付费等方式获得数据的使用权；由于用户将自己的数据外包给云服务提供商存储和管理，这就导致数据的管理权发

生了变化。云计算中数据的所有权、使用权和管理权分离，数据从由用户完全控制转变为由云服务提供商大部分控制，从而引发出了一些新的数据安全问题。

表 5.1　传统 IT 系统和云计算中数据的所有权、使用权和管理权

架构	数据存放位置	数据使用方式	数据所有权	数据使用权	数据管理权
传统 IT 系统	用户可控范围内	直接使用	数据的创建者及该数据的授权用户	数据创建者和该数据的授权用户	用户完全负责保管数据
云计算	云端	从云端通过网络传输到客户端		由数据所有者决定使用权	管理权大部分移交给云服务提供商

在云计算中，由于数据的所有权仍为用户所有，因此用户可以任意访问自己的数据，执行查询、修改、删除等各种管理操作；用户还可以监管云服务提供商的行为，要求云服务提供商对云服务的性能做出一定的承诺。云服务提供商虽然对数据有管理权，但由于其不具有数据的所有权，因此可信的云服务提供商不能在用户未授权的情况下访问用户的数据，更不能任意更改、删除存储在云端的数据。除此之外，云服务提供商还需要竭尽所能地维护数据的安全性，保障云服务的性能。

5.2　数据机密性保护

为了保护数据的机密性，确保数据不会被泄露，首先需要云服务提供商建立有效的数据隔离机制，确保数据不会遭到其他用户的未授权访问及恶意攻击；其次需要云服务提供商采用加密技术来保证数据存储的机密性，使得被窃取的数据不会被轻易地破解；最后需要云服务提供商及时妥善地处理剩余数据，防止数据泄露及其他恶意攻击。在处理剩余数据时，也需要采取一定的措施防止数据泄露。

5.2.1　数据隔离

在云计算中，基础设施被多用户共用来进行数据存储，存在被恶意攻击者或其他用户窃取的安全风险。为保障用户数据安全，一项重要措施是建立有效的数据隔离机制[33]。在云计算中，对数据安全要求较高的用户可以购买专用主机，这种情况下，该用户独享一整台主机的存储资源，与其他用户实现物理隔离。在多用户环境下，要进行逻辑隔离，不仅需要采集数据的类别、敏感程度、所有者、使用者等重要属性，还需要根据这些重要属性采用访问控制技术制定合理、有效的访问策略，保证用户数据安全使用的同时防止被其他非授权用户访问。

5.2.1.1　数据分类分级

实现数据隔离保护的首要步骤就是进行数据分级[34]。根据国家标准 GB/T 20271—2006《信息安全技术　信息系统通用安全技术要求》中的相关规定，信息系统中存储、传输和处理的数据可根据受到破坏后对公民、法人、国家安全、社会秩序、经济建设和公共利益造成的损害程度，从低到高分为五个类别和安全等级[3,33]。同样，对单个用户、企业、政府机构或社会团体而言，有的数据无关紧要，有的数据却关乎核心利益，不同数据的重要程度和敏感程度存在从低到高的变化，一般可分为公开、内部、保密、机密、绝密五个级别。但因应用场景

和业务需求存在差异，不同的企业、政府机构或社会团体等可能具有更加适合自身情况的数据分级标准[31]。

用户在将数据上传存储至云端之前，首先需在数据生成阶段，根据数据分级相关规定和标准，综合考虑使用需求和保护需求，对数据进行分类分级，并将级别标识作为一项重要的数据属性添加至数据的元信息中。云服务提供商在接收到用户上传的的数据之后，需要通过解析数据元信息来确定数据的安全级别，并严格按照相关要求制定、实施相应的安全防护策略。

5.2.1.2　数据访问控制

访问控制指用户身份认证通过后，需要按用户身份及用户所归属的某预定义组来授权或限制用户对某些信息项的访问或对某些控制功能的使用。访问控制技术是一种有效的云端数据隔离机制，可以针对云计算中多用户的不同级别或类别的信息，通过制定细粒度的访问控制策略，实施有效的隔离和完整性保护[35]。访问控制策略用于规定何种情况下允许何种类型的访问。访问控制策略一般分为三种：自主访问控制（DAC）、强制访问控制（MAC）、基于角色的访问控制（RBAC）[4]，如表 5.2 所示。

表 5.2　访问控制策略

访问控制策略	描　　述	说　　明
自主访问控制（DAC）	基于主体身份进行访问控制，访问控制策略或权限通常由数据或资源的拥有者设定和更改	这三种策略并不是相互排斥的。一种访问控制机制可以使用两种甚至三种策略来处理不同类别的系统资源
强制访问控制（MAC）	基于系统中设定的安全规则进行访问控制，每个主体和客体都被赋予一定的安全级别，系统通过比较主体和客体的安全级别来决定主体是否可以访问客体	
基于角色的访问控制（RBAC）	在用户集合与权限集合之间建立一个角色集合，每一种角色对应一组相应的权限，通过授予用户适当的角色来控制用户的访问权限	

在云计算中，如果缺少有效的访问控制策略，可能会导致大量的非授权访问风险，从而带来数据篡改、泄露、丢失等安全问题，因此，必须选择合适的访问控制策略、制定严格的权限控制方案。此外，数据加密机制也可实现访问控制，将数据以密文形式存储，同时只将解密密钥授权给满足访问条件的用户，授权用户通过解密实现对数据的访问。在云计算环境下，很多学者应用密码学技术为访问控制技术的发展提供了很多思路，如属性基加密、密钥策略属性基加密以及密文策略属性基加密等。

属性基加密（ABE）方案的主要思路是：当一个用户向多个用户发送一份经过加密处理的文件时，只有那些具有特定属性集的用户能够获得解密密钥，执行解密操作获取文件明文内容。在云计算中，用户可以使用 ABE 方案将数据加密处理后存储在云端，未经授权的用户由于无法获取解密密钥，因而不能对相应的数据进行访问。但是 ABE 方案在灵活性和访问控制策略制定方面都具有一定的局限性，因此许多研究者对 ABE 方案做了改进，形成了密钥策略属性基加密（Key Policy-Attribute Based Encryption，KP-ABE）和密文策略属性基加密（Ciphertext Policy-Attribute Based Encryption，CP-ABE）这两类方案[36]。KP-ABE 方案最早由加利福尼亚大学的 Golay 等人于 2006 年基于 ABE 方案提出，其核心思想是通过对密钥的访问控制来实现对数据的访问控制。CP-ABE 方案最早由卡内基梅隆大学（Carnegie Mellon University，CMU）的 Bethencourt 等人于 2007 年提出，其核心思想是通过对密文的访问控制来实现对数据的访问控制。ABE、KP-ABE、CP-ABE 的特点和劣势如表 5.3 所示。

表 5.3 ABE、KP-ABE 和 CP-ABE 的特点和劣势

类 别	特 点	劣 势
ABE	首次提出了基于属性的加密模型； 在传统公钥加密的通信模式上，实现了从一对一向一对多的扩展和转变[37]； 减少了传统公钥密码中数据存储对服务器的要求	访问控制策略不具备灵活性； 访问控制策略的制定不由消息发送方决定，有一定的局限性； 用户密钥与属性相关，属性的动态性增加了密钥撤销的开销和难度
KP-ABE	数据的访问控制通过对密钥的访问控制来实现； 由用户决定是否接收消息，适合查询类的应用	加密者不能直接控制访问者的权限； 合法用户与其他用户分享密钥，可能会造成密钥滥用问题
CP-ABE	访问策略嵌入密文中，密钥与属性集合相关联； 访问控制策略由消息发送方决定，适合访问控制类应用	系统公钥由授权机构发布，访问控制策略由消息发送方决定，解密时需要二者联合控制，为设计访问控制策略造成一定的难度[38]； 密钥撤销开销大

ABE 和 KP-ABE 的访问控制策略是由密钥的发布者（授权机构）决定的，而不是由加密者（消息发送方）控制的，这就限制了这两种机制在云计算中访问控制的方便性和易用性。CP-ABE 中的访问控制策略由加密者来控制，将解密规则蕴含在加密算法中，从而无须在密文访问控制中进行大量的密钥分发工作，因此它适合云计算中的访问控制。CP-ABE 方案自提出后，许多学者对它进行了研究和改进，相继提出了基于属性的代理重加密（ABPRE）方案、利用 CP-ABE 算法和公钥密码系统实现的密文访问控制的方案、CP-ABE 算法中的密钥撤销方案等，不断深化和优化的 CP-ABE 方案可以用于云计算中，实现对数据的细粒度访问控制，切实保障数据安全。

5.2.2 密文存储

为了保障存储在云端的数据机密性，云服务提供商应对数据采取加密的措施来实现数据保护，由于数据加密的算法都是公开的，因此密钥就成为重点保护对象。云计算中的密钥管理面临密钥存储、访问、备份和恢复的挑战，如何对云计算中使用的密钥进行管理是云服务提供商实施数据加密措施时需要考虑的问题。

5.2.2.1 数据加密

数据加密算法可主要分为对称加密算法和非对称加密算法两种。对称加密算法又称为单密钥加密，只有一个密钥，该密钥用于数据的加密和解密。典型的对称加密算法有 DES、3DES、AES、IDEA、Blowfish、RC4、RC5 和 RC6 等。非对称加密算法又称为公钥加密，有一对密钥，公开密钥（公钥）用于对明文数据进行加密，私有密钥（私钥）用于对密文数据进行解密。典型的非对称加密算法有 RSA 加密算法、ECC（Elliptic Curves Cryptography，椭圆曲线加密算法）、Diffie-Hellman 密钥交换算法、ElGamal 加密算法等。在实际应用中，需要从数据量、加密算法的效率、密钥管理的复杂程度等方面进行综合考虑，选取最佳的加密算法[31]。例如，如果要求计算开销较小，且计算复杂性较低，应优先考虑对称加密算法；如果要求密

钥分发、传输、管理简单，则可优先考虑非对称加密算法；如果进行数字签名或数据完整性验证等，则需选择适用范围更广的非对称加密算法。

加密技术主要有三种实现方式：基于硬件的加密、基于软件的加密和基于网络的加密。其中，基于硬件的加密方式指通过专用的加密芯片或独立的处理芯片等实现加密算法，包括加密卡、单片机加密锁和智能卡加密锁等。基于软件的加密方式指将加密算法代码封装成软件的形式，提供加/解密功能，包括序列号加密、软件校验方式、密码表加密、光盘加密、钥匙盘方式和许可证管理方式等。基于网络的加密方式指不在用户本地客户端进行加/解密操作，而是将加/解密或验证工作交给网络中的其他计算机或设备来完成，并通过建立安全的通道在用户本地客户端和网络设备之间传输数据[31]。

在云计算中，无论云服务提供商还是用户都会采用加密技术来保障数据的机密性。对于用户，一般采用 DES、RSA 等传统加密算法对数据进行加密上传；对于云服务提供商，常采用经国家密码管理局检测认证的硬件密码机对数据进行加密，一方面能够满足用户对于数据机密性保障的要求，另一方面能够满足国家在数据安全方面的监管合规要求。

5.2.2.2 密钥管理

现代密码体制要求密码算法是可以公开评估的，整个密码系统的安全性并不取决于密码算法的机密性，而是取决于密钥的机密性[39]，因此，密钥管理也是云计算中数据机密性保护必须具备的安全机制。

（1）密钥管理概述。密钥是控制密码变换（如加密、解密、密码校验函数计算、签名产生或签名验证）运算的符号序列；密钥材料是确立和维持密码密钥关系所必需的数据（如密钥、初始化值）；密钥管理是对密钥材料的产生、登记、认证、注销、分发、安装、存储、归档、撤销、衍生和销毁等服务的实施和运用，其目标是安全地实施和运用这些密钥管理服务[5]。典型的密钥管理生命周期如图 5.2 所示[6]。

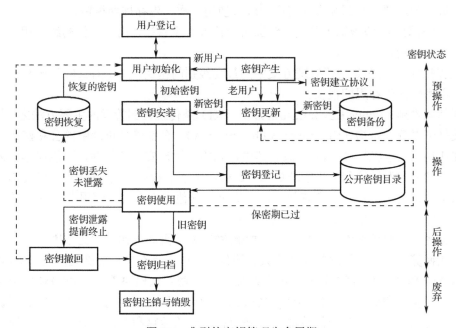

图 5.2 典型的密钥管理生命周期

密钥管理生命周期主要包括 12 个阶段：在"用户登记"阶段，将用户添加到保密域内，使其成为一个授权成员，该阶段主要包括获取、创建或交换口令、个人识别码（Personal Identification Number，PIN）等；在"用户初始化"阶段，用户对保密系统（硬件或软件）进行初始化；在"密钥产生"阶段，需要采用适当的算法（如随机数算法、哈希算法等）为用户生成密钥，或直接从可信的地方为用户获取密钥；在"密钥安装"阶段，需要采用一定的安装方法（如输入口令或个人识别码、读取芯片卡或磁盘等）将密钥安装至用户保密系统的软件或硬件中；密钥安装之后要进行"密钥登记"，即为用户密钥指定并记录一个特定的名称；在"密钥使用"阶段，在需要加/解密操作的地方使用密钥，直到该密钥的使用期满，如果密钥在使用期满之前被泄露，则应提前终止该密钥的使用期限；在"密钥备份"阶段，为了能够在密钥损坏或丢失时快速找回密钥，需要将该密钥备份在一个安全、独立的介质上；密钥经过一段时间的使用后，泄露的风险就会逐渐加大，因此需要定期进行"密钥更新"，产生新密钥来代替旧密钥；若一组密钥长时间不再使用，就要进行"密钥归档"，将这些密钥整理、存储在安全的档案文件中，在以后需要时调取、使用；一旦确定某组密钥在未来不再需要使用后，就要进行"密钥注销和销毁"操作，将该组密钥从系统中彻底注销，清除所有与该组密钥相关的记录；如果密钥丢失或损坏，同时确定该密钥未被泄露，则可以进行"密钥恢复"，从密钥备份中恢复相应的密钥；如果正在使用的密钥已被泄露或存在泄露的风险，则需要进行"密钥撤回"操作，将该密钥归档保存后，暂时将其从系统中删除。

在对一个密钥进行管理时，需要对该密钥生存周期内的各个阶段进行管理。用途不同的密钥，其生存周期也有所不同，一般可将密钥分为三级，从低到高分别为初级密钥、二级密钥和主密钥，由高级别的密钥来保护低级别的密钥。

① 初级密钥：初级密钥是直接用于加/解密数据的密钥，主要包括初级文件密钥、初级通信密钥和会话密钥三类。初级文件密钥用于文件保密，每个初级文件密钥与其所保护的文件有同样长的生存周期；初级通信密钥用于通信保密；会话密钥用于保护通信终端之间建立的会话。每个初级通信密钥和会话密钥一般只使用一次，生存周期很短。

② 二级密钥：二级密钥也称为密钥加密密钥或次主密钥，用于保护初级密钥。二级密钥的生存周期一般较长。

③ 主密钥：主密钥是密钥管理方案中的最高级别的密钥，用于对二级密钥和初级密钥进行保护。主密钥的生存周期很长。

公钥基础设施（Public Key Infrastructure，PKI）是传统公钥管理的主要方法之一[7]，它的核心组成是证书管理机构（Certificate Authority，CA）。公钥管理机制中的公私密钥对由用户自身或委托证书管理机构（CA）生成。其中，私钥由用户安全地保存，不能泄露；公钥需经由安全可靠的方式发送给到证书管理机构（CA），由证书管理机构（CA）为该公钥签发公钥证书来保证用户公钥的真实性和有效性，并提供给其他用户查询、使用[40]。密钥的保存、更新、撤销等管理方式根据 PKI 的管理策略而定。

对称加密算法要求通信双方共享一个加/解密密钥，因此密钥管理比较困难，智能卡的出现使对称加密算法中密钥管理的复杂度大大降低。智能卡具有自己的微处理器、RAM、ROM 和 EEPROM，ROM 用于存放智能卡操作系统、加/解密算法模块等；EEPROM 用于存放有关用户的个性化参数和数据。EEPROM 中的数据只能通过智能卡中的卡操作系统进行访问，外部应用程序无法直接访问其中的数据[40]。利用智能卡的运算和存储功能，可便捷地实现对称加密算法的密钥管理。

（2）云计算中密钥管理面临的问题和挑战。一般信息系统中存在的密钥管理问题在云计算中仍然存在[8]，具体问题如下：

① 密钥存储。密钥是保护数据机密性的关键组成部分，具有很高的敏感程度，因此在进行密钥存储时，必须采用高强度的手段进行保护，切实保障密钥的安全、可用。

② 密钥访问。非授权访问是造成密钥泄露的主要途径，因此为保障密钥的安全使用，必须制定严格的密钥访问策略，确保只有获得授权的用户才能访问相应的密钥。

③ 密钥备份和恢复。如果在密钥管理机制中，缺少密钥备份措施或存在备份不完全、备份密钥不能恢复等问题，一旦发生密钥丢失或损坏，则被该密钥保护的所有数据都将面临无法解密的风险，从而造成用户数据的丢失。因此必须依据不同类型密钥的特点，制定合理的密钥备份与恢复方案。

此外，由于云计算中的密钥具有种类多、数量大、应用环境复杂等特点[9]，因此除上述几个共性问题外，云计算中还存在一些特有的的密钥管理问题。

① 密钥种类多。在云计算中，数据类型多样、应用场景丰富、敏感程度不一、安全需求各不相同，因此，通常采用多种密码机制和加密算法，从而产生了许多种类的密钥，给云计算中的密钥管理带来了一个突出的问题，即如何根据敏感程度制定完善的密钥管理方案，安全地管理和使用不同类别的密钥，同时提升密钥管理的效率。

② 密钥数量大。在云计算中，不同用户的数据、不同类型的数据、不同敏感程度的数据、不同阶段的数据在进行加密时均不能使用相同的密钥，因此，云计算中数据机密性保护和完整性保护所产生的密钥数量必然巨大，如何对这些海量的密钥进行安全管理，也是云计算密钥管理中的主要挑战。

③ 密钥应用环境复杂。在云计算中，各种密钥的应用环境多种多样，具有差异大、复杂性高等特点，因此，为了统一管理类型相同的密钥，必须采用有效的措施屏蔽密钥所处的应用环境，这也是云计算密钥管理中的关键问题。

（3）云计算中密钥管理与传统密钥管理的区别。在云计算中，数据的所有权和管理权分离，密钥管理也会发生相应的变化。和传统密钥管理相比，云计算中多方参与的特性，使密钥管理变得更为复杂。因此，云计算中的密钥管理与传统的密钥管理有很大的不同。

在云计算中，密钥管理可能完全由云服务提供商负责，或者由云服务提供商与用户共同负责。传统的密钥管理一般采用固定的模式或程序，而在云计算中，密钥管理程序根据服务类型的不同而不同。在 IaaS 中，云服务提供商需要维护虚拟机镜像模板的访问及数字签名所需的密钥，因此常使用 PKI 进行签名和授权访问虚拟机镜像。在这种结构下，私钥由用户维护，可保存在传统的密钥管理平台内部。在 PaaS 和 SaaS 中，大部分密钥管理功能由云服务提供商内部提供，而用于访问应用程序和系统的私钥可以被分配给用户[41]。在公有云中，密钥管理责任主是由云服务提供商承担；在混合云中，密钥管理的责任由云服务提供商和用户共同承担；而在私有云中，密钥管理工具和程序通常在内部网络环境中。

（4）云服务提供商应提供的密钥管理服务。为了保障用户更加清晰、明确地使用云服务且不发生纠纷，云服务提供商在提供云服务时，也应阐明所提供的密钥管理服务，具体如下：首先，云服务提供商应当阐明用于保存密钥所使用的工具和产品类型，包括密钥所使用的基础设施型号、能够提供的服务等；其次，云服务提供商应该告知用户密钥是被哪些用户如何进行访问的，云服务提供商的密钥访问应由两个或两个以上可信的成员共同管理，并建立深入的审计凭据；再次，云服务提供商应该保障密钥恢复的过程，云服务提供商应当严格控制恢复密钥所涉及的程序，严格审批用户的密钥恢复请求；最后，如果云数据库或应用程序的访问要求多密钥访问，那么云服务提供商应控制密钥分发的过程，以及密钥如何被正确地创建、管理、更新及销毁。

云计算中的密钥管理，在传统密钥管理的基础之上增加了许多内容，许多云服务提供商都提供了完善的密钥管理方案。但是，云计算的密钥管理面临的挑战仍然是在云计算中保存敏感数据的一个主要问题。云服务提供商和用户都已开始着手解决这个问题，在今后的一段时间内，密钥管理将成为云计算安全的一大重点区域。随着成熟产品和服务的不断涌现，在云计算中存储敏感数据一定会随着时间的推移而变得更易于实施。

5.2.3 密文计算

数据加密是保障数据机密性的有效手段之一，但数据加密也会破坏原数据的结构，使用户不能直接对密文直接计算，只能先解密再计算。在云计算中，若先解密再计算，那么数据的机密性将得不到保障，若先将密文数据下载到客户端再进行解密和计算，则会加重客户端以及网络的负担。为了应对这一问题，密文计算技术得到了发展与应用。本节将从同态加密、保序加密、密文检索三个方面来介绍密文计算技术。

5.2.3.1 同态加密

同态加密指通过满足同态性质的加密函数对明文进行环上加法和乘法运算再加密，等价于加密后对密文进行相同的运算。同态加密可以分为全同态加密（Fully Homomorphic Encryption）和半同态加密（Somewhat Homomorphic Encryption）两种类型。

（1）全同态加密。全同态加密指同时满足加同态和乘同态性质，可进行任意次加和乘运算的加密函数。全同态加密的概念是在 1978 年由麻省理工学院的 Rivest 和 Adleman 等人提出的，但直到 2009 年 IBM 研究院的 Gentry 等人才提出了第一个全同态加密方案，使得该领域的研究取得了突破性的进展，为全同态加密的研究指明了方向。此后，为了提高全同态加密方案的运算效率，研究人员陆续提出了改进方案。根据构造技术的发展，全同态加密技术的发展经历了三个阶段[10]。第一阶段，全同态加密方案主要遵循 Gentry 的构造方法，基于理想格上的理想陪集假设构造，典型方案是麻省理工学院的 Van Dijk 等人于 2010 年提出的基于整数的全同态加密方案，该方案的构造方式比 Gentry 的方案更简洁，但出于安全的考虑，该方案的公钥规模较大，因此实用性有限。第二阶段，全同态加密方案主要基于容错学习（Learning With Errors，LWE）构造，典型方案是 Brakerski 等人于 2012 年设计的层次型的全同态加密方案——BGV，该方案在效率与安全性上都得到极大的提升，但在进行同态计算时仍然需要计算密钥的辅助。第三阶段，2013 年 Gentry 等人利用近似特征向量技术，设计了一个无须计算密钥的全同态加密方案——GSW，由于该方案无须计算密钥参与同态计算，仅仅获取方案的基本参数就可对加密数据进行同态运算，因此该方案的效率较高[42]。

（2）半同态加密。半同态加密指只能满足加同态或乘同态性质中的一种的加密算法。相比于全同态加密，半同态加密在加密速度上有很大的优势，但加密后只能进行部分运算。现有的高效率和高安全性的加密方案大多是半同态加密，如 1978 年 Rivest 等人提出的非对称密钥加密算法 RSA 是加法同态的[11]，1999 年 Paillier 提出的 Paillier 算法也是加法同态的。由于构造简单，执行效率高，半同态加密在数据加密以及隐私保护上有较多的应用，并有效地解决了数据的保密存储问题。另外，由于目前全同态加密方案的效率不高，而一些应用场景只需要部分同态性质的方案即可满足需求。例如，在医疗领域一般对数据的运算只有求平均值、标准方差等数据的统计处理，这时半同态加密就能满足要求。

在云计算中，密文计算是同态加密最基本、最重要的应用。使用同态加密，用户既能够利用云计算的计算与存储能力，也能够解决云存储中数据机密性保护问题[12]。除此之外，同态加密在其他方面也有着极其广泛的应用，如在安全多方计算中，同态加密是构造安全多方计算协议的有力工具；在电子投票系统中应用同态加密，能够保证计票过程的安全性。

5.2.3.2　保序加密

保序加密指加密后密文保留原有明文顺序的加密算法，其核心思想是将原数据映射到另一个大域空间中，使得在该大域空间中可以抵抗统计分析攻击[43]。同态加密解决了数据的保密存储和密文计算的问题，保序加密则解决了密文大小比较的问题。保序加密方案最早由 IBM 阿尔马登研究中心的 Agrawal 和 Kiernan 等人于 2004 年提出，该方案是一种基于数值型数据的保序对称加密方案，直接对加密的数值型数据进行比较即可得出对应的明文数值型数据的大小关系，该方案基于桶划分和分布概率映射的思想，仅支持对加密的数值型数据进行各种比较操作。

根据保序加密方案是否存在索引结构，可以将现有的保序加密方案分为无索引结构的保序加密方案和基于索引结构的保序加密方案。无索引结构的保序加密方案是指加密密文直接保留原有明文顺序；基于索引结构的保序加密方案是指明文数据可以使用普通的加密方案（如 AES、DES）进行加密，同时又建立一个保序索引结构，用于比较明文顺序[13]。

在云计算中，基于保序加密可以设计出支持密文区间查询的系统，但是在拥有优秀的查询效率的同时，保序加密的密文泄露了明文的顺序关系，安全性较低[44]。此外，保序加密还可用于范围查找、近似最近邻检索等问题。保序加密技术的提出，既增强了密文云存储场景下密文数据的可操作性，也为各种密文检索技术的发展提供了理论支撑。

5.2.3.3　密文检索

密文检索是指针对以密文形式存储的加密数据，在不对数据进行解密的前提下，以一种安全的方式直接进行检索。按照数据类型的不同，密文检索可分为三类：非结构化数据的密文检索、结构化数据的密文检索，以及半结构化数据的密文检索。

（1）非结构化数据的密文检索。非结构化数据是没有固定数据结构的数据，如文件、声音、图像等。目前，主要的非结构化数据密文检索技术是基于关键字的密文文本型数据的检索。根据检索方法的不同，可将基于关键字的密文文本型的检索技术可分为两类，即基于顺序扫描的方案，以及基于密文索引的方案；根据检索性质的不同，可分为多个方向，如基于单关键字的检索、基于可连接的多关键字的检索、模糊检索、密文排序检索等。

① 基于顺序扫描的方案。在非结构化数据的密文检索中，早期提出的是基于顺序扫描的方案。该方案的优点有两个：一是该方案采用一次一密的加密方式，在抵抗统计分析攻击方面的能力十分强大；二是当文本较小时，加密和检索算法不但简单而且高速。但是，该方案

在检索时需要根据检索条件对全文进行逐一匹配，效率较低，因而不适合数据集非常大的情况[45]。

② 基于密文索引的方案。基于密文索引方案的基本实现思想是：首先针对文档建立明文索引，然后对明文索引进行加密形成密文索引，在检索时利用关键词扫描密文索引，进而判断该文档是否满足检索条件。相比于基于顺序扫描的方案，该方案通过建立索引极大地提升了检索的效率，更适用于云计算中大规模数据场景下的检索[45]。

（2）结构化数据的密文检索。结构化数据是通过规则的数据结构（如数据类型、数据长度等）产生的数据，如关系数据库、对象数据库中的数据等。在结构化数据的密文检索中，受到广泛关注和深入研究的是基于加密的关系型数据检索技术，国内外数据库研究领域的许多专家和学者都致力于该技术的研究。总体来看，基于加密的关系型数据检索技术从 2002 年到 2005 年发展较快，是该技术研究的鼎盛时期，有很多关键性的检索技术被提出，也一直被后来的学者使用；而从 2006 年至今，该技术发展较缓慢，基本没有新突破，主要是对之前的科研成果进行改进并结合新的应用场景提出的某个领域内的新观点，所以不具有通用性。

基于加密的关系型数据检索技术大致可以分为两类：一类是直接密文检索，即不解密直接检索；另一类是分步执行检索，第一步通过对密文数据进行检索得到一个范围较大的结果集，第二步对第一步的检索结果进行解密后执行第二轮查询，最终获得精确的检索结果。

在众多的基于加密的关系型数据检索技术中，最具突破性的是数据库即服务（Database as a Service，DAS）模型。DAS 模型最早由美国加利福尼亚大学的 Hacigumus 等人于 2002 年提出，它是数据库服务提供商为用户提供的一种新的数据管理方式，数据库服务提供商为各种组织机构提供创建、存储和访问数据库的无缝机制，且数据库管理的所有职责都由数据库服务提供商负责。基于 DAS（数据库即服务）模型，Hacigumus 等人采用桶划分技术提出了对密文数据进行快速、安全 SQL 检索的解决方案，该方案成功地解决了 DAS 模型中对密文数据库进行 SQL 检索（查询）的问题，保护了数据的机密性。

（3）半结构化数据的密文检索。半结构化数据是结构化程度介于非结构化数据和结构化数据之间的数据，它具有一定的数据结构，但数据结构不规则或不完整，如电子邮件、XML 文件、HTML 文件、XML 文件等网页数据。目前，越来越多的应用都将数据表示成 XML 的形式，XML 已经成为网上数据交换的标准[46]，对 XML 数据处理技术已经成为数据库、信息检索及许多其他相关领域研究的热点，基于 XML 数据的密文检索技术也成为重要研究分支。

在基于 XML 数据的密文检索领域的研究中，2006 年，由加拿大英属哥伦比亚大学的 Wang 和 Lakshmanan 提出的对加密的 XML 数据库进行高效安全检索的方案具有一定的代表性。该方案基于 DAS 模型，可满足结构化数据密文检索的特征。另外，许多学者针对不同的侧重点提出了不同的检索方案。荷兰特文特大学的 Brinkman 等人提出一个适用于 XML 数据库的树形检索算法，利用了 XML 的结构，提高了检索效率。奥地利的约翰开普勒林茨大学的 Schrefl 等人于 2005 年提出了一个对存储在不可信服务器端的加密 XML 文件进行检索处理和更新的方案，利用 XML 文件的结构语义并使用标准的、已被充分证明的加密技术实现了安全的密文检索处理与更新。美国加利福尼亚大学欧文分校的 Jammalamadaka 等人于 2006 年提出一种基于 DAS 模型对加密的 XML 文档进行检索的技术，允许用户规定 XML 文件敏感部分的安全策略。同年，韩国科学技术院的 Lee 和 Whang 提出了"查询感知解密"的概念，使用了加密的 XML 索引，使得用户可以仅仅解密那些有助于得到检索结果的部分。我国北京邮电大学的刘念、周亚建等人于 2010 年提出了一种基于曲线插值的 XML 数据库加密方式和密文检索模型，能够有效地支持范围检索，且检索过程只需对少数密文进行解密。2010 年，我国西北工业大学的游军、卢选民等人提出一种 XML 数据库密文检索模型，通过建立密文数据库的值索引和结构索引，并采用桶划分技术记录值索引和结构索引中的入口地址，能够对精确值进行快速检索[47]。

5.2.4　数据剩余信息保护

在云计算中，剩余信息是指用户使用过的，并且不会再使用的信息。云服务提供商为了保护数据的机密性必须采取措施防止介质中存储的剩余信息被恢复。为了满足剩余信息保护的要求，可以采取数据安全删除技术和数据销毁技术，本节将对数据安全删除技术和数据销毁技术进行详细介绍。

5.2.4.1　数据安全删除技术

使用数据安全删除技术能够确保云服务提供商无法获取已被用户删除的数据。目前，数据安全删除技术主要包括安全覆盖技术和密码学保护技术[14]。

（1）安全覆盖技术。安全覆盖技术是指在删除数据之前，采用一定的手段（如在原数据上覆盖新的数据）对数据进行修改、覆盖、破坏，从而使原数据无法复原。经过安全覆盖技术处理后，即使云服务提供商未按用户要求真正删除数据或事先获取了该数据的某些副本，并将其成功解密，也无法获得具有实际价值的内容。

一种具有代表性的数据安全删除方案是由印度科学家 Paul M.和 Saxena A.在 2010 年提出的基于安全覆盖思想的文件删除方案[15]。但是，该方案实现依赖于云服务提供商的安全可信，云服务提供商不仅需要毫无保留地提供用户数据及所有副本的真实存储位置，还需真正执行用户指定的更新操作，且不私自存储其他副本。如果上述任一条件无法满足，则该方案无法实现。

（2）密码学保护技术。基于密码学保护技术的数据安全删除，是指采用多次加密技术对上传到云中的数据进行多重保护，在进行数据删除时，将该数据对应的解密密钥一并删除。即使云服务提供商保留了该数据的某些副本，也不能对该数据进行解密，获得真正的明文数据。2009 年，美国华盛顿大学的 Geambasu R.等人提出了一种基于时间的安全文件删除方案[16]，实现了对数据的安全删除。

上述两种技术各有优缺点：安全覆盖技术支持明文和密文存储场景，但在删除数据的过程中，用户需要向云服务提供商提出删除数据的请求，而不能把控整个数据删除的过程，在云服务提供商不可信的情况下数据删除过程缺乏可控性；密码学保护技术只适用于密文存储场景，但是一旦密钥被删除，数据将无法解密，因此对于掌握密钥的用户来说密码学保护技术在数据删除过程中更可控。在云计算中，由于明文数据更适合构建新的应用和方便使用，明文存储场景仍是云存储的常态，因而安全覆盖技术的应用更加广泛；但对于密文存储的数据，采用密码学保护技术对剩余信息进行保护会更加可靠。

5.2.4.2　数据销毁技术

数据销毁即彻底删除数据，确保数据删除之后不能再被重新恢复。若云服务提供商是完全可信的，则当用户需要删除敏感程度较高的数据时，云服务提供商需要采用适当的数据销毁技术来彻底删除数据。数据销毁方式可以分为软销毁和硬销毁两种。

软销毁又称为逻辑销毁，通过数据覆写等方法销毁数据。软销毁通常采用数据覆写法，即在存有敏感数据的硬盘簇中写入一些无意义的数据[48]，从而将覆盖原来的数据，以达到销毁敏感数据的目的。根据数据覆写时的具体顺序，软销毁技术分为逐位覆写、跳位覆写、随机覆写等模式。在进行数据销毁时，可综合考虑数据销毁时间、被销毁数据的密级等不同因素，组合使用这几种模式。使用数据覆写法处理后的介质可以循环使用，因此该方法适用于对敏感程度不是特别高的数据进行销毁，尤其适用于只销毁一个介质上的某些数据而不能对其他数据造成破坏的情况。

硬销毁是指采用物理破坏或化学腐蚀的方法对记录数据的物理载体进行彻底、完全、不可恢复的破坏。硬销毁可分为物理销毁和化学销毁两种方法[49]。其中，物理销毁有消磁、焚化、粉碎、研磨磁盘等方法。消磁，即擦除磁介质使磁盘失去数据记录功能，适用于将整个硬盘全部销毁的场景。但对于一些经消磁后仍达不到保密要求的磁盘或已损坏需废弃的涉密磁盘，以及曾记载过绝密信息的硬盘，就必须送到专门机构进行焚烧、熔炼或粉碎处理。物理销毁方法一般只适用于保密要求较高的场合。化学销毁是指采用化学药品腐蚀、溶解、活化、剥离磁盘，该方法只能由专业人员在通风良好的环境中进行[48]。

在云计算中，存储在云端的大部分数据敏感程度不高，并且不同用户的数据可能存储在同一介质中，因此，云服务提供商一般采取软销毁技术对数据进行销毁。而硬销毁的成本极高，只有在数据敏感程度很高、硬盘故障或硬盘寿命达到极限的情况下才会采用硬销毁技术对数据进行销毁。

5.3 数据完整性保护

数据完整性遭到破坏的风险在云计算中同样存在，而一些云服务提供商为避免利益损失，可能并不会将真实的数据完整性信息告知用户。因此，在云计算数据安全保护机制中，数据完整性保护必不可少。

在云计算中，用户数据全部存储在云端，本地没有保存数据副本，这导致无法直接使用传统的数据完整性验证方法（如基于数字签名的验证方法和基于概率的验证方法[17]）。在这种情况下，如何高效地对存储在云端的数据进行完整性验证，成为云计算中保障数据安全的一个重大挑战。

目前，按照验证时的执行实体，可将对云端数据完整性验证技术分为两种，即用户主导和可信第三方主导进行数据完整性验证。无论哪种方式都需遵循两个原则，一是用户本地客户端的资源开销（包括通信、存储、计算等）需尽可能地小，二是云端的任务负担需尽可能地轻。

（1）用户主导。用户主导的数据完整性验证是目前数据完整性验证领域的一个研究热点，其目的是使用户在取回很少数据的情况下，利用某种形式的挑战应答协议，并通过基于伪随机抽样的概率性检查方法，以高置信概率判断数据是否完整[50]。该技术的一个典型实现是美国约翰·霍普金斯大学的 Ateniese、Burns 等人于 2007 年提出的一种在不取回数据的情况下对存储在云端上的数据进行完整性验证的方案，该方案使用了同态认证技术，具有良好的性能保障，但是采用基于概率的验证方法存在出错的可能性。

用户主导云端数据完整性验证的方案能够使用户随时验证自身数据的完整性是否得到了保证，但在某些情况下，用户的计算资源和能力有限，无法顺利完成验证过程，因此，研究一种无须用户实时参与就可随时了解到云端数据完整性是否遭到破坏的方法成为亟待解决的问题。

（2）可信第三方主导。由于资源和能力的限制，在失去数据控制权的情况下，在用户本地客户端进行云端数据完整性验证存在较大的困难，因此可利用第三方审计员（TPA）完成隐私保护的数据完整性验证。用户可以选择独立、可靠的 TPA，授权它代表用户与云服务提供商进行交互，完成云端数据完整性验证的全部过程。TPA 需满足以下几个条件：一是 TPA 必须是可信的，在数据完整性验证的过程中不能和云服务提供商或用户中的任意一方串通；二是 TPA 必须具有很高的安全性，在数据完整性验证的过程中不能获取用户的隐私信息；三是 TPA 必须具有高性能，在数据完整性验证的过程中不能给用户增加不必要的资源开销。

在引入可信第三方进行数据完整性验证的方案中，比较有代表性的是美国伊利诺理工大学的 Wang 等人于 2010 年基于双线性映射和 Merkel 哈希树提出的一种引入 TPA 角色的完整性验证方案。该方案利用了同态认证技术，帮助 TPA 在只知悉公钥的情况下完成对数据的完整性验证；还利用了随机掩码技术，有效地隐藏了云服务器返回的数据，使得 TPA 无法探知数据内容。与用户主导云端数据完整性验证方案相比，引入第三方的方案实现了"公开可验证性"，即对数据完整性进行远程验证的执行者不再局限于数据拥有者本身，任何第三方都可以对用户数据的完整性进行远程验证；验证的过程不需要用户参与，极大减轻了用户的工作负担；另外，第三方基于审计结果会发布审计报告，能够帮助用户发现恶意的云服务提供商。但是，采用第三方审计仍然会面临隐私泄露的风险，因此引入的第三方必须是可信的，即在第三方对用户数据进行完整性验证时，不能从交互过程中获取关于用户数据的隐私信息，以防止给数据带来新的风险[51]。

5.4　数据可用性保护

为了保护数据可用性，一方面需要云服务提供商采取数据安全保障措施，防止由于系统漏洞、人为破坏等可控因素导致的数据丢失或服务器宕机；另一方面需要云服务提供商采取一定的技术手段，确保在由于自然灾害等不可控因素导致数据丢失或服务器宕机之后可以迅速地恢复用户数据和重新开始云服务。保护数据可用性的技术手段主要有多副本技术、数据复制技术和容灾备份技术等。

5.4.1　多副本技术

多副本技术是预防由于硬件故障或者其他因素导致数据丢失的有效技术手段，基本思想是将数据存储在不同的存储节点上。随着多副本技术的发展，现今多副本技术不仅仅是为了防止数据丢失，也是为了提高数据的读写速度，为数据容灾做技术支撑，提升数据的可用性。在传统的分布式系统中，已经有很多成熟的多副本技术。由于云计算具有多种服务类型和多种部署方式，且不同的用户对数据安全有不同的需求，因此云计算中的多副本技术需要在传统技术的基础上，综合云计算平台特性和客户需求进行优化。

5.4.1.1　传统的多副本技术

在传统的分布式系统中，何时何地创建副本以及如何保证多副本之间的一致性是在实施多副本技术时需要重点考虑的问题，由此产生了副本创建技术及多副本一致性技术。

（1）副本创建技术。无论何种文件系统，在制定副本创建策略时都必须考虑系统运行负载、存储终端效率、网络状况和数据副本尺寸大小等物理因素，还需要结合用户访问特征，最终确定此时是否适合创建副本以及最佳的副本放置位置是哪里。目前主要有六种多副本创建策略[52]，分别为最佳用户策略、瀑布式策略、普通缓存策略、快速扩展策略，以及基于市场应用的副本创建策略。多副本创建策略的优缺点比较如表5.4所示。

表 5.4　多副本创建策略的优缺点比较

多副本创建策略	应用场景	优　点	缺　点
最佳用户策略	多用于读写频繁的分布式网络	提高数据的访问效率，减少带宽的消耗	有时不能及时反映客户端的需求
瀑布式策略	针对具有层次结构的分级存储系统	在分层次的结构中存储速度较快	不适合其他网络拓扑结构，扩展性不佳
普通缓存策略	大文件的读写请求、云计算	系统运行速度快	存储空间消耗较高
缓存瀑布式策略	结合分级系统结构和大存储容量的系统	数据分布合理，客户端访问速度快	要权衡访问速度与存储开销
快速扩展策略	对访问速度要求高，不考虑存储空间	速度快，带宽消耗少	存储资源消耗大
基于市场应用的副本创建策略	针对不同用户的应用需求进行设定	动态灵活	不确定性较多

（2）多副本一致性技术。多用户同时读写数据往往会造成副本状态不一致的问题，因此必须采取一定的技术手段保障多副本具有物理和逻辑上的一致性，即同一数据的多个副本的内容应相同，不同数据之间的业务逻辑应保持一致性。数据一致性又可分为两类：一是数据强一致性，即数据副本之间保持实时的一致性；二是数据弱一致性，就是不保证在任意时刻任意节点上的同一数据多个副本都是相同的，但随着时间的迁移不同节点上的同一数据总是在向趋同的方向变化，也可以简单地理解为在一段时间后节点间的数据会最终达到一致状态。例如，亚马逊 S3 使用的就是这种数据弱一致性技术。

5.4.1.2　云计算中的多副本技术

云计算中的多副本管理不仅依赖于传统的多副本管理技术，还要针对云中的不同应用来对相关技术进行优化[52]。

（1）云计算中的多副本创建。在云计算中创建多副本主要考虑创建粒度和放置位置。云中的数据是海量的，因此在最初创建副本时，需要结合副本选择预测算法预测出热点位置，并创建合理的副本数量，这可以保证大量的数据在多个数据中心之间能够畅通传输[52]。

（2）云计算中的多副本一致性技术。目前关于如何保障云计算中多副本间的一致性问题还没有成熟的技术，但是已经有了一些研究成果。中国科学技术大学的 Wang、Yang 等人于 2010年提出了一种基于应用的多副本一致性方案；同年，美国阿拉巴马大学的 Islam 和 Vrbsky 提出了一种基于树的多副本一致性方案，保证从主服务器到所有副本服务器都在最可靠的路径上[52]。

随着用户对数据安全的需求度越来越高，云计算中的多副本技术也将成为云计算安全领域的重点研究内容之一。在云计算中，多副本技术主要有三个研究方向。第一个研究方向是基于云计算平台的数据迁移问题，包括动态迁移哪些副本、副本应如何放置、多副本技术应如何和虚拟化技术相融合等。第二个研究方向是如何保障对多用户多应用的即时响应。第三个研究方向是多副本的安全性，既要保证数据不泄露，又要保证多副本间的一致性，而副本数量越多、分布范围越广，确保多副本安全的难度就越大。

5.4.2　数据复制技术

数据复制技术是将主数据中心的数据复制到不同物理节点服务器上，用以支持分布式应用或者建立备份中心，从而增强数据的可用性和系统的可靠性。和数据备份相比，数据复制技术具有数据丢失率低、实时性高、恢复速度快等优势，但是具有成本相对较高等缺点[53]。

数据复制技术一般可分为同步复制和异步复制两种模式。无论何时，复制的数据在多个复制节点间始终保持一致，任一复制节点的数据更新操作会立刻同步到其他所有的复制节点，这种复制技术称为同步复制技术[53]。异步复制技术是指所有复制节点的数据在一定时间内是不同步的，如果其中一个复制节点的数据发生了更新操作，其他复制节点将会在一定的时间后进行更新，最终保证所有复制节点间的数据一致。目前，数据复制技术主要有基于存储系统的数据复制、基于操作系统的数据复制和基于数据库的数据复制三种。

（1）基于存储系统的数据复制[54]。远程数据复制功能是目前中高端存储系统的必备功能。通过在生产中心和备份中心部署同样的具有远程数据复制功能的存储系统，即可实现基于存储系统的数据复制。

基于存储系统的数据复制技术对于主机的操作系统是完全透明的，如果将来增加新的操作平台，不用增加任何复制软件即可完成复制，所以该技术管理起来比较简单，可节省用户的投资，达到充分利用资源的目的。基于存储系统的数据复制技术一般都采用 ATM 或光纤通道作为远端的链路连接，支持异步复制和同步复制两种方式，两端数据可做到实时同步，极大地保证了数据的一致性。不过该技术也存在不足，如备份中心的存储系统和生产中心的存储系统有严格的兼容性要求，一般需要来自同一厂家，这样给用户选择存储系统带来了限制，且成本高，对线路带宽的要求通常也较高。

（2）基于操作系统的数据复制。通过操作系统或者数据管理器实现对数据的远程复制，该技术要求生产中心和备份中心的操作系统是可相互通信的，而存储系统可以不同，因此该技术的优点是具有很好的灵活性和适用性，缺点是会占用主机 CPU 的资源，影响主机的性能。

（3）基于数据库的数据复制。基于数据库的数据复制技术通常采用日志复制功能，依靠本地和远程主机间的日志归档与传递来保持两端数据的一致。这种复制技术对系统的依赖性小，有很好的兼容性。该技术可以针对具体的应用，利用数据库自身提供的复制模块来完成，如 Oracle DataGuard、Sybase Replication 等。

5.4.3　容灾备份

5.4.3.1　容灾备份技术概述

容灾备份是指利用技术、管理手段以及相关资源确保既定的关键数据、关键数据处理系统和关键业务在灾难发生后可以恢复的过程。按照不同的分类方式，可将容灾备份分为不同的类别。

（1）根据选址的不同，可分为同城备份和异地备份[55]。

① 同城备份：通过在本地建立容灾备份机房，对生产中心的数据进行备份。其优点是进行数据备份和实现业务接管时速度相对较快，缺点是在本地发生大的灾难时，本地容灾备份机房中的数据和系统可能也会遭到破坏，无法使用。

② 异地备份：在异地建立容灾备份机房，通过网络对生产中心的数据进行备份。异地备份需遵循"一个三"和"三个不"原则，即异地容灾备份机房必须在本地生产中心的 300 km 以外，并且不能在同一地震带、不能在同地电网、不能在同一江河流域。这样，即使本地生产中心发生大灾难，异地容灾备份机房也可以迅速接管业务。但和同城备份相比，异地备份由于距离的限制，进行数据备份和实现业务接管时速度要慢得多，而且实现起来更加困难和复杂。

（2）根据容灾系统对灾难的抵抗程度，可分为数据容灾和应用容灾[56]。

① 数据容灾：指建立一个备用的数据系统，该系统是对生产中心的关键应用数据的实时复制。当出现灾难时，可由备用数据系统迅速接替生产中心的数据系统，对生产中心的数据进行恢复，保证数据不丢失或者尽量少丢失。

② 应用容灾：应用容灾比数据容灾层次更高，即建立一套完整的、与生产中心相当的备份应用系统（可以同生产中心互为备份，也可与生产中心共同工作）。在出现灾难时，备份应用系统迅速接管或承担生产中心的业务运行。

建立容灾备份系统时会涉及多种技术，比较典型的有远程镜像技术、快照技术和互连技术。衡量容灾系统有两个技术指标，即 RPO（Recovery Point Objective）和 RTO（Recovery Time Objective）。RPO 即恢复点目标，主要是指业务系统所能容忍的数据丢失量；RTO 即恢复时间目标，主要是指所能容忍的业务停止服务的最长时间，也就是从灾难发生到业务系统恢复服务功能所需要的最短时间。RPO 针对的是数据丢失，而 RTO 针对的是服务丢失，二者没有必然的关联性。RPO 和 RTO 必须在进行风险分析和业务影响分析时根据不同的业务需求来确定，对于不同企业的同一种业务，RPO 和 RTO 的需求也会有所不同[57]。

5.4.3.2 容灾备份的方式

容灾备份一般有两种方式，一种是冷容灾，即离线式容灾；另一种是热容灾，即在线式容灾。

（1）冷容灾（离线式容灾）。冷容灾主要依靠备份技术来实现，先将数据通过备份系统备份到磁带上，而后将磁带运送到异地保存管理。用这种方式进行容灾备份，部署和管理起来都比较简单，相应的投资也较少。由于采用磁带存放数据，这种方式的数据恢复较慢[58]；另外，由于生产中心的数据在不断发生变化，因此生产中心和备份中心中的数据可能存在比较严重的不一致现象。资金受限、对 RPO 和 RTO 要求较低的用户可以选择这种方式。

（2）热容灾（在线式容灾）。热容灾主要依靠数据复制技术来实现，生产中心和备份中心之间有传输链路连接，二者同时工作，数据自生产中心实时复制传送到备份中心；在此基础上，可以在应用层进行集群管理，当生产中心遭受灾难出现故障时，可由备份中心自动接管并继续提供服务。由于热容灾可以实现数据的实时复制，因此对 RPO 和 RTO 要求较高的用户（如金融行业的用户）可以选择这种方式，但实现热容灾需要有很高的投入。

5.4.3.3　云计算的容灾备份系统

在传统的 IT 系统中，以同城双中心加异地备份（灾备）中心的"两地三中心"的灾备模式具有高可用性，如图 5.3 所示。

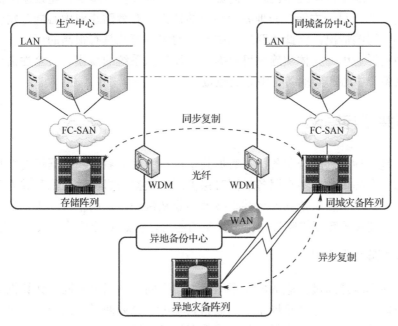

图 5.3　"两地三中心"的灾备模式

同城双中心是指在同城或邻近城市建立两个可独立承担关键系统运行的数据中心。双中心具备基本等同的业务处理能力并通过高速链路实时同步数据，日常情况下可同时分担业务及管理系统的运行，并可切换运行；当发生灾难时可在基本不丢失数据的情况下进行灾备应急切换，保持业务连续运行[59]。异地备份中心是指在距离双中心较远的异地建立一个备份中心，用于备份双中心的数据，当双中心由于发生自然灾害等原因而出现故障时，异地备份中心可以用备份数据进行业务的恢复[59]。

在"两地三中心"的灾备模式下，主要的业务流程为：

（1）数据备份：同城双中心之间采用光纤连接，数据采用同步复制方式，在同城备份中心建立一个在线更新的数据副本，当有数据下发到存储阵列时，阵列间的同步复制都会同时将数据复制一份到同城备份中心。同城备份中心与异地备份中心之间采用 WAN 连接，数据采用异步复制方式，定期将生产中心的数据复制到异地备份中心；异步复制支持增量复制方式，可以节省数据备份的带宽占用，缩短数据的备份时间。

（2）容灾切换：当生产中心的某些节点出现故障时，就需要停止灾难节点的部件服务、切断数据复制链路、建立数据容灾基线、启动容灾节点的部件服务、通知前端设备进行业务网络切换。进行容灾切换时一般先进行同城双中心之间的灾备应急切换，若双中心同时发生故障，则需将业务切换到异地备份中心。进行容灾切换时，既可以采用自动切换，即系统在检测到故障和灾难后按照一定的流程自动进行容灾切换；也可以采用人工切换，即人为决定什么时候、采用何种方式进行容灾切换。

（3）恢复回切：当生产中心的故障解决之后，就要将相应的业务从备份中心回切到生产中心。回切和容灾切换的流程大致相同，进行回切时推荐采用手动切换模式，即通过人工分析和确认，选择在对业务影响最小的情况下（比如在业务流量非常小的时候）执行回切操作。

一方面，与异地备份模式相比较，同城双中心具有投资成本低、建设速度快、运维管理相对简单等优点[59]；另一方面，异地备份中心的建立可有效防止双中心同时发生故障而导致业务和数据不可用的情况，因此"两地三中心"的灾备模式具有很高的可用性。这种灾备模式在云计算中同样适用，具体实施时可根据云计算信息系统的规模、安全性需求等因素，适当地调整同城备份中心和异地备份中心的数量。

5.5　数据共享与隐私

数据共享是一种基础的云服务，在数据共享过程中面临着用户数据机密性和用户隐私泄露的风险，如何在提供数据共享服务的同时保护用户数据的机密性与隐私成为云服务提供商面临的挑战之一。本节将从数据安全共享技术和隐私保护技术两个方面进行具体介绍，旨在提高云服务提供商保护数据机密性及用户隐私的能力，促进云计算数据共享服务的发展。

5.5.1　数据安全共享技术

所谓数据共享就是通过云服务器让不同地方的不同用户通过不同的计算机或软件对对方的数据进行访问。在云计算共享场景下，数据共享可以分为两类：同一个云服务提供商下的数据共享和跨云的数据共享。为了保障敏感数据的机密性，实现共享数据的安全控制是必不可少的，代理重加密技术、安全多方计算技术以及秘密共享技术得到了广泛的应用，本节将对这三种技术进行介绍。

5.5.1.1　代理重加密技术

代理重加密（Proxy Re-Encryption，PRE）技术提供了一种安全且灵活的密文数据共享方法。代理重加密技术可以由云服务器将一个用户的密文转变成另一个用户可以解密的密文。代理重加密的流程如图 5.4 所示。

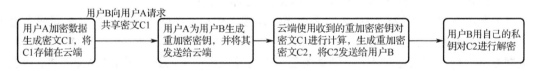

图 5.4　代理重加密的流程

在代理重加密的流程中，用户 A 加密数据生成密文 C1 并将 C1 存储在云端，此密文 C1 只能由发送者（用户 A）本身的密钥解密，当用户 A 需要将此密文数据共享给其他用户时，用户 A 可以为用户 B 生成重加密密钥并将其发送给云端，云端使用重加密密钥对密文 C1 进行计算，将仅可以由用户 A 解密的密文 C1 转化为可由用户 B 解密的密文 C2，在转化的过程中不会泄露密文的任何信息。这样，数据在云中的整个生命周期完全以密文形式存储，而云服务提供商也无法得知用户 A 和用户 B（数据接收者）的私钥，因此，云服务提供商无法获得数据明文[60]。

代理重加密技术目前可分为四种，分别为基于身份代理重加密技术、广播代理重加密技术、细粒度代理重加密技术、混合代理重加密技术。上述四种代理重加密技术可针对不同场景解决不同的密文安全共享问题。

5.5.1.2 安全多方计算技术

安全多方计算（Secure Muti-Party Computation，SMPC）技术提供了一种在互不信任的环境下进行协同计算的方法。换句话说，安全多方计算技术可以获取数据使用价值，却不泄露原数据内容，因此十分适合云计算中的数据共享场景。安全多方计算的流程如图 5.5 所示。

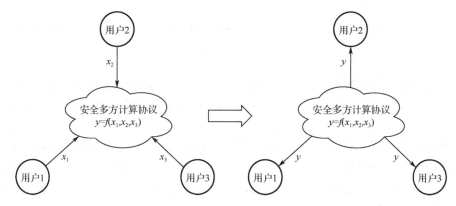

图 5.5 安全多方计算的流程

在使用安全多方计算时，每个参与者提供函数的一个输入，如用户 1 的输入为 x_1、用户 2 的输入为 x_2、用户 3 的输入为 x_3，每个参与者都不知道其他参与者的输入。安全多方计算协议 f 对输入 x_1、x_2、x_3 进行计算。在协议执行完成之后，所有参与者都可获得正确的计算结果 y。

目前，安全多方计算的研究主要是针对不同类型的参与者和不同的通信信道进行的。按照安全多方计算中参与者的不同，安全多方计算的计算模型可分为半诚实模型和恶意模型。半诚实模型指参与者仅包含诚实参与者和半诚实参与者；恶意模型指参与方中包含恶意参与者。安全多方计算的通信信道模型可分为同步和异步两种[61]。同步通信模型指所有参与方共同使用一个时钟服务器，同时接收或发送消息；异步通信模型指参与方不存在时钟服务器，消息的发送要经过不同的时钟周期，接收到的消息可能存在延迟或乱序的情况[18]。

在云计算密文检索场景下，使用安全多方计算技术，能够保证数据查询方仅得到查询结果，而不能掌握数据库中其他信息，云服务提供商也无法获知具体的查询请求。另外，用户在使用云计算进行联合数据分析时会产生敏感数据泄露的问题，例如，医院需要共享医疗信息，但不想泄露单个患者的隐私；政府机构需要统计选举信息，但不想公开投票选民的选举记录。针对这些问题，引入安全多方计算技术能够一定程度上实现这些场景下的数据可控共享，使得敏感数据不被泄露。

5.5.1.3 秘密共享技术

秘密共享技术是一种将秘密分割存储的密码技术，其基本思想是将秘密以适当的方式拆分，拆分后的每一个子秘密由不同的参与者管理，单个参与者无法恢复秘密信息，只有若干参与者一同协作才能恢复秘密信息。通过秘密共享，可以阻止秘密过于集中，达到分散风险和容忍入侵的目的[62]。秘密共享的流程如图5.6所示。

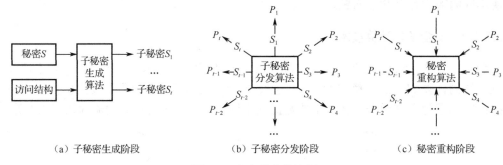

（a）子秘密生成阶段　　　（b）子秘密分发阶段　　　（c）秘密重构阶段

图5.6　秘密共享的流程

一般来说，秘密共享的流程可分为子秘密生成阶段、子秘密分发阶段和秘密重构阶段[61]。在子秘密生成阶段，秘密分发者通过子秘密生成算法将秘密 S 分割成 t 个。在子秘密分发阶段，秘密分发者将子秘密 $S_1 \sim S_t$ 在 t 个参与者中进行分配，使得每一个参与者 P_i（$1 \leqslant i \leqslant t$）都得到关于该秘密的一个子秘密 S_i（$1 \leqslant i \leqslant t$）；在秘密重构阶段，秘密重构算法根据访问结构（访问结构是指满足一定条件的参与者组成的授权子集，使得任意授权子集可以恢复被共享的秘密，但是非授权子集不能获得秘密的任何信息），对授权参与者子集 $P_1 \sim P_t$ 所提供的子秘密 $S_1 \sim S_t$ 进行计算恢复出秘密 S。

根据每个参与者子秘密的使用次数，秘密共享方案可以分为单秘密共享方案、多阶段秘密共享方案和多重秘密共享方案[19]。单秘密共享方案的每个参与者的子秘密只能使用一次，且每次只能在参与者中共享一个秘密。多阶段的秘密共享方案是多次性的方案，参与者的子秘密可以重用，每个参与者的子秘密可以共享多个秘密，但是多个秘密的重构必须按照一定的顺序来进行。多重秘密共享方案中一次秘密共享过程可以同时分享多个秘密，每个秘密的共享和恢复是独立进行的，每个参与者的子秘密可以重复使用[63]。

在云计算中，对敏感数据采用秘密共享技术进行存储，可以极大地提高数据的安全性。首先，数据被分割成多个子文件分布存储在不同的云计算数据中心或服务器中，可以应对大规模的灾难发生；其次，由于数据重构不需要所有子文件参与，即使部分子文件由于网络故障或被盗窃等原因不能获取，也不会影响原数据的恢复；最后，攻击者必须获取一定数量的子文件才能恢复数据，获取秘密将变得困难。

5.5.2　隐私保护技术

在云计算中，在进行数据应用和数据共享时保护用户的隐私是云服务提供商面临的重要挑战之一。云服务提供商应该采用有效的隐私保护技术对用户敏感信息进行保护，常用的隐私保护技术包括数据匿名技术和数据脱敏技术。

5.5.2.1　数据匿名技术

数据匿名化是指将数据中的部分信息隐匿，使得攻击者难以通过个人信息识别个人。数据匿名技术可以根据具体情况有条件地发布部分保留统计特征的数据，既可发布经过匿名化的数据，又可满足用户的隐私要求。

实现数据匿名化的方法包括泛化、抑制、聚类、分解、数据交换及扰乱[20]。数据匿名化技术包括 K-匿名、L-多样性匿名、T-接近匿名等模型以及差分隐私技术。K-匿名模型由 L. Sweeney 和 P. Samarati 于 1998 年创建的一种形式化隐私模型，也是最早、最具影响力的隐私保护模型。K-匿名模型的基本思想是通过泛化和抑制，发布精准度较低的数据表，使得数据表中存在一定数量（至少为 K）的不可区分的记录。然而，数据表在 K-匿名模型中并未对敏感属性做出任何约束，攻击者有可能通过自己掌握的足够相关背景知识以很高的概率来确定敏感信息与个体的对应关系[64]。为了解决 K-匿名模型存在的问题，Machanavajjhala 等人提出了 L-多样性匿名模型。L-多样性匿名模型要求每个准标识符（联合起来能唯一标识个体的属性）组中的敏感属性都有 L 个不同的值。然而 L-多样性匿名模型容易受到偏斜性攻击[1]和相似性攻击[2]的威胁[21]。为了阻止针对 L-多样性匿名模型数据集的偏斜性攻击和相似性攻击，Li Ninghui 等人提出了 T-接近匿名模型，该模型要求发布的数据除了满足 K-匿名模型约束条件，还要求所有等价类内敏感属性值的分布与敏感属性值在匿名化数据表中的总体分布的差异不超过阈值 T[64]。T-接近匿名模型在 L-多样性匿名模型基础上，考虑了的敏感属性值的分布问题，它要求等价类中敏感属性值的分布尽量接近该属性值的全局分布。T-接近匿名模型在一定程度上解决了针对敏感属性值的偏斜性攻击和相似性攻击。差分隐私技术由微软研究院的 Dwork 等人于 2006 年提出，主要原理是向原数据添加噪声，从而在不改变数据特征的情况下保护个人敏感数据[22,65]。由于差分隐私技术可以在攻击者掌握任何知识背景的情况下对发布的数据提供隐私保护，且具有坚实的数学理论支持，其一出现就迅速取代了之前的隐私模型，成为隐私研究的核心。

5.5.2.2　数据脱敏技术

数据脱敏技术是指某些敏感信息通过脱敏规则进行数据的变形，实现对用户数据的隐私保护，是应用最广泛的隐私保护技术[23]。

在云计算中需要保持业务属性的数据可以分为两类：静态数据和动态数据。静态数据是指用户的文档、报表、资料等不参与计算的用户数据；动态数据是指需要动态验证或参与计算的用户数据[66]。因此根据应用场景也可以将数据脱敏划分为静态数据脱敏和动态数据脱敏。静态数据脱敏一般用在非生产环境，敏感数据从生产环境脱敏后，再在非生产环境使用。动态数据脱敏一般用在生产环境，对访问的敏感数据进行实时脱敏，一般用来解决根据不同情况对同一敏感数据读取时进行不同级别脱敏的问题[24]。

数据脱敏方式包括替换、混洗、数值变换、加密、字符遮罩、空值插入或删除等[25]。替换指用虚构的数据替换原数据中的敏感数据，一般替换后的数据都具有不可逆性，以保证安全；混洗指通过对敏感数据进行跨行随机互换来打破其与本行其他数据的关联关系，从而实现脱敏；数值变换指对数值和日期类型的数据通过随机函数进行可控的调整，以便在保持原数据相关统计特征的同时完成对具体数值的伪装；加密指对待脱敏的数据进行加密处理，

---

[1] 偏斜性攻击是指虽然发布的数据满足了 L-多样性匿名模型的要求，但等价类中敏感属性值可能分布得十分倾斜，此时，攻击者仍然能以很高的概率推理出大部分个体的敏感属性值，从而造成隐私泄露。

[2] 相似性攻击是指等价类中敏感属性值虽然不同，但其敏感程度可能极为相近，尤其是高敏感度的属性值出现群集现象时，导致高敏感度的个体敏感属性值被获取，同样造成隐私泄露。

使外部用户只能看到无意义的加密后的数据，同时在特定场景下，可以提供解密能力，使具有密钥的相关方可以获得原数据；字符遮罩指对敏感数据的部分内容用掩饰符号进行统一替换，从而使得敏感数据保持部分内容公开；空值插入或删除指直接删除敏感数据或将其置为空值。

目前的脱敏技术主要分加密方法、基于数据失真的技术以及可逆的置换算法三种。加密方法是指标准的加密算法，加密后的数据完全失去业务属性，属于低层次脱敏。加密算法开销大，适用于机密性要求高、不需要保持业务属性的场景[66]。最常用的基于数据失真的技术是随机干扰、乱序等，属于不可逆算法，通过这种算法可以生成"看起来很真实的假数据"。基于数据失真的技术适用于群体信息统计或需要保持业务属性的场景。可逆的置换算法具有可逆和保证业务属性的特点，可以通过位置变换、表映射、算法映射等方式实现。表映射方法应用起来相对简单，也能保留业务属性，但是随着数据量的增大，相应的映射表同样会增大，应用局限性高。

数据经过脱敏，在一定范围内的有关人员可以对脱敏数据进行分析，而攻击者却无法将数据与具体用户关联到一起，在保证了数据可用性的同时也保证了用户的隐私。

5.6 数据库安全

数据库在使用过程中面临着非授权访问、数据窃取、篡改等风险。数据库的安全关系到数据库中数据的安全性。因此，如何保障云计算中数据库（云数据库）的安全性成为云服务提供商在考虑数据安全时需要关注的问题。本节将从数据库加密以及数据库访问控制两个方面介绍云数据库安全控制措施。

5.6.1 云数据库安全概述

云数据库是物理上分散而逻辑上集中的数据库系统。和传统的数据库相比，由于云数据库采用了分布式存储系统，因此具有强大的计算和存储能力，具有可扩展性、高可用性、低使用成本、高效性、虚拟化等特点[26]。对于用户来讲，云数据库相比传统的数据库更加经济简单。云数据库技术极大地增强了传统数据库的存储和处理能力。

虽然使用云数据库存在着种种好处，但由于技术不成熟，云数据库在安全方面仍然存在一些缺陷，主要有：

（1）数据保密性。云数据库采用分布式存储系统，因此不可避免地需要进行数据传输，数据在传输和保存的过程中很可能存在被篡改、窃取等问题，而如果对数据进行加密保护，则无法进行检索、比较、运算等操作。

（2）非授权访问。云服务提供商具有对云数据库最优先的访问权限，如何合理分配云数据库访问权限是一个关键问题。另外，多个用户的数据会存放在同一个物理设备上甚至同一数据表中。尽管云数据库服务提供商会使用一些数据隔离技术来防止对数据的非授权访问，但通过程序的漏洞，仍然有可能发生非授权访问。

（3）数据一致性。云数据库一般采用冗余的存储方式，会对用户的每一条数据创建多个备份，并把这些备份部署在不同存储节点上。在用户的数据改变时，需要同时更改这些副本，这样在节点发生故障时，可以保证备用数据与原数据完全一致。但在实际应用中，会存在节点间通信失败或者通信被拦截导致的数据一致性问题。

（4）数据审计安全性。在云计算中，当用户使用云数据库来存储数据时，数据将不再处于自己的可控信任区域内，传统的审计方式将不再有效，用户也不可能将数据下载到本地后再进行审计。

5.6.2　数据库的加密分析

数据库加密需考虑三个问题：数据库的加密层次、数据库的加密粒度和数据库的密钥管理。

5.6.2.1　数据库的加密层次

数据库加密的实现机制取决于加密部件所处的层次和位置，按照加密部件与数据库系统内核的关系，数据库加密可以分为基于操作系统层的加密、基于数据库内核层的加密和基于数据库外层的加密。

基于操作系统层的加密是指加/解密和密钥管理都由操作系统与文件管理系统来操作，对于数据库系统而言几乎是完全透明的。其优点在于最大化地简化了数据库加密系统的设计和实现，缺点是在操作系统层加密会导致安全性和工作效率大大降低。从安全性的角度分析，操作系统无法判别数据库文件中的数据关系，不能对数据库中的数据按照表结构或字段结构进行区分，也不能对各个表或者字段提供不同的加密算法或者加密密钥；从工作效率的角度分析，需要对存储的所有数据进行加/解密，极大地降低了数据库的处理能力，因此基于操作系统层的加密对设计高效实用性数据库加密系统而言是不可取的。

基于数据库内核层的加密是指在数据库管理系统内核层实现加密。其优点在于加密功能强，且所有操作都会和数据库的内核进行交互，能最大限度地实现数据库所有管理功能，并且不会影响数据库运行时其他部分的逻辑操作。基于数据库内核层的加密的缺点是：从系统的实现角度分析，基于数据库内核层的开发首先需要获取数据库内核源码，不仅需要花费极大的代价，还需要理解其中逻辑的基础上完成开发和调试，工作量巨大却不能保证开发效果；从工作效率的角度分析，数据库内核层的加/解密需要全部在承载数据库的服务器上完成，数据库管理系统除了完成本身的工作，还需要进行加/解密工作，这会给数据库服务器带来极大的开销，大大地降低工作效率；从数据库加密的安全性角度分析，密钥与数据保存在数据库服务器中，安全性过多地依赖于数据库管理系统的访问控制机制，密钥管理将会有很大的风险，且数据库管理系统一般只提供有限的加密算法与强度，加密自主性受很大限制；从推广应用的角度分析，数据库内核层的加密只能针对某种特定的数据库推广应用，不能实现大规模的推广应用，数据的加密功能依赖于数据库生产商的支持，同时数据库升级也将是一个很大的问题。

基于数据库外层的加密是指加/解密的过程在数据库外层完成，数据库管理系统仅对密文进行管理。这种方法的优点在于所有加/解密操作都是在数据库的外层进行的，数据库可以正常地接收请求、完成操作并返回应答，不需要对数据库进行定制开发。从效率角度分析，加/解密都在库外进行，不会增加承载数据库的服务器的开销；从安全性角度分析，密文数据可以在网上传输，另外密钥与数据分开保存，大大提高了密钥的安全性；从推广应用的角度分析，基于数据库外层的加密能最大限度地适用于多种类型的数据库。其缺点是加密功能会受到一些限制，与数据库管理系统之间的耦合性稍差[67]。另外，加密后数据库的功能可能会受到一定影响，加密数据会破坏关系数据的一致性与完整性，这些都会给数据库的应用带来一些影响。

5.6.2.2　数据库的加密粒度

数据库包括表（文件）、属性（字段）、记录、数据项在内的四个层次，对数据库数据的加密方案可以用这几个层次作为加密的基础单位。因此，数据库的加密粒度可以分为四种，即表加密、属性加密、记录加密及数据项加密。

（1）表加密。表加密把数据库内存储的表当成一个整体进行加密，即使用不同的密钥对每个表进行加密处理，然后存储密文，从而达到加密整个数据库的目的。假如用户根据需求要读取表中的某个记录或者某个字段，就要对整个表进行解密，从中提取相应的数据信息返回给用户请求；同样，如果要对表中某个字段进行更新操作，也需要先对整个表进行解密，然后对表进行更改，最后还要将更改后的表进行加密存储。由此可见，表加密虽然简单，但是对数据库的操作缺乏灵活性，效率极其低。因此只有在某些完全不对效率做要求的特殊领域才能采用这种加密方式。

（2）属性加密。属性加密就是把属性作为基本单位，使用不同的密钥对表中的每一个属性分别进行加密，从而达到加密数据库的目的。和表加密相比，属性加密更高效和灵活，也更加安全。在对属性信息进行查询时，首先对查询条件中加密属性值进行解密，筛选出满足条件的记录后输出明文信息。因此，这种加密粒度具有较高的查询效率和相对较少的解密次数，适合查询频繁且对实时性要求较高的应用场景[27,68]。但是属性加密也带来了新的问题，不同的属性需要分配不同的加密密钥，若细粒度地划分属性，属性的数量增大会使得密钥数量增大，随之而来的密钥管理将是一大难题。

（3）记录加密。记录加密以表中的每一个记录作为基本单位，采用常规加密技术进行加密，从而达到加密数据库的目的。在这种加密方式下，用户需要对某条记录进行操作时，只需要对该条记录进行解密即可访问。但由于记录加密的加密效率取决于记录的粒度，这种方式依然不够灵活。一般来说，记录数量比属性数量更多，加密开销也会比属性加密的开销更大。为了解决加密开销问题，可根据数据的重要程度对记录进行划分，加密涉及隐私信息的记录，这样能够在一定程度上减少系统的负担，同时保持较好的查询性能。

（4）数据项加密。数据项加密以记录中数据项为基本单位，采用常规加密技术进行加密，从而达到加密数据库的目的。数据项加密是数据库中最细的粒度加密，采用数据项加密，系统的安全性与灵活性最高。但由于粒度细，采用这种方式需要大量的密钥，因此对密钥的管理难度会变大，系统效率可能会更低。

5.6.2.3　数据库的密钥管理

对数据库数据的加密，一般针对不同的加密粒度使用不同的密钥。加密粒度越细，需要管理的密钥就越多。另外，由于云数据库处于云计算的多用户模式下，密钥的数量也会因此增加。目前对于密钥管理的研究和应用多基于多级密钥管理体制，以三级密钥管理体制为例，其加密粒度为数据项，整个加密系统中由一个主密钥、表密钥，以及各个数据项密钥组成。表密钥被主密钥加密保存于数据字典中，数据项密钥由主密钥及数据项所在行、列通过函数自动运算生成，不需要保存。其中，主密钥是加密系统的关键，主密钥的安全性在很大程度上决定了系统的安全性[69]。

云数据库常见的密钥管理模式有三种[28]：第一种是加密方法、密钥存储和密钥管理全部由用户控制，典型的是整个密钥管理系统部署在用户的数据中心；第二种是加密方法也由用户控制，与第一种的区别在于密钥的存储是在云端的密钥管理系统而不是在用户端的数据中心；第三种则是提供完整的服务器端加密，加密方法和密钥的管理对于用户是透明的。为保护密文数据不被非法窃取，避免云服务提供商和第三方维护人员解密为明文数据，比较稳妥的方案是加密数据的密钥由用户控制，即采用第二种密钥管理模式，既保证加密数据的密钥由用户控制，提升加密的安全性，又避免了整个密钥管理系统全部部署在用户的数据中心，浪费用户资源。

5.6.2.4　数据库透明加/解密

数据库透明加/解密是指对数据库加/解密的过程在后台自动完成，不改变用户的使用习惯以及应用程序。在特定的环境中，用户在访问云数据库时感觉不到加/解密过程的存在，但一旦离开该环境，数据则因无法自动解密而不能使用，从而达到保护数据安全的目的。数据库透明加密系统是解决云计算中的密文存储、运算和操作便捷性的行之有效的方法。

数据库透明加/解密主要有两种实现方式。一种方式是在数据库管理系统上实现透明加/解密，目前，国内外的主流商用数据库都在自身产品上使用了该方式，提供透明加/解密功能，进而提高数据库系统的安全性。例如，美国的甲骨文公司在其产品 Oracle 9i 中加入了密钥管理机制，同时实现了数据的透明加密功能；IBM 公司在其数据库产品 DB2 UDB 7.1 版本中增加了对字符型数据的加/解密；微软公司在 SQL Server 2008 中提供了透明加密（Transparent Data Encryption，TDE）功能[70]，TDE 以整个数据库作为加密粒度，在没有数据库加密密钥的情况下，不能将数据库备份文件备份至另一数据库，该加密方式不需改变现有的应用程序，对应用程序来说是透明的。另一种实现方式是在数据库系统与客户端之间添加一个透明加/解密的中间件[29]。采用中间件，无须对数据库系统本身和应用程序做修改，部署更加方便。当用户向数据库中添加数据时，数据先传给中间件，中间件按加密需求对需要加密的字段进行加密后再将数据添加到数据库中。相应地，当用户查询数据时，也会由中间件将密文数据解密后再返回给应用程序，但是对于用户来说，完全感觉不到中间件的存在，因此，这种加密方式是完全透明的。

5.6.3　数据库的访问控制

在云计算中，对云数据库的访问控制存在着一定的困难。首先，由于云存储平台环境复杂，攻击者的恶意访问增多；其次，获得管理员身份的用户很容易直接获取整个数据库的数据。因此，根据数据库功能和数据结构，使用更高效和多样化的数据库访问控制机制来提升云数据库的安全性是十分有必要的。

目前，对云数据库的访问控制的研究多为访问控制模型的研究。1997 年，Thomas 等人采用面向任务的观点，提出了基于任务的访问控制（Task Based Access Control，TBAC）模型，该模型从任务角度来建立安全模型，对于不同的工作流以及工作流中的不同任务实例实行不同的访问控制策略。TBAC 模型引入了工作流、任务的概念，非常适合云计算这种流式任务服务的结构。另外，时间的约束是云数据库比较重要的一种属性约束，用户在特定的时间段才具有特定的身份，用户的请求也只能获取到特定时间内的数据版本。Bertino 等人提出了一种基于时态特性的访问控制（Temproal Role Based Access Control，TRBAC）模型，该模型将时间约束加入访问控制中，将时间因素作为访问判定的一项条件。2002 年 Sandhu 等人提出了使用控制（UCON）模型的概念。使用 UCON 模型，访问操作会持续不断地被系统检测，如果检测授权不通过，此次访问将会被撤销。2005 年，J. W. Byunn 提出了基于目的的访问控制模型，该模型在基于角色的访问控制模型的基础上，将用户使用数据的目的作为访问判定的一项条件。2016 年，黄保华等人在 CP-ABE 方案的基础上，提出了数据库的安全访问控制策略 WCP-ABE，将属性权重与数据库表头的属性和记录数相关联，动态反映数据库中每个属性的重要程度，使得数据库拥有者对数据库具有多样化的访问控制手段，更加适合在云计算中多用户访问时保证云数据库的数据安全[30]。

5.7 小结

本章首先介绍了数据安全需求以及云计算中数据的权责划分，然后从数据机密性保护、数据完整性保护、数据可用性保护、数据共享与隐私和数据库安全五个方面进行了系统的阐述。

在数据机密性保护方面，从数据隔离、密文存储、密文计算及剩余信息保护四个方面进行了阐述。首先，从数据分类分级、数据访问控制技术两个方面对数据隔离措施进行了分析；然后，从数据加密技术、密钥管理技术两个方面介绍了云密文存储安全保障措施；接着，从同态加密技术、保序加密技术及密文检索技术介绍了云计算中密文计算相关的技术；最后，从数据安全删除技术和数据销毁技术两个方面阐述了对剩余信息的保护。

在数据完整性保护方面，按照执行实体的不同，将数据完整性保护分为用户主导和可信第三方主导两种方式，并对这两种数据完整性验证的典型方案进行了介绍。

在数据可用性保护方面，从数据多副本技术、数据复制技术、容灾备份技术三个方面进行了详细阐述。首先，从传统多副本技术和云计算中的多副本技术两个方面对多副本技术进行了介绍；然后，介绍了数据复制技术，数据复制技术主要包括基于存储系统的数据复制技术、基于操作系统的数据复制技术和基于数据库的数据复制技术三种；最后，从容灾备份技术概述、容灾备份的方式，以及云计算的容灾备份系统三个方面介绍了云计算中容灾备份相关的基础知识。

在数据共享与隐私方面，首先介绍了数据安全共享技术，包括代理重加密技术、安全多方计算技术以及秘密共享技术；然后介绍了隐私保护技术，包括数据匿名技术以及数据脱敏技术。

在数据库安全方面，首先分析了云数据库在安全方面的缺陷；然后从数据库的加密层次、数据库的加密粒度及数据库的密钥管理三个方面介绍了数据库加密的基础知识；同时，介绍了数据库透明加/解密的概念及实现方式；最后介绍了数据库访问控制的概念及实现模型。

习题 5

一、选择题

（1）数据安全需求三元素包括_____。

（A）数据机密性、数据完整性、数据可用性

（B）数据机密性、数据真实性、数据完整性

（C）数据完整性、数据可用性、数据一致性

（D）数据可用性、数据一致性、数据机密性

参考答案：A

（2）"云服务提供商应根据数据的敏感程度不同对数据进行分级存储，并针对不同的级别制定不同的安全策略"是_____的安全需求。

（A）数据完整性　　　　　　　　　　（B）数据可用性

（C）数据真实性　　　　　　　　　　（D）数据机密性

参考答案：D

（3）在 IaaS 中，用户自己需要承担的安全管理职责包括_____。

（A）应用程序、存储、硬件　　　　　（B）应用程序、中间件、网络

（C）应用程序、中间件、虚拟机操作系统　　（D）存储、硬件、网络

参考答案：C

（4）"通过比较具有安全许可（表明系统实体有资格访问某种资源）的安全标记（表明系统资源的敏感或关键程度）来控制访问"指的是_____。

（A）自主访问控制　　　　　　　　　（B）强制访问控制

（C）基于角色的访问控制　　　　　　（D）基于属性加密的访问控制

参考答案：B

（5）加密主要有三种实现方法，分别是_____。

（A）硬件加密、单密钥加密和公钥加密　　（B）软件加密、网络加密和公钥加密

（C）硬件加密、软件加密和网络加密　　（D）公钥加密、硬件加密和软件加密

参考答案：C

（6）_____同时满足加同态和乘同态性质，可进行任意次加和乘运算的加密函数。

（A）全同态加密　　　　　　　　　　（B）半同态加密

（C）保序加密　　　　　　　　　　　（D）非对称加密

参考答案：A

（7）非结构化数据_____。

（A）一般以二维表的形式存在，如关系数据库中的表、元组

（B）是经过严格的人为处理后的数据

（C）包括 HTML 文件、XML 文件、电子邮件等

（D）是没有经过人为处理的不规整的数据，如文件、声音、图像等

参考答案：D

（8）安全覆盖技术是指_____。

（A）彻底删除数据，也就是确保数据删除之后不能再被重新恢复

（B）使用新数据对原数据进行覆盖，以达到原数据不可恢复的目的

（C）对上传到云存储中的数据进行多次加密，当数据需要删除时，删除该数据对应的解密密钥

（D）采用物理破坏或化学腐蚀的方法把记录高敏感数据的物理载体完全破坏掉

参考答案：B

（9）密码学保护技术的核心思想是_____。

（A）对上传到云中的数据进行多次加密，并由一个（或者多个）密钥管理者来管理密钥。当数据需要删除时，密钥管理者删除该数据对应的解密密钥

（B）采用数据覆写法，即把非保密数据写入以前存有敏感数据的硬盘簇，以达到销毁敏感数据的目的

（C）将数据信息用不需要保密的数据通过多次随机错乱的顺序进行覆盖

（D）采用物理破坏或化学腐蚀的方法把记录高敏感数据的物理载体完全破坏掉

参考答案：A

（10）无论何时，复制的数据在多个复制节点间均保持一致，如果任何一个复制节点的数据发生了更新操作，这种变化会立刻反映到其他所有的复制节点，这种复制技术称为_____。

（A）同步复制技术　　　　　　　　　　（B）异步复制技术

（C）数据库复制技术　　　　　　　　　（D）基于存储系统的数据复制

参考答案：A

（11）数据备份和恢复的目的是_____。

（A）保证数据不与其他用户数据混合

（B）保证删除的数据无法恢复

（C）保证敏感数据的泄露

（D）阻止数据丢失，以及未预期的数据覆写和破坏

参考答案：D

（12）在在"两地三中心"的灾备模式下，主要的业务流程不包括_____：

（A）数据备份　　　　　　　　　　　　（B）容灾切换

（C）数据覆盖　　　　　　　　　　　　（D）恢复回切

参考答案：C

（13）灾容备份的技术有_____。

（A）远程镜像技术　　　　　　　　　　（B）快照技术

（C）互联技术　　　　　　　　　　　　（D）A、B、C

参考答案：D

（14）将一个用户的密文转变成另一个用户可以解密的密文是什么技术？（　　）

（A）同态加密　　　　　　　　　　　　（B）代理重加密

（C）安全多方计算　　　　　　　　　　（D）秘密共享技术

参考答案：B

（15）多阶段的秘密共享方案是_____。

（A）每个参与者的子秘密只能使用一次，且每次只能在参与者中共享一个秘密

（B）每个参与者的子秘密可以重复使用，每次能在参与者中共享一个秘密

（C）参与者的子秘密可以重用，每个参与者的子秘密可以共享多个秘密，但是多个秘密的重构必须按照一定的顺序来进行

（D）一次秘密共享过程可以同时分享多个秘密，每个秘密的共享和恢复是独立进行的，每个参与者的子秘密可以重复使用

参考答案：C

（16）实现数据匿名化的方法包括_____。

（A）泛化、抑制

（B）聚类、分解

（C）数据交换及扰乱

（D）A、B、C

参考答案：D

（17）数据脱敏方式包括替换、混洗、数值变换、加密、字符遮罩、空值插入或删除等。其中，混洗指_____。

（A）用虚构的数据替换原数据中的敏感数据

（B）通过对敏感数据进行跨行随机互换来打破其与本行其他数据的关联关系，从而实现脱敏

（C）对数值和日期类型的原数据通过随机函数进行可控的调整，以便在保持原数据相关统计特征的同时完成对具体数值的伪装

（D）对敏感数据的部分内容用掩饰符号进行统一替换，从而使得敏感数据保持部分内容公开

参考答案：B

（18）下列哪种数据库加密方式不会增加数据库服务器的负担且能够适用于多种类型的数据库？（　　　）

（A）基于操作系统层的加密　　　　（B）基于数据库内核层的加密

（C）基于数据库外层的加密　　　　（D）以上都是

参考答案：C

（19）从系统的实现角度分析，基于数据库内核层加密的缺点是_____。

（A）密钥管理将会有很大的风险，且数据库管理系统一般只提供有限的加密算法与强度，加密自主性受很大限制

（B）难以获取数据库内核的源代码，即使获取了源代码也需要理解其中的逻辑，同时在此基础上完成开发和调试，工作量巨大且不能保证开发效果

（C）只能针对某种特定的数据库推广应用，不能实现大规模的推广应用

（D）加/密需要全部在承载数据库的服务器上完成，数据库管理系统除了完成本身的工作，还需要进行加/解密工作，这会给承载数据库的服务器带来极大的开销

参考答案：B

（20）数据项是数据库中最_____的加密粒度，采用这种加密粒度，系统的安全性与灵

活性最_____。

　　（A）粗、高　　　　　　（B）细、低　　　　　（C）粗、低　　　　　（D）细、高

参考答案：D

二、简答题

（1）简述云计算中数据的权责关系。

（2）简述云计算中数据的分类分级方法。

（3）简述云计算中密钥管理与传统密钥管理的区别。

（4）简述非结构化数据的密文检索技术的特点。

（5）简述可信第三方数据主导的完整性保护的方案。

（6）简述云计算容灾备份的模式。

（7）简述数据安全共享关键技术及实现原理。

（8）简述隐私保护关键技术。

（9）简述云数据库透明加/解密的实现方式。

（10）简述云数据库的访问控制模型。

参考文献

[1] Cloud Security Alliance, Top Threats Working Group. "The Treacherous Twelve" Cloud Computing TopThreats in 2016[EB/OL]. (2016-2-29)[2019-9-15]. https://cloudsecurityalliance.org/artifacts/the-treacherous-twelve-cloud-computing-top-threats-in-2016.

[2] Winkler V J R. Securing the Cloud:Cloud computer Security techniques and tactics[M]. Elsevier, 2011.

[3] 全国信息安全标准化技术委员会. 信息安全技术　信息系统安全通用技术要求：GB/T 20271—2006[S].

[4] William S. Computer Security:Principles And Practice[M].Pearson Education India, 2008.

[5] 全国信息安全标准化技术委员会.信息技术　安全技术　密钥管理　第 1 部分：框架：GB/T 17901.1—1999[S].

[6] 杨常建. 密钥管理与密钥生命周期研究[J]. 计算机与网络，2012,38(12):60-62.

[7] 谢立军，朱智强，孙磊. 云计算密钥管理架构研究与设计[J]. 计算机应用研究，2013,30(3):909-912.

[8] Jerry Archer. Security Guidance for Critical Areas of Focus in Cloud Computing V2.1. Cloud Security Alliance[EB/OL]. www.cloudsecurityalliance.org/guidance 2009.

[9] 孙磊，戴紫珊，郭锦娣. 云计算密钥管理框架研究[J]. 电信科学，2010(9):70-73.

[10] 王付群. 全同态加密的发展与应用[J].信息安全与通信保密，2018(11): 81-91.

[11] Rivest R L, Shamir A, Adleman L. A Method for Obtaining Digital Signatures and Public-Key Cryptosystems [J]. Communications of the ACM, 1978, 21(2): 120-126.

[12] 李顺东，窦家维，王道顺. 同态加密算法及其在云安全中的应用[J]. 计算机研究与发展，2015,52(6): 1378-1388.

[13] 郭晶晶，苗美霞，王剑锋. 保序加密技术研究与进展[J]. 密码学报，2018, 5(2):182-195.

[14] 林旭. 云存储中的数据删除技术研究[D].上海：上海交通大学，2011.

[15] Paul M,Saxena A.Proof of erasability for ensuring comprehensive data deletion in cloud computing[M]//Recent Trends in Network Security and Applications.Springer Berlin Heidelberg, 2010:340-348.

[16] Geambasu R,Kohno T,Levy A A,et al.Vanish:Increasing Data Privacy with Self.Destructing Data[C]//USENIX Security Symposium,2009:299-316.

[17] 杨平平，杜小勇，王洁萍. DAS 模式下基于密文分组索引的完整性验证[J]. 第 26 届中国数据库学术会议（NDBC 2009），2009.

[18] 孙茂华. 安全多方计算及其应用研究[D]. 北京：北京邮电大学，2013.

[19] 陈振华. 秘密共享及在信息安全中的应用研究[D]. 西安：陕西师范大学，2014.

[20] 马静. 大数据匿名化隐私保护技术综述[J]. 无线互联科技，2019,16(2):137-143;146.

[21] 王平水. 基于聚类的匿名化隐私保护技术研究[D]. 南京：南京航空航天大学，2013.

[22] Dwork C. Differential privacy: A survey of results[C]//Proceedings of the 5th International Conference on Theory and Applications of Models of Computation. Xi'an, China, 2008:1-19.

[23] 中国信息通信研究院. 大数据安全白皮书（2018）[R]，2018.

[24] 叶水勇. 数据脱敏技术的探究与实现[J]. 电力信息与通信技术，2019,17(4):23-27.

[25] 乔宏明，梁奂. 运营商面向大数据应用的数据脱敏方法探讨[J]. 移动通信，2015, 39(13):17-20;24.

[26] 高翰卿. 基于目的和规则推理的数据库访问控制技术研究[D]. 南京：南京航空航天大学，2017.

[27] 吴开均. 数据库加密系统的设计与实现[D]. 成都：电子科技大学，2014.

[28] 刘冬兰，史方芳，刘新，等. 大数据环境下云数据库安全防护方法研究[J]. 山东电力技术，2017,44(6): 41-44;48.

[29] 何国平. 数据库透明加密中间件的研究[D]. 武汉：武汉理工大学，2012.

[30] 黄保华，贾丰玮，王添晶. 云存储平台下基于属性的数据库访问控制策略[J].计算机科学，2016,43(3):167-173.

[31] 杨家朋. 脑卒中医联体云平台数据安全与隐私保护研究[D]. 北京：北京交通大学，2016.

[32] 顾华.重大疾病医联体关键因素与运营管理模式研究[D].北京:北京交通大学,2017.

[33] 王璇. 基于异构多核处理器的多级安全任务调度算法研究[D]. 西安：西安电子科技大学，2017.

[34] 汤飞. 基于信息安全等级保护思想的云计算安全防护技术研究[D]. 北京：中国铁道科学研究院，2015.

[35] 汪婷，张红权. 云数字图书馆数据安全策略研究[J]. 高校图书情报论坛，2016(1):10-12.

[36] 余家福. 基于属性加密的云存储数据访问控制研究[D]. 合肥：安徽大学，2015.

[37] 王丽君. 属性基加密算法研究[D]. 杭州：杭州电子科技大学，2016.

[38] 马丹丹. 属性基加密系统的研究[D]. 杭州：杭州电子科技大学，2011.

[39] 徐建兵，曲俊华．公开密钥加密体系和数字签名技术的研究[J]．现代电力，2004(01):80-85．

[40] 黄志荣，范磊，陈恭亮．密钥管理技术研究[J]．计算机应用与软件，2005(11):114-116．

[41] 魏彩霞．云计算中数据的访问控制策略研究[D]．兰州：西北师范大学，2015．

[42] 王瞾，丁勇，王会勇．基于环上容错学习和 GSW 的层次型全同态加密方案[J]．计算机应用，2016(4):962-965．

[43] 郁鹏．云环境下基于保序加密算法的隐私保护研究[D]．镇江：江苏大学，2018．

[44] 杨策．广义保序加密研究[D]．合肥：中国科学技术大学，2017．

[45] 拱长青，肖芸，李梦飞，等．云计算安全研究综述[J]．沈阳航空航天大学学报，2017(4):1-17．

[46] 施莹．基于 XML 的信息系统集成的可视化匹配研究[D]．无锡：江南大学，2009．

[47] 游军，卢选民，周亚建，等．XML 密文数据库检索模型的研究[J]．微型电脑应用，2010(4):4+7-9．

[48] 雷磊，王越，孟粉霞．计算机数据安全存储技术及应用[J]．网络安全技术与应用，2012(4):33-36．

[49] 李敏，周安民．计算机数据安全删除的研究与实现[J]．信息安全与通信保密，2010(10):73-75;77．

[50] 刘婷婷，赵勇．一种隐私保护的多副本完整性验证方案[J]．计算机工程，2013,39(07):55-58．

[51] 郝卓．远程数据完整性和认证技术研究[D]．合肥：中国科学技术大学，2011．

[52] 刘田甜，李超，胡庆成，等．云环境下多副本管理综述[J]．计算机研究与发展，2011(S3):254-260．

[53] 刘芙蓉．医院信息化建设之数据安全策略[J]．医学信息学杂志，2010(11):37-39．

[54] 朱海涛．浅析图书馆信息系统的容灾建设[J]．图书情报导刊，2015(12):91-94．

[55] 中国科协学会学术部．国土信息安全与异地容灾备份[M]．北京：中国科学技术出版社，2015．

[56] 贺铁祖．数据备份与容灾系统[J]．消费导刊，2007(9)．

[57] 明晓明，李松筠．浅议信息容灾备份系统的建设[J]．中国电力教育，2006(S3):4-6．

[58] 张小梅．基于应用数据库的容灾系统模型的研究[D]．兰州：兰州大学，2009．

[59] 张嵩．云计算在人力资源社会保障多数据中心容灾业务中的设计[J]．信息系统工程，2012(9):33-35．

[60] 赵丽丽．代理重加密技术在云计算中的应用[J]．信息安全与通信保密，2012(11):135-137．

[61] 孙茂华．安全多方计算及其应用研究[D]．北京：北京邮电大学，2013．

[62] 姜莲霞，谭晓青．基于 Bell 态的量子秘密共享协议[J]．计算机工程与应用，2013,49(18):61-64．

[63] 周由胜，王锋，卿斯汉，等．基于细胞自动机的动态多秘密共享方案[J]．计算机研究与发展，2012(9):181-186．

[64] 王平水，王建东．匿名化隐私保护技术研究综述[J]．小型微型计算机系统，2011,32(02):248-252．

[65] 杜瑞颖，王持恒，何琨. 智能移动终端的位置隐私保护技术[J]. 中兴通讯技术，2015(03):51-57.

[66] 刘明辉，张尼，张云勇，等. 云环境下的敏感数据保护技术研究[J]. 电信科学，2014(11):8-14.

[67] 于淑云，马继军. Oracle 数据库安全问题探析与应对策略[J]. 软件导刊，2010(12):147-149.

[68] 李东民. 支持密文查询的云数据库加密技术研究[D]. 南京：南京航空航天大学,2018.

[69] 李刚彪. 数据库加密技术的研究与实现[D]. 太原：太原理工大学，2010.

[70] 张茂兴. Oracle 数据库透明加密技术研究[D]. 哈尔滨：哈尔滨工程大学，2014.

第6章

云计算应用安全

当前的云计算应用（云应用）存在着各种各样的安全威胁与隐患。第一，云应用中的认证过于简单、访问控制不够严格等问题使黑客更容易入侵。第二，Web 作为大多数云应用的入口面临着各种攻击，如 SQL 注入攻击、跨站脚本攻击等，这些攻击可能都会转嫁到云应用上。第三，随着智能手机和 4G、5G 的普及，移动 APP 已逐步走进人们的生活，但是很多手机 APP 往往缺乏必要的防范措施，极易受到攻击，在云计算中开发、使用 APP 同样也存在这些问题。第四，云计算通过互联网提供服务，网络上的信息内容安全问题，如恶意垃圾邮件、虚假欺诈信息等将不可避免地影响云服务的信誉。第五，当企业将应用迁移至云中时，将会涉及应用迁移风险、应用迁移过程安全保障等诸多问题。针对上述问题，本章将从 4A 安全体制、应用软件开发安全、应用安全防护与检测、应用安全迁移四个方面进行详细阐述，旨在提升云服务提供商安全开发、安全防护的能力。

6.1 云应用安全问题

近几年来，随着越来越多的互联网应用开始迁移到云中，一些传统互联网应用面临的安全问题（如用户管控）都转移到了云应用上。除此之外，随着攻击技术和工具的不断成熟，攻击手段变得更加灵活，并且有产业化发展的趋势，致使云应用面临的安全问题更加复杂，形势更加严峻。本节从用户管控、应用软件安全、内容安全和应用迁移四个方面分析云应用存在的安全问题。

6.1.1 用户管控

6.1.1.1 账号管理问题

一般来讲，在云应用中存在两种合法用户：普通用户和特权用户，其存在的安全隐患如下。

（1）普通用户存在的安全隐患。为了方便易记，普通用户通常较喜欢设置弱口令，但弱口令也很容易被攻击者破解。目前常见的口令破解方式有词典攻击、暴力破解、组合攻击、口令蠕虫、网络嗅探、社会工程学等。另外，用户还习惯于在不同的云应用中设置相同的口令，只要攻击者破解了一个口令，就能访问该用户所有相关的云应用，由此会产生更大的危害。

（2）特权用户存在的安全隐患。特权用户是指维护云计算信息系统运行的管理员，具有对云计算信息系统部分或完全可见性和控制权。在大多数云计算中，都会存在一个或多个管理员，管理员拥有极大的权限，如配置云的环境、对用户权限进行授予或修改、查看和修改数据等，这种特权用户是云计算安全中最大的安全隐患[1]。一方面，攻击者越来越多地通过钓鱼攻击和路过式下载等方式获取云账号和登录凭证，一旦特权用户被攻击成功，将会对应用软件带来极大的威胁。另一方面，特权用户有可能会绕过监管对内部应用软件进行控制，从而对应用软件中的敏感数据造成威胁。

由上述分析可知，云应用的账号管理存在许多安全隐患，必须制定严格的账号管理制度来提高账号管理的安全性，从而保障云应用的安全性。

6.1.1.2　身份认证问题

在云计算中，如果缺乏有效的身份认证管理手段，黑客就能够比较容易地绕过身份认证机制侵入系统，造成用户隐私和敏感数据的泄露，危害整个系统的安全。当前，在云应用系统中身份认证存在以下两个方面的问题[2]。一方面，很多云计算平台内部仍然使用静态口令或单一的凭证进行认证，一旦攻击者截获凭证或采用撞库攻击等方法，可能造成严重的数据泄露等安全问题。另一方面，在云应用的身份认证中，一个用户在同一个云服务中会拥有多个身份（如 Google App Engine 支持一个用户注册多个账号），许多云服务也支持用户使用多个不同身份进行认证（如淘宝、京东支持用户使用微信、QQ 等账号登录），因此，对用户多重身份的管理和对联合身份认证的安全性保障也是云计算身份管理和认证中需要重点解决的问题。

6.1.1.3　访问控制问题

在云应用系统中，用户访问控制也面临两个方面的问题[3]。一方面，开放的应用接口为非法访问提供了可能，一旦黑客设法通过开放的应用接口进入云应用，就会威胁到云中数据的机密性和完整性。另一方面，随着云中各企业提供的资源服务的兼容性和可组合性的提高，组合授权问题也成为云访问控制服务安全框架需要考虑的重要问题[21]。

当前，在信息系统中最常采用的是基于角色的访问控制及其扩展模型，然而这种访问控制模型在云计算中难以适用。因为云服务提供商事先并不知道用户身份，所以很难在访问控制中给用户分配角色。目前的研究多集中在使用证书或基于属性的策略来提高云应用的访问控制能力，但该研究还处于起步的阶段，尚无非常成熟的技术产生。

6.1.1.4　安全审计问题

在云计算中，安全审计面临诸多问题。首先，用户行为带来的风险是不容忽视的。由于用户可以通过网络直接访问云端的软硬件资源，因此恶意用户更加容易组织 DDos 攻击，并且其破坏性更强，将严重影响用户所享受的云服务质量。其次，对云服务提供商内部人员的安全审计无法得到保障。云服务提供商内部工作人员的操作细节并不为用户所知，而且他们比外部黑客更容易窃取用户隐私。因此，对云服务提供商内部人员的审计也是云计算安全审计面临的一个难题。第三，基于云计算的网络犯罪行为存在难以追查、取证困难的问题。在云计算中，计算、存储、带宽等服务可以在全球范围内获取，非法用户提供的账户信息可能是伪造的，因此，对基于云计算的网络犯罪行为很难进行追查。不同国家和地区对违法行为的取证要求不尽相同，在对网络犯罪行为进行取证的过程中可能会遭到当地政府的阻挠和破坏。在调查取证过程中，存在云服务提供商由于担心其他用户信息泄露而不配合的情况。最后，由于云计算信息系统比传统的信息系统更加复杂，传统的安全审计技术并不能直接应用于云计算，急需研究适合云计算安全审计的技术。

综上所述，传统的账号管理、身份认证、访问控制、行为审计技术在云计算中面临着新的挑战，亟待在云计算平台中积极引入高安全性的用户管控技术来保障云计算的用户接入安全，进而保障云应用的安全。

6.1.2　应用软件安全问题

随着云计算技术和模式的不断进步，应用软件的开发及部署也出现了新的模式，随之而来的安全问题也越发凸显，如何在云计算中安全地构建和部署应用软件面临着新的挑战[4]。

对云服务提供商来说，云服务提供商需要开发部署应用软件以提供 SaaS，而在这个过程中面临着各种安全问题与风险。首先，在应用软件开发阶段，如何设计云应用的安全架构，以及确保应用软件的代码和开发流程的安全是云服务提供商需要考虑的问题；其次，在应用上云前面临安全测试不充分、隐藏安全漏洞未修复等问题；最后，在云应用提供服务过程中面临着各种 DDoS 攻击、服务劫持等风险，如何保障在应用软件开发的全生命周期各个阶段的安全，以及应用上云后持续稳定地提供服务是云服务提供商需要解决的难题。

对用户来说，当用户使用 PaaS 时，用户应用软件的开发与外部的服务集成在一起，开发者无法准确得知外部服务的安全控制和安全组件，也无法及时获取系统及网络日志信息，如何安全、稳定、持续地进行应用软件的开发与维护成为用户急需解决的问题。

6.1.3　内容安全问题

内容安全的宗旨是防止非授权的信息内容进入网络，具体包含政治、健康、保密、隐私、产权、防护六方面的内容[22]。随着 Web 2.0 应用的普及，内容安全问题日渐严重。内容安全面临的威胁如表 6.1 所示。

表 6.1　内容安全面临的威胁[5,6]

威 胁 类 型	具 体 含 义
病毒、蠕虫、木马攻击	互联网环境日益复杂，安全漏洞持续增多，病毒、蠕虫、木马等恶意程序层出不穷，大量色情网站也为这些网络病毒提供了攻击和生存的场所
垃圾邮件泛滥	大量垃圾邮件不仅浪费了存储资源和带宽，同时也传播了网络病毒
网络带宽滥用	网络视频、网络游戏的无节制使用，以 BT、电驴为首的 P2P 下载，消耗着大量的网络带宽资源
信息泄露	大量缺乏安全性考虑的 Web 应用平台往往存在一些极易遭受攻击的漏洞，导致了大量用户信息的泄露
网络低俗信息泛滥	网络上色情图像、色情小说、色情电影、色情动画、色情游戏、邪教等低俗信息迅速蔓延，严重污染了社会文化环境，危害着用户的身心健康
知识产权的威胁	互联网的广泛开放导致电影、音乐、论文、书籍等资源的知识产权问题日益严重，盗版现象屡禁不止
无线上网带来的威胁	无线上网的盛行导致垃圾短信、手机广告、非法信息等泛滥成灾，大量病毒通过手机肆意传播
虚假反动信息横行	网络信息发布的自由性和无限制性使得大量谣言和反动言论迅速蔓延，容易造成舆论误导，产生恶劣的社会影响，甚至诱发社会动荡

在云计算中，表 6.1 中的安全威胁在云计算中仍然存在，甚至可能在云计算中而变得更加严重。此外，云的高度动态性还增加了网络内容监管的难度[23]。因此，如何实现云计算内容的有效监控也是云应用安全中的一大挑战。

6.1.4　应用迁移风险

在应用迁移的过程中存在很多问题。例如，企业必须评估迁移的成本，包括迁移本身的成本、迁移后应用在云计算中的运营成本等；哪些应用或组件应当被迁移到云端；迁移的次序应该如何决定；如何根据应用性能和可靠性需求来选择 IaaS 供应商；应该如何降低从企业迁移到云中的风险；迁移到云中后如何针对应用进行用户身份鉴别和访问控制管理；如何进行安全配置保护隐私数据等；如何确保业务连续性和投资回报率。如果没有考虑到这些问题而盲目实施迁移，企业将会给自己的业务运营增加无法估量的风险，同时还会破坏企业最初想要通过将应用迁移到云中而获得的效能。因此，成功建设一个云计算平台或者迁移一个应用到云计算平台绝不能存在任何侥幸心理，企业要想实现应用的安全迁移，必须做好风险评估。

6.2　4A 安全机制

云应用的用户管理控制必须与 4A 安全机制相结合，通过对现有的 4A 体系结构进行改进和加强，实现对用户的集中管理、统一认证、集中授权和综合审计，使得云应用的用户账号管理更加安全、便捷。

4A 统一安全管理平台是将用户账号（Account）管理、认证（Authentication）管理、授权（Authorization）管理和安全审计（Audit）四要素整合、统一后的用户集中管理平台[7]，可以提供统一的基础安全服务技术架构。如图 6.1 所示，4A 体系架构包括 4A 管理平台和一些外部组件，这些外部组件一般都是对 4A 中某一个功能的实现，如外部认证组件、外部审计组件等。

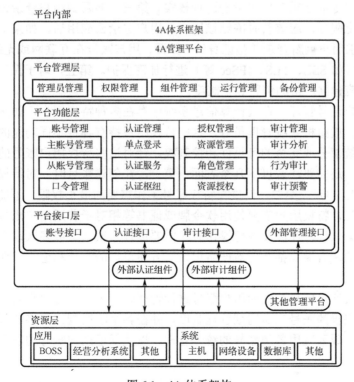

图 6.1　4A 体系架构

同上述 4A 体系架构类似，云应用系统的 4A 统一安全管理平台必须包括统一账号管理、统一身份认证、统一授权管理、统一审计管理等部分。统一账号管理包括两个方面，一是用户在云应用中要有一个全局性的身份，用户仅需使用这个全局性的身份就可访问云应用系统中所有的子系统；二是通过一个唯一的管理界面对用户在不同子系统的账户进行集中和统一的管理。统一身份认证指一个用户只需在一个登录入口、使用一个身份凭证、在线完成一次身份认证就能访问云应用系统中他能访问的所有子系统，即实现统一身份认证和单点登录。统一身份认证的安全性极其重要，因为它一旦被攻破，就能得到用户的所有信息。因此，在实现统一认证入口、单点登录功能的情况下，更需要使用高安全强度的身份认证技术。统一授权管理指通过一个统一的管理界面或平台对云应用系统中所有子系统的用户访问权限或访问控制策略进行集中的管理。统一安全审计指对用户访问云应用系统的关键操作进行必要的记录并统一保存在一个集中数据库中，在需要的时候能够查看、分析所有的相关记录。

6.2.1 账号管理

账号管理可分为普通用户账号管理和特权用户账号管理。

（1）普通用户账号管理。普通用户账号管理主要包括以下两方面的内容：

① 对用户身份信息进行组织管理，以云应用内部工作人员和外部用户的组织结构为基础，建立统一的用户身份信息管理视图。

② 对用户账号进行管理，包括以下几点：第一，给每个用户分配唯一的账号，用户间不得共用同一个账号和口令，在账号修改前必须履行严格的审批手续。第二，用户首次登录云应用系统时，应强制要求设置比较复杂的口令，还要对口令进行加密保护，并且要定期更改登录口令，重置口令前必须对用户身份进行核实。第三，要限制用户登录云应用的连续失败次数，达到一定上限后，应该暂时冻结该用户。用户登录云应用后，如果工作暂停时间超过一定限制，则要求用户重新登录并验证身份。第四，用户账号在互联网或无线网络中传输时，应使用加密技术（如 SSL、TLS、IPSec 等）进行加密保护。第五，对于保存到期或已经使用完毕的账号信息应建立严格的销毁登记制度。

（2）特权用户账号管理：在云计算信息系统中存在多种特权用户，如服务器管理员、云计算平台管理员、虚拟机系统管理员等，这些特权用户持有各种不同功能的特权账号，具有对云计算信息系统部分或完全的可见性和控制权。针对这些特权用户账号的管理，除了使用上述的管理方法，还需要注意以下几个方面：第一，在创建账号时，对特权账号进行实名制登记，做到"一人一号"。第二，仅授权特权账号工作需要的最小权限，不能使用特权账号执行日常操作。第三，特权用户需要使用软令牌或证书等相对于普通用户账号安全性更高的强认证方式进行登录认证，在涉及敏感操作时还需要进行二次认证或多人联合认证。第四，特权用户账号进行的所有操作都需要被严格记录，方便事后的审计和追溯，保证特权账号使用的透明度。

总之，在对云计算信息系统的用户账号进行管理时，不论普通用户账号还是特权用户账号，都需要制定完善的账号生命周期管理制度，并在各个阶段制定严格的管理措施。基于账号的生命周期，实现云应用各类账号的统一管理，以此保证用户账号的安全性，进而提高云应用的安全性。

6.2.2 身份认证

身份认证的方法有很多，可主要分为三类：一是知识证明，如使用口令、密码等进行认证；二是持有证明，如使用智能卡、USB Key 等进行认证；三是属性证明，如使用指纹、笔记、虹膜等进行认证。常见的用户身份认证技术主要有七种，如表 6.2 所示。

表 6.2　常见的用户身份认证技术

身份认证技术	介　　绍
基于口令的身份认证机制	由于基于口令的身份认证不需要借助第三方公证，简单易用，应用最为广泛，然而一旦口令丢失将无法进行验证
基于口令摘要的身份认证机制	
基于随机挑战的身份认证机制	较上述两种基于口令的身份认证机制，基于随机挑战的身份认证机制可抵御服务器端的威胁、网络传输过程中的威胁以及重放攻击的威胁
基于动态口令卡的身份认证机制	基于动态口令卡的身份认证机制可抵御未授权访问攻击和针对口令的攻击；但口令需频繁更换，且口令卡易丢失
基于鉴别令牌的身份认证机制	可代替用户记忆和保存口令；但是如果服务器遭到攻击，用户口令就会泄露
基于数字证书的身份认证机制	借助第三方 CA 颁发给用户的数字证书保证用户可信，安全程度更强；但如果第三方不可信就无法保证密钥的安全
基于生物特征的身份认证机制	防伪性较高；但鉴别设备比较昂贵，鉴别的效果不够稳定，辨识失败率高

由于云服务一般是通过互联网进行认证的，并且通常需要跨不同系统或组织来认证身份，因此传统的基于单一凭证的身份认证技术可能存在风险。通常在用户登录云计算平台时，会结合两个或三个独立的凭证来完成身份认证，即使用多因素身份认证技术来提高云服务的安全性。除此之外，还可以采用基于 OAuth 协议的第三方认证登录方式，用户不需要创建新的账号，直接使用可信第三方提供的认证服务即可通过认证，比较常见的是谷歌账号登录、微信账号登录、微博账号登录等。

6.2.2.1　云计算统一身份认证系统架构

云计算统一身份认证系统又称为联邦身份认证（Federal Identity）系统，它是一个端到端、可扩展的实现身份验证与资源配置的信息基础设施[8]，其流程如图 6.2 所示，用户通过互联网使用统一身份认证系统后，可使用云计算中的各类云应用，而无须重复登录。

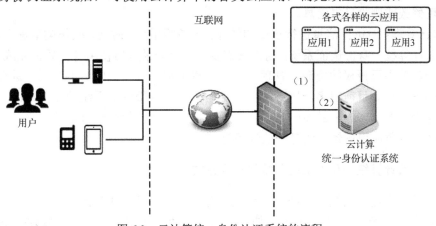

图 6.2　云计算统一身份认证系统的流程

用户进入云应用的方式有两种：

（1）用户直接访问云应用：当用户访问云应用时，应用服务器会直接调用云计算统一身份认证系统，通过认证之后便可访问云应用内的资源。

（2）用户通过统一认证系统访问云应用：当用户通过云计算统一身份认证系统访问云应用时，若通过认证，用户便可直接访问云计算中已授权的各类云应用。

云计算统一身份认证系统可分为客户端和服务器端两部分进行部署，如图 6.3 所示，用户在客户端实现账号设置和凭证设置，服务器端负责实现身份管理、权限管理、策略管理、系统管理、日志管理和审计管理。

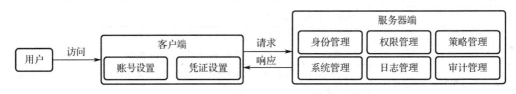

图 6.3　云计算统一身份认证系统

（1）客户端，包含传统的 PC 环境和移动终端环境，用户可通过访问客户端实现账号设置和凭证设置。

① 账号设置：用户可以在账号设置中修改个人资料信息，将账号和邮箱、电话号码等绑定。

② 凭证设置：用户可以在凭证设置中对身份认证凭证进行添加、更改、删除等操作。

（2）客户端将用户的身份认证请求发送到服务器端后，服务器端通过身份管理、权限管理、策略管理、系统管理、日志管理和审计管理，对用户的身份认证进行统一管理。

① 身份管理：支持对用户身份完整的生命周期管理，包括用户的注册、登录、注销、删除等功能。

② 权限管理：包括对用户的角色管理、角色分配和权限分配。

③ 策略管理：主要对用户访问控制策略进行管理，根据用户的角色、级别等属性动态设置用户的访问权限，防止用户越权访问。

④ 系统管理：对云计算统一身份认证系统进行管理，包括系统的安全配置、安全接口等。

⑤ 日志管理：服务器自动对用户的登录、认证等操作进行记录，日志在服务器后台统一保存，不可修改或删除日志信息。

⑥ 审计管理：对审计信息进行查询和统计，可按照用户、时间、操作类型进行查询统计。

通过云计算统一身份认证系统，用户只需要在一个登录入口使用身份凭证完成身份认证，就能访问云计算中已授权的资源，管理人员可以集中地对各个云应用上的用户进行管理，增加云应用的安全性。目前很多云服务提供商推出了统一身份认证系统的相关产品，例如阿里云的应用身份服务、华为云的统一身份认证服务、绿盟科技的统一身份认证平台等，解决了用户在云计算复杂应用场景下的身份认证问题。

6.2.2.2　云计算统一身份认证系统的实现方式

单点登录技术是实现统一身份认证系统的有效手段，目前许多云服务提供商都提供了支持基于单点登录的统一身份认证系统[24]。下面介绍两种典型的单点登录实现方案，即基于

OpenID 协议的单点登录和基于 SAML 的单点登录，并对这两种方案进行比较。

（1）基于 OpenID 协议的单点登录[9]。OpenID 协议是一种开放、离散式的、用于用户数字标识的标准框架，是一套开放、去中心化的、以用户为中心的身份标识体系，它可以使用户获得在互联网上的唯一身份。用户只需要进行一次 OpenID 注册，注册完成后，用户就对应于一个唯一的 URI，口令则被安全地存储在一个 OpenID 服务网站中。用户可以凭借此 OpenID 账号在多个服务网站之间自由登录，而不需要在每访问一个网站时都去注册账号。

基于 OpenID 协议的单点登录方案由三部分组成：用户代理（User Agent，UA）是终端用户的代理，通常为可执行 HTTP 协议的 Web 浏览器；OpenID 依赖方（Relying Party，RP）是支持用户使用 OpenID 方式进行登录的网络应用服务提供商；OpenID 提供商（OpenID Provider，OP）是用户进行 OpenID 注册的网站，同时也对用户的 URI 进行认证[24]。

在云计算中，使用基于 OpenID 协议的单点登录方案可以减少用户管理多个账号的负担，同时也可降低多个账号容易泄露的风险。用户只需要注册一个 OpenID 账号，获得一个唯一的 URI，就可以在所有支持 OpenID 认证的云计算中登录，具有一次注册、处处使用的优势。

（2）基于 SAML 的单点登录。SAML（Security Assertion Markup Language）是一种基于 XML 进行安全断言交换的语言，用于在不同的安全区域中请求认证和交换认证数据[10]。基于 SAML 的单点登录方案可分为三个部分：源站点（断言方/身份认证提供商）、目标站点（业务系统/服务提供商）、主题（用户/参与者）。根据不同的安全需求和应用需求，可以基于 SAML 部署、实现不同的单点登录方案[25]。

在云计算中使用基于 SAML 的单点登录方案，用户只需要登录一次就可以访问所有相互信任的云应用，避免用户在不同的应用下使用不同账号和口令进行多次登录的问题，可以方便用户使用。同时，云服务提供商也可大大地简化用户身份管理的复杂度，有效地解决用户跨地域或跨管理域访问时的用户身份管理的问题。

（3）基于 OpenID 协议的单点登录方案和基于 SAML 的单点登录方案的比较。两种方案在实现单点登录时的流程和功能十分类似，表 6.3 针对两种方案从用户身份标识、OP/IDP 发现机制、安全性分析、用户体验等方面进行了比较。

表 6.3　基于 OpenID 协议的单点登录方案和基于 SAML 的单点登录方案对比

比较内容	基于 OpenID 协议的单点登录方案	基于 SAML 的单点登录方案
用户身份标识	明确说明和指定了用户身份标识为"HTTP: URI"或者"HTTPS: URI"，在使用 HTTP 或 HTTP/TLS 与 OP 进行通信时，可以直接使用用户身份标识[11]	为协议层提供了多种身份标识类型，不同的方案可以独立地规定便于控制和使用的用户身份标识类型
OP/IDP 发现机制	明确规定了 OP/IDP 发现机制，PR 执行 OP 自动发现时，根据用户标识调用相应的 XRDS 文档或尝试基于 HTML 的自动发现	支持多种自动发现机制，可以根据需求灵活地设计自动发现机制
安全性	OpenID 2.0 指定了一些安全控制措施，包括：密钥建立、消息签名、验证机制以及 SSL/TLS 加密通道。在使用 OpenID 2.0 实现单点登录方案时，这些安全控制措施都是可选项，没有要求必须采取这些安全保障	明确规定了某些健壮的安全控制措施和遵从性要求，可以根据具体需求灵活部署，具有很高的安全性

续表

比较内容	基于 OpenID 协议的单点登录方案	基于 SAML 的单点登录方案
用户体验	OpenID 协议设计的首要目标是改善用户体验,采用标准化和具体化的设计,为更多的云应用的互相信任提供了方便,可以很好地简化用户操作,优化用户体验	SAML 的最初目的是保证安全,用户体验相对较差

从用户身份标识和 OP/IDP 发现机制来看,如果为了实现更广泛的统一身份认证,则可以选择基于 OpenID 协议的单点登录方案,该协议的首要目的就是方便用户;如果想在企业内部或者较少的互相信任的安全区域内部署单点登录方案,则可以选择基于 SAML 的单点登录方案,并自行规定方案内使用的身份标识类型,最大限度地符合自身的安全需求和应用需求。

6.2.3 访问授权

访问授权是云应用安全问题的重中之重,通过限制用户云应用的访问能力及范围,可保证云应用内的信息资源不会被非法使用和访问。云计算中的用户授权面临着多用户、细粒度等复杂的管理要求,因此需建立统一的授权管理策略,提高云应用的安全性。

6.2.3.1 统一授权管理

统一授权管理分为面向主体的授权管理和面向客体的授权管理两个部分。

面向主体的授权[12],即面向用户、角色、用户组的访问授权,是指针对某一用户、角色、用户组,管理员可以为其授予访问某个应用或应用子功能的权限。在面向主体的授权管理中,需要建立三类主体,即用户、角色和用户组。以电子政务云为例,用户组包括按照政府部门的组织架构或特定功能划分的部门和工作组。在电子政务云中,可能有一些用户具有跨部门的职能,此时单独依靠部门划分进行权限的分类管理和授权就会存在一定的局限性,将用户组管理与角色管理结合起来使用是最好的搭配,因为基于角色可以实现跨部门的权限分类管理和授权。

面向客体的授权,即面向应用的授权,是指对于某一选定应用(或其子功能、功能组),管理员可以设定用户、角色和功能组的访问权限。从授权的粒度来看,授权可以分为粗粒度授权和细粒度授权。粗粒度授权,即授权面向的客体是整个应用,被授权的主体(用户、角色、用户组)要么能访问某个应用及其所有功能,要么不能访问该应用、不能使用该应用的任何功能。细粒度授权是指在控制用户可以访问哪些应用的基础上,设置更加细致对应用子功能的使用权限。如图 6.4 所示,在进行细粒度授权时,首先将应用的功能按模块进行细粒度化,即按模块进行功能分解,将整个应用拆分成多个功能,某几个功能可组合成一个功能组,然后,针对某个功能或功能组进行权限设置。

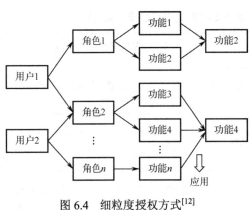

图 6.4　细粒度授权方式[12]

6.2.3.2 访问控制模型

访问控制技术是云服务提供商进行统一授权管理的核心。各大云服务提供商在提供云服务的过程中对现有的访问控制技术进行了尝试和实践，研发了统一授权管理系统，如阿里云推出的 RAM（Resource Access Management）和 STS（Security Token Service），可通过控制账号的权限来降低云内的风险。同时，学术界也开展了云计算中访问控制模型的研究，目前研究较多的有基于任务的访问控制模型、基于属性的访问控制模型、基于 UCON 的访问控制模型、基于 BLP 的访问控制模型[13]和基于零信任的访问控制模型。

（1）基于任务的访问控制模型。该模型是从任务的角度来建立安全模型和实现安全机制的，可在任务处理的过程中提供动态实时的安全管理。该模型不仅能够对不同工作流实行不同的访问控制策略，并且能够对同一工作流的不同任务实例实行不同的访问控制策略[14]，非常适合云计算中多点访问控制的信息处理与控制[15]。

（2）基于属性的访问控制模型。该模型将实体属性（组）的概念贯穿于访问控制策略、模型和实现机制，通过对主体、客体、权限和环境属性的统一建模来描述授权和访问控制约束。该模型具有较好的灵活性和可扩展性，可以解决云计算中的细粒度访问控制和大规模用户动态扩展的问题。

（3）基于 UCON[16]（Usage CONtrol，使用控制）的访问控制模型。该模型不仅包含了 DAC、MAC 和 RBAC，而且还包含了数字版权管理、信任管理等，涵盖了现代信息系统中的安全和隐私这两个重要的问题，被称为下一代访问控制模型。基于 UCON 的访问控制模型除了包括授权过程的基本元素，还包括义务和条件两个元素。义务是指在访问请求执行前用户必须履行的行为，条件是指访问请求的执行必须满足某些系统和环境的约束条件。云计算中的基于 UCON 的访问控制模型研究目前刚刚起步，主要集中在两个方面：一是设计更适用于云计算的基于 UCON 的访问控制机制和系统；二是研究在加入义务和条件的情况下，当用户访问数据时，如何进行位置、时间等方面的约束才能使模型具有更高效的访问控制能力。

（4）基于 BLP 的访问控制模型。该模型是强制访问控制模型，最初是根据军方的安全政策设计的，基于自主访问控制和强制访问控制两种方式实现，处理基于此之上的权利继承、转让等权限问题，能够解决系统内包含密级划分信息的访问控制，适用于强调机密等级的云计算信息系统，如军事、金融等行业。目前，云计算中基于 BLP 的访问控制模型的研究主要集中在如何修改该模型使其更适用于云计算，以及如何证明该模型能满足简单安全属性和属性公理。

（5）基于零信任的访问控制模型。该模型是指在假定网络环境不可信任的情况下，基于受控设备和合法用户进行资源访问控制，一般包括访问主体、访问控制代理和智能身份安全平台三个部分。访问主体必须通过访问控制代理完成认证过程才能获取授权，访问主体和访问控制代理通过和智能身份安全平台的交互来完成授权过程。该模型具有以身份为中心、持续身份认证、动态访问控制、智能身份分析四个特点，能够有效解决云计算中访问控制边界模糊的问题[17]。

6.2.4 安全审计

6.2.4.1 安全审计概述

安全审计是指在信息系统的运行过程中，对正常流程、异常状态和安全事件等进行记录和监管的安全控制手段，既可防止违反信息安全策略的情况发生，也可用于责任认定、性能优化和安全评估等目的。安全审计的载体和对象一般是信息系统中各类组件产生的日志，格式多样化的日志数据经过规范化、清洗和分析后形成有意义的审计信息，辅助管理者对信息系统运行情况进行管控[26]。

《信息技术 安全技术 信息技术安全性评估准则》[17]（GB/T 18336 标准族）中定义了安全审计系统的六大功能，分别为安全审计自动响应、安全审计数据产生、安全审计分析、安全审计查阅、安全审计事件选择、安全审计事件存储，如表 6.4 所示。

表 6.4 安全审计系统的六大功能

功　能	具　体　含　义
安全审计自动响应	指当安全审计系统检测出一个安全违规事件（或者潜在的违规）时采取的自动响应措施，以避免即将来临的安全违规
安全审计数据产生	指对在安全功能控制下发生的安全相关事件进行记录
安全审计分析	指对系统行为和审计数据进行自动分析，发现潜在的或者实际发生的安全违规
安全审计查阅	指经过授权的管理人员对审计记录的访问和浏览
安全审计事件选择	指管理员可以选择接收审计的事件，定义了从可审计的事件集合中选择接收审计的事件或者不接收审计的事件
安全审计事件存储	指对安全审计跟踪记录的建立、维护，如何保护审计，如何保证审计记录的有效性，以及如何防止审计数据的丢失

6.2.4.2 云计算安全审计系统

根据 GB/T 18336 标准族，云计算的安全审计系统如图 6.5 所示，其中，System Agent、日志存储、日志过滤、审计分析、审计浏览、告警响应为安全审计系统的六大功能。

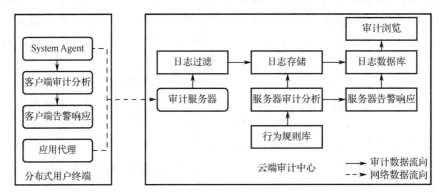

图 6.5 云计算的安全审计系统

图 6.5 所示的系统属于分布式集中审计系统，采用用户终端-云端双重审计分析模式。客户端审计分析是指在用户终端对单个的事件进行审计分析。通过在用户终端部署 Agent 数据采集，先对产生的每条日志信息进行审计分析处理，然后将审计过的日志数据和分析结果通过网络发送到云端的审计服务器。云端审计分析是指在云端的审计服务器中结合历史数据，进行集中式审计分析，它负责对事件进行实时分析和关联分析，主要采用的方法有基于时序的关联分析、基于统计的分析和基于事务过程的分析。

6.3 应用软件开发安全

应用软件存在大量的漏洞是当前信息安全领域面临的极大困境，云应用软件也同样如此。如何有效减少应用软件内的漏洞，提高应用软件安全是目前应用软件开发中亟待解决的问题，尤其在云计算中，应用软件安全尤为重要。本节将介绍云计算中应用软件开发全生命周期安全保障措施及相应的安全规范，包括应用软件安全开发流程、应用软件开发文档安全管理及安全教育与培训，以此来规范开发者在开发过程中的各项操作。

6.3.1 应用软件安全开发流程

在进行应用软件开发时，应充分参考安全软件开发生命周期（Security Software Development Life Cycle，SSDLC）相关模型，强化应用软件在开发、部署和运行的各个阶段中的安全，建立规范化的安全开发流程。近几年，业界已经产生了几个比较有代表性的 SSDLC 框架，包括微软的安全开发生命周期（SDL）、NIST 软件安全开发生命周期模型（NIST SP800-64）、ISO/IEC 27034、OWASP 的软件安全开发模型等[18]。本书参考微软的安全开发生命周期[19]，介绍应用软件开发过程中应执行的安全活动，如图 6.6 所示。

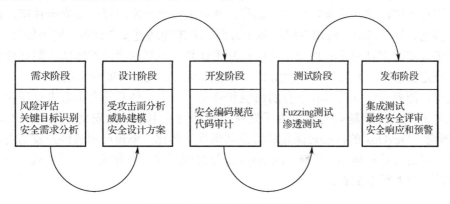

图 6.6 应用软件安全开发流程

（1）需求阶段。在该阶段，首先应对应用软件在开发过程中面临的风险进行评估，分析可能面临的威胁、存在的脆弱性及其可能造成的影响，并对上述三者进行量化评估；然后识别应用软件开发过程中的关键对象，并对关键对象进行安全防护；最后结合云应用的业务场景分析应用软件的安全需求，包括应用软件数据的机密性、完整性与可用性，应用软件与开发环境交互所必需的输入、输出信息的安全属性，以及应用软件的弹性、可扩展性、可恢复性、可控性和业务连续性。

（2）设计阶段。在该阶段，首先需要对云应用进行受攻击面分析，枚举所有访问入库、接口、协议以及一切可执行代码的过程，减少攻击者利用潜在弱点或漏洞的机会，采用非必要功能默认未开启、限制可访问到代码的人员范围、降低代码执行所需权限等方法，使攻击面最小化；然后基于对受攻击面的分析，对应用软件面临的威胁建立模型，通过模型化的方式来管理威胁、风险和对应的缓解措施；最后形成安全设计方案，安全设计方案包括客户端安全设计、服务器安全设计和服务器安全配置基线三部分，设计方案应满足安全需求、定义安全漏洞的严重性阈值、确定风险的最低可接受级别。

（3）开发阶段。在该阶段，云服务提供商首先需要提供主流编程语言的安全编码规范，包含代码书写规范、数据库标准接口、输入输出验证等，通过安全编码规范可以有效减少缓冲区溢出、跨站点脚本、SQL 注入等代码漏洞；然后开发团队需要分析应用软件开发项目使用的所有函数和 API，并禁用确定为不安全的函数和 API，构建安全函数库；最后开发团队应进行代码分析，通过人工代码评析或静态代码分析工具对代码的质量进行检查，减少代码中的语法错误和安全漏洞等问题。除此之外，还需要对源代码进行版本管理，保证应用软件版本的正确性。

（4）测试阶段。在完成开发后，云服务提供商需要基于威胁建模进行测试设计，首先对应用软件进行 Fuzzing 测试，以应用软件的预期用途及功能为基础，故意向应用软件输入不良格式或随机数据来诱发程序故障，检测应用软件的安全性；然后进行渗透测试，由专业人员模拟黑客对应用软件进行攻击，通过渗透测试发现由于编码错误、系统配置错误或其他运行部署弱点导致的潜在漏洞。除此之外，还可通过安全众测平台，如阿里云的先知平台、Sobug 的白帽众测平台等对应用软件开展安全测试，这会从不同的视角发现应用软件的安全问题，并协助厂商进行修复。

（5）发布阶段。在应用软件发布阶段，云服务提供商首先需要在类似的生产环境下，对应用软件进行集成测试，确保能够安全运行；然后由安全专家进行最终安全评审，通常包括检查威胁模型、异常请求、应用性能等多个方面，若未能通过安全评审，则不能发布；最后，云服务提供商需要制订应用软件安全响应和预警计划，包括指定运维团队、制订代码安全维护计划、制定安全预警方案等，以预防日后可能出现的安全漏洞或安全攻击。

近几年，随着云计算技术和平台的出现和普及，应用软件开发者不必进行任何底层系统工作，软件开发的周期越来越短，为了确保短周期内应用软件的安全开发和运维，出现了 DevOps 概念。DevOps 的核心思想是将开发和运维一体化，缩短应用软件开发的周期，提高应用软件交付的质量和频率。目前，DevOps 思想在应用软件的开发和部署中被广泛使用，已经成为软件行业的标准配置。

6.3.2　应用软件开发文档安全管理及安全教育与培训

6.3.2.1　应用软件开发文档安全管理

在应用软件开发过程中会产生大量的开发文档，这些文档在应用软件开发人员、测试人员、管理人员和维护人员之间起到了桥梁的作用，一旦不慎遗失或被恶意删除，不仅会导致应用软件开发过程混乱，甚至导致敏感信息泄露。因此，在应用软件开发过程中，要重视开发文档的安全管理，建立开发文档安全管控制度。

云服务提供商需要在以下五个方面对开发文档进行管理：

（1）开发文档权限管理：对于在应用软件开发过程中形成的各类开发文档，不同的人员对其具有不同的操作权限，通过权限管理对开发文档设置不同的权限，如只读、可编辑、可删除、可创建以及不可见等权限，确保开发文档不会被恶意修改或删除。对涉及敏感信息或商业机密的开发文档则需要进行更加严格的权限管理。

（2）开发文档变更管理：对于设计文档或需求文档来说，可能会被经常更改，在更改时应详细记录更改情况，应确保每个更改被记录，同时需要同时保存开发文档的历史版本和最新版本，以防开发文档出现问题。

（3）开发文档评审管理：应用软件开发过程中的开发文档是各个阶段开发工作完成的标志，因此云服务提供商需要及时对开发文档进行严格评审，开发文档内应包含文档创建者、修改者、修改日期、评审人员及评审日期。

（4）开发文档存储管理：开发文档的存储管理分为电子文档存储管理和纸质文档存储管理两部分。

① 电子文档：电子文档应按照文件编号、文件种类、文件版本号等加以标识，分类存储在开发平台内，涉及敏感信息或商业机密的开发文档则通过设置权限、加密存储等方式进行安全存储。

② 纸质文档：纸质文档应按照文件编号、文件种类等加以标识，分类存储于档案室内，涉及敏感信息或商业机密的开发文档应做好标识，并妥善存储于仅限授权人员访问的区域。

（5）开发文档备份管理：开发文档应及时备份归档，一般在开发阶段的每个节点进行一次电子文档的全备份操作，以及一次纸质文档的归档检查。

6.3.2.2　安全教育与培训

为了更好地执行应用软件安全开发流程，妥善保管开发文档，云服务提供商应建立安全培训体系，面向不同类型的群体（如开发者、管理层）分类分级地进行安全培训，提高云服务提供商内部工作人员的安全意识和安全防护水平。安全培训体系应包括安全意识培训、安全基础知识培训、安全开发生命周期流程培训和安全专业知识培训，下面对上述的安全培训从培训对象、培训内容、培训目标等方面进行阐述。

（1）安全意识培训。针对应用软件开发团队和管理团队的所有成员，采取集中培训和日常培训相结合的方式进行安全意识培训。集中培训内容为《网络安全法》及相关案例；日常培训以网站、横幅、展板等形式宣传安全开发相关内容。通过安全意识培训，提高所有成员的安全意识，降低无意识犯错的概率。

（2）安全基础知识培训。针对应用软件开发团队和管理团队的所有安全相关人员，采用集中培训的方式组织开展安全基础知识培训。培训内容包括物理安全、网络安全、应用安全、主机安全等各个方面的安全基础知识，还应包括云计算安全基础知识培训。通过安全基础知识培训，使相关人员掌握基本安全技能，提高安全素养。

（3）安全开发生命周期流程培训。针对应用软件开发团队内的所有人员，采用集中培训的方式进行安全开发生命周期流程培训，培训内容包括安全设计、威胁建模、安全编码、安全测试、安全管理等安全开发流程内涉及的相关知识，以及开发文档的安全管理。通过安全开发生命周期流程培训，帮助开发团队人员深入理解安全开发生命周期内的安全活动和流程。

（4）安全专业知识培训。针对应用软件开发团队内的安全技术人员，采用集中培训的方式进行安全专业知识培训。培训内容包括常见攻击方法、渗透测试、漏洞挖掘、攻防演练等，还应包含最新的安全和隐私方面的技术与发展。通过安全专业知识培训，使安全技术人员加深对应用软件安全开发方面的理解，提高自身的安全防护技能。

6.4 应用安全防护与检测

应用软件面临各种网络攻击，如网络病毒、DDoS 攻击、黑客入侵等，尤其在云计算中，应用软件面临的攻击形式和攻击种类趋于多样化、复杂化、频繁化，云服务提供商为了抵御攻击应采取能力更强的防护手段，才能有效保护云应用的安全。本节将对现阶段云服务提供商普遍采用的 WAF 防护、抗 DDoS 攻击、用户行为监控、内容安全检测相关技术进行阐述。

6.4.1 WAF 防护

云服务大多基于 Web 提供，很容易遭受 Web 攻击，而 Web 应用防火墙（Web Application Firewall，WAF）防护技术可以很好地解决云计算应用层的安全问题。WAF 是专门为 Web 应用提供保护的安全设备，WAF 工作在应用层，起着监视和隔绝应用层通信流的作用，它可以解决传统的网络防火墙无法解决的 Web 应用安全问题，如防护 DDoS、SQL 注入、XML 注入、XSS 等常见的攻击[27]。

WAF 采用主动安全技术实现对应用层的内容检查和安全防护，它通过建立正面规则集来描述行为和访问的合法性。对于接收到的数据，WAF 从网络协议中还原出应用数据，并将其与正面规则集进行比较，只允许规则中的正常数据通过。因为 WAF 通过先学习合法数据流进出应用的方式，然后识别非法数据流的方法来检测数据包，因此 WAF 可以防护所有的未知攻击，阻止针对 Web 应用的攻击。

在云计算应用层中使用 WAF 防护技术，着重进行应用层的内容检查和安全防护，能够提高云中 Web 服务系统的安全性。但是云计算的环境较为复杂，黑客往往采用混合攻击的方法，因此防火墙技术也需要与其他技术进行结合，做出相应的改进，来使其功能更加智能化、集成化、系统更灵活、可扩展性更好，为云应用提供更充分的安全防护。目前很多云服务提供商都推出了自己的 WAF 防护产品，如阿里云的云盾、AWS 的 WAF、微软的 Azure Web 应用软件防火墙等。

6.4.2 抗 DDoS 攻击

分布式拒绝服务（DDoS）攻击是一种针对目标系统的恶意网络攻击行为，使用多个系统（通常是被恶意操控的系统，即傀儡机）占据目标云服务的带宽或资源，对云服务器造成恶意拥塞，导致用户无法访问其存储的数据及应用软件。虽然攻击者可能无法完全摧垮云服务，但是会导致云服务速度下降，使部署在云服务上的应用软件无法被用户正常访问。在云计算时代，许多云应用需要保持 7×24 小时的可用性，在这种情况下抗 DDoS 攻击显得尤为重要。

传统的抗 DDoS 攻击方案是采用负载均衡、CDN 流量清洗、分布式集群防护等技术，通过购买硬件设备、增加网络带宽，来缓解发生 DDoS 攻击时网络流量的激增、访问速度下降、服务被迫中断等问题。但是，上述方案成本较高，并且难以应对基于云计算技术的强度更大的 DDoS 攻击。近几年，业界开始使用基于云计算技术的防护方式，以云服务方式提供对 DDoS 攻击的防护，又被称为云抗 DDoS 攻击。云抗 DDoS 攻击普遍采用基于高防 IP 的抗 DDoS 攻击方案，高防 IP 是指由高防机房提供 IP 段，当用户受到 DDoS 攻击时，可以通过配置高防 IP，将攻击流量引流到高防 IP，经过清洗后再转发至用户服务器的真实 IP。根据云服务提供商的配置，基于高防 IP 的抗 DDoS 攻击方案目前已能够抵御 Tb/s 级的 DDoS 攻击。与传统的抗 DDoS 攻击设备相比，云抗 DDoS 攻击部署更简单快捷，且可以按需使用，使用成本大大降低；同时，云抗 DDoS 攻击能够处理的攻击流量也远大于传统的抗 DDoS 攻击设备。

目前，很多云服务提供商都开发了相应的抗 DDoS 攻击产品，例如腾讯云的棋牌盾 DDoS 防护解决方案，为游戏应用提供抗 DDoS 攻击服务，保障游戏的用户体验和核心业务可用性；阿里云的云盾 DDoS 高防 IP 产品，除了为阿里云服务提供抗 DDoS 攻击，也为人民网、新浪微博等多个企业提供抗 DDoS 攻击服务，保障了其在线业务的连续性。

6.4.3 用户行为监控

用户行为监控是指采用网络监听、日志分析、模式匹配等技术持续监控用户异常行为，一方面能够实时监控用户行为，并对用户的操作进行分析，得到用户的历史行为模式；另一方面可通过分析结果预测用户行为，防范未知风险发生。例如，通过用户行为监控，可发现某些特权用户的异常访问行为，从而阻断特权用户访问，防范恶意攻击。

一般来讲，用户行为监控的实施包括信息采集、信息分析、结果预判、异常告警、异常行为阻断五个阶段。

（1）信息采集阶段：该阶段实时采集用户访问日志及操作日志等信息，对用户的行为进行分析。

（2）信息分析阶段：该阶段对采集到数据进行数据清洗及归一化处理、提取应用层信息和重要负载信息，建立用户异常行为监控模型。

（3）结果预判阶段：该阶段实时监控用户行为，通过用户异常行为监控模型，采用模式匹配、机器学习等技术判断用户行为是否异常。

（4）异常告警阶段与异常行为阻断阶段：在监控到异常行为之后，云服务提供商通过邮件、短信等方式提供异常告警，在服务器端生成相关威胁日志，并通过中断访问、操作回退等方式对异常行为进行阻断。

用户行为监控技术应用广泛，很多云服务提供商都部署了用户行为监控系统，比较有代表性的云服务提供商有阿里云和腾讯云。阿里云在推出的风险识别产品上采用了用户行为监控技术，确保在关键业务发生异常时能第一时间响应；腾讯云为应用开发者提供了异常行为预测产品，通过用户行为监控、AI 智能分析等实时监控用户的行为，可快速识别异常操作，防范未知风险。

6.4.4 内容安全检测

内容安全检测是指利用自然语言处理、模式识别等技术对为用户提供的服务数据进行检测，服务数据类型包括文本、图片、音频、视频等，以避免不良言论、图片、视频在网络中传播。内容安全检测技术主要包括内容过滤技术及内容威胁扫描技术。

内容过滤是指利用数据挖掘、模式识别、深度学习等技术对应用软件所提供的服务数据进行识别分析，并对已确定的目标内容进行过滤，能够有效阻止不良信息在网络中肆意传播。云服务提供商应建立内容过滤规则库，并采用名单过滤、关键词过滤、模板过滤、智能内容理解等技术对将要发布的数据信息与过滤规则进行匹配，找出带有不良信息的文本或图片，从而及时过滤、清理有害信息[20]。其中，基于智能内容理解的内容过滤技术是一个极具前景的研究领域，其使用语言分析、机器学习、人工智能、图像处理等技术对文本和图像的语义等进行智能识别、判断、分类，确定其是否有需要过滤的内容。目前市场上常见的内容过滤产品大多使用名单、关键词和简单模板相结合的方式对不良信息进行过滤，这要求名单、关键词和模板库涵盖的内容全面，并进行及时更新，而智能内容理解过滤虽然能够克服以上不足，但仍然面临着技术不成熟、计算量大、过滤速度慢等难题，需要进一步的研究和发展。

内容威胁扫描是指对云应用服务的内容进行全面扫描，快速发现网页篡改、挂马暗链、垃圾广告、恶意代码等威胁，及时发现云应用内数据内容存在的风险。云服务提供商应该部署覆盖多种运行环境的沙箱系统，建立相关病毒样本库，通过沙箱系统对云应用中的数据内容进行威胁扫描，并在发现有害信息后将相关情报进行网络共享。除此之外，云服务提供商还可将内容威胁扫描服务集成于防火墙、IPS 和网关等传统的安全设备，用于 URL 过滤、防病毒、反恶意软件等。内容威胁扫描能够实时检测扫描云应用内的数据流量，深度检测数据内容，发现潜藏在数据之中的有害信息，有效抵御未知风险，为云应用提供安全保障。

目前很多云服务提供商都推出了与内容安全检测相关的云应用，例如，腾讯云的内容安全 CMS 产品，用户可根据需求调用 API 实时获取检测结果；阿里云的云盾也提供了内容安全服务，为用户提供内容检测 API、OSS 违规检测、站点检测服务，保障云应用的信息内容安全。

6.5　应用安全迁移

将应用安全地迁移到云计算中是一个非常复杂的工作，需要进行必要的评估、规划好迁移步骤并尽可能地避免一些可控的风险。

6.5.1　迁移前评估

企业在制定应用迁移方案之前，应充分做好评估工作，包括迁移的可行性、安全性、成本风险，以及迁移后应用的可用性和合规性。

第一，企业在考虑应用迁移时，要对当前用户的云服务需求、服务质量要求、云应用投资收益性价比进行调查，并以此为基础分析应用向云迁移的可行性和必要性[28]。因为应用迁移工作的核心问题是如何保证迁移后云服务的灵活性、有效性、可扩展性和服务效率，确保较高的用户云服务满意度。第二，在系统、应用、服务、数据等内容的迁移过程中，有可能遭受中断、堵塞、人为错误、网络攻击等主观威胁，因此，提前对各种风险情况及其危害程度进行全面评估和掌握，从而确保迁移过程的安全性是企业必须重点考虑的问题。第三，确保迁移后的投资回报率也是迁移工作的关键问题，必须对迁移的关键开销、迁移过程的总成本、迁移后应用的运维成本、预期的云服务收益率等进行细致的评估。第四，为了确保迁移后应用的可用性，应对企业自身系统和云服务提供商的云计算进行评估。在企业自身方面，应根据业务性能需求考虑哪些系统、应用、服务、组件、数据等适合迁移到云中；在云服务提供商方面，应考虑云服务提供商提供的业务内容是否符合需求、安全保障是否满足要求、企业自身系统与云计算平台是否兼容等问题，保证迁移后的应用等能够在云计算平台上安全、可靠、平稳地运行。第五，迁移后的应用合规性是迁移工作中不容忽视的问题。许多国家和地区都有严格的隐私法，禁止将某些数据存储在本国或本地区外的物理机器上，因此，企业必须考虑迁移过程以及迁移后的应用运行、数据存储等情况是否符合法律法规的要求。

综合以上几点可以知道，全面有效的评估是企业进行应用迁移工作的必要步骤，是降低迁移风险、确保迁移安全、提升企业收益的必备措施，是制定应用迁移方案的必要前提，对迁移工作的平稳进行具有十分重要的意义。

6.5.2　迁移过程

企业应用迁移过程包括制定迁移方案、选择云服务提供商、选择迁移内容、选择迁移策略及实施迁移方案，在企业应用迁移应用过程中还要采取必要措施，确保迁移过程顺利。

6.5.2.1　制定迁移方案

在做好必要性评估后，就可以着手制定迁移方案。具体的迁移方案应遵循稳妥、可控、全面、安全的原则，涵盖以下几个方面：选择满足要求的云服务提供商，选择正确的迁移内容，选择合适的迁移策略，明确部署方式和资源分配策略，明确数据及应用迁移工作的时间表，明确迁移操作步骤和问题处理步骤，总结汇报阶段性工作成果，明确相关数据转换的需求和实施计划，准备完整可行的应急预案和回退计划，制订迁移后的用户培训计划，确定必要的系统标准参数配置。

6.5.2.2　选择云服务提供商

将应用迁移到云中，实质上是将企业的基础设施资源、应用软件、数据与用户信息等迁移到云服务提供商的云中。因此，云服务提供商的基础设施资源状况、技术实力、信誉度、所提供的云服务与云计算安全保障水平等因素，对迁移后企业的运营状况和服务质量有较大的影响。在选择云服务提供商时，要注意以下几个方面：

（1）应认真了解云服务提供商所提供的云服务，仔细分析其是否符合企业自身的服务需求。

（2）应关注企业系统与云计算平台的兼容性问题。云服务提供商在部署操作系统、数据库、开发平台以及各种云服务应用软件时，可能会采购不同 IT 厂商的产品，而不同 IT 厂商的产品往往存在较大差异，因此，企业应密切关注自身系统与云计算平台的兼容问题，避免由于系统兼容造成的安全、效率等问题。

（3）应全面了解云服务提供商在进行系统检查、维护升级时对企业业务可能造成的影响，提前做好防护措施。

（4）应具体了解当云端发生安全问题时云服务提供商所提供的技术救援策略和赔偿政策，确保将企业自身利益损害降到最低。

（5）应充分了解随着企业业务的需求增长，云服务提供商随之提升服务规模的能力，保障企业的持续发展。

（6）应充分考虑用户对服务数据传输速度的需求，选择地理位置合适的云计算数据中心。

6.5.2.3 选择迁移内容

云计算支持的资产可以分为数据和应用两类。数据包括企业的经营计划、知识产权、生产工艺、流程配方、方案图纸、用户资源以及各种重要信息。应用也可以指功能或过程，如企业的内/外部应用、OA、日常工作流程等。向云迁移的实质是把数据或应用迁移到云中。根据云计算体系架构，数据和应用软件可以在不同的地点，企业甚至可以只迁移应用的部分功能到云中。因此，在制定云迁移方案时，应以服务的业务持续性、可伸缩性、更低的总体拥有成本（Total Cost of Ownership，TCO）等特性为标准，选择合适的应用（或其组件）、数据等作为迁移对象，制定合理的迁移次序与优先级别，同时确保云服务、云应用、云组件与云基础设施之间具有较强的兼容性和交互性，从而提高企业迁移到云的效率、安全性和可靠性。一般情况下，应确保 E-mail、会议软件、Web 应用、视频托管、公用的应用软件组件、基本的办公应用软件、批处理应用软件等内容迁移到云。此类应用服务的特点是对计算、存储能力要求较高，要求系统对数据有较强的即时处理与传输能力，而云计算信息系统能够很好地满足这些需求。

6.5.2.4 选择迁移策略

企业在制定迁移方案之前，必须依据企业需求、评估标准和架构原则等选择合适的迁移策略。目前可选用的迁移策略有五种：重新部署到 IaaS 上、针对 PaaS 进行重构、针对 IaaS 或 PaaS 进行修改、重新建立在 PaaS 上、替换成 SaaS。表 6.5 给出了这五种迁移策略的对比。

表 6.5 五种迁移策略对比

迁移策略	特点	不足
重新部署到 IaaS 上	把应用重新部署到 IaaS 的硬件环境中，并且改变应用的基础设施配置，可以在不更改架构的前提下快速迁移应用	可能影响到可扩展性
针对 PaaS 进行重构	在云服务提供商的基础设施上运行应用，服务的向后兼容性有利于在熟悉环境中催生创新产品	PaaS 功能不足，丧失部分功能，存在转换风险，可能被框架锁定
针对 IaaS 或 PaaS 进行修改	修改或扩展现有代码以满足技术更新的需求，然后用重新托管或重构平台的方式完成迁移	启动开发项目需要预先向开发团队付费；修改代码非常耗时
重新建立在 PaaS 上	将解决方案重新建立在 PaaS 上，丢弃现有应用软件的代码，为应用软件重新设结构，可以享用云计算平台具有的创新功能	将被云服务提供商锁定，如果云服务提供商调价过高、技术变化、违反了服务级别协议（SLA）或倒闭破产，企业被迫更换云服务提供商，造成资产损失
替换成 SaaS	放弃现有应用，使用付费的服务型软件。当业务需求快速变化时，可以避免开发方面的投资	数据语义不连贯，数据访问可能会出现问题，被云服务供应商锁定

在选择迁移策略时，负责迁移的团队需要从多个角度、依据多重标准（如 IT 员工技能、现有投资的价值以及应用架构等），深入了解迁移策略，并需要和相关应用管理负责人和架构管理负责人一起商讨决定。

6.5.2.5　实施迁移方案

在实施迁移方案时，应按照先普通应用后重点应用、先一般数据后关键数据的原则，采用分次迁移的方式将企业的应用和数据迁移到云中。

首先，要对拟迁移的应用和数据进行分类与结构分析，降低企业原有系统或原有数据库的复杂度和多样性，准确判定原系统或原有数据库与云系统的异构特性（主要为操作系统的平台、DBMS 的异构以及语义的异构），确定数据提取、传输的方式与格式，实现应用和数据迁移方法的跨平台性和通用性。其次，对迁移到云中的应用和数据进行完整性检查，尤其是针对数据进行数据格式、数据长度、区间范围、空值、默认值、完整性等检查，确保云端数据与原始数据的一致性。最后，在迁移过程中，既要考虑云服务器的负载均衡性，又要考虑用户未来使用时数据存储、搜寻、下载的效率。

对于数据量庞大、迁移时间短、安全性要求高的数据，可采用磁盘、磁带或者其他介质将数据从企业中复制出来，然后携带到云计算数据中心以人工方式进行迁移，这种方式具有安全、快速、准确、经济的特点。而对于迁移时间要求不规律，数据增量较小的数据，可采用网络远程传输的方式进行迁移。在迁移前，要根据数据安全性要求采用不同复杂度的密钥加密，并测试数据传输网络的安全性与传输特性，确保传输网络具备较全面的安全防护设施与安全管理策略。此外，还要做好迁移数据的备份、管理和监控工作，提高数据迁移的安全性与可控性，当发生云计算安全事件而导致数据丢失时应保证能够快速恢复数据，从而确保迁移过程安全、高效。

6.5.3　迁移后安全管理

企业的应用和数据迁移到云端后，应加强对应用和数据的管理与监控。虽然企业通过购买云服务的方式，由云服务提供商负责云基础设施及云应用的安全防护，但企业可以通过加强操作系统、数据库和应用的管理来提高应用的整体效率与安全。通过云服务提供商提供的监控功能，企业应通过对用户的跟踪、审计与分析，调研云服务的服务质量和服务效率，并重点防范影响应用和数据安全的用户与操作，确保企业用户能够对迁移到云中的应用和数据进行安全、高效、经济、快速的访问。

另外，在企业将相关的应用或数据迁移到云中后，应充分做好回退至传统平台的准备，而出于系统回退保障或云计算平台出现故障后业务连续性的考虑，在迁移后必须对原有系统进行安全性保护，只能对其进行查询操作，不可以进行数据增加或删除操作。在回退管理中，应明确回退条件，制定回退的应急方案，定期进行流程演练或测试。一旦回退条件被触发，就要使用传统模式构建业务承载环境，保证能够将业务和应用从云中平稳地迁回到传统平台，并在过渡期内保证业务的稳定性。

6.6　小结

本章首先介绍了云应用面临的安全问题，然后针对存在的问题，从 4A 安全机制、应用软件开发安全、应用安全防护与检测、应用安全迁移四个方面阐述了云应用安全方面的关键技术及解决方案。

在云应用安全问题方面，从用户管控、应用软件安全、内容安全和应用迁移四个方面进行了分析。其中,在用户管控方面,从账号管理、身份认证、访问控制和安全审计四个方面进行了分析;在应用软件安全方面,从云服务提供商和用户两个不同的角度进行了分析;在内容安全方面,对传统网络环境下的面临的内容安全问题和云计算中内容安全问题的特殊性进行了分析;在应用迁移方面,分析了企业将大型应用迁移到云中时面临的安全问题。

在 4A 安全机制方面,从账号管理、身份认证、访问授权和安全审计四方面进行了阐述。在账号管理方面,介绍了普通用户账号管理和特权用户账号管理的方法;在身份认证方面,介绍了统一身份认证流程以及统一身份认证系统的基本架构,同时对基于 OpenID 协议和基于 SAML 的两种单点登录方案进行了介绍和对比;在访问授权方面,介绍了基于主体和基于客体的统一授权管理以及云计算中访问控制模型;在安全审计方面,介绍了安全审计系统功能的基本要求,并构建了一个完整的云计算安全审计系统。

在应用软件开发安全方面,从应用软件安全开发流程,以及应用软件开发文档安全管理及安全管理与培训两个方面进行了阐述。在应用软件安全开发流程方面,介绍了需求、设计、开发、测试和发布五个阶段中的安全活动,然后对目前软件开发常用的 DevOps 思想进行了介绍。在应用软件开发文档安全管理及安全管理与培训方面,介绍了开发文档的安全管理、安全教育和培训,开发文档的安全管理体现在开发文档权限管理、开发文档变更管理、开发文档评审管理、开发文档存储管理和开发文档备份管理五个方面;安全教育与培训则包含安全意识培训、安全基础知识培训、安全开发生命周期流程培训和安全专业知识培训四个方面。

在应用安全防护与检测方面,介绍了 WAF 防护、抗 DDoS 攻击、用户行为监控、内容安全检测四种技术。其中,WAF 防护是专门为云计算中 Web 应用提供保护的安全设备;云抗 DDoS 攻击是以云服务方式提供对 DDoS 攻击的防护,一般采用高防 IP 的抗 DDoS 攻击方案;用户行为监控是指对用户行为的监控和预判,包括信息采集、信息分析、结果预判、异常告警、异常行为阻断五个阶段;内容安全检测是指对云中应用内的内容进行检测,及时发现违规内容,通过内容过滤、内容风险扫描等方法,降低应用软件的内容违规风险。

在应用的安全迁移方面,首先介绍了迁移前的评估,包括迁移的可行性、安全性、成本风险以及迁移后应用的可用性和合规性;然后从制定迁移方案、选择云服务提供商、选择迁移内容、制定迁移策略、实施迁移方案五个方面阐述了应用的安全迁移过程;最后介绍了应用迁移完成后的安全管理方法。

习题 6

一、选择题

(1)下列_____不属于应用软件的内容安全问题。

(A)网络低俗信息泛滥   (B)知识产权的威胁

(C)垃圾邮件泛滥   (D)DDoS 攻击

参考答案:D

(2)4A 统一安全管理平台包含以下哪四个要素?(   )

(A)账号管理、应用管控、授权管理、安全审计

(B)账号管理、认证管理、授权管理、安全审计

（C）口令管理、身份管理、权限管理、应用管控

（D）账号管理、应用管控、认证管理、安全审计

参考答案：B

（3）下列哪项身份认证的防伪性最高？（　　　）

（A）基于口令的身份认证　　　　　　　　（B）基于鉴别令牌的身份认证

（C）基于数字证书的身份认证　　　　　　（D）基于生物特征的身份认证

参考答案：D

（4）在单点登录方案的选择上，如果为了实现更广泛的统一身份认证，应该选择下列哪种身份认证方式？（　　　）

（A）基于 OpenID 的身份认证　　　　　　（B）基于 SAML 的身份认证

（C）基于 OAuth 的身份认证　　　　　　　（D）基于口令的身份认证

参考答案：A

（5）下列哪个访问控制模型适用于强调机密等级的云计算信息系统？（　　　）

（A）基于属性的访问控制模型　　　　　　（B）基于任务的访问控制模型

（C）基于 BLP 的访问控制模型　　　　　　（D）基于零信任的访问控制模型

参考答案：C

（6）在安全开发流程中，威胁建模属于下列哪个阶段？（　　　）

（A）需求阶段　　　　　　　　　　　　　（B）设计阶段

（C）开发阶段　　　　　　　　　　　　　（D）测试阶段

参考答案：B

（7）在开发阶段，开发团队应进行应用代码分析，通过人工代码评析或_____对代码的质量进行检查，可减少代码中的语法错误和安全漏洞等问题。

（A）集成测试　　　　　　　　　　　　　（B）安全评审

（C）渗透测试　　　　　　　　　　　　　（D）静态代码分析工具

参考答案：D

（8）DevOps 的核心思想是将_____一体化，缩短应用软件开发的周期，提高应用软件交付的质量和频率。

（A）开发、管理　　　　　　　　　　　　（B）开发、设计

（C）开发、运维　　　　　　　　　　　　（D）开发、测试

参考答案：C

（9）在应用软件开发过程中，要重视开发文档的安全管理，建立开发文档安全管控制度。下列哪项属于开发文档变更管理的内容？（　　　）

（A）对开发文档加以标识，分类存储

（B）及时对开发文档进行严格评审

（C）对开发文档进行及时的备份归档

（D）保存开发文档的历史版本和最新版本

参考答案：D

（10）在安全教育与培训中，对《网络安全法》及相关案例的讲解培训属于_____。

（A）安全意识培训　　　　　　　　　　　（B）安全管理培训

（C）安全开发生命周期流程培训　　　　　　　　（D）安全基础知识培训

参考答案：A

（11）WAF 防护采用_____实现对应用层的内容检查和安全防护。

（A）主动安全技术

（B）被动安全技术

（C）主动和被动安全技术

（D）全面防护技术

参考答案：A

（12）下列_____不属于 WAF 防护的特点。

（A）全面防护　　　　　　　　　　　　　　　　（B）深入监测

（C）管理灵活　　　　　　　　　　　　　　　　（D）可靠性低

参考答案：D

（13）相比于传统的抗 DDoS 攻击方案，云抗 DDoS 攻击方案_____、部署更简单快捷、能够处理较大攻击流量。

（A）可靠性低　　　　　　　　　　　　　　　　（B）可以按需使用

（C）成本较高　　　　　　　　　　　　　　　　（D）部署相对复杂

参考答案：B

（14）通过下列哪项技术可及时发现某些特权用户的异常访问行为？（　　　　）

（A）WAF 防护　　　　　　　　　　　　　　　　（B）抗 DDoS 攻击

（C）用户行为监控　　　　　　　　　　　　　　（D）内容安全监测

参考答案：C

（15）一般来讲，用户行为监控的实施包括_____、异常告警、异常行为阻断五个阶段。

（A）信息采集、信息清洗、信息分析

（B）信息采集、信息分析、结果预判

（C）用户监控、信息分析、结果预判

（D）用户监控、信息采集、结果预判

参考答案：B

（16）_____是企业进行应用迁移工作的必要步骤，是制定迁移方案的必要前提。

（A）迁移前的全面评估　　　　　　　　　　　　（B）选择云服务提供商

（C）选择迁移内容　　　　　　　　　　　　　　（D）选择迁移策略

参考答案：A

（17）应用向云迁移的实质是把_____迁移到云中。

（A）业务、管理　　　　　　　　　　　　　　　（B）数据、管理

（C）数据、业务　　　　　　　　　　　　　　　（D）数据、应用

参考答案：D

（18）选择迁移策略时，下列哪项迁移策略可以在不更改架构的前提下快速迁移？（　　　　）

（A）重新部署到 IaaS 上　　　　　　　　　　　（B）针对 IaaS 或 PaaS 进行修改

（C）重新建立在 PaaS 上　　　　　　　　　　　（D）替换成 SaaS

参考答案：A

（19）在实施迁移方案时，对于_____的数据，可以采用网络远程传输的方式进行迁移。

（A）数据量庞大

（B）迁移时间要求不规律，数据增量较小的数据

（C）安全性要求高的数据

（D）迁移时限短

参考答案：B

（20）在实施迁移方案时，要做好云迁移数据的_____、管理和监控工作，当发生云计算安全事件而导致数据丢失后应保证能够快速恢复数据，从而确保迁移过程安全、高效。

（A）存储　　　　　　　　　　　　　（B）加密

（C）备份　　　　　　　　　　　　　（D）处理

参考答案：C

二、简答题：

（1）简述云应用在用户管控方面面临的安全问题。

（2）简述云计算中开发应用软件、云服务提供商面临的安全问题。

（3）简述 4A 安全机制的内容。

（4）简述单点登录的特点和典型技术。

（5）简述应用软件安全开发与设计的流程。

（6）简述安全测试的方法和特点。

（7）简述 WAF 防护的特点及工作原理。

（8）简述基于高防 IP 的抗 DDoS 攻击的工作原理。

（9）当需要把一个应用迁移到云中时，需要注意哪些问题？

（10）在将应用迁移到应用云中前，需要对应用进行哪些评估？

参考文献

[1] 杨春鹏，刘川意．云计算平台特权行为管控与审计系统[J/OL]．中国科技论文在线精品论文，2017, 10(4):356-364[2019-10-23]. http://media.paper.edu.cn/pdfupload/2017/2/HL20170204001.pdf.

[2] 云计算开源产业联盟．云计算安全白皮书（2018）[R]，2018.

[3] 王于丁，杨家海，徐聪，等．云计算访问控制技术研究综述[J]．软件学报，2015, 26(5):1129-1150.

[4] Rich Mogull, James Arlen, Francoise Gilbert, et al.Security Guidance for Critical Areas of Focus in Cloud Computing v4.0.Cloud Security Alliance.2017.

[5] 肖楠，赵恩格，颜炳文．网络内容安全研究进展[J]．网络安全技术与应用，2008(11):30-32.

[6] 张鹏．网络内容安全遭遇成长难题[J]．通信世界周刊，2009(17):26-26.

[7] 熊冬青．4A 统一安全平台设计方案[J]．广东通信技术，2012,32(4):22-24.

[8] 王群，李馥娟，钱焕延．云计算身份认证模型研究[J]．电子技术应用，2015,41(2): 135-138.

[9] OpenID.net. OpenID Authentication 2.0 specification Final[EB/OL].(2012-6-7)[2019-10-23]. http://openid.net/specs/openid.authentication.2_0.html.

[10] OASIS Standard.SAML V2.0 [EB/OL]. (2012-6-7)[2019-10-25]. http://docs.oasis.open.org/security/saml/v2.0/.

[11] Hodges J. Technical Comparison: OpenID and SAML - Draft 07a[EB/OL]. (2012-6-7)[2019-10-23]. http://identitymeme.org/doc/draft.hodges.saml.openidcompare.html.

[12] 许敏，杨俊. 电子政务云中 4A 统一安全管理平台研究[EB/OL]. (2013-08-23). [2019-10-23]. http://www.paper.edu.cn/releasepaper/content/201308-264.

[13] Deng JB, Hong F. Task-Based access control model[J/OL]. Ruan Jian Xue Bao/Journal of Software, 2003,14(1):76-82 (in Chinese with English abstract).[2019-11-20]. http://www.jos.org.cn/1000- 9825/14/76.htm.

[14] Li FH, Su M, Shi GZ, Ma JF. Research status and development trends of access control model[J]. Chinese Journal of Electronics, 2012,40(4):805-813 (in Chinese with English abstract).

[15] Park J, Sandhu R. Towards usage control models: Beyond traditional access control. In: Proc. of the 7th ACM Symp. on Access Control Models and Technologies (SACMAT 2002). 2002. 57-64. [doi: 10.1145/507711.507722].

[16] 左英男. 零信任架构：网络安全新范式[J]. 金融电子化，2018(11):50-51.

[17] 全国信息安全标准化技术委员会.信息技术　安全技术　信息技术安全性评估准则： GB/T 18336 标准族[S].

[18] 宋明秋. 软件安全开发：属性驱动模式[M]. 北京：电子工业出版社，2016.

[19] Simplified Implementation of the Microsoft SDL[EB/OL].(2010-2-2).[2019-10-17]. http://www.microsoft.com/sdl.

[20] 崔珊. 网络内容安全中不良文本过滤研究[D]. 北京：北京邮电大学，2017.

[21] 冯登国，张敏，张妍，等. 云计算安全研究[J]. 软件学报，2011,22(1):71-83.

[22] 李留英. Web2.0 信息内容安全[J]. 数字图书馆论坛，2009(9):16-22.

[23] 张显龙，聂彤彤. 云计算环境下的信息安全问题研究[J]. 信息安全与通信保密，2013(09):73-77.

[24] 余幸杰，高能，等. 云计算中的身份认证技术研究[C]//全国计算机安全学术交流会，2012.

[25] 高昊江，肖田元. 基于 SAML 改进的单点登录模型研究[J]. 计算机工程与设计，2012,32(3):827-829,833.

[26] 张剑，陈剑锋，王强. 云计算安全审计服务研究[J]. 信息安全与通信保密，2013(06):69-71;74.

[27] 孙庆华. 浅谈 Web 应用防火墙和传统网络防火墙共同构建图书馆网络安全[J]. 内江科技，2010(04):121;148.

[28] 陈臣，马晓亭. 基于云计算的数字图书馆动态云迁移问题与对策[J]. 图书馆学研究，2011(21):49-51.

第7章
云计算安全管理

云计算使用者对云服务可用性的要求可达到 99.9%～99.99%，无法容忍云服务中断所带来的损失[1]，因此，如何保障云计算业务安全成为云服务提供商特别关注的问题。根据有关部门发布的数据，在所有的计算机安全事件中，属于管理方面的原因比重高达 70%以上，故云计算安全管理在保障云计算业务安全中占据重要地位。本章将从信息安全管理、云计算安全管理、云计算业务连续性管理三个方面系统阐述云计算业务安全保障的方法与措施。

7.1 信息安全管理

信息安全管理（Information Security Management，ISM）是国家、组织或个体为了实现信息安全目标，运用一定的手段或技术体系，对涉及信息安全的非技术因素进行系统管理的活动[32]。信息安全管理意识的提高，以及管理模式的更新在实现和保障信息安全的过程中非常重要。

7.1.1 信息安全管理标准

目前，针对信息服务、安全管理等，国际及国内都制定了许多相关的标准和规范，这些管理规范为信息系统、信息服务的稳定性及可用性提供了管理保障，可约束相关管理及操作人员的实施流程及操作行为，保障信息业务的可持续发展[33]。

7.1.1.1 信息安全管理标准分类

信息安全管理标准可分为三类，即总体标准、最佳实践标准、实际实施标准，如图 7.1 所示。这三类标准可用金字塔的形式表示[2]，它们的内容各不相同，但又相互关联。

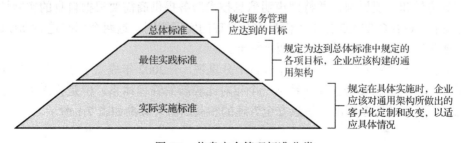

图 7.1　信息安全管理标准分类

（1）总体标准：位于金字塔的顶端，是关于信息技术服务管理（Information Technology Service Management，ITSM）的总体标准，这些标准规定了 ITSM 的各个方面所需要达到的目标。

（2）最佳实践标准：位于金字塔的中间层，它是对总体标准的进一步扩充与细化。最佳实践标准一般提供通用框架，指出为实现总体标准中规定的各项目标，信息技术服务提供商所应采取的措施、实施步骤及组织架构等。

（3）实际实施标准：位于金字塔的底层，这些标准是对最佳实践标准中提供的通用标准框架进行的定制和改变，从而满足不同行业、不同服务进行信息安全管理时的实际需求。

总之，当信息技术服务提供商（企业）进行信息安全管理时，需要先依照总体标准明确信息安全管理各个方面所要达到的目标，再依照最佳实践标准初步确立信息安全管理的基础框架，最后还要根据企业所在的行业和服务类型的不同，依照相应的实际实施标准制定信息安全管理的具体实施方案。

7.1.1.2　信息安全管理的相关国内外标准

ISO（国际标准化组织）和 IEC（国际电工委员会）构成了世界范围内的标准化机构，在信息技术领域，ISO/IEC 建立了联合技术委员会 ISO/IEC JTC1，发布了信息安全管理的多种国际标准。

在信息安全管理的相关国际标准中，总体标准的典型实现是 ISO/IEC 20000-1，最佳实践标准的典型实现是 ISO/IEC 20000-2，这两个标准共同组成了 ISO/IEC 20000 标准。ISO/IEC 20000 源自 BSI（英国标准协会）针对 ITSM 而制定的标准 BS 15000，而 BS 15000 又是基于英国政府部门 CCTA 制定的 ITIL（信息技术基础架构库）。ITIL 包括一系列适用于所有 IT 企业的最佳实践，为企业的 ITSM 实践提供了一个客观、严谨、可量化的标准和规范。基于 ITIL 的 ISO/IEC 20000 是专门针对 ITSM 制定的首个国际标准，该标准最早于 2005 年发布，最新版于 2018 年发布，规定了信息技术服务提供商在向用户提供 IT 服务的过程中需要达成的目标，旨在帮助信息技术服务提供商衡量和了解自身的 IT 服务品质，进而依照公认的 PDCA 方法论建立适合自己的 ITSM 流程和方法，促进信息技术服务提供商提升系统及其服务的可靠性及可用性。

实际实践标准的典型实现是 ISO/IEC 27000 标准族，该标准族是 ISO/IEC JTC1 专门为信息安全管理体系（Information Security Management System，ISMS）预留下来的一系列相关标准的总称，包括术语描述、通用要求、通用指南、行业指南等内容不同但又互相关联的多个标准[3]。其中 ISO/IEC 27001 提供了建立、实施、维持和提高信息技术服务提供商的信息安全管理的指导方针和一般原则，并特别声明信息技术服务提供商需要根据自身的实际情况选择合适的方案；ISO/IEC 27002 提供了信息安全管理的实用规则。这两个标准是 ISO/IEC 27000 标准族中最早发布的，也是最基础的两个标准。

我国对信息安全技术的标准化工作一直十分重视，于 2002 年成立了全国信息安全标准化技术委员会。虽然信息安全管理体系是一个相对比较新的管理体系，但是我国也制定了多部关于信息安全管理的国家标准。信息安全管理的相关国内外标准如表 7.1 所示。

表 7.1 信息安全管理的相关国内外标准

	标准分类		标准名称	标准简介
国际标准	总体标准		ISO/IEC 20000-1	IT 服务管理系统的需求：详细描述信息技术服务提供商计划、建立、实施、运营、监控、检查、维护和改进 IT 服务管理系统的需求
	最佳实践标准		ISO/IEC 20000-2	IT 服务管理系统的应用指南：以指引和建议的方式描述 ISO/IEC 20000-1 中各个 IT 服务管理流程的最佳实践方法
	实际实施标准	术语	ISO/IEC 27000	对 ISMS 的背景介绍及对相关术语的定义
		通用要求	ISO/IEC 27001	ISMS 的指导方针和一般原则
			ISO/IEC 27006	ISMS 认证机构的认可要求
		通用指南	ISO/IEC 27002	ISMS 实用规则
			ISO/IEC 27003	ISMS 实施指南
			ISO/IEC 27004	ISMS 度量
			ISO/IEC 27005	ISMS 风险管理
			ISO/IEC 27007	ISMS 审核指南
			ISO/IEC 27008	ISMS 控制措施审核员指南
			ISO/IEC 27021	ISMS 专业人员的能力要求
		行业指南	ISO/IEC 27010	部门间通信的信息安全管理
			ISO/IEC 27011	电信行业的信息安全管理指南
			ISO/IEC TR 27016	帮助企业在信息安全管理中做出经济决策
			ISO/IEC 27017	基于 ISO/IEC 27002 的云服务信息安全控制实施规范
			ISO/IEC 27018	云中用户数据保护的国际行为准则
			ISO 27799	医疗机构的信息安全管理指南
我国标准	实际实施标准	术语	GB/T 29246—2017	《信息技术 安全技术 信息安全管理体系 概述和词汇》，等同采用 ISO/IEC 27000:2016
		通用要求	GB/T 25067—2016	《信息技术 安全技术 信息安全管理体系审核和认证机构要求》，等同采用 ISO/IEC 27006:2011
			GB/T 22080—2016	《信息技术 安全技术 信息安全管理体系 要求》，等同采用 ISO/IEC 27001:2013
		通用指南	GB/T 22081—2016	《信息技术 安全技术 信息安全控制实践指南》，等同采用 ISO/IEC 27002:2013
			GB/T 31496—2015	《信息技术 安全技术 信息安全管理体系实施指南》，等同采用 ISO/IEC 27003:2010
			GB/T 31497—2015	《信息技术 安全技术 信息安全管理 测量》，等同采用 ISO/IEC 27004:2009
			GB/T 28450—2015	ISMS 的审核指南
		行业指南	GB/T 32920—2016	《信息技术 安全技术 行业间和组织间通信的信息安全管理》，等同采用 ISO/IEC 27010:2012
			GB/T 29245—2012	《信息安全技术 政府部门信息安全管理基本要求》
			GB/T 32926—2016	《信息安全技术 政府部门信息技术服务 外包信息安全管理规范》

7.1.2 信息安全管理的方法和模型

学习并掌握信息安全管理方法和模型在实现、保障信息安全的过程中非常重要。本节主要介绍融合了管理方法的信息安全管理体系、将信息进行分级管理的信息系统安全等级保护制度、以过程为基础的恢复能力管理模型（CERT-RMM）以及强调组织文化重要性的信息安全管理体系（ISMS）成熟度模型。

7.1.2.1 信息安全管理体系

信息安全管理体系（ISMS）标准由 ISO/IEC JTC1 SC27/WG1（国际标准化组织/国际电工委员会信息技术委员会安全技术分委员会/第一工作组）组织制定和修订，是一套将信息安全与管理体系相融合，用于系统地管理组织敏感数据的策略规范[34]。近年来，ISMS 标准迅速被全球接受和认可，成为世界各国、各种类型、各种规模的组织解决信息安全问题的一个有效途径。

定义和指导 ISMS 标准是 ISO/IEC 27000 标准族，而这其中，ISO/IEC 27001 和 ISO/IEC 27002 是最早的，也是最重要的两个标准[35]，ISO/IEC 27001 要求组织采取相应的措施来建立信息安全管理体系，包括确定信息安全管理体系的范围、确定信息安全管理方针、明确管理职责和以风险评估为基础选择控制目标与控制方式等，旨在建立切实有效的 ISMS，达到提高员工信息安全意识、提升组织信息安全管理水平、增强组织抵御灾难性事件的能力、提高组织对信息风险的管控能力等目的[36]。

ISO/IEC 27001 重新定义了对信息安全管理体系（ISMS）的要求，包括信息安全策略，信息安全组织，人力资源安全，资产管理，访问控制，密码学，物理和环境安全，运行安全，通信安全，系统获取、开发和维护，供应商关系，信息安全事件管理，信息安全方面的业务连续性管理，合规性在内的 14 个领域和 113 项安全控制措施[4]。ISO/IEC 27001 已在世界各地的政府机构、银行机构、证券公司、保险公司、电信运营商、网络公司及许多跨国公司中得到了广泛应用，旨在为企业或者组织提供具有针对性的安全控制措施[34]。

7.1.2.2 信息系统安全等级保护制度

信息系统安全等级保护[5]是针对信息及其载体按照重要性进行分级保护的一项工作，等级保护标准是等级保护工作中的重要依据[37]。根据《信息安全等级保护管理办法》要求，国家通过制定统一的信息系统安全等级保护管理规范和技术标准，公民、法人和其他组织对信息系统分等级实行安全保护，对等级保护工作的实施进行监督、管理。

信息系统的安全等级保护可分为五级，定级要素为等级保护对象受到破坏时所侵害的客体以及客体受到侵害程度[6]。定级要素与信息安全保护等级的关系见表 7.2。由表 7.2 可知，第一级和第二级的信息系统受到侵害时只会对社会秩序或者个人权益产生影响，第三级及以上的信息系统受到侵害时可能会影响国家安全。而在实际的信息系统定级过程中，应从信息安全和服务连续性两个维度分别定级，最后按照就高原则为信息系统进行定级[37]。

信息系统运营、使用单位应按照《信息安全技术　信息系统安全等级保护实施指南》（GB/T 25058—2010）[7]实施具体的等级保护工作。当等级保护实施工作完成后，信息系统运营、使用单位应选择测评机构，依据《信息安全技术　信息系统安全等级保护测评要求》（GB/T 28448—2012）[8]定期对信息系统进行等级测评。通过定期开展等级保护工作，持续优化信息系统安全防护措施，能够有效提高对重要信息系统的安全保障能力，加强对信息系统的安全管理水平，保障信息系统的安全稳定运行[37]。

表 7.2 定级要素与信息安全保护等级的关系

受侵害客体	客体受侵害程度		
	一般损害	严重损害	特别严重损害
公民、法人和其他组织的合法权益	第一级	第二级	第三级
社会秩序、公共利益	第二级	第三级	第四级
国家安全	第三级	第四级	第五级

需要说明的是，标准《信息安全技术　信息系统安全等级保护实施指南》（GB/T 25058—2010）于 2019 年废止，现行标准为《信息安全技术　网络安全等级保护实施指南》（GB/T 25058—2019）[38]；标准《信息安全技术　信息系统安全等级保护测评要求》（GB/T 28448—2012）于 2019 年废止，现行标准为《信息安全技术　网络安全等级保护测评要求》（GB/T 28448—2019）[39]，虽然上述两个标准已经废止，但是对实施信息系统等级保护工作仍然具有指导意义。

7.1.2.3 CERT-RMM

恢复能力管理模型[9]（Resilience Management Model，RMM）是美国计算机紧急响应组（Computer Emergency Response Team，CERT）提出的运营恢复管理的能力模型，致力于帮助金融、信息等领域的组织面对复杂的管理运营风险和提高运营恢复能力。CERT-RMM 采用软件能力成熟度集成模型（Capability Maturity Model Integration，CMMI）的连续式表达方法（Continuous Representation），为组织进行过程改进提供了比较大的自由度，同时提供改进恢复能力的方法，通过融合安全管理、业务连续性管理及 IT 运维管理等领域的知识，全面地提高组织风险管理能力和运营恢复能力。CERT-RMM[10]包括 26 个过程域，覆盖运营恢复能力管理的 4 个方面及 4 类运营资产，其中 4 个方面包括企业管理、工程管理、操作管理和过程管理，4 类运营资产包括人员、信息、技术和设施，而每一个过程域又包括 4 个能力级别，即不完整级、已执行级、已管理级、已定义级。CERT-RMM 并不明确指定组织保证信息系统安全的方法，而是通过一个结构化和可重复的评价方法来帮助组织实现能力级别的客观测量。首先组织要识别其关键的信息资产，明确保护这些资产所需的能力级别，然后通过实施相应的策略达到相应能力级别，并在信息资产的生命周期内维护这一级别。表 7.3 为 CERT-RMM 的能力级别及对应的过程进展[9]。

表 7.3 CERT-RMM 的能力级别和对应的过程进展

能力水平编号	能力水平	过程进展
0	不完整级	没有执行的过程或部分执行的过程，过程域中的一个或多个特定目标没有被满足
1	已执行级	已执行的过程，满足过程域中的所有特定目标
2	已管理级	已管理的过程，指组织为已执行的过程设置了基本的基础设施来支持该过程
3	已定义级	已定义的过程，指根据组织的裁剪指南，从组织的标准过程集合中裁剪而来的已管理级的过程

CERT-RMM 已经与大部分国际标准和规范兼容，为组织提供了一个具有恢复能力管理模型，帮助组织保障其业务连续性。需要注意的是，由于组织所面临的风险随着时间不断变化，因此需要通过基于过程的方法对防护措施进行持续改进，使组织在面临新的风险时仍能维持一个良好的能力与水平。

7.1.2.4　ISMS 成熟度模型

除了国际标准化组织对 ISMS 的建设进行了系统研究并颁布了相关标准，国内外学者也对 ISMS 及其相关领域进行了诸多探索，其中，比较有代表性的成果是由澳大利亚查尔斯特大学的 Steven Woodhouse[11]提出的基于组织文化的信息安全管理体系（ISMS）成熟度模型，该模型强调组织文化在信息安全管理过程中的重要性，如果员工是积极的参与者，而不是被动的观察者，组织的信息安全会显著地得到提高。

该模型借鉴了软件工程中的能力成熟度模型（Capability Maturity Model，CMM）的思想，讨论了 ISMS 建设的各个阶段，强调组织文化在信息安全管理中的角色，可帮助组织更好地判断其在信息安全管理方面真实的能力与水平。

ISMS 成熟度模型进行了九级分层[12]，对能力成熟度模型（CMM）原有的五级分层进行了向下拓展，分别引入了颠覆级（Subversive）、傲慢级（Arrogant）、阻碍级（Obstructive）三个负面层级，并借鉴 CMM 的分级思想，提出了疏忽级（Negligent）、功能级（Functional）、技术级（Technical）、运行级（Operational）、管理级（Managed）和战略级（Strategic）六个正面层级，每个级别的详细描述见表 7.4。

表 7.4　ISMS 成熟度模型分级的描述

层　　级	描　　述
5 级：战略级	组织已经制订了灾难恢复和业务连续性计划，并定期测试。能够主动连续地监控环境，当产能和质量为最大值时，信息资产的风险最小
4 级：管理级	组织已经制订了灾难恢复和业务连续性计划，但是没有定期测试。已实施了环境监控，当产能和质量提高时，信息资产的风险能被控制
3 级：运行级	组织已经制订了灾难恢复和业务连续性计划，但是没有测试。已关注环境监控，当产能和质量提高时，信息资产的风险能被控制
2 级：技术级	组织没有一个已定义好的信息安全管理体系，没有制定信息安全方针，正在考虑信息安全的投资，有对外界和内部安全的技术控制，正在申请风险管理，有信息资产的风险
1 级：功能级	组织没有信息安全方针和已定义的程序文件，不重视信息安全管理，没有安全文化，公司文化不支持信息安全的决策，正在申请风险管理，有信息资产的风险
0 级：疏忽级	组织的业务部门通过每个员工的努力能够保护部分信息资产，冷漠和无组织性是组织的文化，组织把风险不但加在组织的信息资产上，而且加在跟它业务相关的组织上
-1 级：阻碍级	组织的业务部门保护其信息资产的能力已经被更高级的管理层取消，公司的文化是冷漠和不响应，没有信息安全方针和程序相关的意识培训和教育，组织把风险不但加在组织的信息资产上，而且加在跟它业务相关的组织上
-2 级：傲慢级	组织公开藐视信息安全实践，公司文化是拒绝改变信息安全现状，组织的信息资产的风险在最高水平，因为组织的态度第三方组织的风险显著增加
-3 级：颠覆级	组织不在乎它的信息资产，组织的公司文化认为利润最重要，其他都忽视，组织的信息资产的风险在最高水平，第三方组织的风险非常大

7.2　云计算安全管理

云计算作为一种新的技术和服务模式,其安全管理不仅需要参照信息安全管理的相关标准、方法和模型,还需构建云计算安全管理模型,并根据具体的技术部署方式和应用场景进行分析,实施综合部署,提高云计算安全防护的质量与水平。本节将从云计算安全管理框架、云计算安全管理模型、云计算安全管理能力评估模型、云计算安全管理流程四个方面进行阐述。

7.2.1　云计算安全管理框架

云计算是架构在传统的软硬件等基础设施上的一种新型的服务交互和使用模式,因此云计算除了面临传统 IT 系统中会出现的一些风险,还面临着包括政策法规在内的一些新的风险,所以云计算安全管理框架必须综合考虑 IT 服务管理、法律等多种因素,融合多类框架,如图 7.2 所示[2]。

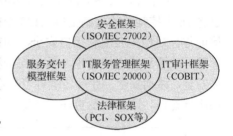

图 7.2　云计算安全管理框架

在云计算安全管理框架中,处于最核心位置的是 IT 服务管理(ITSM)框架,此外还有安全框架、服务交付模型框架、IT 审计框架、法律框架等。这些框架之间互有重合,它们共同构成了云计算安全管理框架。

(1)ITSM 框架。ITSM 框架是对 IT 系统的规划、研发、实施和运营进行有效管理的标准体系。关于 ITSM,国际标准 ISO/IEC 20000-1 规定了服务目标,ISO/IEC 20000-2 制定了最佳实践方法。

(2)安全框架。安全框架旨在建立切实有效的 ISMS。如上文所述,ISMS 的典型实现是 ISO/IEC 27000 标准族,其中的一个比较有代表性的标准是 ISO/IEC 27002。ISO/IEC 27002[13]的原编号为 ISO/IEC 17799,它由英国标准 BS 7799 延续发展而来。ISO/IEC 27002 是信息安全管理的集成标准,为企业提供了开发、实施、评估信息安全管理的框架。

(3)服务交付模型框架。按服务类型分,云服务可分为 IaaS、PaaS、SaaS 三类。虽然在云计算中,云计算安全责任由云服务提供商和用户共同承担,但云服务的类型不同,云服务提供商和用户承担的安全责任的内容和比重会有所差异,因此在实施云计算安全管理之前,要根据服务交付模型确定云服务的类型,进而参照合适的标准构建云计算安全管理方案。

(4)IT 审计框架。安全审计是安全管理的重要组成部分,因此在云计算安全管理框架中,IT 审计框架必不可少。COBIT(Control Objectives for Information and Related Technology)是目前国际上通用的信息系统审计标准,它将 IT 资源、IT 建设过程和企业的战略规划联系起来,形成一个三维的体系结构,能够帮助企业维持资源利用、利益获取和风险等级之间的平衡,从而使企业能够高效地利用信息资源并有效地控制信息风险。

(5)法律框架。法律框架包含与信息安全相关的法规标准,旨在为云计算安全管理奠定法律基础,其中比较典型的有 PCI DSS(Payment Card Industry Data Security Standard)、SOX(Sarbanesoxley)和《云计算法案》[14]等。PCI DSS 旨在全面保障支付卡处理过程中的信息安全[40]。SOX 是美国政府出台的一部涉及会计职业监管、公司治理、证券市场监管等方面的重要法律，它以安全为中心，旨在消除企业欺诈等弊端。《云计算法案》[15]是由美国参议两院出台的，其核心是解释关于个人数据的境外管辖权问题，该法案规定美国执法机构可以向美国企业（包括为美国市场提供数字服务的境外企业）索取存储在国外的犯罪嫌疑人相关数据，旨在协助美国政府进行调查与取证。

7.2.2 云计算安全管理模型

国内外关于云的组织机构都在积极探索云计算安全管理模型，在国际上影响比较重大的是云计算安全联盟在 2010 年发布的云安全控制矩阵（Cloud Security Alliance Cloud Controls Matrix，CCM）。

CCM 针对云服务提供商的整体风险，提供了一个云计算安全全方位的控制体系，该体系包含 16 个控制域的控制措施（133 个控制项）[16]。16 个控制域分别为治理和风险管理，审计保证与合规性，应用和接口安全，加密和密钥管理，互操作性和可移植性，身份识别和访问管理，威胁和脆弱性管理，数据安全和信息生命周期管理，数据中心安全，基础设施和虚拟化安全，移动安全，业务连续性管理和操作弹性，安全事件管理、电子证据及云端调查取证，供应链管理、透明性及责任，变更控制和配置管理，人力资源，如图 7.3 所示。

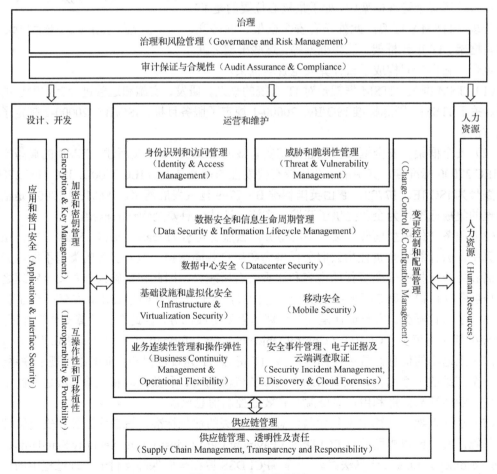

图 7.3　CCM 的控制域

其中，16 个控制域的控制措施在整体上可分为三类：

（1）对传统安全控制措施的沿袭：这类控制措施可以在传统安全控制（如 ISO/IEC 27001、NIST 800-53、COBIT 等）标准中找到相同或相似的控制要求，如 CCM 中人力资源安全（HRS）。

（2）对传统安全控制措施的扩充和具体化：对于这类控制措施，虽然在传统安全控制标准中可以找到相近条款，但是在 CCM 中对安全控制措施给出了具体化的要求。

（3）全新的控制措施：这类控制措施用于控制云计算所特有的风险，如 CCM 中互操作性和可移植性控制。

虽然，CCM 是在信息安全管理体系标准 ISO/IEC 27001 的基础上，结合云计算的特点，制定的云计算安全管理要求，但是它们之间也存在差异，具体如图 7.4 所示。

图 7.4　ISO/IEC 27001 与 CMM 的差异

ISO/IEC 27001 包含 14 个控制域（113 个控制项），旨在提高组织信息安全水平，保障业务连续性，缩减业务风险。CCM 包含 16 个控制域（133 个控制项），旨在帮助企业在信息安全管理体系的基础上构建云计算安全管理体系。两者在控制域方面，CCM 覆盖了 ISO/IEC 27001 的控制域，同时新增 2 个控制域，用于解决在不同云计算平台之间进行数据或业务迁移时所面临的安全问题。两者在安全控制措施上，CCM 将云安全控制内容分类细化，扩增了 20 项 ISO/IEC 27001 未要求的安全控制措施，进一步规范了组织的云计算安全管理范畴，用于指导组织构建云计算安全管理体系。目前 CCM 已成为云计算安全产业界公认的安全标准。

7.2.3 云计算安全管理能力评估模型

SSE-CMM（Systems Security Engineering Capability Maturity Model，SSE-CMM）[41]是国际认可的信息安全工程能力成熟度模型。C-STAR 模型是根据 GB/T 22080—2016 标准的要求，结合我国云计算的特点，由云安全联盟和赛宝认证中心联合开发的云计算安全管理能力成熟度模型。下面分别介绍信息安全工程能力成熟度模型（SSE-CMM）和云计算安全管理能力成熟度模型（C-STAR）。

7.2.3.1 SSE-CMM

SSE-CMM[17]是一种衡量安全工程实践能力的方法，也是一种面向工程过程的方法。第一版的 SSE-CMM 是在 1996 年 10 月公布的，并于 1997 年 4 月公布了第一版 SSE-CMM 评定方法[18]。

SSE-CMM 基于软件能力成熟度模型（CMM）对安全管理进行过程化，将安全工程划分为 11 个过程域，对应 5 个能力成熟度级别。其中，11 个过程域（PA）分别为管理安全控制、评估影响、评估风险、评估威胁、评估脆弱性、建立安全论据、协调安全性、监视安全态势、提供安全输入、确定安全需求、验证和证实安全性，这 11 个过程域又可分为三个基本的过程，分别为风险过程、工程过程、保证过程，通过上述三个基本过程共同实现安全工程所要达到的安全目标[19]。

（1）风险过程：该过程识别出企业所开发的产品或系统的危险性并对这些危险性进行优先级排序，风险过程包含的过程域有评估威胁、评估脆弱性、评估影响和评估风险。

（2）工程过程：该过程针对面临的风险，与其他工程一起确定和实施解决方案，工程过程包括的过程域有确定安全需求、提供安全输入、监视安全态势、管理安全控制和协调安全性。

（3）保证过程：该过程用来建立顾客对解决方案的信任，保证过程包括的过程域有验证和证实安全性，建立安全论据，以及风险过程和工程过程中的过程域。

11 个过程域对应 5 个能力成熟度级别，如表 7-5 所示[17]。

表 7.5　SSE-CMM 的能力成熟度级别

能力成熟度级别	级 别 描 述
1 级：非正式执行级	着重于一个组织或项目执行了包含基本实施的过程，特点是先实施再管理
2 级：计划和跟踪级	着重于项目层面的定义、计划和执行问题，特点是先理解项目过程，再定义组织层面的过程
3 级：充分定义级	着重于规范化地裁剪组织层面的过程定义，特点是以项目中所学的最好的东西来定义组织层面的过程
4 级：量化控制级	着重于与组织的业务目标相关联的量化和测量
5 级：连续改进级	着重于从前面的各级中获得持续发展，特点是以健全的管理实施、已定义的过程、可测量的目标为基础

SSE-CMM 定义了一个二维度量模型，用于分析过程域和能力级别的关系，进而度量组织完成工作的能力成熟度。SSE-CMM 过程域和能力级别的关系如图 7.5 所示，图中横轴指系统安全

工程的过程域，纵轴表示 5 个能力级别，通过图 7.5 可以将组织实施安全工程的能力成熟度形象地反映出来。这里需要注意的是，SSE-CMM 的能力级别是用来度量每个过程域的，因此基于每个过程域的能力级别也可以对整个系统安全工程中的风险过程、工程过程、保证过程进行能力成熟度级别的度量，从而间接反映整个系统安全的能力级别。

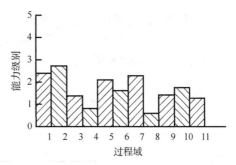

图 7.5　SSE-CMM 过程域和能力级别的关系

SSE-CMM 是规范系统安全工程过程的基本保证，在实际应用中，SSE-CMM 必须与每个组织的实际应用环境相结合。首先，SSE-CMM 应用不应推翻组织已有的开发过程，而是在已有开发过程的基础上进行持续改进；其次，管理者要充分重视，并且要求全员参与；最后，信息安全管理要实现自动化和信息化，以提高管理过程的效率。

7.2.3.2　STAR 与 C-STAR 模型

2013 年，云安全联盟（CSA）与英国标准协会（BSI）联合推出了 STAR[20]（Security、Trust and Assurance Registry）模型，该模型以 ISO/IEC 27001 为基础，结合云安全控制矩阵（CCM）的要求，运用 BSI 提供的成熟度模型和评估方法，从组织与利益相关方的沟通情况及利益相关方的参与度，云计算安全的管理策略、计划、流程和方法，云计算安全管理技术手段和管理能力，组织内部的管理职责划分、组织的领导与管理能力，对云计算平台的持续监督与测量 5 个维度，在国际范围内评估组织的云计算安全管理能力。

2014 年，CSA 与赛宝认证中心（CEPREI）结合中国的云计算，联合推出了 C-STAR 模型。C-STAR 主要参考《信息技术　安全技术　信息安全管理体系　要求》（GB/T 22080—2016）及 CSA 云安全控制矩阵（CCM）的要求，在 CCM 原有的 133 个控制项的基础上，增加了 29 个选自中国国家标准《信息安全技术　信息系统安全等级保护基本要求》（GB/T 22239—2008）和《信息安全技术　公共及商用服务信息系统个人信息保护指南》（GB/Z 28828—2012）的相关控制措施，旨在评估组织的云计算安全管理能力，并为被评估方的云计算安全管理体系的改进提供方向和指引。C-STAR 模型分为 6 个能力成熟度级别，如表 7.6 所示。

表 7.6　C-STAR 模型的能力成熟度级别

能力成熟度级别	级 别 描 述
0 级：未实施	云计算安全管理的控制措施不能被执行
1 级：基本执行	云计算安全管理的控制措施基本被执行，但控制措施的执行未经严格的计划和跟踪，组织工作的一致性、性能和质量存在不稳定性或不可重复性
2 级：计划和跟踪	注重标准管理的制度化，对云计算安全管理控制措施进行了良好的规划，使组织的信息安全管理工作有据可依
3 级：充分定义	严格实施管理体系所规定和要求的工作，并具有完整的实施记录
4 级：量化控制	对已定义的控制措施进行审查，并通过定性和定量的指标对管理实践的效果进行验证
5 级：持续改进	基于对管理实践效果的量化理解，对已定义的管理和标准进行不断改进和提高

C-STAR 模型依照中立性的原则对云服务的安全性进行评估,并充分运用信息安全管理体系的标准以及 CSA 发布的云安全控制矩阵(CCM),基于 CCM 的 16 个控制域开展安全评估,主要评估过程如图 7.6 所示。

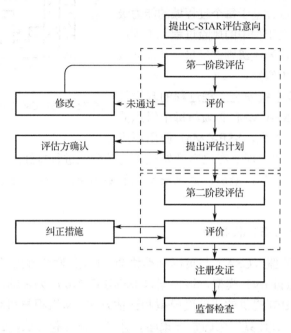

图 7.6　基于 C-STAR 模型开展云计算安全评估的流程

评估的流程[21]如下:

(1)提出 C-STAR 评估意向:组织向评估方提出评估申请,并向评估方提供评估所需的信息,对于多现场情况应说明各现场的认证范围、地址及人员分布等情况,评估方以抽样的方式对多现场进行审核。需要注意的是,组织在申请 C-STAR 评估前需要通过 ISO 27001 认证。

(2)第一阶段评估:进行文件审核并确认第二阶段审核准备的充分性,第一阶段评估通过后则提出第二阶段的评估计划,若评估不通过则组织应对评估内容进行修改,重新进行第一阶段评估。

(3)第二阶段评估:评估人员针对 CCM 的某一控制域,分析各条控制措施及与之关联的管理过程中的管理、测量和制度化程度,判定该控制措施是否满足某一能力成熟度级别要求,最后做出现场审核的结论,提出纠正措施。

(4)注册发证:评估人员填写注册推荐表并上交认证机构进行复审,合格后认证机构将编制并发放证书。

(5)监督检查:在证书有效期限内,认证机构对获证的组织进行监督审核,以保证该组织的云计算安全管理符合 CCM 的要求,且能够切实有效地运行。

其中,组织指云服务提供商,评估方指赛宝认证中心,评估人员指评估方内部具备评估资格的专业人员。

7.2.4　云计算安全管理流程

适用于 ISMS 过程的 PDCA 循环模型[22]如图 7.7 所示。

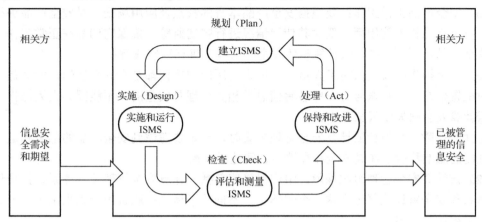

图 7.7　适用于 ISMS 过程的 PDCA 循环模型

在适用于 ISMS 过程的 PDCA 循环模型中，规划阶段需要建立 ISMS，即根据组织的整体方针和目标，规划出与控制风险、提高信息安全有关的安全方针、目标和过程；实施阶段需要按照已经规划出的安全管理过程，实施和运行 ISMS；检查阶段需要根据安全方针和目标，评估和测量 ISMS，并将结果提交给管理层，管理层对各项安全管理措施进行评审；处理阶段需要根据管理层的评审结果，纠正管理过程中的不足，并预防可能出现的问题，以保持或改进 ISMS。这四个阶段形成一个闭环，通过这个环的不断运转，ISMS 就能够得到持续的改进，使信息的安全性螺旋式地上升[42]。

PDCA 循环模型适用于所有的 ISMS 过程，云计算安全管理作为信息安全管理中的一个类型，同样可以按照"规划-实施-检查-处理"的流程来实施。

7.2.4.1　规划

在规划阶段，首先要规划出云计算安全管理体系的整体目标，为各项管理措施的制定和检查提供指导；其次要为云计算安全管理提供组织保障。

（1）云计算安全管理体系的整体目标。整体目标就是通过各项管理措施增强云计算的安全性，并且在安全性和性能之间达成平衡，如图 7.8 所示。

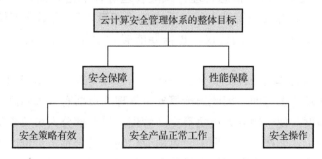

图 7.8　云计算安全管理体系的整体目标

① 安全保障：安全保障主要包括三个方面。

（a）安全策略有效：要严格按照已经制定好的安全策略进行管理，并在实施过程中验证安全策略的有效性。对不满足安全需求的策略，要及时进行修改或替换。

（b）安全产品正常工作：要根据安全产品本身的特点及应用场景，对安全产品进行合理配置；安全产品投入使用后，要对其使用情况进行密切监管，确保它们都在正常工作。对失效的安全产品，要在不影响云计算整体安全的前提下进行维修或替换。

（c）安全操作：要确保技术人员、管理人员所做的操作都是合规合法的，尤其是要切实保障对配置信息、用户账号等一些敏感信息的相关处理是安全的，不能因为人为操作失误而造成云计算安全缺失或云服务中断。

②性能保障：在设计云计算安全管理方案时，一定要考虑到安全产品的部署和运行对云服务性能的影响程度，在高安全和高性能之间达成平衡。

（2）云计算安全管理组织保障。组织保障应包括云计算安全管理领导体系、指导体系、管理体系和安全审计监督体系这四个子体系，不同的子体系的职责由专人来承担，云计算安全管理组织体系如图 7.9 所示。

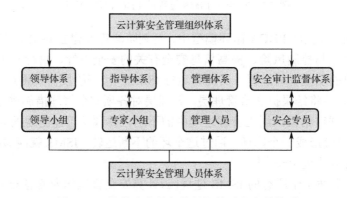

图 7.9　云计算安全管理的组织体系和人员体系

领导体系处于核心地位。领导小组负责制定、评审和批准云计算安全管理方针，启动云计算安全管理方案，引导云计算安全管理措施的实施[23]。此外，领导小组对指导体系、管理体系和安全审计监督体系的人员组成及权限分配有最终的决定权，控制着云计算安全管理人员体系中其他所有人的职能范围。

指导体系负责在云计算安全管理体系中提供方方面面的专业建议和指导，这些职责由来自法律、标准制定、人力资源、信息管理、风险管理等各个相关领域的专家组成的专家小组来承担。专家小组是云计算安全管理人员体系中的"智囊团"，既需要能够为领导小组提供关于管理目标、管理框架等宏观上的建议，也需要能够为管理人员和安全专员提供某一措施的具体实施方法。

管理体系负责实施具体的云计算安全管理措施，各项管理职责由管理人员来承担。由于云计算安全管理措施涉及许多方面，因此云计算安全管理人员要有合理明确的分工。可根据管理人员的数量和管理强度，使一部分人员负责资产管理，另一部分人员负责信息管理。这些人员又可进行更具体的分工，如在资产管理中，可由专门的人员分别负责资产采购、资产监督、资产维修等；在信息管理中，可由专门的人员分别负责信息收集、信息处理、信息上报等。

安全审计监督体系主要负责监督云计算安全管理流程中的各种操作和各个安全事件，获取有用的信息来评估云计算安全管理措施实施的充分性和协调性，这些职责由具有相关专业知识和一定经验的安全专员来承担。

7.2.4.2　实施

云计算安全管理体系如图 7.10 所示，云计算安全管理体系与技术体系相对应，可分为三层：物理安全管理、IT 架构安全管理、应用安全管理；数据安全管理贯穿云计算安全管理体系的三个层面。

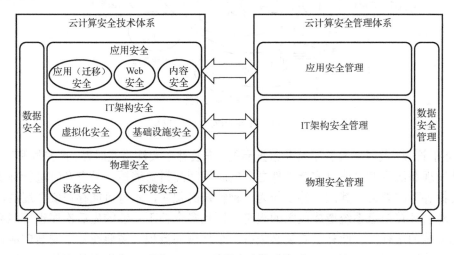

图 7.10　云计算安全管理体系

（1）物理安全管理。物理安全管理的目的是保障云计算数据中心周边环境的安全及云计算数据中心内部资产的安全，可分为资产的分类和管理、安全区域管理、设备管理、日常管理四个方面。

（2）IT 架构安全管理。IT 架构安全管理框架如图 7.11 所示，是从以下 8 个方面部署云计算安全管理措施的。

① 网络安全管理。需要合理部署防火墙、入侵检测系统（IDS）/入侵防护系统（IPS）、漏洞扫描及防病毒等设备，按照安全策略和网络连接规则对这些安全产品进行合理配置，并对它们进行统一管理。另外，网络安全产品的使用会在一定程度上影响网络性能，因此还需要在安全和性能之间做权衡，在必要情况下限制某些安全产品的功能。

② 安全测试和缺陷补救。云服务提供商应该对云计算平台进行周期性的安全测试，并将其记录成册。测试完成之后，应当立即把运行的信息从测试系统中删除。云服务提供商应制定完整的缺陷补救策略，尽可能地将缺陷带来的影响降到最低。

③ 配置信息管理。配置信息要使用配置管理数据库（CMDB）进行统一管理，并且要按照设备的功能、敏感度、重要性及其他性质将所有设备的配置信息进行分类管理。另外，还需要保留配置信息的副本，该副本应该包括服务器、交换机及所有主机的配置信息。

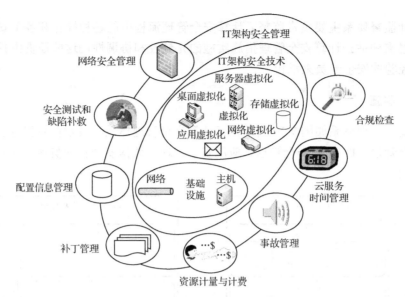

图 7.11　IT 架构安全管理框架

④ 补丁管理。及时安装补丁是非常重要的，安装补丁要注重及时性、严密性和有效性[24]。首先，从发现漏洞到产生信息安全事件之间的时间间隔日益缩短，只有及时进行补丁安装才能充分发挥补丁的效力；其次，补丁作为一种特殊的程序，本身可能存在安全漏洞，这些漏洞可能会对云计算信息系统造成巨大的损害，而且多个补丁安装的先后次序也可能会影响云计算信息系统的运行，因此补丁安装必须有一个严格的流程，需要在补丁安装前测试补丁的安全性，并按照合理的顺序对多个补丁进行安装；此外，还需要根据补丁的作用和使用范围对补丁进行合理部署，并且要及时对补丁进行更新，确保补丁的有效性。为了将补丁安装对系统的安全性和性能的影响降到最低，各种软件和系统产品的开发、测试、上线环境与对其进行补丁管理的环境要分离。

⑤ 资源计量与计费。在弹性云服务中，云服务提供商是根据用户存储的数据量、存储时间长短、用户访问数据产生的流量多少来计费的，因此关于存储、访问等操作的详细计费标准都应在云服务等级协定（SLA）中有明确规定，并得到云服务提供商和用户的认可。另外，云服务提供商需对用户存储的数据量、存储时间、访问流量有一个详细的记录，依照用户的操作轨迹追踪存储数据量的变化，依照云中的标准时间记录数据的存储时间，使用流量检测设备记录用户的访问流量，根据这些信息向用户提供相关收费账单。这些信息还应被存储起来，便于用户以后进行审查。

⑥ 事故管理。云服务提供商要能够高效地处理事故，限制事故的影响。另外，还需要对事故管理过程进行记录并进行周期性的检查，一方面需要复验事故日志，确保故障得到满意的解决；另一方面需要检查改进措施是否有效。

⑦ 云服务时间管理。系统操作和系统日志的准确性都要依赖于云服务平台中时间的准确性，因此云服务中所有相关信息处理设施的时间应该使用已设置好的精确时钟源进行同步。使用何种时钟源应由云服务提供商和用户在 SLA 中商议好，如统一使用世界标准时间（UTC）或本地标准时间，以免发生纠纷。云服务提供商可通过使用网络时间协议（NTP）获得准确的时间，对云服务平台中的时间进行核查和校准。

⑧ 合规检查。云服务提供商要定期对 IT 架构内部的基础设施、人员操作、管理措施和制度等进行检查，保证设备正常运行、人员操作正确合规，确保管理措施和制度既满足相关法律法规的要求，又满足相关标准的要求，且满足 SLA 的规定和企业内部各项规章制度的要求。

（3）应用安全管理。应用安全管理的主要目标是对用户的身份和权限进行管理，防止非授权的访问和操作，并防止不良信息的传播。可从身份管理、权限管理、策略管理和内容管理四个方面部署管理措施。

① 身份管理。需要从身份信息的采集、存储和处理这三个方面来进行身份管理。首先，云服务需要由人来注册和注销程序，根据人员类别对云服务涉及的云服务管理人员、用户等在内的所有人员进行信息采集，且为了提升安全性，对云服务提供商内部人员的信息采集要更加严格。在用户注册时，云服务提供商要对用户设定的口令进行检测，若口令不具有一定的安全强度，则提示让用户重置口令。其次，云服务提供商要安全存储身份信息，最好对云服务提供商内部人员和用户的身份信息进行隔离；用户也需保管好自己的身份信息，不要泄露或丢失。最后，云服务提供商要提供账户信息找回功能，使得用户能够找回遗忘的账户信息。

② 权限管理。权限管理是为了给云服务的各个参与者分配合理的权限，防止权限过于宽松而威胁到云服务的安全性，也防止权限过于严格而影响到云服务的正常使用。可实行"最小特权"原则，即云服务中的每个参与者被授予完成自身工作所需的最小的系统资源和权限，以限制因安全事故、欺诈或非授权行为而造成的损害；还可实行"权限分离"原则，使某个特定的敏感活动的完成或对敏感对象的访问要满足多个条件，从而使得多个参与者必须合谋才能进行非授权访问[25]；还可对云服务提供商内部人员实行职责分离，尽量将不同的工作岗位分派给不同的人来担任，通过合理的组织分工来达到相互牵制、相互监督的目的。

③ 策略管理。实施有效的访问控制策略管理能有效防止非授权访问的发生，包含在授权数据库中的访问控制策略用来指出什么类型的访问在什么情况下被谁允许[26]。自主访问控制（DAC）基于请求者的身份和访问规则来控制访问，因此云服务提供商一般要存储访问控制表（ACL），访问控制表列出了可对某资源进行访问的用户、用户组及其被允许的访问权；强制访问控制（MAC）通过比较请求者的安全许可信息（表明请求者有权限访问哪个密级的资源）和资源的安全标记信息（表明受控资源的密级）来控制访问，因此云服务提供商要存储用户的安全许可信息和资源的安全标记信息；基于角色的访问控制（RBAC）基于用户具有的角色和该角色具有的权限来控制访问，因此云服务提供商要存储 RBAC 访问控制矩阵，该矩阵既描述了用户和角色之间的对应关系，也描述了角色对各个资源具有什么样的访问权。云服务提供商要能够安全存储各个访问控制策略，并且根据用户、资源的增减及访问权限的变化来及时修改访问控制策略。

④ 内容管理。内容管理是为了监测云应用中是否有不规范行为的产生和不良信息的传播。一方面需要对各种云应用进行审计，审查资源使用情况和用户访问情况是否出现异常；另一方面需要进行网络审计，审查通过网络出入云应用的文本、音频、视频等信息的内容是否合规合法。在进行内容管理时需要记录关于异常操作、不良信息传播等信息安全事件的审计日志，并对日志信息加以保护，防止被篡改和非授权访问；发现信息安全事件之后需要及时制定和实施改进措施，并周期性地对日志信息进行审查，确认改进措施是否有效、是否带

来了新的风险等。

（4）数据安全管理。数据安全管理的有效性依赖于云计算安全管理体系的有效性，涉及云计算平台的各个层面，设备的丢失、安全区域的非授权访问、网络攻击、系统安全漏洞等都会严重威胁到数据的安全性，因此数据安全管理实质上是对整个云服务平台的安全管理。另外，虽然数据存储在云端，由云服务提供商进行管理，但用户作为云服务交互中的一个重要参与方，仍然要承担一部分的数据安全责任，因此数据安全管理需要由用户和云服务提供商共同参与。

数据加密是确保数据安全的一种最直接、最有效的方法，若假设云服务平台中其他层面的安全管理措施都是切实有效的，则在数据安全管理层面，需要考虑的主要是密钥管理问题。密钥管理是整个加密系统中最薄弱的环节，密钥的泄露将直接导致明文内容的泄露，从密钥管理中的漏洞入手来窃取机密所花费的代价要比采用技术手段来破译密码所花费的代价小得多，所以做好密钥管理至关重要[42]。

对于密钥管理，一方面，用户和云服务提供商需要通过安全管理措施来保障密钥在整个生存周期的安全性，因而密钥管理是信息安全管理体系中的一部分；另一方面，密钥管理中也涉及许多数据加密技术，因而密钥管理又是信息安全技术体系中的一部分。这里侧重于从管理的角度来进行密钥管理。

如果一直使用同一个密钥对大量的敏感信息进行加密，会使攻击者收集到足够多的和该密钥对应的密文，并有足够多的时间对这些密文进行分析，得出其中的敏感信息甚至获取密钥信息，因此为了保护数据安全，所有的密钥都应该有生存周期，密钥管理也就是对密钥生存周期内的密钥产生、使用、撤销和管理审核阶段进行管理。

① 密钥产生：应产生用于特定密码系统和特定应用的密钥，即指定密钥的合法使用范围。在产生密钥时应规定密钥的激活日期和解除激活日期，使它们只能用于有限的时间段，时间段应该根据密钥所针对的明文信息的敏感度及密文存储环境的安全性而定。此外，不论以手工方式还是以自动方式产生密钥，必须保证密钥产生环境的安全性，防止对密钥的非授权访问；密钥的随机性应足够好，以防范字典攻击；密钥的长度也应足够长，以防范穷举攻击。

② 密钥使用：必须合理选择密钥的存储方式，使得授权用户可以便捷地使用密钥，并防止非授权用户窃取密钥。另外，需要确保打算用于某种目的的密钥不能和用于另一种目的的密钥交替使用，这可以通过绑定密钥的某些属性和密钥的合法使用范围来实现。

③ 密钥撤销：若密钥已损坏，或怀疑密钥信息已被非法获取，或用户不再使用云服务时，对应的密钥应被撤销，但被撤销的密钥必须归档。

④ 密钥管理审核：需要记录、审核密钥生存周期内和密钥管理相关的所有活动，发现可能存在的风险并及时改善。

仅仅依靠管理措施是无法进行密钥管理的，在密钥生存周期内的各个阶段，都需要采取相应的技术来切实保障密钥的安全性。

7.2.4.3 检查

对云计算安全管理体系的检查主要从以下三方面进行，如图7.12所示。

（1）检查是否符合法律要求。云计算安全管理体系的设计、实施会受到法律法规的限制，也会受到云服务提供商和用户之间签订的SLA的约束。在实施一些云计算安全管理措施时不可避免地要对一些信息进行监控和处理，因此要检查这些措施是否触犯了法律法规或 SLA 中对个人隐私保护的相关要求。要特别注意的是，如果在信息处理过程中发生了数据跨境流动，就需要全面考察涉及的所有地区的相关法律，因为不同地区对数据跨境流动的规定差别很大。另外，进行云计算安全管理的过程中可能需要安装一些软件，为了不触犯知识产权保护的相关法律规定，需对已安装的所有软件进行核查，确保它们都是已授权的。

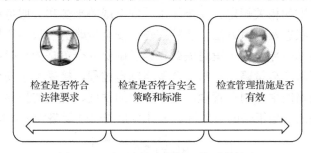

检查是否符合法律要求　　检查是否符合安全策略和标准　　检查管理措施是否有效

图 7.12　对云计算安全管理体系的检查

（2）检查是否符合安全策略和标准。要参照相关的信息安全管理实施标准，检查云计算安全管理体系的目标是否合理，组织保障是否全面，责任划分是否清晰。需要重点检查云计算安全管理的各项措施是否符合标准中的要求，如对敏感度不同的数据、重要性不同的设备是否实施了不同等级的管理措施，不同区域的访问控制措施是否能达到相应的安全性需求，安全事件的发现、告警、处理、核查机制是否全面合理等。

（3）检查管理措施是否有效。为了检查管理措施是否有效，最简单的方法就是查看安全事故的相关记录，分析这些事故是不是因为管理措施中的漏洞或者管理缺失引起的，如果不是，则可以认为管理措施是比较有效的。但通过这种方式得出的结论是片面的，为了比较全面地审查管理措施是否有效，可以由有经验的系统工程师对云服务平台进行渗透测试或脆弱性评估，检查在各种模拟的攻击场景下管理措施是否一直有效。由于渗透测试和脆弱性评估可能损害云计算平台的安全，因此在进行测试之前需要有严密的计划，并在实施时需格外小心。

7.2.4.4　处理

在云计算安全管理流程的处理阶段，需要根据检查阶段生成的审查记录纠正管理过程中的不足，并预防可能出现的问题。改进过程需向专业人员进行咨询，如果云计算安全管理体系不符合法律法规的要求，则需要咨询有经验的法律顾问或法律从业人员，获取改进建议；如果不符合相关标准的要求，则需要咨询专门从事该标准研究工作的研究人员；如果管理措施存在不足，则需要咨询安全管理人员或信息安全领域有经验的技术人员，根据他们的建议来改进或增加管理措施。另外，该阶段做出的所有改进措施都应有详细的记录，且该记录需要和审查记录一一对应，以便于核实改进措施是否有效。

7.3　云计算业务安全重点领域分析

为了保证云计算业务的连续性，除了参考一些安全管理模型和制定云计算安全管理流程，还需对云计算重点领域进行分析与部署，在每个领域中部署全面的云计算安全管理措施并进行统一管理，从而提升整个云计算安全管理体系的效能。

7.3.1 全局安全策略管理

安全策略的管理要注重安全策略的制定和安全策略的执行这两个方面。在制定安全策略时，需要根据法律标准的相关规定、安全需求、安全威胁来源和云服务提供商的管理能力来定义安全对象、安全状态及应对方法；要特别注意安全策略的一致性和协作性，安全策略之间不能相互冲突，否则会导致安全策略失效。为了确保安全策略的正确执行，每个云计算安全管理人员都需要了解安全策略、参与安全策略制定过程、接受关于安全策略的系统培训。另外，要进行安全策略的生命周期管理，随着技术的发展、时间的推移，安全策略要不断地进行更新和调整，保证安全策略的有效性。云计算全局安全策略管理如图 7.13 所示。

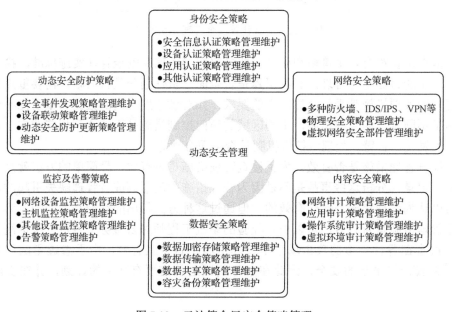

图 7.13　云计算全局安全策略管理

（1）身份安全策略。在云计算信息系统中，安全区域只允许授权用户进入，供应水电的基础设施、存储数据的存储设施、信息处理设备、安全设备只能由授权用户进行管理、检查、维修和处理，云应用只能由授权用户访问。在云计算信息系统中，身份认证和访问控制无处不在，因此必须对身份安全策略进行管理。进行身份认证可以采取不同的策略，如通过口令、证书等安全信息进行身份认证，通过 IC 卡、令牌等设备进行身份认证，通过数字签名、生物识别等技术进行身份认证；在单点登录技术中，用户只需登录一次就可访问所有相互信任的云应用，此时是通过应用进行身份认证的。在身份安全策略管理中，必须针对不同的应用场景和安全要求制定不同的身份认证策略，并对这些策略进行统一的管理维护。

（2）网络安全策略。网络安全管理依赖于防火墙、IDS/IPS、漏洞扫描设备、防病毒设备等功能各异的网络安全设备，在网络安全策略管理中，需要对不同类型的网络安全设备制定不同的配置和管理策略；还需要制定一个全局的网络安全管理策略来对所有的网络安全设备进行统一管理，使它们通过协同作用来发挥更强的安全功能；另外，还需要制定网络系统中各种基础设施的物理安全管理策略，以全面保障网络系统的安全。

（3）内容安全策略。内容安全可通过安全审计技术来保障，在内容安全策略管理中，需要制定网络审计策略，对出入云应用的文本、音/视频流量进行内容审计，确保其合规合法；需要制定应用审计策略，对云应用做全面审计，包括各个应用的资源使用情况和访问情况等；需要制定操作系统审计策略，监督和记录系统中运行的进程及用户进行的各种操作；还需要制定虚拟环境审计策略，对虚拟机创建、启动、迁移和销毁事件进行记录。

（4）数据安全策略。保障数据机密性最简单有效的方法就是数据加密，加密算法主要有对称密码和非对称密码两类，每类都包括许多算法实例。加密可通过硬件加密、软件加密、网络加密等多种方法实现[43]。采用不同的加密算法和加密方法对数据进行加密后，密文的安全级别也会有所不同，因此在数据安全策略管理中，需要制定数据加密策略，为敏感度不同的存储数据和传输数据制定不同的加密算法和加密方法；还需要制定密钥管理策略，切实保障密钥安全。为满足多用户间交流沟通、互通有无的需要，一些数据需要在多用户间共享，因此在数据安全策略管理中，还需要制定数据共享安全策略，控制数据的共享范围、控制共享用户的权限。另外，还需要制定容灾备份策略，防止由于自然灾害、设备故障、人为攻击等导致数据丢失。

（5）监控及告警策略。监控对象不同，监控重点、监控流程、监控方法和监控工具就有所不同，因此在监控策略管理中，需要针对不同的监控对象制定不同的监控策略，主要包括安全区域监控策略、网络资源监控策略、主机资源监控策略、虚拟环境监控策略等。另外，监控策略不同，在监控到安全事件之后进行告警的方式也有所不同，因此不同的监控策略应对应着不同的告警策略。

（6）动态安全防护策略。云计算是一个动态的环境，时刻都有用户访问、数据迁移，云计算信息系统的规模也在持续性地发生变化，因此必须制定动态安全防护策略，使各种类型的安全事件能及时被发现、上报和处理，使安全系统的安全保障强度不因用户数量的增加或安全设备的减少而降低，使新的安全设备接入后能迅速地和其他安全设备联合起来共同作用，使各种安全策略能够随着技术的发展和云计算信息系统规模的变化而得到合理的更新。

7.3.2 安全监控与告警

安全监控与告警涉及云服务平台的各个层面，如图 7.14 所示。

（1）安全区域监控：云服务提供商要在安全区域部署摄像头，通过监控人员访问及人为操作情况来确保设备的安全和正常运行。

（2）网络资源监控：一般要在云计算信息系统中的各个层面部署防火墙、VPN、IDS/IPS 或其他网络安全设备，以便监控云计算信息系统内部的网络资源；要在外部网络与云计算信息系统、用户终端的接口处部署相关的网络安全设备，以便监控通过外部网络进入云端、用户端以及从云端、用户端流向外部网络的信息。管理人员要对网络安全设备进行统一管

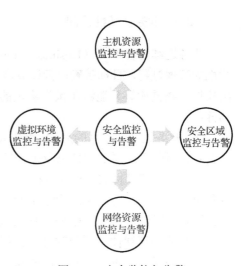

图 7.14　安全监控与告警

理，确保其正常运行。

（3）虚拟环境监控：云服务提供商要重点对 Hypervisor、虚拟机进行监控。在对 Hypervisor 进行监控时，要特别关注 Hypervisor 中是否存在非授权访问现象，是否存在 Rootkit、VM Escape 攻击等。在对虚拟机进行监控时，要特别关注虚拟机的创建、启动、迁移和销毁的过程。

（4）主机资源监控：主机资源监控包括用户访问监控、用户操作监控、进程监控等。

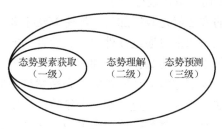

图 7.15　安全态势感知的三级模型

基于上述各种监控的需求，为了动态反映云计算全局安全状况并对安全发展趋势进行预测，安全态势感知技术得到广泛应用，该技术一方面可对网络攻击和异常行为进行实时监控和预警，另一方面可对网络安全发展趋势进行预测。安全态势感知的三级模型如图 7.15 所示[27]。

（1）态势要素获取：在云计算信息系统中，态势要素获取的来源包括服务器设备、网络设备、存储设备、网络安全设备（如防火墙、入侵检测设备等）及各种安全类软件，通过对上述软硬件设备的关键数据进行实时采集、处理与分析，可获取关键的态势要素。

（2）态势理解：态势理解是指在充分考虑云计算中各种网络设备运行状况、网络行为以及用户行为等因素的前提下，对态势要素进行融合、关联分析，并借助数学模型进行分析后，综合评价云计算信息系统的安全状态。态势理解有利于管理员制定及时有效的防护措施，是云网络安全态势感知的核心环节[27]。

（3）态势预测：云计算态势预测主要建立在态势理解的基础上，通过结合历史数据和当前的网络状态，利用相关的技术手段来有效地预测网络未来的发展趋势[27]。

基于上述模型，可构建安全态势感知平台，取代传统普遍采用的"辅助工具+人工"的云计算安全管理方式。通过使用安全态势感知平台，能够适应云计算信息系统中资产的动态变化，为云计算平台的管理提供整体安全态势，便于安全管理人员进行有效决策，增强云计算安全管理的有效性[28]。

7.3.3　业务连续性管理

业务连续性管理[29]（Business Continuity Management，BCM）是支持整个云计算业务连续性的管理过程，目标是确保云计算所需的 IT 技术和服务设施（包括计算机系统、网络、应用软件、数据库等）能够在预先协定的时间内恢复服务。业务连续性管理包括以下五个关键部分：

（1）业务连续性项目的启动。首先要确定业务连续性计划（Business Continuity Plan，BCP）是否获得组织管理层的支持以及是否符合时间和预算的限制。

（2）业务连续性的风险评估和控制。风险评估是预案编制的基础，首先需要识别可能造成业务中断的灾害、具有负面影响的事件、周边的环境因素，以及事件可能造成的损失。完成风险识别后，还要分析这些风险对组织业务的影响程度，并对这些影响进行定量和定性分析。

（3）业务连续性计划的制订。该部分进行设计、制订和实施业务连续性计划，以便在目标时间内完成业务恢复。业务连续性计划包括应急响应的运作步骤以及各种预案，一个 BCP 必须周期性地进行检查和维护，一旦有新的系统、新的业务流程或者新的商业行动计划加入，就需要重新对 BCP 进行修改[44]。

（4）业务连续性计划的测试、演练和实施。结合网络与信息安全应急预案管理要求，每年应对业务连续性计划进行一次演练，通过演练来检测业务连续性计划对灾难的应对成效。在业务环境发生重大变更时，需要对业务连续性计划的可用性和服务连续性进行测试，确保业务连续性计划的适用性[45]。

（5）业务连续性计划的维护与更新。对演练的结果进行记录和评估，找出 BCP 存在的问题，并制定新的措施以维持其连续性能力[45]。

组织或企业启动业务连续性管理，使管理人员能够主动识别运行风险，对风险进行评估，从而及时规避风险，并能够对重大中断事故及时响应；同时，在业务连续性计划的测试、演练和实施中，管理人员应能够判断业务连续性计划的有效性和适用性，确保应急措施的有效实施，使得在灾难发生时，可以在目标时间内快速恢复业务。

在云计算中，保障云计算业务连续性的一个重要手段就是容灾备份[30]。云计算一般采用"两地三中心"的容灾方式，即同城双中心（云计算数据中心、同城备份中心），异地备份中心。目前，很多组织或企业都借鉴两地三中心的思想，采用三个数据中心同时工作的模式。一方面，这种模式处理业务效率高，同时能够减少数据迁移的成本；另一方面，当一个数据中心发生中断，另外两个数据中心仍能正常工作，可避免在灾难发生后由于数据的紧急迁移而造成的数据丢失，同时也可规避由于地震、洪水等自然灾害带来的风险。

7.3.4　事件响应管理

为了尽可能地降低安全事故对云服务的影响，减少云服务提供商和用户的损失，需要对事故响应有一个清晰的管理流程[46]。一方面需要确保信息安全事故发生后能够迅速上报给相关人员，另一方面需要确保相关人员收到关于信息安全事故的报告后能够有效地进行处理。

（1）安全事故的上报。为了能够有序、快捷地上报安全事故，需要设立多级联系点，每级的联系点都由一些特定的管理人员组成。底层的联系点中的每个管理人员负责一个特定的区域，上层的联系点中的每个管理人员负责下一层联系点中的某些管理人员。需要确保云计算信息系统中的每个成员都明确在安全事故发生后应上报给哪个联系点，并确保所有联系点一直保持可用并能提供充分且及时的响应。

为了能够准确地上报安全事故，需要一个详细的报告规程来规定安全事故上报的相关事宜。报告规程中需要制定适当的反馈过程，以确保在信息安全事故处理完成后，能够将处理结果通知给事故报告人；需要指定安全事故报告单的内容要求，以帮助报告人员完整地记录安全事故中所有的必要信息；需要规定安全事故发生后应该采取的行为，包括立即记录所有重要的细节（如安全事故的类型、出现的故障等）、不要采取任何个人行动、要立即向联系点报告等。

（2）安全事故的处理。为了能够快速、有效和有序地处理安全事故，需要制定一个完整的安全事故处理规程。安全事故处理规程应对安全事故进行分类，包括系统故障、恶意代码运行、拒绝服务、数据泄露、信息丢失等类型，并针对不同类型的安全事故制定不同的处理方案。处理规程中除了需包含正常的应急计划，还应该包括事故原因的分析和确定方法、遏制事故影响扩大的策略、防止事故再次发生的纠正措施、事故处理过程的上报机制等。在安全事故的处理过程中，采取的所有应急措施都应该详细地写入文件中并保存下来，应急措施要以有序的方式向管理者报告并由管理者进行评审。

云计算中的某些安全事故可能会波及多个国家，为了响应这样的事故，云服务提供商需要及时和政府部门及相关组织进行沟通，共同商定出安全事故的处理方案。

（3）安全事故的总结。安全事故处理完成后，需要对安全事故报告单、事故处理报告单中的信息进行总结分析，发现技术和管理上可能存在的漏洞并及时纠正，以降低类似安全事故发生的概率。从已发生的安全事故中获取的信息也可用来识别该类型安全事故发生的征兆和特点，以及时阻止类似的安全事故的发生或减弱事故发生后造成的损害。

（4）证据的收集。当一个安全事故涉及诉讼，需要进一步对个人或组织进行起诉时，就需要收集、保留和呈递证据。收集的证据必须能够在法庭上使用，且质量和完备性需得到保障。如果收集到的证据是纸质文件，则需要记录该文件被谁发现、在哪儿被发现、什么时候被发现、谁来证明这个发现等信息，且文件的原稿和相关记录都应被安全保存。如果收集到的证据是计算机介质上的信息，则需要使用可移动介质保存该信息的镜像或副本，以确保其可用性；原始的介质和日志（如果这是不可能的，则至少要有一个镜像或副本）需要被安全保存且不能被更改。为保证证据的质量和完备性，任何法律取证工作需要仅在证据材料的副本上进行；证据的复制需要在可信赖人员的监督下进行，且需要将关于复制过程执行时间、地点、人员、工具和程序的相关信息记录下来。

整个事件响应过程涉及多种工作内容，按角色可划分为 5 个功能小组[31]：事件响应领导小组、事件响应技术保障小组、事件响应专家小组、事件响应实施小组和事件响应日常运行小组，各小组应承担相应的职责，确保事件响应及时准备，保障云计算信息系统稳定运行。

7.3.5　人员管理

在云服务中，用户数据都存储在云服务提供商处，如果云服务提供商的内部人员进行恶意攻击、非授权访问，或由于信息安全意识薄弱而频频进行一些不安全操作，将会严重威胁用户的数据与隐私安全。在云计算中，人员管理可分为任用前、任用中和任用的终止或变更三个阶段，每个阶段又可分为若干个方面进行管理，具体如图 7.16 所示。

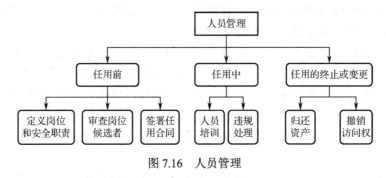

图 7.16　人员管理

（1）任用前。在人员任用前，云服务提供商应对组织内部需要哪些岗位及这些岗位要承担哪些安全职责进行清晰的定义，并依据相关法律法规、道德规范对所有的岗位候选者的身份、学术专业资质等进行真实性审查，云服务提供商在最后正式任用某个岗位候选者之前应使该人员了解、同意并签署任用合同。

（2）任用中。在人员任职期间，云服务提供商应组织培训，介绍任职人员职责范围内涉及的信息安全的相关规定，培养他们的信息安全意识。同时，云服务提供商还应该规范违规惩治措施，对于严重的明知故犯的违规人员，应立即免职、删除访问权和特殊权限。

（3）任用的终止和变更。在人员任用终止或变更过程中，云服务提供商应要求所有的人员在任用终止时归还他们使用的所有资产，并删除或改变相应的物理和逻辑访问权限，包括 ID 卡、密钥、签名、口令等，并要将相关的身份信息从员工信息中删除。

7.4　小结

本章从信息安全管理、云计算安全管理、云计算业务安全重点领域分析三个方面对云计算的业务安全进行了阐述。

针对信息安全管理，本章从信息安全管理标准、信息安全管理方法和模型两方面进行了详细的分析。首先，从总体标准、最佳实践标准和实际实施标准三个方面对国内外信息安全管理标准进行了详细介绍。其次，从方法和模型两方面对信息安全管理进行了介绍，其中，信息安全管理方法包括信息安全管理体系和信息安全等级保护两部分，为信息安全管理提供了标准规范；信息安全管理模型包括 CERT-RMM 和 ISMS 成熟度模型，为信息安全管理提供了管理能力评估模型。

在云计算安全管理方面，本章从云计算安全管理框架、云计算安全管理模型、云计算安全管理能力评估模型和云计算安全管理流程四个方面进行了详细介绍。其中，云计算安全管理框架包括 ITSM 框架、安全框架、服务交付模型框架、IT 审计框架和法律框架，通过多种安全框架融合，以应对复杂的云计算；云安全控制矩阵（CCM）是云计算的安全管理模型，是 ISO/IEC 27001 标准的细化和扩展，可指导云供应商和云用户评估云服务的风险；云计算安全管理能力评估模型包括 SSE-CMM 和 C-STAR 模型，可帮助组织对云计算安全管理能力进行评估；云计算安全管理流程的设计参考 PDCA 循环模型，包括"规划-实施-检查-处理"四个步骤，有层次地对云计算进行安全管理。

在云计算业务安全重点领域分析方面，本章从全局安全策略管理、安全监控与告警、业务连续性管理、事件响应管理以及人员管理五个方面进行了全面的分析。其中，全局安全策略管理从身份安全策略、网络安全策略、数据安全策略、数据安全、监控及告警策略和动态安全防护策略六个方面对云计算进行全局、动态的安全管理；安全监控与告警通过安全区域监控、网络资源监控、虚拟环境监控、主机资源监控四个方面对云计算安全事件进行监控和告警，并通过安全态势感知技术对网络安全态势进行预测，能够有效避免严重安全事故的发生，保障云计算信息系统的可用性；业务连续性管理包括五个关键过程，分别为业务连续性项目的启动，业务连续性的风险评估和控制，业务连续性计划的制订，业务连续性计划的测试、演练和实施，业务连续性计划的维护与更新，为安全管理人员进行业务连续性管理提供了一套系统的方案；事件响应管理是保障业务连续性的重要方法，包括安全事故的上报、安全事故的处理、对安全事故的总结和证据的收集 4 个阶段，整个事件响应过程划分为 5 个功能小组：事件响应领导小组、事件响应技术保障小组、事件响应专家小组、事件响应实施小组和事件响应日常运行小组；人员管理关系到所有内部人员是否能够合规合法地进行各项操作，对云计算安全有极大的影响，包括任用前、任用中、任用的终止或变更 3 个阶段。

云计算安全管理是保障云计算业务安全的重要措施，涉及云计算信息系统的各个方面，只有合理规划，正确实施，全面检查和有效改进，才能构建一个完整、可靠的云计算安全管理体系，才能与云计算安全技术结合起来全面维护云计算的业务安全。

习题 7

一、选择题

（1）信息安全管理体系是指_____。

（A）网络维护人员的组织体系

（B）信息系统的安全设施体系

（C）防火墙等设备、设施构建的安全体系

（D）组织建立信息安全方针和目标并实现这些目标的体系

参考答案：D

（2）信息安全管理体系的指导方针不包括_____。

（A）投入产出均衡，把控管理力度 （B）技术管理并重，综合管控风险

（C）提高风险意识，推动全员参与 （D）持续完善体系，实现自主可控

参考答案：A

（3）根据《信息安全等级保护管理办法》的要求，_____及以上信息系统受到侵害时可能会影响国家安全。

（A）一级 （B）二级 （C）三级 （D）四级

参考答案：C

（4）CERT-RMM 包括_____个过程域，覆盖运营恢复能力管理的_____个方面及_____类运营资产，每一个过程域又包括_____个能力级别。

（A）26，4，4，4 （B）26，4，5，5

（C）25，4，4，4 （D）25，4，5，5

参考答案：A

（5）ISMS 成熟度模型进行了_____级分层，强调_____在信息资产安全管理中的角色，以帮助组织更好地判断其在信息安全管理方面真实的能力与水平。

（A）九，风险管理 （B）九，组织文化

（C）五，风险管理 （D）五，组织文化

参考答案：B

（6）下列_____不属于 ISO/IEC 27002 的 14 个域。

（A）信息安全事件管理 （B）信息风险管理

（C）资产管理 （D）信息安全组织

参考答案：B

（7）下列_____不属于云安全控制矩阵（CCM）的 16 个域。

（A）人力资源 （B）加密与密钥管理

（C）治理和风险管理 （D）物理和环境安全

参考答案：D

（8）关于 SSE-CMM 的描述，错误的是_____。

（A）第一版 SSE-CMM 模型是在 1996 年 10 月公布的，并在 1997 年 4 月公布了第一版 SSE-CMM 评定方法

（B）SSE-CMM 分为 6 个能力级别

（C）SSE-CMM 将安全工程过程划分为三类：风险过程、工程过程和保证过程

（D）SSE-CMM 的最高能力级别是量化控制级

参考答案：D

（9）C-STAR 针对 OCF 的第_____级开展评估，将云计算安全管理能力成熟度划分为_____个等级

（A）二，6　　　　　（B）三，4　　　　　（C）三，6　　　　　（D）二，4

参考答案：A

（10）关于云计算安全管理，下列说法错误的是_____。

（A）云计算安全管理流程的设计基于 PDCA 循环模型，按照"规划-实施-检查-处理"的流程来实施

（B）云计算安全管理流程的实施阶段需要按照已经规划出的安全管理过程，实施和运行各项安全管理措施

（C）云计算安全管理的主要目标是通过各项管理措施增强云服务的安全性，并且在安全性和性能之间达到平衡

（D）PDCA 循环由美国质量管理专家戴明于 1930 年构想出来，适用于所有 ISMS 过程

参考答案：D

（11）下列说法错误的是_____。

（A）安全策略管理是全局性、动态性的，要不断地进行更新和调整，保证安全策略的有效性

（B）在云计算信息系统中，非授权用户可以进入安全区域并管理安全设备

（C）监控对象不同，监控重点、监控流程、监控方法和监控工具就有所不同

（D）在单点登录方案中，用户只需登录一次就可访问所有相互信任的云应用，此时是通过应用进行身份认证的

参考答案：B

（12）对于安全监控与告警，下列说法错误的是_____。

（A）安全监控与告警通过安全区域监控、网络资源监控、虚拟环境监控、主机资源监控四个方面对云计算安全事件进行监控和告警

（B）安全态势感知的三级模型是指态势要素获取、态势理解和态势预测

（C）当云计算告警系统检测到异常时，只需向云端发出警报

（D）主机资源监控包括用户访问监控、用户操作监控、进程监控

参考答案：C

（13）对于业务连续性管理，下列说法错误的是_____。

（A）在业务连续性项目启动阶段，首先要识别和评估风险

（B）业务连续性计划要周期性地进行检查和维护

（C）要对业务连续性计划的演练结果进行记录和评估，找出业务连续性计划存在的问题

（D）容灾备份是保障云计算业务连续性的一个重要手段

参考答案：A

（14）对于事件响应管理，下列说法错误的是_____。

（A）整个事件响应过程划分为 5 个功能小组，事件响应领导小组、事件响应技术保障小组、事件响应专家小组、事件响应实施小组和事件响应日常运行小组

（B）事件响应管理包括安全事故的上报、安全事故的处理、对安全事故的总结和证据的收集 4 个阶段

（C）事件响应领导小组的职责是领导和决策事件响应的重大事宜，对重大云计算安全事件进行评估

（D）安全事故处理完成后，需要对安全事故报告单、事故处理报告单中的信息进行总结分析，发现技术和管理上可能存在的漏洞并及时纠正

参考答案：C

（15）对于人员管理，下列说法错误的是_____。

（A）云服务提供商要对组织内部需要哪些岗位及这些岗位要承担的安全职责进行清晰的定义

（B）云服务提供商无须对岗位候选者进行资格审查

（C）云服务提供商要对员工进行信息安全的相关培训

（D）在员工任用期满或意外终止之后，云服务提供商要将该员工的身份信息从员工信息中删除

参考答案：B

二、简答题

（1）什么是信息安全管理体系（ISMS）？

（2）信息系统安全保护等级的定级要素是什么？

（3）简述 CERT-RMM 覆盖的运营恢复能力管理的 4 个方面和 4 类运营资产，以及每一过程域包括的 4 个能力级别。

（4）简述云计算安全管理框架的组成。

（5）简述 SSE-CMM 的适用范围

（6）简述 C-STAR 模型的评估流程。

（7）简述信息安全管理的流程以及每个阶段的主要工作。

（8）简述安全态势感知的三级模型。

（9）简述业务连续性管理的关键过程。

（10）简述事件响应管理中的人员角色划分及相关职责。

参考文献

[1] 陈赤榕. 云服务运营管理与技术架构[M]. 北京：清华大学出版社，2014.

[2] Zhao G.Holistic framework of security management for cloud service providers[C]//Industrial Informatics (INDIN),2012 10th IEEE International Conference on.IEEE,2012:852-856.

[3] 程瑜琦，朱博．信息安全管理体系标准化概述[J]．认证技术，2011(5):40-41.

[4] ISO/IEC 27001:2013.Information technology - Security techniques -- Information security management systems - Requirements [S].

[5] 全国信息安全标准化技术委员会．信息安全技术　信息系统安全等级保护基本要求：GB/T 22239—2008[S].

[6] 全国信息安全标准化技术委员会．信息安全技术　信息系统安全等级保护定级指南：GB/T 22240—2008[S].

[7] 全国信息安全标准化技术委员会．信息安全技术 信息系统安全等级保护实施指南：GB/T 25058—2010[S].

[8] 全国信息安全标准化技术委员会．信息安全技术　信息系统安全等级保护测评要求：GB/T 28448—2012[S].

[9] Richard A. Caralli, Julia H. Allen, David W. White. CERT Resilience Management Model[M]. Addison-Wesley EducationalPublishers Inc，2010.

[10] 赛宝认证中心．恢复能力管理模型初步研究报告[R]，2011.

[11] Steven Woodhouse.An ISMS(lm)-Maturity Capability Model[C].IEEE 8th International Conference on Computer and Information Technology Workshops,2008.

[12] 赵国祥，刘小茵，李尧．云计算信息安全管理——CSA C-STAR 实施指南[M]．北京：电子工业出版社，2015.

[13] ISO/IEC 27002:2013. Information technology - Security techniques - Code of practice for information security controls[S].

[14] 弓永钦．美国《云计算法案》引发的个人数据法律管辖权思考[J]．北京劳动保障职业学院学报，2018,12(04):26-29.

[15] 亚马逊．澄清境外合法使用数据（CLOUD）法案[R/OL]．https://aws.amazon.com/cn/compliance/cloud-act.

[16] CSA. Cloud Control Matrix 3.0.1[R/OL]. (2019-3-8)[2019-11-10]. https:// cloudsecurityalliance. org/artifacts/cloud-controls-matrix-v3-0-1.

[17] ISO/IEC 21827:2008. Information technology - Security techniques - Systems Security Engineering - Capability Maturity Model® (SSE-CMM®).

[18] 李婧．基于 SSE-CMM 的部委电子政务信息安全保障策略研究[D]．西安：西安电子科技大学，2014.

[19] 任雁．基于 SSE-CMM 模型的信息系统安全工程管理[J]．电子测试，2014(04):49-50.

[20] CSA．CSA STAR Levels[R/OL].[2019-11-10]．https://cloudsecurityalliance.org/star/levels/.

[21] 赛宝认证中心．C-STAR 云安全评估[R/OL]．[2019-11-15]．http://www.ceprei.org/rzfu/info_3408. aspx?itemid=1035.

[22] 高磊，李晨旸，赵章界．基于等级保护的信息安全管理体系研究[J]．信息安全与通信保密，2015,(5):95-98.

[23] 全国信息安全标准化技术委员会．信息技术　安全技术　信息安全控制实践指南：GB/T 22081—2016[S].

[24] 杨海军，力立. 寻求防患于未然之计——构建补丁管理的架构[J]. 数据通信，2005(2): 35-37.

[25] Krutz R L, Vines R D. Cloud Security: A Comprehensive Guide to Secure Cloud Computing[M].Wiley,2010.

[26] William S. Computer Security:Principles And Practice[M].Pearson Education India,2008.

[27] 黄宁. 云计算环境下网络安全态势感知技术研究[D]. 西安：西安工程大学，2018.

[28] 中国信息通信研究院. 云计算发展白皮书（2019）[R]，2019.

[29] 全国公共安全基础标准化技术委员会. 公共安全 业务连续性管理体系 要求：GB/T 30146—2013[S].

[30] 许辰宏. 容灾与备份[J]. 电子技术与软件工程，2018(7):178.

[31] 全国信息安全标准化技术委员会. 信息安全技术 信息安全应急响应计划规范：GB/T 24363—2009[S].

[32] 徐东华，封化民. 信息安全管理的概念与内容体系探究[J]. 现代情报，2008(10):129-131.

[33] 信息安全管理与IT服务管理意识培训课程[J]. 认证技术，2012(06):62.

[34] 汤孟卓，刘建毅. 关注信息安全是现代组织的必要选择[J]. 数字与缩微影像，2013(02):21-24.

[35] 谢宗晓，李宽. 通用准则（CC）与信息安全管理体系（ISMS）的比较分析[J]. 中国质量与标准导报，2018(07):28-32.

[36] 张金辉，王卫，侯磊. 信息安全保障体系建设研究[J]. 计算机安全，2012(8):72-75.

[37] 王建华. 信息安全等级保护标准现状及其在网络安全法作用下的发展[J]. 中国金融电脑，2018(03):72-74.

[38] 全国信息安全标准化技术委员会. 信息安全技术 网络安全等级保护实施指南：GB/T 25058—2019[S].

[39] 全国信息安全标准化技术委员会. 信息安全技术 网络安全等级保护测评要求：GB/T 28448—2019[S].

[40] 韩皓辰，柴洪峰，鲁志军，等. 移动支付领域安全标准的适用性研究[J]. 计算机应用与软件，2013,30(05):316-319.

[41] 王艳玮，王娟. BS7799 与 SSE-CMM 的对比研究[J]. 图书馆理论与实践，2012(04):22-25.

[42] 马骥. 无线 Mesh 的网络安全性研究[D]. 北京：北京邮电大学，2009.

[43] 王璇. 基于异构多核处理器的多级安全任务调度算法研究[D]. 西安：西安电子科技大学，2017.

[44] 陈丽莉. 投资公司的业务连续性管理[D]. 大连：大连海事大学，2014.

[45] 吴秋玫，姚莉，杨鸥，等. 通过 ISO 27001 加强企业业务连续性管理[J]. 科技创新导报，2015,12(26):186-187.

[46] 张志辉.云服务信息安全质量评估若干关键技术研究[D].北京:北京邮电大学,2018.

第 8 章

云计算安全标准

在针对云计算安全问题诸多解决思路中，云计算安全标准体系的建设、相关标准的研究和制定成为业界的一致诉求，成为云计算安全技术研究的一个重要课题。云计算安全标准是度量用户安全目标与云服务提供商安全服务能力的尺度。没有安全标准化，相应的云计算产品、系统就不能实现互连、互通、互操作，云技术产品的一致性、可靠性和先进性就无法保证。更重要的是，标准化是产业化的基础，没有标准，云计算产业就难以得到规范、健康的发展，难以形成规模化和产业化发展。没有云计算安全相关的标准，就不能充分利用市场的力量，调动各方面的积极性，形成国内自主的云计算安全产业[29]，因此，云计算安全标准制定已经成为国内外标准化工作的热点之一。本章将从云计算安全标准研究现状、云计算安全标准体系、云计算平台安全构建标准、云计算安全测评标准四个方面全面介绍云计算安全标准化工作的进展。

8.1 云计算安全标准研究现状

云计算安全制约着云计算产业的发展，云计算安全标准引领云计算安全工作的开展。自2010 年以来，各国政府、标准化组织都非常重视云计算安全标准的研究，积极开展和推动云计算安全标准的制定工作，目前已取得一定的成果。本章主要就国内外主要云计算安全相关的标准制定组织的研究内容和研究进展进行详细介绍。

8.1.1 国外云计算安全标准研究现状

云计算安全标准及其测评体系为云计算平台安全提供了重要的技术和管理支撑。目前，全球范围内的云计算安全标准化工作正在积极开展，其中具有代表性的国际及国外标准化组织包括 ISO/IEC JTC1/SC27、美国国家标准与技术研究院（National Institute of Standards and Technology，NIST）、欧洲网络与信息安全局（European Union Agency for Network and Information Security，ENISA）和云安全联盟（Cloud Security Alliance，CSA）等。

（1）ISO/IEC JTC1/SC27。ISO/IEC JTC1/SC27 是国际标准化组织（International Organization for Standardization，ISO）和国际电工委员会（International Electro technical Commission，IEC）的第一联合技术委员会（JTC1）中专门从事信息安全标准化制定的分技术委员会，是信息安全领域中最具代表性的国际标准化组织。SC27 目前下设 10 个工作组，WG1 为信息安全管理体系工作组、WG2 为密码与安全机制工作组、WG3 为安全评估工作组、WG4 为安全控制与服务工作组、WG5 为身份管理与隐私保护工作组，此外还有新成立的 AG1 管理咨询小组、SG1 数据安全工作组、SG2 可信工作组、SG3 概念和术语工作组及 SWG-T 横向特别工作组。近年来，ISO/IEC JTC1/SC27 一直关注云计算安全标准的研究和制定，自 2010 年 10 月起，

SC27 先后设立了五个研究项目、三个标准项目，内容覆盖了云计算安全管理、云计算安全服务、供应链中的云计算安全、云服务的个人信息保护等主题，为云服务过程中的安全控制提供指导[30]。SC27 云计算安全与隐私保护相关标准框架如图 8.1 所示。

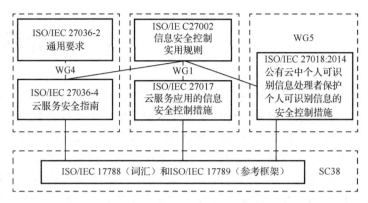

图 8.1　SC27 云计算安全与隐私保护相关标准框架

SC27 的标准研制工作基于 SC38 研制的国际标准《信息技术—云计算—概述和词汇》（ISO/IEC 17788:2014）[1]和《信息技术—云计算—参考架构》（ISO/IEC 17789:2014）[2]开展。基于如图 8.1 所示的框架，SC27 明确了在云计算安全与隐私保护标准研制方面重点关注的三个领域，即信息安全管理、身份管理和隐私保护技术、信息安全技术，研究现状及成果具体如下：

① 信息安全管理领域。由 WG1 负责研制，于 2015 年 12 月发布国际标准《信息技术—安全技术—基于 ISO/IEC 27002 的云服务应用的信息安全控制措施》（ISO/IEC 27017:2015）[3]，该标准侧重于规范云服务使用中的信息安全管理问题，为云服务提供商和用户提供云服务特定的信息安全控制与实施指南。WG1 于 2019 年 1 月发布国际标准《云计算—服务水平协议（SLA）框架—第 4 部分：PII 安全和保护的组成部分》（ISO/IEC 19086-4:2019），该标准规定了云服务水平协议（云 SLA）中个人可识别信息组件、服务水平目标和服务质量目标的安全和保护要求，并提供指导。

② 身份管理和隐私保护技术领域。由 WG5 负责研制，于 2014 年 8 月发布国际标准《信息技术—安全技术—公有云中个人可识别信息处理者保护个人可识别信息的安全控制措施》（ISO/IEC 27018:2014）[4]，该标准基于现有身份管理和隐私保护方面的标准研究成果，明确了在公有云服务中的个人身份和隐私保护的技术要求。随着云计算技术的发展，该标准在应用过程中遇到一些新问题。因此，标准编制组启动了修订工作，并于 2019 年 1 月发布了最新标准。

③ 信息安全技术领域。由 WG4 负责研制，于 2016 年 10 月发布国际标准《信息技术—安全技术—供应商关系的信息安全—第 4 部分：云服务安全》（ISO/IEC 27036-4:2016）[5]。该标准是基于现有的信息安全服务和控制方面的标准，专门针对云服务安全制定的技术指南，从消费者和供应商双方视角为贯穿供应链的云服务的信息安全提供指南，特别是能够对与云服务相关的、贯穿生存周期的信息风险进行预测和管理。

在 2014 年 4 月的 SC27 会议上，WG1 和 WG4 启动了"适用于云的风险管理框架"新项目，而由于之后的专家认为云计算中的风险管理可参照 ISO/IEC 27005，无须单独制定，因此，在 2015 年 5 月的 SC27 会议上将其更名为"云和新数据相关技术风险管理研究"，研究云计算和新数据相关技术相关的风险、威胁和脆弱性。与此同时，WG1 启动了研究项目"云安全用例和潜在的标准差距"[6]（Cloud Security Use Cases and Potential Standardization Gaps），该项目统一在 SC38 的用例模版基础上编制云计算用例，并结合云计算用例分析已有信息安全标准的适用性，识别标准差距并提出填补标准差距的建议，如修订已有标准、修正标准、制定新报告和/或新标准[31]。2015 年 10 月，SC27 会议中，我国提交的两项提案"云服务可信连接架构""云计算平台虚拟信任根技术架构"被工作组和委员会采纳，成立为新研究项目。其中，2017 年 4 月，SC27 全会上通过了将"云计算平台虚拟信任根技术架构"的研究成果"虚拟信任根安全要求"（Security Requirements for Virtualized Roots of Trust）成立新工作项目的决议，研究虚拟信任根在不同应用场景的高层框架、通用接口及其相应的安全需求，目前正在紧急编制中。2018 年 4 月，SC27 全会上提出了"云服务可信接入架构"标准草案，经会议讨论，该项目研究期延长 6 个月，并将项目名称更改为"基于硬件安全模块的设备与服务之间可信连接安全建议"。

（2）NIST。2010 年 11 月，NIST 正式启动云计算计划研究，迄今为止已有多项研究成果，由其提出的云计算定义、三种服务类型、四种部署方式、五大基础特征被认为是描述云计算的基础性参照。为了对美国联邦政府安全高效使用云计算提供标准支撑服务，NIST 专门成立云计算安全工作组，用于分析阻碍美国联邦政府采用云服务的风险，并为美国联邦政府和企业安全采用云服务提供指导。该工作组目前已经发布多项成果，如表 8.1 所示。

表 8.1　NIST 云计算安全工作组的成果

出版物名称	发布时间	简要介绍
SP 800-125《完全虚拟化技术安全指南》[7]	2011 年 1 月	论述了在服务器、桌面虚拟化中与完全虚拟化技术相关的安全问题，并为解决这些安全问题提供了建议
《云计算安全障碍与缓和措施列表》[8]	2011 年 8 月	列出云计算存在的安全问题以及缓解这些安全问题的措施
SP 800-144《公有云中的安全和隐私指南》[9]	2011 年 12 月	介绍了公有云的概况以及其在安全与隐私方面面临的挑战，论述了公有云中的威胁、技术风险和保护措施，并为制定合理的信息技术解决方案提供了一些见解
《美国政府使用云计算的安全需求》白皮书[10]	2012 年 11 月	论述了阻碍联邦政府机构使用云计算的主要安全与隐私挑战，并针对这些安全与隐私挑战提供了一些缓解措施
SP 500-293《美国政府云计算技术路线图》	2013 年 12 月	包括三卷。第一卷主要提出政府应用云计算的十大需求，以及应用云计算过程中需要考虑的各种因素；第二卷主要对政府应用云计算提供一些理论指导和案例，分析现有的不足，强调了安全问题，并提出一些指导性建议；第三卷主要为政府部门部署云计算提供技术指引
SP 500-299《云安全参考架构》[11]	2015 年第四季度发布草案最终版	依据 NIST 的云计算参考架构和 CSA 的可信云计算计划参考架构中定义的安全要素，提出了《云安全参考架构》（NCC-SRA）。明确了构建一个安全的云计算信息系统必须实现的安全要素，并依据云计算部署方式和服务类型，明确了每个用户角色的安全职责。该参考架构覆盖了三种服务类型、四种部署方式和五种用户角色
《云安全自动化框架》	2017 年 10 月	提出了一种允许云安全自动化的方法，并演示了如何自动配置云计算以实现 NIST SP 800-53《联邦信息系统推荐安全控制》所需的安全控制。此外，还展示了如何在云系统中持续监控和验证这些控制的实现

（3）ENISA。ENISA 是区域（欧洲）标准机构，由欧盟于 2004 年成立，旨在提高欧洲共同体范围内的网络与信息安全级别，以及欧洲共同体、欧盟成员国及业界团体对于网络与信息安全问题的防范、处理和相应能力。ENISA 于 2009 年启动云计算安全的相关研究工作，研究领域涵盖了风险管理与评估、服务水平协议与云计算安全、关键基础设施保护、政务云安全等多个方面。

① 风险管理与评估。2009 年发布了白皮书《云计算：信息安全的好处，风险和建议》[12] 和《云计算信息保障框架》[13]，前者定义了云计算中的风险类型、资产类型和脆弱性类型，对风险进行详细分类并给出其可能性、影响大小、与脆弱性的关系，以及影响资产风险等级；后者分析了云服务体系架构，对采用云服务后的潜在风险进行了评估，减轻了云服务提供商需担保的负担。

② 服务水平协议与云计算安全。2011 年发布了《欧洲公共部门云服务水平协议安全参数的调研和分析报告》[14]，调研了目前欧洲多国政府公共部门的 117 名 IT 管理者对云服务合同中安全部分的看法，并于 2012 年发布了《云计算合同中的安全服务水平监测指南》[15]，提供了实现和管理云服务的实践指导，以及关于安全监测问题的建议，旨在提高公共部门用户对云服务安全的理解。

③ 关键基础设施保护。2013 年发布了《关键的云计算：从关键信息基础设施保护角度审视云服务》[16]，基于对云计算公共资源使用、大量网络攻击和云服务破坏事件的调研，从关键信息基础设施保护的角度审视云计算的一些应用场景及其安全威胁。

④ 政务云安全。2011 年发布了《政务云的安全和弹性》[17]，对政府部门采用云计算提出四点建议，即分步分阶段进行；制定云计算策略，包括安全和弹性方面；研究在保护国家关键基础设施方面，云计算能够发挥的作用、扮演的角色；建议在法律法规、安全策略方面做进一步研究和调查。2013 年发布了《政务云安全部署最佳实践指南》[18]，阐述了欧洲多国政府部门实施云计算面临的阻碍及克服这些阻碍的建议，提供了满足通用安全需求的最佳实践方式，旨在制定安全的云计算战略实施方案。2015 年 2 月发布了《政务云安全框架》[19]，该指南基于现有的云计算安全文献、相关的优秀实践和欧洲政务云案例，提出涵盖 4 个阶段、9 个安全操作流程和 14 个详尽步骤的安全框架模型，可用于指导建设安全的政务云。同年 12 月，发布了《财政部门安全使用云计算指南》[20]，分析了财政部门中云服务的使用情况，向财政机构、监管者和云服务提供商提供了关于在财政部门安全使用云服务的建议。

此外，ENISA 还十分关注云计算安全事件和中小企业的云计算实施。2013 年发布了《云计算的事件报告》，分析了云服务提供商、关键部门用户和政府当局应如何建立云计算安全事件报告计划。2015 年 4 月发布了《中小企业的云安全指南》，提供了中小企业可以向云服务提供商提出的风险集合、安全机遇集合和安全问题列表，旨在协助中小企业理解在购买云服务时需要考虑的风险和机遇。

（4）CSA。CSA 是在 2009 年的 RSA 大会上宣布成立的一个非营利性组织，致力于在云计算中提供最佳安全方案。CSA 的所有成果均以研究报告的形式发布，其发布的云计算安全系列研究报告对业界有着积极的影响，获得了广泛认可。CSA 于 2009 年发布了《云计算关键领域安全指南（第一版）》[21]（2017 年更新至第四版），从架构、治理和运行 3 大部分、14 个关键领域对云计算安全问题进行了深入阐述，并针对其中的"安全即服务"领域，从身份与访问控制管理、数据防泄露、Web 安全、邮件安全、安全评估、入侵管理、安全信息与事件管理加密、业务连续性和灾难恢复等多个方面展开了深入研究，并于 2012 年发布了安全即服务系列实施指南。CSA 持续关注云计算安全威胁，其发布的《2012 年云计算主要威胁调研结果》《2013 年九大云计算安全威胁》，较全面地总结了云计算面临的主要安全威胁。在 2016 年 2 月，CSA 发布了《2016 年十二大云计算安全威胁》报告，该报告详细分析了 2016 年云计算安全面临的十二大主要安全威胁。另外还发布了《大数据十大安全与隐患保护挑战》《云计算脆弱性事件：统计概览》《云计算公开认证框架概述》等。

2010 年，CSA 开展了 GRC Stack 项目，旨在指导云服务提供商提升云服务的治理、风险和合规性管理能力，由不同层次的四位一体的关联子项目组成：云安全控制矩阵（CCM）、一致性评估调查（Consensus Assessments Initiative，CAI）、云审计（Cloud Audit，CA）和云信托协议（Cloud Trust Protocol，CTP）项目。其中，CCM 项目关注用户和云服务提供商云中需要哪些控制要求的问题，其主要成果《云安全控制矩阵》[22]于 2015 年 12 月发布 3.0.1 版；CAI 项目则指导用户或云服务提供商如何询问云计算安全要求在云中的满足情况，以及云服务提供商如何表达其在云端实施的安全控制的问题，其发布的《一致性评估调查问卷》于 2014 年 7 月更新至 3.0.1 版；CA 项目则帮助云服务提供商解决如何声明和自动化收集云端不同合规性和控制要求的审计证据的问题，在 2010 年发布了审计参考标准包和数据文档目录；CTP 项目侧重于用户如何知晓其所要求的云端控制是否在有效地发挥作用，对云服务提供商来说，即如何实现关于其云服务的安全和透明性，于 2010 年发布《云信托协议 v2.0》，并于 2015 年 12 月发布该协议的数据模型、API 和原型系统源代码。四者当中，CCM、CAI 和 CA 提供云计算安全控制的静态声明和保障，CTP 提供云计算安全控制的动态持续监控和透明性。

8.1.2 国内云计算安全标准研究现状

与国外相比，我国在云计算产业化、应用普及化、标准系统化等方面均存在一定差距，但也开展了积极的研究和实践探索工作。从 2011 年起，我国开始组织云计算安全标准的研制工作，来自学术界、产业界、政府部门、测评机构等各领域的单位不断加入，积极研制国家标准、行业标准、地方标准、联盟标准等各类型标准。经过多年的探索和积累，我国的云计算安全标准研制工作已经取得了很大进展，并发布了多项标准。

8.1.2.1 国家标准

我国云计算安全国家标准研制工作主要由全国信息安全标准化技术委员会（简称信安标委）负责，该组织于 2002 年在北京成立，是我国信息安全技术专业领域内从事信息安全标准化工作的技术工作组织，负责组织开展国内信息安全有关的标准化技术工作。2012 年 3 月 12 日，信安标委在四川成都组织召开了"云计算安全管理及标准研讨会"，参会专家在云计算安全问题认识和云计算安全标准化需求上达成了共识，一致认为亟待出台国内云计算安全相关标准以引导云计算产业的健康发展，从而正式启动了我国云计算安全国家标准的编制工作。2013 年 3 月 29 日，信安标委又在四川成都组织召开了"云计算安全标准研讨会"，对《政府部门云服务安全指南》《政府部门云服务安全能力要求》两项标准的适用范围和草案框架进行了初步梳理。而后经过一年多的紧急研制，这两项标准于 2014 年正式发布，成为我国云计算安全标准领域最早发布的两项国家标准《信息安全技术 云计算服务安全指南》

（GB/T 31167—2014）和《信息安全技术　云计算服务安全能力要求》（GB/T 31168—2014），成为我国云服务安全管理的支撑标准，引导了《信息安全技术　云计算服务安全能力评估方法》（GB/T 34942—2017）和《信息安全技术　云计算服务运行监管框架》（GB/T 37972—2019）的研制工作。2016 年，信安标委正式成立 SWG-BDS 大数据安全标准特别工作组，负责云计算和大数据相关的安全标准化研制工作。该工作组于每年的 4 月和 10 月组织两次"会议周"活动，召集国内各个领域的标准化专家共同研讨、推进云计算和大数据安全相关的标准工作。至今，我国云计算安全领域已经发布 10 项国家标准，在研 2 项国家标准[23]，具体情况如表 8.2 所示。

表 8.2　云计算安全国家标准研制现状

序　号	标　准　号	标　准　名　称	状　态
1	GB/T 31167—2014	信息安全技术　云计算服务安全指南	发布实施
2	GB/T 31168—2014	信息安全技术　云计算服务安全能力要求	发布实施
3	GB/T 34942—2017	信息安全技术　云计算服务安全能力评估方法	发布实施
4	GB/T 35279—2017	信息安全技术　云计算安全参考架构	发布实施
5	GB/T 22239—2019	信息安全技术　网络安全等级保护基本要求	发布实施
6	GB/T 25070—2019	信息安全技术　网络安全等级保护安全设计技术要求	发布实施
7	GB/T 28448—2019	信息安全技术　网络安全等级保护测评要求	发布实施
8	GB/T 37950—2019	信息安全技术　桌面云安全技术要求	2020 年 3 月 1 日实施
9	GB/T 37972—2019	信息安全技术　云计算服务运行监管框架	2020 年 3 月 1 日实施
10	GB/T 37956—2019	信息安全技术　网站安全云防护平台技术要求	2020 年 3 月 1 日实施
11	—	信息安全技术　政府门户网站云计算服务安全指南	报批稿
12	—	信息安全技术　云计算服务数据安全指南	已立项

　　信安标委在推进云计算安全国家标准制定工作的同时，还持续开展着多项云计算安全标准相关的研究工作，包括"公有云安全指南""基于云计算的互联网数据中心安全建设指南""用于云计算的授权与鉴别机制""可信云计算体系架构及软件规范研究""云计算安全审计通用数据接口规范""云计算数据中心安全建设指南""云计算身份管理标准研究""混合云安全技术要求""云计算服务运行监管指标及接口要求""政务云网络安全服务接口指南""云密钥管理技术研究"，为进一步推进云计算安全国家标准的研制工作奠定了基础。

　　除信安标委外，我国工业和信息化部（简称工信部）也组织开展了云计算安全相关国家标准研制工作，由其下属单位中国信息通信研究院牵头制定了《基于云计算的电子政务公共平台安全规范》（GB/T 34080 标准族）。该标准族主要针对基于云计算的电子政务公共平台提出了安全规范，分为 4 部分：

　　（1）第 1 部分：总体要求。规定了基于云计算的电子政务公共平台的安全体系框架，规范了电子政务公共平台资源安全保障、服务安全实施、安全运维、安全管理四个方面的要求。该部分已于 2017 发布实施。

　　（2）第 2 部分：信息资源安全。规定了基于云计算的电子政务公共平台上承载的信息资源的访问、传输、存储及环境、备份和恢复、隔离、销毁、迁移的安全保障与管理要求，适用于基于云计算的电子政务公共平台的信息资源安全保障技术部署、安全运维和安全管理等方面。该部分已于 2017 发布实施。

（3）第 3 部分：服务安全。规定了基于云计算的电子政务公共平台的服务安全等级和服务安全要素，适用于基于云计算的电子政务公共平台所提供服务的安全等级认定及评估。该部分目前正在报批。

（4）第 4 部分：应用安全。规定了基于云计算的电子政务公共平台的应用安全实施、应用安全运维、应用安全管理、应用安全测试等要求，适用于基于云计算的电子政务公共平台上所提供的应用的安全建设、实施和管理过程。该部分目前正在报批。

8.1.2.2 行业标准

随着云计算在我国各个行业的广泛应用，云计算技术与各个行业领域深入融合，进而推进了相关行业标准的研制工作。目前，我国在政务外网、公共安全、通信、金融等行业领域均发布了多项云计算安全相关行业标准。

（1）政务领域。我国国家电子政务外网行业标准主要由国家电子政务外网管理中心负责组织制定。2017 年，该中心发布一项云计算安全相关国家电子政务外网标准《政务云安全要求》（GW 0013—2017），该标准规定了用户及政务云服务方应满足的安全基本要求，主要包括政务云概述及安全功能区域划分、安全参考模型、政务云安全技术要求和管理要求等内容，适用于政务云规划设计、设备选型、建设实施、运维和管理。该标准是相关云计算国家标准在电子政务应用方面安全要求的补充，在遵守国家相关法律法规、中央网信办相关管理办法及等级保护的前提下，为指导全国各级政务部门开展政务云服务提供安全和管理依据，保证政务云服务的安全要求。

（2）公共安全领域。我国公共安全领域信息系统和信息网络相关的安全标准主要由公安部信息系统安全标准化技术委员会负责组织制定，由公安部正式发布。近几年来，在公安部信息系统安全标准化技术委员会的统筹下，公安部计算机信息系统安全产品质量监督检验中心、公安部第三研究所等单位积极开展公共安全领域云计算安全相关标准的研制工作，目前已发布多项标准，指导和规范云计算在我国公共安全领域的应用安全，具体如表 8.3 所示。

表 8.3　公共安全领域云计算安全相关标准

序　号	标　准　号	标 准 名 称	标 准 简 介
1	GA/T 1527—2018	信息安全技术　云计算安全综合防御产品安全技术要求	—
2	GA/T 1390.2—2017	信息安全技术　网络安全等级保护基本要求　第 2 部分：云计算安全扩展要求	规定了不同安全保护等级的云计算平台及用户业务应用系统的安全保护要求，适用于指导分等级的非涉密云计算平台及用户业务应用系统的安全建设和安全管理
3	GA/T 1345—2017	信息安全技术　云计算网络入侵防御系统安全技术要求	规定了云计算中的网络入侵防护系统产品的安全功能要求、安全保障要求和等级划分要求，适用于云计算中的网络入侵防护系统产品的设计、开发及测试

序　号	标　准　号	标　准　名　称	标　准　简　介
4	GA/T 1348—2017	信息安全技术　桌面云系统安全技术要求	规定了桌面云系统的安全功能要求、安全保障要求及等级划分要求，适用于桌面云系统的设计、开发及测试
5	GA/T 1347—2017	信息安全技术　云存储系统安全技术要求	规定了云存储系统的安全功能要求、安全保障要求及等级划分要求，适用于云存储系统的设计、开发及测试
6	GA/T 1346—2017	信息安全技术　云操作系统安全技术要求	规定了云操作系统的安全功能要求、安全保障要求和等级划分要求，适用于云操作系统的设计、开发及测试

（3）信息通信行业。我国信息通信行业标准由中国通信标准化协会（CCSA）负责组织制定，由工信部正式发布。2011 年，CCSA 网络与信息安全技术工作委员会（TC8）在安全基础工作组（WG4）中设立了云计算安全子工作组，专门负责云计算安全标准的制定工作。目前，已有 3 项信息通信行业云计算安全相关标准正式发布，如表 8.4 所示。

表 8.4　信息通信行业云计算安全相关标准

序　号	标　准　号	标　准　名　称	标　准　简　介
1	YD/T 3146—2016	云计算安全框架	分析了云计算中，用户、云服务提供商、云服务伙伴面临的安全威胁和挑战，并阐明可减缓这些风险和应对安全挑战的安全能力。适用于在减缓云计算安全威胁和应对安全挑战时，应对安全能力做出的具体规范
2	YD/T 3157—2016	公有云服务安全防护要求	规定了公有云服务安全保护等级的安全防护要求
3	YD/T 3158—2016	公有云服务安全防护检测要求	规定了公有云服务安全保护等级的安全防护检测要求

（4）金融行业。我国金融行业标准由全国金融标准化技术委员会统筹制定、归口管理。为鼓励和规范信息技术在金融行业应用，有效防控金融风险，增强金融服务实体经济能力，充分发挥云计算技术在助推金融业信息化建设中的积极作用，中国人民银行组织多家金融机构、清算机构、云服务提供商、行业协会等进行了多次研究论证，在立足金融机构云计算技术应用实践和兼容已有国家及金融行业相关标准的基础上，编制了《云计算技术金融应用规范》系列标准，并已正式发布实施，如表 8.5 所示。

表 8.5　金融行业云计算安全相关标准

序　号	标　准　号	标　准　名　称	标　准　简　介
1	JR/T 0166—2018	云计算技术金融应用规范技术架构	规定了金融领域云计算平台的技术架构要求，涵盖云计算的服务类型、部署模式、参与方、架构特性和架构体系等内容
2	JR/T 0167—2018	云计算技术金融应用规范安全技术要求	规定了金融领域云计算技术应用的安全技术要求，涵盖基础硬件安全、资源抽象与控制安全、应用安全、数据安全、安全管理功能、安全技术管理要求、可选组件安全等内容

序 号	标 准 号	标 准 名 称	标 准 简 介
3	JR/T 0168—2018	云计算技术金融应用规范 容灾	规定了金融领域云计算平台的容灾要求，包括云计算平台容灾能力分级、灾难恢复预案与演练、组织管理、监控管理、监督管理等内容

此三项标准适用于金融领域的云服务提供商、用户、云服务合作者等。

8.1.2.3 地方标准

截至 2018 年年底，我国政务云已实现全国 31 个省级行政区全覆盖，地市级行政区覆盖比例达到 75%。各省为了规范政务云的建设、保障政务云的安全应用，也纷纷开展了地方云计算安全标准的制定工作。具有代表性的是广东省和辽宁省，已经发布多项地方标准，具体如表 8.6 所示。

表 8.6　云计算安全相关地方标准

序 号	标 准 号	标 准 名 称	地 方
1	DB44/T 1562—2015	云计算平台安全性评测方法	广东省
2	DB44/T 1458—2014	云计算基础设施系统安全规范	广东省
3	DB44/T 1342—2014	云计算数据安全规范	广东省
4	DB21/T 2897.1—2017	交通云计算环境　第 1 部分：WEB 应用安全技术规范	辽宁省
5	DB21/T 2897.2—2017	交通云计算环境　第 2 部分：信息安全保护技术规范	辽宁省

8.1.2.4 联盟标准

2016 年，由 CSA 云安全联盟大中华区主导，国内主流云计算厂家、研究机构、测评机构共同参与制定了《云计算安全技术要求》（CSA001—2016 标准族），简称 CSTR。该标准族是针对云计算产品与解决方案的安全技术标准，分为 4 部分：

（1）第 1 部分：总则。描述了云计算安全技术要求总则，适合云服务开发商在设计开发云计算产品和解决方案时使用，也可供云服务提供商在选择云计算产品与解决方案时参考，还可为用户在选择云服务时判断云服务提供商提供的安全能力是否能满足自身业务安全需求提供参考。

（2）第 2 部分：IaaS 安全技术要求。描述了 IaaS 产品与解决方案应具备的安全技术能力，适合 IaaS 产品与解决方案提供商在设计开发 IaaS 产品和解决方案时使用，也可供 IaaS 服务提供商在选择 IaaS 产品与解决方案时参考，还可为用户在选择 IaaS 服务时作为判断 IaaS 服务提供商提供的安全能力是否能满足自身业务安全需求提供参考。

（3）第 3 部分：PaaS 安全技术要求。描述了 PaaS 产品与解决方案应具备的安全技术能力。适合 PaaS 产品与解决方案提供商在设计开发 PaaS 产品与解决方案时使用，也可供 PaaS 服务提供商选择 PaaS 产品与解决方案时参考，还可为用户选择 PaaS 服务时判断 PaaS 服务提供商提供的安全能力是否能满足自身业务安全需求提供参考。

（4）第 4 部分：SaaS 安全技术要求。描述了 SaaS 产品与解决方案应具备的安全技术能力。适合 SaaS 产品与解决方案提供商在设计开发 SaaS 产品与解决方案时使用，也可供 SaaS 服务提供商在选择 SaaS 产品与解决方案时参考，还可为用户选择 SaaS 服务时判断 SaaS 服务提供商提供的安全能力是否能满足自身业务安全需求提供参考。

8.2　云计算安全标准体系

目前，云计算安全标准制定工作已经进入稳步发展的阶段，产生了多项被业界广泛认可的技术标准或规范成果。然而，云计算安全标准化工作是一项长期的系统工程，云计算安全标准体系的建立和完善需要有关产品、系统、基础设施的研发者、建设者和运营管理者更加广泛、深入的参与，通过统一领导、统筹规划、多方协调、分工合作来开展。因此，为了推动云计算在我国的普及、发展和繁荣，必须加快云计算安全标准体系建设，开展云计算安全测评和认证业务，为云计算的持续发展保驾护航，并进一步带动整个云计算产业的健康和快速发展[32]。

8.2.1　云计算标准体系

2012 年，全国信息技术标准化技术委员会成立云计算标准工作组，负责云计算领域国家标准的研制工作。2013 年 8 月起，在工信部的指导下，云计算标准工作组启动了云计算综合标准化技术体系的研究工作，组织国内云计算领域的企事业单位，经过需求调研、素材搜集、专家征集、编制组成立、草稿编写、专家研讨、多方论证、征求意见、修改完善等一系列标准化工作方法，对云计算标准化工作进行了总体规划。历时两年，形成了《云计算综合标准化体系建设指南》，并于 2015 年 10 月正式发布。

依据我国云计算生态系统中技术、产品、服务和应用等关键环节，以及贯穿于整个生态系统的云计算安全，结合国内外云计算发展趋势，该指南提出了我国云计算综合标准化体系框架，如图 8.2 所示。

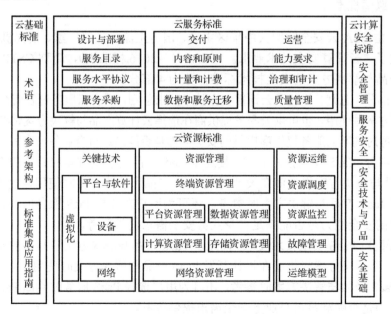

图 8.2　云计算综合标准化体系框架

云计算综合标准化体系框架包括云基础、云资源、云服务和云计算安全四类标准[33]。

（1）云基础标准：用于统一云计算相关概念，为其他各部分标准的制定提供支撑。主要包括云计算的术语、参考架构、标准集成应用指南等方面的标准。

（2）云资源标准：用于规范和引导建设云计算信息系统的关键软硬件产品的研发，以及计算、存储等云计算资源的管理和使用，实现云计算的快速、弹性和可扩展性。主要包括关键技术、资源管理和资源运维等方面的标准。

（3）云服务标准：用于规范云服务设计、部署、交付、运营和采购，以及云计算平台间的数据迁移。主要包括服务采购、服务质量、服务计量和计费、服务能力评价等方面的标准。

（4）云计算安全标准：用于指导实现云计算中的网络安全、系统安全、服务安全和应用安全，主要包括云计算中的安全管理、服务安全、安全技术和产品、安全基础等方面的标准。

依据该体系框架，截至 2019 年 9 月，在非安全领域，我国已经发布云计算国家标准 18 项，如表 8.7 所示。

表 8.7　云计算国家标准

序　号	标　准　号	标 准 名 称	标 准 简 介
1	GB/T 32399—2015	信息技术　云计算　参考架构	规定了云计算参考架构（CCRA），包括云计算角色、云计算活动、云计算功能组件以及它们之间的关系
2	GB/T 32400—2015	信息技术　云计算　概览与词汇	规范了云计算概览、云计算相关术语及定义，为云计算标准提供了术语基础
3	GB/T 34982—2017	云计算数据中心基本要求	规定了场地、资源池、电能使用效率、安全、运维等基本要求。适用于设计和建设云计算数据中心，也可作为制定云计算数据中心相关技术标准、测评标准的依据
4	GB/T 35293—2017	信息技术　云计算　虚拟机管理通用要求	规定了虚拟机的基本管理，以及虚拟机的生命周期、配置与调度、监控与告警、可用性和可靠性、安全性等管理通用技术要求。适用于虚拟机相关产品的设计、开发、测评、使用等
5	GB/T 35301—2017	信息技术　云计算　平台即服务（PaaS）参考架构	规定了平台即服务（PaaS）参考架构的术语定义和缩略语、图例说明、PaaS 参考架构概念、PaaS 用户视图和功能视图。适用于 PaaS 云计算信息系统的设计、实现、部署和使用
6	GB/T 36325—2018	信息技术　云计算　云服务级别协议基本要求	提出了云服务级别协议的构成要素，明确了云服务级别协议的管理要求，并提供了云服务级别协议中的常用指标。可为云服务提供商和用户建立云服务级别协议提供指导；为用户对云服务提供商交付的云服务进行考评提供参考依据；为第三方进行云服务级别协议评估提供参考依据
7	GB/T 36326—2018	信息技术　云计算　云服务运营通用要求	规范了云服务总体描述，规定了云服务提供商在人员、流程、技术及资源方面应具备的条件和能力。可作为云服务提供商向云服务开发商提出需求的依据，适用于云服务提供商评估自身的条件和能力、用户选择和评价云服务提供商、第三方评估云服务提供商的能力
8	GB/T 36327—2018	信息技术　云计算　平台即服务（PaaS）应用程序管理要求	提出了平台即服务（PaaS）应用程序的管理流程，并规定了 PaaS 应用程序的一般要求与管理要求

序 号	标 准 号	标 准 名 称	标 准 简 介
9	GB/T 36623—2018	信息技术 云计算 文件服务应用接口	定了文件服务应用接口的基本接口和扩展接口,并针对HTTP 1.1协议给出了实现例子,适用于基于文件的云服务应用的开发、测试和使用
10	GB/T 37732—2019	信息技术 云计算 云存储系统服务接口功能	规定了云存储系统提供的块存储、文件存储、对象存储等存储服务和运维服务接口的功能
11	GB/T 37734—2019	信息技术 云计算 云服务采购指南	规定了云服务采购流程、云服务采购需求分析、云服务提供商选择、协议/合同签订和服务交付与验收的基本要求
12	GB/T 37735—2019	信息技术 云计算 云服务计量指标	规定了不同类型云服务的计量指标内容和计量单位,适用于各类云服务的提供、采购、审计和监管
13	GB/T 37736—2019	信息技术 云计算 云资源监控通用要求	提出了对云资源进行监控的通用要求,适用于云服务提供商建立云资源监控能力
14	GB/T 37737—2019	信息技术 云计算 分布式块存储系统总体技术要求	规定了分布式块存储系统的技术要求,适用于分布式块存储系统的研发和应用
15	GB/T 37738—2019	信息技术 云计算 云服务质量评价指标	提出了云服务质量的评价指标,以及指标的评价过程
16	GB/T 37739—2019	信息技术 云计算 平台即服务部署要求	规定了云计算 PaaS 部署过程中的活动及任务
17	GB/T 37740—2019	信息技术 云计算 云计算平台间应用和数据迁移指南	提出了不同云计算平台间应用和数据迁移过程中迁移准备、迁移设计、迁移实施和迁移交付的具体内容,适用于指导迁移实施方和迁移发起方开展应用和数据迁移活动
18	GB/T 37741—2019	信息技术 云计算 云服务交付要求	描述了云服务交付所包含的内容,服务交付的主要过程及其应遵循的要求,明确了云服务交付的质量要求及交付过程中的管理活动,适用于云服务提供商评估和改进自身的交付条件和能力,以及用户和第三方评价、认定云服务提供商的交付能力

8.2.2　云计算安全标准体系

基于云计算综合标准化体系框架,结合我国在云计算安全标准化方面的需求,信安标委大数据安全标准特别工作组于 2016 年开展了《云计算安全标准路线图》研制工作,通过分析我国云计算安全标准现状、标准缺口、标准需求及紧迫度,给出了云计算安全标准路线图,为我国云计算安全标准的研究、立项、起草、制定、实施等一系列工作提供指导。

依据云计算安全标准路线图,可基于标准类型和标准主题两个维度对云计算安全标准进行初步划分。

8.2.2.1　标准类型分类

云计算安全标准按类型可分为基础类、安全要求类、实施指南类和检测评估类,如图 8.3 所示。

（1）基础类标准:旨在提供基础性的符号、术语、模型、框架等。

（2）安全要求类标准:主要衔接上位法律法规,围绕云计算安全提出更具体明确的要求。

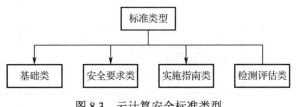

图 8.3 云计算安全标准类型

（3）实施指南类标准：主要围绕安全要求的落实，基于最佳实践给出具体的实施指导。

（4）检测评估类标准：主要围绕具体的实施措施是否满足安全要求，给出具体的测评过程和测评指标。

8.2.2.2 标准主题分类

依据云计算安全体系，云计算安全标准主题可划分为基础标准类、平台安全类、数据安全类、服务安全类和应用安全类。

（1）基础标准类：为整个标准体系提供概念、角色、框架等基础标准，明确云计算生态中涉及的各类参与角色，定义各个角色的安全职责和主要活动，为其他类别标准的制定奠定基础。

（2）平台安全类：主要涉及云计算平台建设和交付相关的安全标准，针对云计算平台安全防护技术、安全运维、安全管理等方面展开，为云计算提供基础平台安全保障。

（3）数据安全类：针对用户存储在云端的数据，如个人信息、重要业务数据等，围绕数据的全生命周期制定相关的安全技术与管理标准，包括分类分级、去标识化、密钥管理、风险评估、数据跨境等方面。

（4）服务安全类：该类标准主要涉及云服务相关的安全标准，针对云服务过程、云服务管理、云服务提供商的安全能力等提出指导和要求。一方面可以为云服务提供商提升云服务安全能力提供指导，一方面可以为第三方机构对云服务安全测评提供依据。

（5）应用安全类：该类标准主要是针对重要行业和领域的云计算应用，尤其是对涉及国家安全、国计民生、公共利益的云计算应用提出安全防护规范和要求，形成面向重要行业和领域的云计算安全指南，指导相关的云计算安全规划、建设和运营工作。

基于云计算安全标准类型和云计算安全标准主题两个维度构建出我国云计算安全标准图谱，如图 8.4 所示（注：部分标准名称中的"信息安全技术"未给出）。

该图谱标示了截至 2019 年 6 月我国已开展的所有云计算安全国家标准研制项目，明晰了各个标准之间的关系。从纵向来看，其中：

（1）基础类标准：包括《云计算 概览与词汇》和《云计算安全参考架构》，前者给出了云计算相关术语及定义，为云计算安全标准提供了术语基础；后者描述了云计算安全涉及的各类角色，提出了各类角色的安全职责、安全功能组件及相互之间的关系，为各类云计算参与者进行云计算系统安全规划、设计、评估时提供指导。

（2）平台安全标准：网络安全等级保护系列标准作为我国对重要信息系统进行安全评估的主要依据，针对不同等级云计算平台规定了基本安全要求、安全设计要求和测评要求，并给出了定级指南、实施指南和测评过程指南，适用于指导分等级的非涉密云计算平台的安全建设和监督管理。网络安全等级保护系列标准详细介绍见 8.3 节。

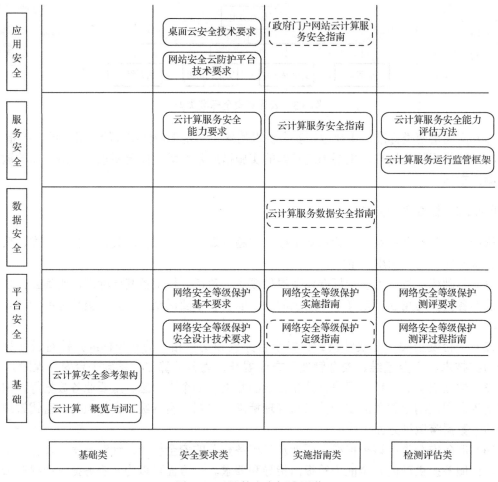

图 8.4　云计算安全标准图谱

（3）数据安全标准：《云计算服务数据安全指南》于 2018 年经过了一年的研究，于 2019 年立项，旨在为云服务提供商提供如何保障用户数据控制权、安全性并对用户透明，为用户能够放心上云提供指导，是专门解决云计算数据安全问题方面的重要标准。

（4）服务安全标准：目前，云计算服务类安全标准主要有《云计算服务安全能力要求》《云计算服务安全指南》《云计算服务安全能力评估方法》《云计算服务运行监管框架》等，都是从整体层面为政府部门使用云计算服务提供安全方面的指导。其中，《云计算服务安全指南》首次定义了云计算基本概念、部署模式、服务模式、角色责任等，分析了云服务面临的主要安全问题和挑战，提出了政府部门采用云服务的安全管理基本要求、全生命周期及各阶段相关要求；《云计算服务安全能力要求》提出了云服务提供商在提供不同部署模式、不同服务模式的云服务时应具备的信息安全技术能力；《云计算服务安全能力评估方法》给出了依据《云计算服务安全能力要求》开展评估的原则、实施过程以及针对各项具体安全要求进行评估的方法；《云计算服务运行监管框架》阐述了云服务运行监管框架、过程以及方式，为云服务提供商和运行监管机构进行云服务运行监管提供指导，以保障云服务安全能力持续达到用户的安全需求。

（5）应用安全标准：目前，云计算应用类安全标准主要有《桌面云安全技术要求》《网站安全云防护平台技术要求》《政府门户网站云服务安全指南》等,都是针对具体的云计算产品和应用提出安全规范。其中,《桌面云安全技术要求》针对基于虚拟化技术的桌面云,规定了安全功能要求,适用于指导桌面云的安全设计、开发和部署;《网站安全云防护平台技术要求》针对网站安全云防护平台,提出了具体的技术要求,适用于指导网站安全云防护平台的开发、运营及使用;《政府门户网站云服务安全指南》规定了政府网站采用云服务过程中涉及的用户、云服务提供商、供应链服务商和第三方评估机构四个角色及其安全职责,并明确了政府网站采用云服务时在规划准备、部署迁移、运行管理、退出服务等阶段应采取的安全技术和管理措施,为政府网站采用云服务提供指导[34]。

在今后的云计算安全标准化工作中,可依据该图谱,基于云计算安全标准对象和标准类型,首先进行拟研制云计算安全标准的精确定位,明晰其与单元格内已有标准的关系,明确其与其他标准的区别联系,再行研制,这样不仅有助于快速确定新标准需求的紧急程度,也能够更加合理地逐步完善云计算安全标准体系。

8.3 云计算平台安全构建标准

2017 年《网络安全法》正式实施,其中第二十一条明确规定国家实行网络安全等级保护制度,网络运营者应按网络安全等级保护的要求开展网络安全建设,将落实等级保护制度上升到了法律层面。云计算作为关键信息基础设施,必须落实网络安全等级保护制度,保障云计算信息系统安全可靠、数据安全可信、服务安全可用。2019 年 5 月,新的网络安全等级保护标准体系正式发布,对云计算平台/系统提出了等级保护要求,为构建安全的云计算平台/信息系统提供了标准化的指导。

8.3.1 等级保护标准概述

信息系统安全等级保护工作是我国在信息化发展过程中对信息系统实施安全保护的基本制度、应对方法和实施策略,其首次提出可追溯到 1994 年国务院颁布的《中华人民共和国计算机信息系统安全保护条例》,该条例明确规定了计算机信息系统实行安全等级保护。之后,国家相关部门、众多企业组织、大量专家学者开始合力推进信息系统安全等级保护制度与标准的研制和实施工作,表 8.8 所示为信息系统安全等级保护标准的发展历程。

表 8.8 信息系统安全等级保护标准的发展历程

阶 段	时 间	事 件
1994—2003 年: 政策环境营造	1994 年	《中华人民共和国计算机信息系统安全保护条例》提出计算机信息系统实行安全等级保护的概念
	1999 年	国家发布关于计算机信息系统安全保护等级划分准则强制性标准《计算机信息系统安全等级保护划分准则》(GB 17859—1999)
2004—2006 年: 工作开展准备	2004—2006 年	公安部联合国家保密局、国家密码管理局、国务院信息工作办公室(以下简称"四部门")开展了涉及 65117 家单位、共 115319 个信息系统的等级保护基础调查和等级保护试点工作,为全面开展等级保护工作奠定了基础

阶 段	时 间	事 件
2007—2009 年： 工作正式启动	2007 年 6 月	四部门联合下发《信息安全等级保护管理办法》（公通字[2007]43 号），旨在加快推进、规范管理信息系统安全等级保护建设工作
	2007 年 7 月	四部门联合颁布《关于开展全国重要信息系统安全等级保护定级工作的通知》，召开全国重要信息系统安全等级保护定级工作部署专题电视电话会议，标志着信息系统安全等级保护制度正式开始实施
	2008 年	GB/T 22239—2008《信息安全技术 信息系统安全等级保护基本要求》正式发布，明确了对于各等级信息系统的安全保护基本要求，标志着等级保护制度的标准化，等级保护 1.0 时代正式到来
2010—2016 年： 工作规模推进	2010 年 4 月	公安部出台《关于推动信息安全等级保护测评体系建设和开展等级保护测评工作的通知》，提出等级保护工作的阶段性目标
	2010 年 12 月	公安部和国务院国有资产监督管理委员会联合出台《关于进一步推进中央企业信息安全等级保护工作的通知》，要求中央企业贯彻执行等级保护工作

到 2016 年，经过 20 多年的发展、应用和完善，我国已经形成了比较成熟的信息系统安全等级保护制度和标准体系，习惯称为等级保护 1.0。

8.3.1.1 等级保护 1.0

等级保护 1.0 标准体系以基本要求为核心，由等级保护工作过程中所需的所有标准共同组成，如图 8.5 所示。

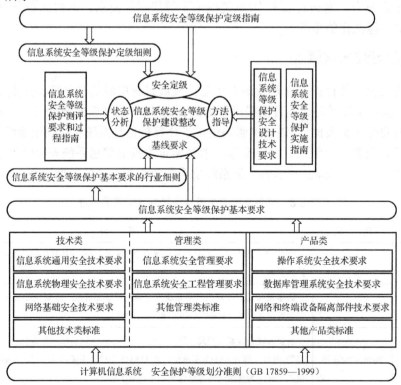

图 8.5 等级保护 1.0 标准体系

　　根据标准的功能类型，等级保护 1.0 标准体系可分为基础类标准、技术类标准、管理类标准；根据标准的保护对象，可分为基础标准、系统标准、产品标准、安全服务标准和安全事件标准等；根据等级保护工作的各个环节，可分为通用/基础标准、系统定级标准、安全建设标准、等级测评标准和运维标准等。

　　《信息安全等级保护管理办法》（公通字［2007］43 号文）中明确规定通过定级、备案、建设整改、等级测评和监督检查五个动作落实等级保护制度，完成这些规定动作需遵循的主要安全标准如表 8.9 所示。

表 8.9　等级保护各个阶段可参照的相关标准

等级保护环节	参 考 标 准	功　能
基础类标准	《信息安全技术　信息系统安全等级保护实施指南》（GB/T 25058—2010）	指导等级保护工作开展
定级环节	《信息安全等级保护管理办法》（公通字［2007］43 号）	指导信息系统定级
	《信息安全技术　信息系统安全等级保护定级指南》（GB/T 22240—2008）	指导信息系统定级
	信息系统安全等级保护行业定级规范或细则，如金融行业、电力行业等的行业定级指南等	指导行业信息系统定级
安全建设整改环节	《计算机信息系统　安全保护等级划分准则》（GB 17859—1999）	强制性国家等级保护基础标准
	《信息安全技术　信息系统安全等级保护基本要求》（GB/T 22239—2008）	不同等级系统的等级保护要求
	行业信息系统安全等级保护基本要求或规范，如《金融行业信息安全等级保护实施指引》《电力行业信息安全等级保护基本要求》等	行业等级系统的等级保护要求
	《信息安全技术　信息系统等级保护安全设计技术要求》（GB/T 25070—2010） 《信息安全技术　信息系统通用安全技术要求》（GB/T 20271—2006） 《信息安全技术　网络基础安全技术要求》（GB/T 20270—2006） 《信息安全技术　操作系统安全技术要求》（GB/T 20272—2006） 《信息安全技术　数据库管理系统安全技术要求》（GB/T 20273—2006） 《信息安全技术　服务器安全技术要求》（GB/T 21028—2007） 《信息安全技术　终端计算机系统安全等级技术要求》（GA/T 671—2006） 《信息安全技术　信息系统物理安全技术要求》（GB/T 21052—2007） 《信息安全技术　公钥基础设施 PKI 系统安全等级保护技术要求》（GB/T 21053—2007） 《信息安全技术　路由器安全技术要求》（GB/T 18018—2007） 《信息安全技术　虹膜识别系统技术要求》（GB/T 20979—2007） 《信息安全技术　入侵检测系统技术要求和测试评价方法》（GB/T 20275—2006） 《信息安全技术　网络脆弱性扫描产品技术要求》（GB/T 20278—2006） 《信息安全技术　网络和终端设备隔离部件安全技术要求》（GB/T 20279—2006） 《信息安全技术　防火墙技术要求和测试评价方法》（GB/T 20281—2006） 《信息安全技术　包过滤防火墙评估准则》（GB/T 20010—2005） 《信息安全技术　信息系统灾备恢复规范》（GB/T 20988—2007）	建设、整改过程中可参考的标准

等级保护环节	参 考 标 准	功　　能
	《信息安全技术　信息系统安全管理要求》（GB/T 20269—2006） 《信息安全技术　信息系统安全工程管理要求》（GB/T 20282—2006） 《信息安全技术　信息安全事件管理指南》（GB/Z 20985—2007） 《信息安全技术　信息安全事件分类分级指南》（GB/Z 20986—2007）	整改管理环节可参考的标准
等级测评环节	《信息安全技术　信息系统安全等级保护测评要求》（GB/T 28449—2012）	指导测评机构开展测评
	《信息安全技术　信息系统安全等级保护测评过程指南》（GB/T 28449—2012）	指导等级测评过程

（1）基础类标准：《计算机信息系统　安全保护等级划分准则》是等级保护的基础性标准，该标准将计算机信息系统安全保护等级划分为五个级别，从第一级到第五级逐级增强。《信息安全技术　信息系统安全等级保护实施指南》用于指导等级保护工作如何展开，阐述了等级保护实施的基本原则，明确了如何按照等级保护的政策、标准的要求对信息系统全生命周期的各个阶段实施保护。

（2）定级环节：在信息系统定级环节，信息系统运营、使用单位应当依据《信息安全等级保护管理办法》《信息系统安全等级保护定级指南》（简称《定级指南》）确定信息系统的安全保护等级。其中，《定级指南》规定了定级的依据、对象、流程和方法以及等级变更等内容，用于指导开展信息系统定级工作。

（3）安全建设整改环节：信息系统的安全保护等级确定后，运营、使用单位应当按照国家信息系统安全等级保护管理规范和技术标准，使用符合国家有关规定、满足信息系统安全保护等级需求的信息技术产品，开展信息系统安全建设或者改建工作。在安全建设整改环节中，《信息系统安全等级保护基本要求》为核心标准，对等级保护工作中的安全控制选择、安全控制调整、安全控制实施以及安全运维等活动的开展提出了规范要求，可以在信息系统建设过程中为建设单位和运营、使用单位提供技术指导；在系统建设或者整改结束后为评估机构提供测评依据；或为职能监管部门的监管工作提供监督检查依据。

（4）等级测评环节：信息系统建设完成后，运营、使用单位或者其主管部门应当选择符合本办法规定条件的测评机构，依据《信息系统安全等级保护测评要求》等技术标准，定期对信息系统安全等级状况开展等级测评。《信息系统安全等级保护测评要求》对信息系统的等级保护落实情况与信息系统安全等级保护相关标准要求之间的符合程度进行测试判定，用于指导测评机构开展等级测评活动。而《信息系统安全等级保护测评过程指南》规定了信息系统等级测评的测评过程，同时也对等级测评的工作任务、分析方法及工作产品等提出指导性的建议，为测评机构、运营使用单位及其主管部门在等级测评和自查过程中提供参照。

等级保护 1.0 系列标准的出台，对我国信息系统安全等级保护工作的推进具有关键性的作用，使其取得了快速进展。同时，电力、金融等重要行业以等级保护 1.0 系列标准为依据，制定发布了适用于各自行业的等级保护标准，加快推动了等级保护工作在各自行业的落地实施，有力地提升了国家信息安全保障水平和能力。

8.3.1.2　等级保护 2.0

随着网络环境的日益复杂及新技术的快速发展，网络安全威胁也在不断地发展、演进，因此在等级保护工作的实际开展过程中，等级保护工作遇到了一些新的问题[24]，具体包括：

（1）缺乏针对新技术平台的等级保护标准。随着云计算、物联网、工业控制系统、移动互联网等新技术平台的推广和应用，等级保护需要管控的对象范围逐步扩大，而面向通用信息系统设计的等级保护 1.0 标准体系不能完全适用这些新的技术平台，使得针对这些新技术平台的等级保护缺乏相应的标准规范，如定级要求、基本要求、测评要求等。

（2）等级保护的工作内容需要丰富和完善。在新的网络安全形势下，仅包含定级、备案、安全建设整改、等级测评、监督检查五个基本工作环节的等级保护 1.0 已经不能完全满足等级保护工作的需求，需要将风险评估、态势感知、安全监测、通报预警、应急处置等工作纳入网络安全等级保护的工作中，进一步增强等级保护体系的保障能力。

（3）等级保护体系需要进一步健全。随着等级保护对象和工作内容的扩大，等级保护体系需要在现有体系的基础上进一步完善和健全，重点建立和完善涵盖新技术平台和工作内容的政策、标准、测评、技术、服务等体系。

为了适应新技术的发展，应对等级保护 1.0 日益显现不足，满足云计算、物联网、移动互联、工业控制和大数据等领域信息系统等级保护工作的需要，2013 年 10 月，由公安部牵头，联合国内多家科研机构、代表性企业、测评机构，根据我国当前网络安全的形势变化、任务要求和新技术的发展，以及后来发布实施的《网络安全法》，大规模地开展了对等级保护 1.0 标准的修订工作。经过五年多的研究、制定、征求意见、专家评审和整合完善，新的网络安全等级保护标准《信息安全技术　网络安全等级保护基本要求》（GB/T 22239—2019）、《信息安全技术　网络安全等级保护测评要求》（GB/T 28448—2019）、《信息安全技术　网络安全等级保护安全设计技术要求》（GB/T 25070—2019）等于 2019 年 5 月正式发布，正式取代等级保护 1.0，进入等级保护 2.0 时代。

等级保护 2.0 安全框架[25]如图 8.6 所示。在开展网络安全等级保护工作中，首先应明确等级保护对象，包括基础信息网络、信息系统（包含采用移动互联等技术的系统）、云计算平台、

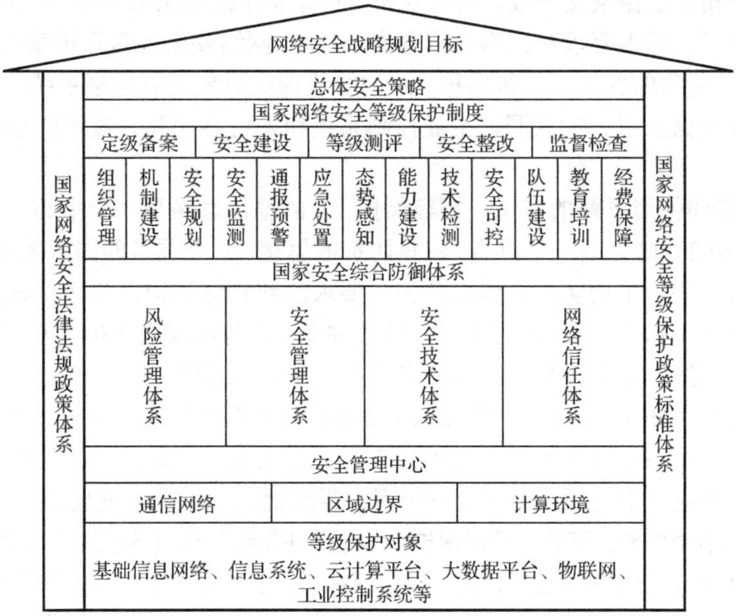

图 8.6　等级保护 2.0 安全框架

大数据平台、物联网、工业控制系统等；其次应确定等级保护对象的安全保护等级，并根据安全保护等级完成安全建设或安全整改工作；同时，应针对等级保护对象的特点建立安全技术体系和安全管理体系，构建具备相应等级安全保护能力的网络安全综合防护体系。此外，还应依据国家网络安全等级保护政策和标准，开展组织管理、机制建设、安全规划、通报预警、应急处置、态势感知、能力建设、监督检查、技术检测、队伍建设、教育培训和经费保障等工作。

8.3.1.3　等级保护 2.0 与等级保护 1.0 的对比

从等级保护 1.0 到等级保护 2.0，等级保护标准体系发生了巨大的变化，但万变不离其宗，等级保护 2.0 也继承了等级保护 1.0 的很多方面，本节将从不变和变化两个方面对等级保护 2.0 与等级保护 1.0 进行对比分析。

（1）等级保护 2.0 中的不变。与等级保护 1.0 相比，等级保护 2.0 中等级保护工作的五个等级不变、五项工作不变、主体职责不变。

① 等级保护"五个级别"不变。在等级保护 2.0 中，等级保护对象的安全保护等级仍然分为五个等级。

② 等级保护"规定动作"不变。在等级保护 2.0 中，等级保护主要工作仍然按照定级、备案、建设整改、等级测评、监督检查这五个规定动作开展。

③ 等级保护"主体职责"不变。在等级保护 2.0 中，等级保护工作相关主体的职责保持不变，即运营、使用单位对定级对象的等级保护职责不变，上级主管单位对所属单位的安全管理职责不变，第三方测评机构对定级对象的安全评估职责不变，公安机关网安部门对定级对象的备案受理及监督检查职责不变。

（2）等级保护 2.0 中的变化。与等级保护 1.0 相比，等级保护 2.0 中的变化体现在标准名称、等级保护对象、体系框架和保障思路、等级保护要求、控制措施分类等多个方面。

① 标准名称的变化。《网络安全法》将网络安全等级保护制度确定为国家的一项基本制度，为了与其中相关法律条文一致，等级保护 2.0 标准体系将原来的标准《信息安全技术　信息系统安全等级保护基本要求》改为《信息安全技术　网络安全等级保护基本要求》。

② 等级保护对象的变化。等级保护 1.0 的等级保护对象仅有信息系统，等级保护 2.0 将云计算平台、大数据应用、物联网、工业控制系统和采用移动互联技术的系统纳入了等级保护对象范围。

③ 体系框架和保障思路的变化。等级保护 1.0 的整体思路是一个中心、三重防护，以防为主。而等级保护 2.0 则强调一个重点、三重防护的思想，一个重点即国家关键信息基础设施，三重防护即综合防护、主动防护、纵深防护，要求做到整体防护、分区隔离；积极防护、内外兼防；自身防护、主动免疫；纵深防护、技管并重，由等级保护 1.0 防护审计的被动保障向感知预警、动态防护、安全检测、应急响应的主动保障体系转变。

④ 等级保护要求的组合变化。等级保护 2.0 将等级保护要求拆分成了 1 个通用要求和 4 个安全扩展要求。将共性安全保护需求列为安全通用要求，同时针对云计算、移动互联、物联网和工业控制系统等不同领域的个性安全保护需求提出了安全扩展要求。

⑤ 控制措施分类结构的变化。等级保护 2.0 将控制措施的 10 个分类进行了调整，其中技术要求包括安全物理环境、安全区域边界、安全通信网络、安全计算环境、安全管理中心；管理要求包括安全管理制度、安全管理机构、安全管理人员、安全建设管理、安全运维管理，如图 8.7 所示。

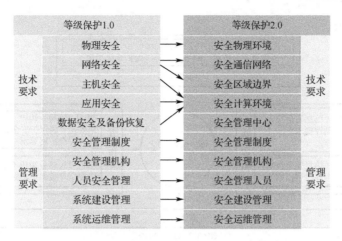

图 8.7 等级保护控制措施结构和分类调整

总而言之，等级保护 2.0 与等级保护 1.0 相比，具有突破性的进展，尤其在云计算、物联网、移动互联、工业控制系统等新的业务环境下均提供了安全建设标准和指导。新形势下的网络安全防护工作，应以网络安全等级保护 2.0 标准体系为基准，积极落实网络安全等级保护制度，不仅能够满足相关法律的合规性要求，更能提升整体网络的综合安全防护能力，真正帮助企业用户保障网络、数据和业务的安全性。

8.3.2 等级保护 2.0 之云计算

在等级保护标准修订过程中，针对云计算的等级保护工作需求，2013 年 10 月在公安部的统一领导下开展了云计算安全等级保护基本要求、设计要求和测评要求标准的研究、制定、申报和评审工作。经过三年多的编制和完善，这三项标准于 2017 年前后进入征求意见阶段。2017 年 8 月，编制组根据国家互联网信息办公室和公安部的意见，将云计算部分和通用要求部分、移动互联部分、物联网部分和工业控制系统部分一起整合形成了一册，即前文已经提到过的等级保护 2.0 标准。等级保护 2.0 之云计算部分（以下简称云等级保护）不仅为指导云计算的等级保护工作的开展提供了依据，更为构建安全的云计算平台提供了规范、要求和指导。

云计算等级保护是在通用等级保护框架下的扩展要求，各个工作环节与基础信息网络相同，包括定级、备案、建设整改、等级测评和监督检查。云等级保护标准框架如图 8.8 所示。

8.3.2.1 云计算信息系统定级环节

云计算强调安全责任共担，即应由云服务提供商和用户共同保障云计算平台的安全性，在不同的云服务类型中，云服务提供商和用户承担的安全责任不同。对于云计算平台的定级，应遵照《信息安全技术 网络安全等级保护定级指南》（GB/T 22240—2020）（以下简称"定级指南"）中所规定的云计算平台定级相关要求，即"在云计算环境中，云服务客户侧的等级保护对象和云服务提供商侧的云计算平台/系统需分别作为单独的定级对象定级，并根据不同服务模式将云计算平台/系统划分为不同的定级对象。对于大型云计算平台，宜将云计算基础设施和有关辅助服务系统划分为不同的定级对象。"也就是说，云计算平台定级需要从业务应用的角度出发，梳理有哪些业务应用以及对应哪些模块，分别确定等级保护级别。

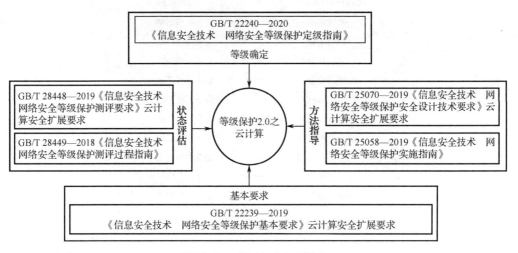

图 8.8　云等级保护标准框架

云计算信息系统定级基本场景包括两种类型。

（1）第一类场景：业务应用不独占物理基础设施，或物理基础设施上运行的基础服务系统由所有业务应用共同使用。在这种情况中，定级系统的边界应划在虚拟边界处，这个虚拟边界就是业务应用运行所独占的底层虚拟资源的边界，通常是虚拟机，如图 8.9 所示。

图 8.9 中有两个业务应用，通过对业务应用的梳理，业务应用 1 单独成为一个定级系统，业务应用 2 成为另一个定级系统。这两个定级系统共用底层服务，因此把底层服务连同硬件一起作为一个定级系统 C，即云计算平台。定级系统 A 和定级系统 B 是云计算平台上承载的业务应用系统。

（2）第二类场景：业务应用对应的系统模块存在相对独立的底层服务和硬件资源。在这种情况下，可以将系统边界划分到物理基础设施层，从而确定两个定级系统，如图 8.10 所示。

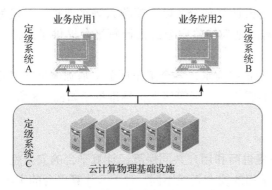

图 8.9　云计算信息系统定级第一类场景

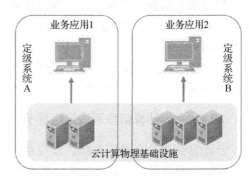

图 8.10　云计算信息系统定级第二类场景

在第二类场景中，定级系统 A 和 B 分别是一个使用了云计算技术的业务应用，即两个独立的云计算系统。此时，还可以在定级系统 A 或 B 上嵌套第一类场景，使其承载更多的业务应用。

此外，云计算平台的定级还需注意两点：第一，云计算平台的安全保护等级，原则上不低于其承载的业务应用的安全保护等级；第二，国家关键信息基础设施（重要云计算平台）的安全保护等级应不低于第三级。

8.3.2.2 云计算平台备案环节

传统企业的 IT 基础设施、运维地点、工商注册地基本一致，备案地很明确。但是，云计算信息系统的基础设施通常遍布多地，与运维地点和工商注册地不完全一致，导致备案地不明确。因此，云计算平台备案的原则是，云服务提供商负责将云计算平台的定级结果向所辖公安机关进行备案，备案地应为运维管理端所在地；用户负责对云计算平台上承载的用户信息系统进行定级备案，备案地为工商注册或实际经营所在地。

8.3.2.3 云计算平台建设整改环节

云计算信息系统的建设整改/测评对象与普通信息系统建设整改/测评对象大不相同，如表 8.10 所示。

表 8.10　云计算信息系统与普通信息系统等级保护对象对比

层　　面	云计算信息系统保护对象	普通信息系统保护对象
安全物理环境	机房及基础设施	机房及基础设施
安全通信网络 安全区域边界	网络结构、网络设备、安全设备、综合网管系统、虚拟化网络结构、虚拟网络设备、虚拟安全设备、虚拟监视器、云管理平台	网络结构、网络设备、安全设备、综合网管系统
安全计算环境	主机、数据库管理系统、终端、网络设备、安全设备、虚拟网络设备、虚拟安全设备、物理机、主机、虚拟机、虚拟监视器、云管理平台、网络策略控制器	主机、数据库管理系统、终端、网络设备、安全设备
安全计算环境	应用系统、中间件、配置文件、业务数据、用户隐私、鉴别信息、云应用开发平台、云服务对外接口、云管理平台、镜像文件、快照、数据存储设备、数据库服务器	应用系统、中间件、配置文件、业务数据、用户隐私、鉴别信息等

从表 8.10 可以看到，云计算信息系统保护对象中增加了虚拟化、云管理平台、镜像文件、快照等云计算独有的内容。因此，无论政府系统还是其他各种行业系统，在经过定级备案确定其云计算平台的安全等级之后，云计算平台的建设就必须同时满足"基本要求"中相应级别的安全通用要求和云计算安全扩展要求，实现相应安全级别的安全保护能力。其中，云计算安全扩展要求是基于云计算平台具有的虚拟化、多用户、位置不确定、数据在云端等特点，提出的针对性、个性化安全要求，它与安全通用要求部分形成一个整体，共同约束云计算平台的等级保护建设，为云计算平台安全建设设立基线。这些要求被整体划分为技术要求和管理要求两大部分，分别面向云计算平台技术防护和云计算平台安全管理两个方面，如图 8.11 所示。每个等级依据威胁对目标造成的影响程度，从低到高形成逐步增强的梯度防护。以三级等保建设为例，其技术要求有 160 多项、管理要求有 120 多项。

（1）技术要求。技术要求共划分为五个部分：安全物理环境、安全通信网络、安全区域边界、安全计算环境和安全管理中心。

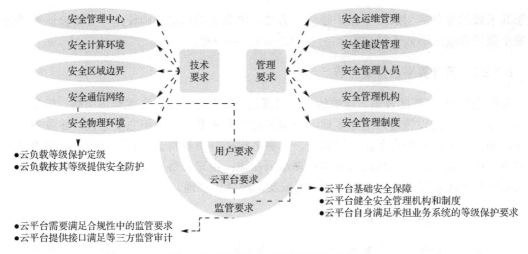

图 8.11　云计算平台等级保护框架内容

①　在安全物理环境方面，云等级保护主要对云计算物理基础设施位置的选择提出了明确要求，强调"应保证云计算物理基础设施位于中国境内"，这就规定了云计算物理基础设施和数据不能出境，从而确保了用户数据、用户信息等存储在中国境内。

②　在安全通信网络方面，云等级保护主要对云计算网络架构提出了安全要求。在第一级安全要求中就强调"应保证云计算平台不承载高于其安全保护等级的业务应用"，同时"应实现不同用户虚拟网络之间的隔离"，这就保障了云计算平台的安全防护能力绝对不能低于其上所有用户业务应用的安全防护能力，在低等级用户业务应用遭受到攻击时，不会影响底层云计算平台和其他用户业务应用的安全。在第三级的要求中，增加了两条要求：一是"应具有根据用户业务需求自主设置安全策略的能力，包括定义访问路径、选择安全组件、配置安全策略"；二是"提供开发接口或开放性安全服务，允许用户接入第三方安全产品或在云计算平台选择第三方安全服务"，这样就有利于解决云服务提供商安全服务的锁定问题，赋予用户更大的自主选择权。在第四级的要求中，云计算安全扩展要求增加了非常关键的一条，即"应为第四级业务应用划分独立的资源池"，即用户的第四级业务应用需要独占物理资源。

③　在安全区域边界方面，云等级保护主要扩充了云计算对网络边界访问控制、入侵防范和安全审计的要求。强调应在虚拟化网络边界、不同等级的网络区域边界部署访问控制机制，应能检测到对虚拟网络节点的网络攻击行为、用户发起的网络攻击行为，应能检测到虚拟机与主机、虚拟机与虚拟机之间的异常流量，从而能够及时发现云计算平台上的恶意用户，防止其对其他用户造成不利影响。在区域边界安全审计方面，云等级保护要求对云服务提供商和用户在进行远程管理时执行的特权命令进行审计，至少包括虚拟机删除、虚拟机重启，这就能够为虚拟机异常行为留下日志痕迹，为调查取证提供数据。

④　在安全计算环境方面，云等级保护重点强调了对用户数据的保护，以数据为核心，涵盖数据管控、数据安全、数据备份等。第一级安全要求只对虚拟机访问控制和数据完整性与保密性提出了要求，强调了"应确保用户数据和用户信息等存储在中国境内"；第二级中增加了数据备份恢复和虚拟机独有的镜像和快照保护及剩余信息保护，强调"应保证虚拟机所使用的内存和存储空间回收时得到完全清除"和"用户删除业务应用数据时，云计算平台应将云存储中所有副本删除"，以此来保证用户退出云计算平台时，其数据不会被云服务提供商或

后来的用户访问、利用。从第三级开始，增加了身份鉴别要求和入侵防范要求。其中，身份鉴别中要求"当远程管理云计算平台中设备时，管理终端和云计算平台之间应建立双向身份验证机制"，这样有利于大大提高云计算平台和终端设备连接的安全性。入侵防范要求着重强调了虚拟机的安全，包括虚拟机资源隔离、虚拟机重启和恶意代码感染等。

⑤ 在安全管理中心方面，云等级保护从第三级开始提出了集中管控要求，包括对物理资源和虚拟资源的统一管理调度与分配、对云计算平台管理流量与用户业务流量的分离、对云服务提供商和用户各自控制部分的集中审计和集中监测等。通过这些要求再次说明，云计算中的安全保障强调责任共担，即应由云服务提供商和用户分别负责各自控制部分的安全要求，共同保障云计算信息系统的安全性。

（2）管理要求。在管理要求方面，针对云计算的特点，云等级保护在安全建设管理和安全运维管理方面增加了扩展要求。

① 在安全建设管理方面，包括云服务提供商选择和供应链管理。其中，对云服务提供商的选择，云等级保护明确强调"安全合规"，其所提供的云计算平台应为其所承载的业务应用提供相应等级的安全保护能力；明确了服务水平协议应规定的内容，包括云服务的各项服务内容和具体技术指标、云服务提供商的权限与责任、服务合约到期时用户数据的返还和清除等；明确规定了用户应与选定的云服务提供商签署保密协议，要求其不得泄露自身数据。对于供应链的管理，云等级保护强调应将供应链安全事件信息或威胁信息、供应商的重要变更信息及时传达到用户，从而保证用户能够及时评估风险，采取应对措施。

② 在安全运维管理方面，云等级保护只扩展了一条关键要求，即"云计算平台的运维地点应位于中国境内，境外对境内云计算平台实施运维操作应遵循国家相关规定"，以此来保证云计算平台运维过程产生的配置数据、鉴别数据、业务数据、日志信息等存储在中国境内，受我国《网络安全法》的法律约束。

除了"基本要求"，云计算平台的安全建设与整改还可以参照《信息安全技术　网络安全等级保护安全设计技术要求》（GB/T 25070—2019）（以下简称"设计要求"）和《信息安全技术　网络安全等级保护实施指南》（GB/T 25058—2019）。其中，"设计要求"中给出了云计算等级保护安全技术设计框架[26]，如图 8.12 所示。

云计算等级保护安全技术设计框架的核心思想是一个中心、三重防护。其中一个中心指安全管理中心，三重防护包括计算环境安全、区域边界安全和通信网络安全。在层次架构上，云计算等级保护安全技术设计框架涵盖了用户层、访问层、服务层、资源层、硬件设施层和管理层。用户通过安全的通信网络访问云服务提供商提供的安全计算环境。计算环境安全包括资源层安全和服务层安全，其中，资源层分为物理资源和虚拟资源，物理资源安全根据通用安全计算环境设计技术要求进行设计，虚拟资源安全根据云计算安全计算环境设计技术要求进行设计[35]。服务层是对云服务提供商所提供服务的实现，包含实现服务所需的软件组件。服务层安全设计需要明确云服务提供商控制的资源范围内的安全要求，根据云计算安全计算环境设计技术要求进行设计。云服务提供商可以通过提供安全接口和安全服务的方式为用户提供安全技术和安全防护能力。云计算的系统管理、安全管理和安全审计由安全管理中心统一管控，根据安全管理中心设计技术要求进行设计。

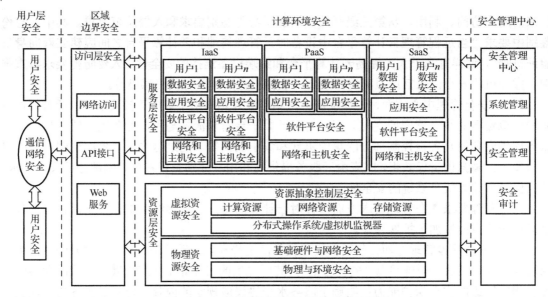

图 8.12　云计算等级保护安全技术设计框架

8.3.2.4　云计算平台等级测评环节

云计算平台等级测评工作以"基本要求"为基准，依据《信息安全技术　网络安全等级保护测评要求》（GB/T 22239—2019）和《信息安全技术　网络安全等级保护测评过程指南》（GB/T 28449—2018）两项标准逐步开展，详细内容见 8.4 节。

8.4　云计算安全测评标准

伴随着云计算应用的推广，建立云计算安全测评标准，形成成熟的云计算安全测评体系，已经成为迫切需求。通过借鉴传统信息系统成熟的测评体系和测评方法，基于云计算的特点，全面识别和检测云计算中的风险，研究云计算安全量化或等级测评方法，进而构建以安全目标验证、安全服务等级测评为基础的云计算安全测评体系，为云服务提供科学的度量和测评机制。同时，通过引入独立、公正的第三方测评机构对云计算开展等级测评，一方面能够提高用户对云服务的安全认可度；另一方面，可以通过等级测评发现云计算中的安全隐患，通过安全整改后提高云计算的整体安全防护能力，对用户选择云服务具有积极的指导意义。

8.4.1　国外云计算安全测评研究

用户对其数据和业务的安全性肯定存有一定的期望，作为云服务提供商也有责任确保安全控制措施有效，并符合相关的标准。即使云服务提供商的安全保障措施满足有关标准，但也需明确其所部署的安全控制措施的有效性和健壮性。简单来说，在云计算实施中的安全控制措施体现在两个方面，一方面是有关安全控制措施的存在性，另一个方面是安全控制措施的有效性或健壮性。例如，云计算平台与外部用户之间建立了加密的信息传输通道，这时我们需对该通道进行安全评估，确定该加密信道是否有效，以及在实施过程中是否经过妥善的设计，体现了安全评估的目的所在。

云计算安全评估作为计划和开发安全控制措施的指导，作为妥善实施安全控制措施的指导，有着广泛的应用价值，对于云服务的销售也有很大的益处。例如，在用户选择云服务提供商时往往会参考第三方评估结果来做选择。正因如此，国内外各标准及测评机构在该领域做出了一些努力，推动了该领域的发展。国外对传统信息系统安全测评或评估的研究发展了近 30 年的历程，从 TCSEC、CC 到 BS 7799、OCTAVE、SP 800.53 等，具体如下所述。

（1）TCSEC。早在 1985 年，美国国防部为指导计算机安全产品的制造和数据处理系统的安全建设与评估，制定并颁布了《可信计算机系统评估准则》（TCSEC），将安全保护能力由低到高划分为四等七级，为计算机安全产品，尤其是安全操作系统的设计、实现和测评提供了标准和基础，有力地推动了当时的信息安全的发展。其局限性在于，TCSEC 主要关注两类技术上的不同需求：安全特性需求（对信息访问的控制）和保证需求。随着信息技术的不断发展，新的安全需求不断涌现。由于应用对象以及当时技术上的局限性，TCSEC 仅仅涉及了部分技术方面的被动保护措施，并未全面覆盖这些新的安全需求。此外，TCSEC 是为了满足军方对可信计算机产品测评的需求而提出的，尽管 1987 年推出的文档《可信网络解释》试图将 TCSEC 的应用范围由产品测评扩展到网络化的信息系统测评中，但该文档同时指出无法找到一种简单的方式实现网络可信计算基（NTCB）。TCSEC 是国际上最早的分级评估标准，开启了美国实施等级化信息安全保护战略的序幕。

（2）CC。为了解决标准间的兼容和相互承认，进一步拓展市场等问题，1993 年 6 月，美国政府同加拿大及欧共体共同起草单一的通用准则（简称 CC 标准）并将其推进到国际标准。CC 从安全功能和安全保证两方面对信息技术的安全技术要求进行了详细描述，并依据安全保证要求的不断递增，将评估对象的安全保证能力由低到高划分为 7 个安全保证级。同时，CC 在评估方法（CEM）中明确提出了测试广度和深度的概念，并将它们与安全保证级别关联起来。CC 的局限性在于它也是一个关注信息安全技术的产品测评标准，其内容不涉及物理环境安全及管理安全等方面[19]。

（3）BS 7799。是英国标准协会针对信息安全管理而制定的一个标准，目前由两部分内容构成。信息安全管理实施规范（BS 7799.1:1999），即 ISO/IEC 17799:2000，从 10 个方面定义了 127 项控制措施，供信息安全管理体系实施者参考使用。信息安全管理系统规范（BS 7799.2）是建立信息安全管理系统（ISMS）的一套规范，它描述了持续改进的管理模式，即规划、执行、检查和整改（PDCA），并详细列出了建立 ISMS 所需的控制目标和安全控制。BS 7799 是一个基于最佳实践的安全管理标准，其提出的信息安全管理体系的目标和过程方法为信息系统的等级保护提供了在安全管理方面的借鉴。

（4）OCTAVE。1999 年，卡内基梅隆大学的 SEI 发布了 OCTAVE 框架，是从系统和组织的角度开发的新型信息安全保护方法。OCTAVE 将整体网络风险评估过程分为三个阶段九个环节。OCTAVE 的核心是自主原则，这意味着由组织内部的人员管理和指导该组织的信息风险评估。它也是一种资产驱动的评估方法，评估的对象是那些被判定为对组织最关键的资产。自主原则和资产驱动的方法对信息系统等级测评中测评对象的确定具有一定的借鉴意义。

（5）SP 800.53A。联邦信息系统安全控制评估指南（SP 800.53A）是 SP 800.53 的配套文档，它针对 SP 800.53 中推荐的安全控制提供了验证其有效性的方法和具体的步骤，帮助联邦机构确定其部署在信息系统中的安全控制是否被正确地实现、按预期操作并最终生成所要求的结果。同时，SP 800.53A 还被指定与 SP 800.37 配合使用，其提供的评估方法、规程以及用于测评方案开发的建议可直接为后者所要求的认证与认可阶段提供支撑。SP 800.53A 框架中的处理模块明确了包括规范、行为、机制和人员在内的四类测评对象。同时，处理模块中还定义了三种测评方法，即访谈、检查和测试。测评活动在不同安全分类信息系统中的区别还体现在测评期待方面，它可以帮助测评人员在验证安全控制的有效性时确定什么样的测评结果是可接受的。此外，SP 800.53A 在其文档中指出安全控制有效性保证结论的证据来源有两个，一个是产品测评，另一个是系统测评。前者一般由独立的第三方商业测评机构实施，通常可以对产品的特定功能进行深入的分析；后者通常由信息系统的集成者、所有者、审计人员及信息系统的安全人员实施，更关注安全控制在信息系统中部署的有效性。在条件许可的情况下，系统测评应尽量收集并参考和利用相关产品的测评结果。

云计算信息系统作为建立在传统信息系统上的新技术和新应用，对其的安全测评或评估引起国外相关组织的关注，尤其是美国联邦政府在云计算安全评估方面的工作较为突出，值得借鉴，具体研究和发展历程如下。

（1）2010 年 8 月，《联邦部门和机构使用云计算的隐私建议》指出云计算中的隐私风险和法律法规、隐私数据存储位置、云服务提供商服务条款及隐私保护策略有关，通过使用相关标准、签署隐私保护的补充合同条款、进行隐私门槛分析和隐私影响评估、充分考虑相关的隐私保护法律，可以有效加强云计算中的隐私保护。

（2）2010 年 11 月，NIST、GSA、CIOC 以及信息安全及身份管理委员会（ISIMC）等组成的团队历时 18 个月提出了《美国政府云计算安全评估和授权建议方案》，该方案由云计算安全要求基线、持续监视、评估和授权三部分组成。

（3）2011 年，NIST 颁布了《公共云计算安全和隐私指南》（SP 800.144），其主要目的是对公有云及其所涉及的安全和隐私考虑因素作总体阐述，其中特别描述了与公有云环境及其处理相关的威胁、技术风险和防护措施，并就如何针对公有云的处理做出有依据的信息技术决策提供了必要指导。

（4）2012 年 2 月成立了联邦风险与授权管理项目[27]FedRAMP 联合授权委员会并发布了《FedRAMP 概念框架（CONOPS）》《FedRAMP 安全控制措施》，明确了云计算安全管理的政府部门角色及其职责。联合授权委员会的职责之一是负责制定更新安全基线要求、批准第三方评估机构认可标准；FedRAMP 项目管理办公室与 NIST 合作实施对第三方评估组织的符合性评估；各执行部门或机构按照要求评估、授权、使用和监视云服务，并每年 4 月提供由本部门 CIO 和 CFO 签发的认证。FedRAMP 项目相关方的角色和职责明确云服务提供商实现安全控制措施，创建满足 FedRAMP 需求的安全评估包，与第三方评估机构联系，执行初始的系统评估，以及运行中所需的评估与授权；第三方评估组织保持满足 FedRAMP 所需的独立性和技术优势，对 CSP 系统执行独立评估[36]。

（5）2012 年 6 月，在《推荐的联邦信息系统和组织安全措施》（SP 800.53）基础上，根据云计算特点，制定颁布了云计算安全基线要求《FedRAMP 安全控制措施》。与传统安全控制措施相比，在云计算中需增强的安全控制措施包括：访问控制、审计和可追踪、配置管理、持续性规划、标识和鉴别、事件响应、维护、介质保护、物理和环境保护、系统和服务获取、系统和通信保护、系统和信息完整性，共 12 个控制点。

8.4.2　国内云计算安全测评标准

目前，我国对传统信息系统的安全评估，尤其是等级测评工作已经发展成熟，从 1994 年等级保护制度的提出，到 2006 年等级保护试点工作的开展，再到 2013 年等级保护的全面推广，经过 20 年的发展，已经面向全国建立了成熟的测评体系，并建立了较为完善的配套政策法律和标准体系，为重要信息系统整体安全防护能力和安全管理水平的提升奠定了良好的基础。基于传统信息系统的安全测评体系，近年来，我国标准化组织及科研院所积极开展了针对云计算安全测评和评估方面的研究工作，并取得一些成果，包括等级保护 2.0 的测评标准、《信息安全技术　云计算服务安全能力要求》（GB/T 31168—2014）和《信息安全技术　云计算服务运行监管框架》（GB/T 37972—2019）。

（1）云计算等级保护测评标准。前文已经提到，等级保护 2.0 的测评标准《信息安全技术　网络安全等级保护测评要求》（GB/T 22239—2019）（以下简称《测评要求》）和《信息安全技术　网络安全等级保护测评过程指南》（GB/T 28449—2018）（以下简称《测评过程指南》）已经正式发布，为云计算平台的等级测评工作提供了指南，可用于指导云计算中等级保护测评工作的实施和判定。其中，在《测评要求》中，安全测评通用要求和云计算安全测评扩展要求共同组成了云计算信息系统的等级保护测评要求；在《测评过程指南》中，规定了包括云计算、物联网、移动互联、工业控制系统等在内的定级对象安全等级保护测评工作的测评过程和网络安全等级测评的工作过程，对等级测评的活动、工作任务以及每项任务的输入/输出产品等进行规范，并给出了云计算信息系统等级测评实施的补充指导。

（2）云计算安全服务能力评估标准。《信息安全技术　云计算服务安全能力要求》（GB/T 31168—2014）提出了云服务提供商在为政府部门提供服务时应该具备的安全能力要求，根据云计算平台上的信息敏感度和业务重要性的不同，云服务提供商应具备的安全能力也各不相同。而用户在选择云服务之前，对云服务提供商具备的安全能力进行评估是一项必不可少的环节。为支撑 GB/T 31168—2014 的落地实施，配合信安标委开展的"党政部门云计算服务网络安全管理国家标准"应用试点工作，由中国电子技术标准化研究院牵头，联合国家信息技术安全研究中心、中国信息安全测评中心、中国电子科技集团第 30 研究所等多家测评机构，共同制定了《信息安全技术　云计算服务安全能力评估方法》（GB/T 34942—2017）国家标准，提出了云服务安全能力评估的评估原则、评估内容、评估方法、评估证据和评估过程。一方面，可为第三方评估机构对云服务提供商提供云服务时具备的安全能力进行评估时提供指导，另一方面，也可为云服务提供商在对自身云服务安全能力进行自评估时提供参考。

（3）云服务运行监管标准。依据《信息安全技术　云计算服务安全能力评估方法》（GB/T 34942—2017）对云服务进行安全能力评估是一次性或者定期的行为，而在评估间隙或者发生变更时，云服务是否满足 GB/T 31168—2014 的安全能力要求则无法获知。为确保政府部门持续安全地使用云服务，确保云服务提供商的安全能力持续符合国家标准要求，确保云服务各相关方能够实时、有效地掌握云服务的运行质量和安全状态，保障政府部门的业务和数据采用云服务的安全，信安标委组织制定了《信息安全技术　云计算服务运行监管框架》（GB/T 37972—2019）标准，规范了政府部门用户在使用云服务的过程中，云服务提供商、运行监管方的相关责任及监管内容，提出了运行监管框架、过程及方式，为运行监管方进行云服务的运行监管活动提供指导，旨在要求云服务提供商提供证据以证明其云服务安全能力持续符合 GB/T 31168—2014。

8.4.3 云计算等级保护测评

等级保护 2.0 标准的上位文件《网络安全等级保护条例》（征求意见稿）由公安部于 2018 年 6 月面向社会公开征求意见，其中明确要求：网络运营者应当每年对本单位落实网络安全等级保护制度情况和网络安全状况至少开展一次自查，第三级以上网络的运营者应当每年开展一次网络安全等级测评，发现并整改风险隐患，并每年将开展网络安全等级测评的工作情况及测评结果向备案的公安机关报告。可见，定期开展云计算安全测评工作，是满足网络安全合规的需要，同时也能够尽早发现安全问题和安全隐患，通过安全建设整改提高云计算的安全防护能力、抵抗黑客攻击的能力，以及发生安全事故后的应急响应和灾难恢复能力。

8.4.3.1 等级保护 2.0 测评要求的变化

等级保护测评是目前较为成熟并体系化的系统安全评估方法，该方法以等级保护国家标准要求为标尺，结合行业或用户自身安全需求综合评价信息系统的安全保护能力，旨在发现与相应等级保护国家标准之间的技术和管理差距。在等级测评过程中，信息系统安全状况未达到安全保护等级要求的，运营、使用单位可以根据问题进行有针对性的安全整改，持续完善信息系统的安全保障体系，进而提升信息系统的整体安全保护能力。

等级保护 1.0 测评标准 GB/T 28448－2012 在我国网络安全等级保护工作开展过程中发挥了重要的指导作用，被广泛应用于各个行业、领域的网络安全等级保护测评及安全自查工作中。随着信息技术的发展，GB/T 28448－2012 在应用过程中，特别是云计算、移动互联、物联网、工业控制和大数据等新技术、新应用环境下，也遇到了一些新的问题，在适用性、易用性、可操作性上需要进一步完善。因此，为与新的《基本要求》相协调，适应我国网络安全等级保护工作发展的需要，GB/T 28448－2012 也进行了修订，形成了新的测评要求，不仅对普通信息系统安全的测评要求进行了修订完善，同时也针对新技术平台的安全提出了扩展测评要求。

与等级保护 1.0《测评要求》相比，等级保护 2.0《测评要求》在等级测评技术框架、标准内容、测评要求级差、测评要求使用等方面产生了新的变化[28]。

（1）标准内容的变化。等级保护 2.0《测评要求》与《基本要求》保持同步，每个级别的测评要求都包括安全测评通用要求、云计算安全测评扩展要求、移动互联安全测评扩展要求、物联网安全测评扩展要求和工业控制系统安全测评扩展要求五个部分。在进行等级保护测评时，无论等级保护对象采用何种技术，必须结合使用安全测评通用要求和相应的扩展要求对等级保护对象进行测评。

（2）等级测评技术框架的变化。等级测评技术框架由原标准的单元测评和整体测评调整为单项测评和整体测评。

单项测评是针对各安全要求项的测评，支持测评结果的可重复性和可再现性。修订后的单项测评中增加了测评对象，即在等级测评过程中不同测评方法作用的对象，主要涉及相关配套制度文档、设备设施及人员等，有助于测评人员明确测评工作的作用对象。

整体测评是在单项测评基础上，对等级保护对象整体安全保护能力的判断。原标准中整体测评包括安全控制点间、层面间和区域间等方面的测评，修订后的整体测评则包括安全控制点测评、安全控制点间测评和区域间测评，增加了安全控制点测评，删除了层面间测评。

（3）测评要求在级差上的变化。不同等级的测评工作主要通过以下四个方面来体现测评要求的级差：

① 不同级别的测评方法不同：第一级的测评方法以访谈为主，第二级以核查为主，第三级和第四级在核查的基础上还要进行测试验证。不同级别使用不同的测评方法，体现出测评实施过程中访谈、核查和测试的测评强度不同。

② 不同级别的测评对象范围不同：第一级和第二级测评对象的范围为关键设备，第三级为主要设备，第四级为所有设备。不同级别测评对象范围不同，体现出测评实施过程中访谈、核查和测试的测评广度的不同。

③ 不同级别的现场测评实施工作不同：第一级和第二级以核查安全机制为主，第三级和第四级先核查安全机制，再核查安全策略有效性。

④ 不同方面的现场测评方法使用不同：在实际现场测评实施过程中，安全技术方面的测评方法以配置核查和测试验证为主，安全管理方面的测评方法以访谈为主。

综上所述，无论等级保护对象是网络基础设施和普通信息系统，还是采用了新技术的特殊等级保护对象，等级保护 2.0《测评要求》都能够规范全国等级测评机构、测评人员的现场测评行为，客观地给出测评结果，使等级测评工作更加规范化和标准化。

8.4.3.2　云计算等级保护测评工作

云计算信息系统自身的特殊性，如服务类型的不同决定着安全责任划分不同、虚拟化的资源池引入虚拟化的网络和设备、数据的外包带来新的数据安全要求等，使云计算信息系统的等级保护测评工作与普通信息系统的等级保护测评工作相比更加复杂多变，具体体现在测评对象、测评指标、测评过程、测试手段与工具、测评结果等方面。

（1）测评对象。云计算的测评对象不仅包含普通信息系统中的测评对象，还包括云计算信息系统中增加的云计算特有的等级保护对象。

（2）测评指标。云计算安全测评扩展要求主要针对云计算技术和管理中特殊的安全保护要求提出测评要求，相对于普通信息系统，测评单元和测评项均有所新增。云计算安全扩展要求的测评单元与普通信息系统的测评单元对照如表 8.11 所示，其中加黑的测评单元为云计算信息系统所特有的测评单元。

表 8.11　云计算安全扩展要求的测评单元与普通信息系统的测评单元对比

层　面	云计算安全扩展要求的测评单元	普通信息系统的测评单元
安全物理环境	**基础设施位置**	物理位置选择、物理访问控制、防盗窃、防破坏、防雷击、防火、防水、防潮、防静电、温湿度控制、电力供应、电磁防护
安全通信网络	网络架构	网络架构、通信传输、可信验证
安全区域边界	访问控制、入侵防范、安全审计	边界防护、访问控制、入侵防护、恶意代码和垃圾邮件防护、安全审计、可信验证
安全计算环境	身份鉴别、访问控制、入侵防范、**镜像和快照保护**、数据完整性和保密性、数据备份恢复、剩余信息保护	身份鉴别、访问控制、安全审计、入侵防护、恶意代码防护、可信验证、数据完整性、数据保密性、数据备份恢复、剩余信息保护、个人信息保护
安全管理中心	集中管控	系统管理、审计管理、安全管理、集中管控

续表

层　面	云计算安全扩展要求的测评单元	普通信息系统的测评单元
安全管理制度		安全策略、管理制度、制定和发布、评审和修订
安全管理机构		岗位设置、人员配备、授权和审批、沟通和合作、审核和检查
安全管理人员		人员录用、人员离岗、安全意识教育和培训、外部人员访问管理
安全建设管理	云服务提供商选择、供应链管理	定级和备案、安全方案设计、产品采购和使用、自行软件开发、外包软件开发、工程实施、测试验收、系统交付、等级测评、服务供应商选择
安全运维管理	云计算环境管理	环境管理、资产管理、介质管理、设备维护管理、漏洞和风险管理、网络和系统安全管理、恶意代码防护管理、配置管理、密码管理、变更管理、备份与恢复管理、安全事件处置、应急预案管理、外包运维管理

需要注意的是，对于同一条测评实施内容，针对云服务提供商与用户具有不同的含义，部分条款仅适用于云服务提供商，而部分条款仅适用于用户。例如，在测评实施中，应检查是否在虚拟化网络边界部署访问控制机制并设置访问控制规则，仅适用于云服务提供商，而不适用于用户。

（3）测评过程。云计算信息系统具有普通信息系统的特点，因此，针对云计算信息系统的等级测评方法和过程与普通的信息系统等级测评相同，包括测评准备、方案编制、现场测评和报告编制，测评相关方之间的沟通与洽谈应贯穿整个等级测评过程。每一测评活动有一组确定的工作任务。

在开展云计算等级保护测评工作时，需首先明确测评对象是云服务提供商还是用户。如果是对用户进行等级保护测评，则首先要看云计算平台是否已经完成等级测评，若云计算平台本身未测评，则无法对用户系统进行测评。其次，需明确测评的云计算的服务类型，根据云计算的服务类型进行职责划分。明确测评对象和服务类型后，云计算测评要求的条款就可以进行相应剪裁以适用于不同的云计算信息系统。根据裁剪后的结果形成作业指导书，从而指导云计算测评工作的实施。根据《测评过程指南》，在测评准备和现场测评环节，云计算安全等级测评需要特别注意以下几点：

① 测评准备：在测评机构进行信息收集和分析时，针对云计算平台的等级测评，收集的相关资料还应包括云计算平台运营机构的管理架构、技术实现机制及架构、运行情况、云计算平台的定级情况、云计算平台的等级测评结果等。针对用户系统的等级测评，收集的相关资料还应包括云计算平台运营机构与用户的关系、定级对象的相关情况、云计算平台的等级测评结果等，同时用户应督促被测定级对象相关人员及云计算平台运营机构相关人员准确填写调查表格。

② 现场测评：在现场测评活动中，用户应协助测评机构获得云计算平台现场测评授权、负责协调云服务提供商配合测评或提供云计算平台等级测评报告等。

（4）测试手段与工具。云计算信息系统的安全测评对测评手段、测评工具提出了新的要求，除了主机扫描、数据库扫描、应用扫描、流量分析等一些传统的测试工具，根据实际情况，还需要配置专用测试工具，如针对虚拟化漏洞的安全扫描工具、云计算安全审计工具、云端移动 APP 应用的安全检测工具等。另外，测试人员也应具备相应的能力，如针对虚拟化、云计算平台的安全渗透测试能力等。以上可以通过购买相应测试工具，选派人员参加网络攻防培训来解决。

（5）测评结果。对用户系统测评打分时，不但要考虑用户系统自身得分，还应关注云计算平台得分，云计算平台得分的高低将影响用户系统得分。在出具用户业务应用报告时，将云计算平台测评得分一并放在最终得分一栏。例如，用户业务应用测评得分为 85 分，云计算平台得分为 90 分，则用户业务应用等级测评报告得分栏填写"（85，90）"。

8.5　小结

本章从云计算安全标准研究现状、云计算安全标准体系、云计算平台安全构建标准及云计算安全测评标准四个方面对云计算安全标准化工作进展进行了全面的介绍。

在云计算安全标准研究现状方面，通过跟踪分析国内外主要标准制定组织在云计算安全相关标准研究方面的工作，梳理、介绍了国内外云计算安全相关标准的最新成果。其中，在国外云计算安全标准研究方面，重点分析了 ISO/IEC、NIST、ENISA、CSA 等标准制定组织在云计算安全领域所做的工作及取得的进展；在国内云计算安全标准研究方面，从国家标准、行业标准、地方标准、联盟标准四个方面全面分析了我国在云计算安全标准方面的研究进展及已经发布的标准成果。

在云计算安全标准体系方面，以我国云计算标准体系介绍为基础，构建了我国云计算安全标准体系的图谱。针对云计算标准体系，介绍了云计算标准体系框架、云计算标准类型和我国已经发布的云计算标准。基于云计算标准体系中的云计算安全标准模块，依据云计算安全标准路线图，从标准类型分类和标准主题分类两个维度绘制了云计算安全标准谱图，显示了目前我国已开展的云计算安全国家标准研制项目之间的关系。

在云计算平台安全构建标准方面，以我国等级保护标准概述为基础，重点解读了等级保护 2.0 标准体系和云计算等级保护标准。在等级保护标准概述中，介绍了我国等级保护制度的发展历程，分析了等级保护 1.0 标准体系、传统信息系统等级保护工作过程及等级保护 1.0 标准在新时代、新技术、新环境下的不足，介绍了等级保护 2.0 标准的发展过程、安全框架及其相比于等级保护 1.0 标准的变与不变。在云计算等级保护标准解读中，分析了云计算信息系统定级、备案、建设整改、等级测评四个环节的等级保护工作要求。其中，云计算信息系统定级分析了两种不同的定级场景，云计算信息系统备案介绍备案的原则和地点，云计算信息系统建设整改从保护对象、技术要求、管理要求、设计体系四个方面进行了深度分析。

在云计算安全测评标准方面，从国外云计算安全测评研究、我国云计算安全测评标准和云计算等级保护测评三个方面进行了分析介绍。针对国外云计算安全测评标准研究，介绍了国外标准制定组织和政府机构在信息安全测评方面的发展历程，以及在云计算安全测评领域所做的工作和取得的进展。针对我国云计算安全测评标准，重点介绍了云计算等级保护测评标准、云服务能力安全评估方法和云计算运行监管标准。针对云计算等级保护测评，首先介绍了等级保护 2.0 测评要求相比于等级保护 1.0 发生的新变化，然后在此基础上重点介绍了云计算等级保护测评工作的特点，包括测评对象、测评指标、测评过程、测评手段与工具、测评结果等方面。

云计算安全标准是引导和规范云计算产业安全健康持续发展的因素之一，虽然云计算安全标准已经得到广泛的研究和制定，但距离普及应用、体系完善还有很长的路，需要继续加快、完善云计算安全审计认证、合规监管等方面的法律规范，才能推动云计算等新技术、新应用的发展和繁荣。

习题 8

一、选择题

（1）ISO/IEC JTC1/SC27 在云计算安全标准工作方面的主题不包括_____。
（A）云计算安全管理 　　　　　　　　　　（B）供应链中的云计算安全
（C）云计算安全评估 　　　　　　　　　　（D）云计算安全服务
参考答案：C

（2）ENISA 在云计算安全相关标准方面的 4 个研究领域是风险管理与评估、_____、关键基础设施保护、政务云安全。
（A）供应链安全 　　　　　　　　　　　　（B）服务水平协议与云计算安全
（C）身份管理和隐私技术 　　　　　　　　（D）可信计算
参考答案：B

（3）CSA 发布的《云计算关键领域安全指南》最新版中不包含以下哪个关键域？（　　　）
（A）基础设施安全 　　　　　　　　　　　（B）虚拟化和容器
（C）管理平面和业务连续性 　　　　　　　（D）数据中心运行
参考答案：D

（4）下列哪项属于我国公共安全领域发布的云计算安全标准？（　　　）
（A）云计算服务安全能力要求 　　　　　　（B）政务云安全要求
（C）云存储系统安全技术要求 　　　　　　（D）公有云服务安全防护要求
参考答案：C

（5）下列哪项是云计算安全的基础性标准？（　　　）
（A）云计算安全参考架构 　　　　　　　　（B）云计算服务数据安全指南
（C）桌面云安全技术要求 　　　　　　　　（D）云计算服务安全能力评估方法
参考答案：A

（6）下列哪项不是云计算安全的服务类标准？（　　　）
（A）云服务安全指南 　　　　　　　　　　（B）云计算服务安全能力要求
（C）网站安全云防护平台技术要求 　　　　（D）云计算服务安全能力评估方法
参考答案：C

（7）我国信息系统安全等级保护工作的五个动作包括_____。
（A）定级、备案、安全规划、能力建设、等级测评
（B）定级、备案、建设整改、安全监测、教育培训
（C）定级、备案、建设整改、等级测评、态势感知
（D）定级、备案、建设整改、等级测评、监督检查

参考答案：D

（8）等级保护 2.0《基本要求》中明确新增的等级保护对象不包括_____。

（A）大数据应用/平台/资源 （B）人工智能系统

（C）工业控制系统 （D）云计算平台/系统

参考答案：B

（9）等级保护 2.0《基本要求》中管理要求不包括_____。

（A）安全管理机构 （B）安全建设管理

（C）安全管理中心 （D）安全运维管理

参考答案：C

（10）与等级保护 1.0 相比，等级保护 2.0 没有发生变化的内容不包括_____。

（A）等级保护对象的安全等级划分

（B）等级保护工作的规定动作

（C）等级保护工作相关主体的职责

（D）《基本要求》控制措施的分类结构

参考答案：D

（11）云计算信息系统的定级原则是_____。

（A）在大型云计算平台中，云计算基础设施和有关辅助服务系统作为一个定级对象进行定级

（B）云计算平台和用户业务应用作为一个定级对象进行定级

（C）云服务提供商侧的云计算平台单独定级，用户侧的等级保护对象单独定级

（D）云计算平台的安全保护等级不高于其承载的业务系统的安全保护等级

参考答案：C

（12）云计算平台的备案地点是_____。

（A）云服务提供商工商注册地 （B）云计算平台运维管理端所在地

（C）云计算基础设施所在地 （D）云服务提供商公司所在地

参考答案：B

（13）在云计算安全扩展要求中，下列哪项不属于安全通信网络要求项？（ ）

（A）应实现不同用户虚拟网络之间的隔离

（B）应提供开放接口或开放性安全服务，允许用户接入第三方安全产品或在云计算平台选择第三方安全服务

（C）应保证云计算平台不承载高于其安全保护等级的业务应用系统

（D）应在虚拟化网络边界部署访问控制机制，并设置访问控制规则

参考答案：D

（14）在云计算安全扩展要求中，下列哪项不属于安全区域边界要求项？（ ）

（A）应能检测到用户发起的网络攻击行为，并能记录攻击类型、攻击时间、攻击流量等

（B）应保证云服务提供商对用户系统和数据的操作可被用户审计

（C）应能检测非授权新建虚拟机或者重新启用虚拟机，并进行告警

（D）应在检测到网络攻击行为、异常流量情况时进行告警

参考答案：C

（15）在云计算安全扩展要求中，下列哪项不属于安全计算环境要求项？（　　　）

（A）应提供虚拟机镜像、快照完整性校验功能，防止虚拟机镜像被恶意篡改

（B）应确保用户数据、用户信息等存储于中国境内，如需出境应遵循国家相关规定

（C）应保证虚拟机所使用的内存和存储空间回收时得到完全清除

（D）应能对物理资源和虚拟资源按照策略做统一管理调度与分配

参考答案：D

（16）在云计算安全扩展要求中，下列哪项不属于安全管理中心要求项？（　　　）

（A）应根据云服务提供商和用户的职责划分，实现各自控制部分，包括虚拟化网络、虚拟机、虚拟化安全设备等的运行状况的集中监测

（B）应根据云服务提供商和用户的职责划分，收集各自控制部分的审计数据并实现各自的集中审计

（C）应保证云计算平台管理流量与用户业务流量分离

（D）当远程管理云计算平台中设备时，管理终端和云计算平台之间应建立双向身份验证机制

参考答案：D

（17）某单位的等级保护对象采用了云计算技术和物联网技术，在依据等级保护 2.0《测评要求》进行等级测评时，下列哪个说法是正确的？（　　　）

（A）只需使用安全测评通用要求进行测评，验证该单位的等级保护对象是否符合安全通用要求

（B）只需使用云计算安全测评扩展要求进行测评，验证该单位的等级保护对象是否符合云计算安全扩展要求

（C）只需同时使用云计算安全测评扩展要求和物联网安全测评扩展要求进行测评，验证该单位的等级保护对象是否符合云计算安全扩展要求和物联网安全扩展要求

（D）需同时使用全测评通用要求、云计算安全测评扩展要求和物联网安全测评扩展要求，验证该单位的等级保护对象是否符合安全通用要求、云计算安全扩展要求和物联网安全扩展要求

参考答案：D

（18）在等级保护 2.0《测评要求》中，不同等级的测评工作主要通过四个方面来体现测评要求的级差，其中不包括_____。

（A）不同级别的测评方法不同　　　　　（B）不同级别的测评对象范围不同

（C）不同级别的现场测评实施工作不同　　（D）不同级别的测评过程不同

参考答案：D

（19）云计算等级保护测评过程不包括_____。

（A）测评准备　　　　　　　　　　　　（B）方案编制

（C）现场测评　　　　　　　　　　　　（D）建设整改

参考答案：D

（20）关于云计算信息系统的等级保护测评，下列哪个说法是不正确的？（　　　）

（A）第三级以上云计算信息系统每年开展一次网络安全等级测评

（B）云计算平台本身未测评，则无法对用户系统进行测评

（C）云计算平台等级保护测评得分高低不影响用户系统得分

（D）云计算信息系统等级保护测评过程与传统信息系统等级保护测评过程相同

参考答案：C

二、简答题

（1）简述云计算安全标准化工作的作用。

（2）简述 ISO/IEC JTC1/SC27 和 NIST 在云计算安全标准化方面的工作，比较二者的相同之处和不同之处。

（3）简述我国已经发布的云计算安全标准及其应用情况。

（4）根据我国云计算标准体系和云计算安全标准图谱，从标准主题类型角度分析今后还需研制的云计算安全标准有哪些？

（5）简述等级保护 2.0 相比于等级保护 1.0 的变化。

（6）总结并描述云计算等级保护基本要求的控制点。

（7）简述云计算信息系统的两类定级场景。

（8）简述云计算等级保护安全技术设计框架的核心思想。

（9）简述云计算等级保护保护测评与传统信息系统等级保护测评的区别。

（10）简述云计算等级保护测评工作中测评结果判定方法。

参考文献

[1] ISO/IEC 17788:2014(en). Information technology — Cloud computing — Overview and vocabulary[S/OL].https://www.iso.org/obp/ui/#iso:std:iso-iec:17788:ed-1:v1:en.2014-10-15.

[2] ISO/IEC 17789:2014(en). Information technology — Cloud computing — Reference architecture[S/OL]. https://www.iso.org/obp/ui/#iso:std:60545:en. 2014-10-15.

[3] ISO/IEC 27017:2015(en). Information technology — Security techniques — Code of practice for information security controls based on ISO/IEC 27002 for cloud services[S/OL]. https://www.iso.org/obp/ui/#iso:std:iso-iec:27017:ed-1:v1:en. 2015-12-15.

[4] ISO/IEC 27018:2014(en). Information technology — Security techniques — Code of practice for protection of personally identifiable information (PII) in public clouds acting as PII processors[S/OL]. https://www.iso.org/obp/ui/#iso:std:iso-iec:27018:ed-1:v1:en. 2014-08-01.

[5] ISO/IEC 27036-4:2016(en). Information technology — Security techniques — Information security for supplier relationships — Part 4: Guidelines for security of cloud services[S/OL]. https://www.iso.org/obp/ui/#iso:std:iso-iec:27036:-4:dis:ed-1:v1:en. 2016-01-05.

[6] 王惠莅，闵京华，张立武. ISO/IEC JTC1/SC27 云安全标准研究项目及我国提案分析[J]. 信息技术与标准化，2015,57(7):49-52.

[7] NIST. Guide to Security for Full Virtualization Technologies[EB/OL]. http://csrc.nist.gov/publications/nistpubs/800-125/SP800-125-final.pdf. 2011-01-31.

[8] NIST. Cloud Computing Security Impediments and Mitigations List[EB/OL]. http://collaborate.nist.gov/twiki-cloud-computing/pub/CloudComputing/CloudSecurity/Cloud_Computing_Security_Impediments_and_MitigatiOns_List-v09.pdf. 2011-08-17.

[9] NIST. Guidelines on Security and Privacy in Public Cloud Computing[EB/OL]. http://csrc. nist.gov/publications/nistpubs/800-144/SP800-144.pdf. 2011-12-31.

[10] NIST. Challenging Security Requirements for US Government Cloud Computing Adoption[EB/OL]. http://collaborate.nist.gov/twiki-cloud-computing/pub/CloudComputing/CloudSecurity/ Challenging_Security_Requirements_for_US_Government_Cloud_Computing_ Adoption_v6-WERB-Approved-Novt2012.pdf. 2012-11-30.

[11] NIST. NIST Cloud Computing Security Reference Architecture[EB/OL]. http://collaborate. nist.gov/twiki-cloud-computing/pub/CloudComputing/CloudSecurity/NIST_Security_Reference_Ar chitecture_2013.05.15._v1.0.pdf. 2013-05-15.

[12] ENISA. Cloud Computing Risk Assessment[EB/OL]. https://www.enisa.europa.eu/ activities/risk-management/files/deliverables/cloud-computing-risk-assessment. 2009-12-20.

[13] ENISA. Cloud Computing Information Assurance Framework[EB/OL]. https://www.enisa. europa.eu/activities/risk-management/files/deliverables/cloud-computing-information-assurance-fra mework. 2009-11-20.

[14] ENISA. Survey and analysis of security parameters in cloud SLAs across the European public sector[EB/OL]. https://www.enisa.europa.eu/activities/Resilience-and-CIIP/cloud-computing/ survey-and-analysis-of-security-parameters-in-cloud-slas-across-the-european-public-sector. 2011-12-21.

[15] ENISA. Procure Secure: A guide to monitoring of security service levels in cloud contracts[EB/OL]. https://www.enisa.europa.eu/activities/Resilience-and-CIIP/cloud-computing/ procure-secure-a-guide-to-monitoring-of-security-service-levels-in-cloud-contracts. 2012-04-02.

[16] ENISA. Critical Cloud Computing-A CIIP perspective on cloud computing services[EB/OL]. https://www.enisa.europa.eu/activities/Resilience-and-CIIP/cloud-computing/critical- cloud-computing. 2013-02-14.

[17] ENISA. Security and Resilience in Governmental Clouds[EB/OL]. https://www.enisa. europa.eu/activities/risk-management/emerging-and-future-risk/deliverables/security-and-resilience -in-governmental-clouds/.2011-01-17.

[18] ENISA. Good Practice Guide for securely deploying Governmental Clouds[EB/OL]. https://www.enisa.europa.eu/activities/Resilience-and-CIIP/cloud-computing/governmental-cloud-s ecurity/good-practice-guide-for-securely-deploying-governmental-clouds. 2013-11-15.

[19] ENISA. Security Framework for Governmental Clouds[EB/OL]. https://www.enisa. europa.eu/activities/Resilience-and-CIIP/cloud-computing/governmental-cloud-security/security-fra mework-for-govenmental-clouds. 2015-02-26.

[20] ENISA. Secure Use of Cloud Computing in the Finance Sector[EB/OL]. https://www.enisa. europa.eu/activities/Resilience-and-CIIP/cloud-computing/cloud-in-finance. 2015-12-07.

[21] CSA. Security Guidance For Critical Areas Of Focus In Cloud Computing V3.0[EB/OL]. https://cloudsecurityalliance.org/guidance/csaguide.v3.0.pdf. 2011-11-14.

[22] CSA. Cloud Controls Matrix v3.0.1 (12-10-15 Update)[EB/OL]. https://cloudsecurityalliance. org/download/cloud-controls-matrix-v3-0-1/.2015-12-10.

[23] 王惠莅，杨建军，姚相振．云计算安全国家标准及云服务安全审查进展[J]．信息技术与标准化，2018(3):11-14．

[24] 何占博，王颖，刘军．我国网络安全等级保护现状与 2.0 标准体系研究[J]．信息技术与网络安全，2019,38(3): 9-14, 19．

[25] 全国信息安全标准化技术委员会．信息安全技术　网络安全等级保护基本要求：GB/T 22239—2019[S]．

[26] 全国信息安全标准化技术委员会．信息安全技术　网络安全等级保护安全设计技术要求：GB/T 25070—2019[S]．

[27] 王惠莅，杨晨，杨建军．美国云计算安全 FedRAMP 项目研究[J]．信息技术与标准化，2012,54(8):34-37．

[28] 全国信息安全标准化技术委员会．信息安全技术　网络安全等级保护测评要求：GB/T 28448—2019．

[29] 吴志刚，胡啸．信息安全标准化现状及对策建议[J]．信息网络安全,2005(4):43-45．

[30] 许玉娜．信息安全国际标准化热点和我国提案进展[J]．信息技术与标准化，2015,No.372(12):41-43;48．

[31] 王惠莅，闵京华，张立武．ISO/IEC JTC1/SC27 云安全标准研究项目及我国提案分析[J]．信息技术与标准化，2015(7):51-54．

[32] 叶润国，范科峰，徐克超，等．云安全联盟安全信任和保证注册项目研究[J]．信息技术与标准化，2014(06):12-15;20．

[33] 杨丽蕴，王志鹏，刘娜．云计算标准化工作综述[J].信息技术与标准化,2016(12):4-11．

[34] 王惠莅，杨建军，姚相振．云计算安全国家标准及云计算服务安全审查[J]．信息技术与标准化，2018(3):14-17．

[35] 陈雪秀，沈锡镛，李秋香．网络安全等级保护云计算安全防护技术体系设计[J]．警察技术，2017(5):7-10．

[36] 赵章界，刘海峰．美国联邦政府云计算安全策略分析[J]．信息网络安全，2013(2):17-20．

第9章

云计算风险管理与合规要求

为了进一步促进云计算创新发展，建立云计算安全体系，规范云计算行业，提升产业技术和服务水平，云服务提供商不仅应加强云计算风险管理，增强自身安全内控能力，还应满足国家及行业的相关合规要求，而作为用户也应该了解选择云服务提供商的标准。本章首先介绍云计算风险管理及风险评估的方法与流程；然后论述云服务提供商应该满足的合规要求，一方面是来自法律方面的合规要求，另一方面是来自云计算安全行业的合规要求；最后介绍用户选择云服务提供商的相关标准。

9.1 云计算风险管理

云计算风险管理是云计算安全管理的重要组成部分，有助于云服务提供商不断完善安全策略，提高云计算信息系统的安全性和可靠性。本节将从云计算风险管理概述和云计算风险评估两个方面进行阐述。

9.1.1 云计算风险管理概述

9.1.1.1 云计算风险管理定义与原则

云计算风险管理是云服务提供商管理活动的一部分，其管理的主要对象就是云服务提供商和用户所面临的风险。云服务提供商通过开展风险管理活动，能够在云计算信息系统全生命周期内将风险降低到可接受水平，进而保障云计算业务的连续性，以及云服务提供商和用户的资产安全。在云计算中，由于云服务提供商负责管理用户的数据资产，因此云服务提供商承担着云计算风险管理的主体责任。在开展云计算风险管理活动前，云服务提供商首先要明确风险管理的原则，并在后续的风险管理过程中严格遵守。云计算风险管理的原则[1]包括八个方面，分别为：控制损失、融入安全管理过程、支持决策过程、采用系统的结构化方法、以信息为基础、关注环境风险、沟通参与、持续改进。

9.1.1.2 云计算风险管理依据

应当依据国家政策法规、国际标准、国家标准和地方标准开展云计算风险管理工作，其依据包括：

（1）政策法规，例如：
- 国家信息化领导小组关于加强信息安全保障工作的意见（中办发〔2003〕27号）[48]。
- 国务院关于大力推进信息化发展和切实保障信息安全的若干意见（国发〔2012〕23号）。
- 国务院关于促进云计算创新发展培育信息产业新业态的意见（国发〔2015〕5号）。

（2）国际标准，例如：

● ISO/IEC 27001:2013：Information technology、Security techniques - Information security management systems – Requirements。

● ISO/IEC 27002:2013：Information technology - Security techniques - Code of practice for information security controls。

● ISO 31000:2018：Risk management - Guidelines。

（3）国家标准，例如：

● GB/T 23694—2013：风险管理　术语。

● GB/T 24353—2009：风险管理　原则与实施指南。

● GB/T 31722—2015：信息技术　安全技术　信息风险管理。

● GB/T 20984—2007：信息安全技术　信息风险评估规范。

● GB/T 31509—2015：信息安全技术　信息风险评估实施指南。

● GB/T 33132—2016：信息安全技术　信息风险处理实施指南。

（4）地方标准，例如：

● DB44/T 2010—2017：云计算平台信息风险评估指南。

● DB44/T 2011—2017：云计算平台信息安全管理通用要求。

9.1.1.3　云计算风险管理流程

通过开展云计算风险管理，能够保护云中的关键性资产，并在云服务提供商面临风险时，确保业务的连续性并将损失降到最低。云计算风险管理流程如图 9.1 所示。

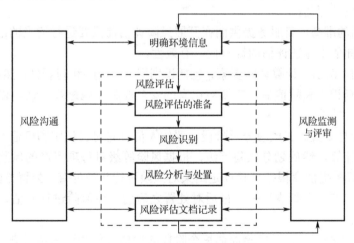

图 9.1　云计算风险管理流程[2]

下面对云计算风险管理的流程进行简要介绍。

（1）明确环境信息。通过明确环境信息，云服务提供商可以确定云风险管理目标，明确与云风险管理相关的内部参数和外部参数，并设定风险管理的范围和有关的风险准则。环境信息包括外部环境信息和内部环境信息[47]：

① 外部环境信息。外部环境信息以云服务提供商所处的整体环境为基础，包括法律和监管要求、利益相关者的诉求和与具体风险管理过程相关的其他方面的信息等。云服务提供商

通过充分了解外部环境信息，能够在确定风险准则时充分考虑到自身和用户的利益，保证云风险管理的针对性和有效性。

② 内部环境信息。内部环境信息是指云服务提供商内部影响其风险管理的信息，包括云服务提供商的方针策略、内部组织结构、经营战略，以及与风险管理实施过程有关的环境信息等。由于风险可能会影响组织战略、日常工作经营等各个方面，并且风险管理需要在云服务提供商特定的目标和管理条件下运行，因此云服务提供商需要明确内部环境信息，将风险管理的过程与组织文化、经营过程、结构相适应。

（2）风险沟通。风险沟通是一项云服务提供商和用户之间通过交换和共享有关风险的信息来管理风险的活动。风险信息包括风险的存在、性质、形式、可能性、严重程度、处置和可接受性等。云服务提供商与用户之间的沟通是双向的，且风险沟通应在云风险管理的所有阶段进行。云服务提供商通过风险沟通可以达到以下目的：

① 收集风险信息。

② 为云服务提供商的风险管理提供保障。

③ 共享风险评估结果，提出风险处置计划。

④ 减少由于云服务提供商和用户之间缺少相互理解而导致的云计算安全事故。

⑤ 支持云服务提供商的风险管理决策。

⑥ 提高云服务提供商和用户的风险意识，使云服务提供商和用户具有风险责任感。

风险沟通能够帮助云服务提供商做出有效的风险管理决策，确保实施风险管理的负责人和用户理解实施风险决策原因。

（3）风险评估。风险评估是云计算风险管理中的一项重要内容，评估人员需要从以下几个主要方面开展风险评估：

① 风险评估的准备。云服务提供商在开展风险评估前需要进行适当的准备工作，以便能够在后续的风险评估中保证评估的针对性、有效性。

② 风险识别。识别云计算风险要素，包括识别资产、威胁和脆弱性，然后对其进行赋值；在对风险要素进行识别和赋值后，需要对已有的安全控制措施进行确认，以确认安全控制措施的有效性和针对性[49]。

③ 风险分析与处置。在风险分析阶段，评估人员首先对已识别和赋值的资产、威胁和脆弱性进行风险值计算，然后划分风险等级，根据风险等级对每项资产的风险进行评定；在风险处置阶段，云服务提供商根据风险评定结果对风险进行相应处置，处置方法包括风险接受、风险降低、风险转移和风险规避等，最后对处置之后的残余风险进行评估，从而判断对风险的处置是否适当。

④ 风险评估文档记录。对风险评估每个阶段的评估过程和评估结果进行记录，以保证风险评估的每个过程和结果都有据可循。

（4）风险监测与评审。风险监测与评审是云计算风险管理的重要环节，包括常规检查、监控已知的风险，以及定期或不定期的检查。风险的监测和评审需要包含风险管理过程的所有方面：

① 监测安全事件。

② 发现内部和外部环境信息的变化。

③ 残余风险监督。

④ 云服务提供商工作进度检查。

⑤ 计划遵循情况检查。

⑥ 监督开展风险管理绩效评估。

通过风险的监测与评审，能够保证控制措施在设计和运行上的准确性和高效性，同时能够帮助云服务提供商获取进一步改进风险的信息，并在风险的监测与评审过程中获取经验和教训。

9.1.2　云计算风险评估

9.1.2.1　云计算风险评估方式

按照实施风险评估主体的不同可将云计算风险评估方式分为云服务提供商自评估和第三方评估。

（1）云服务提供商自评估：是指由云服务提供商内部自行组织开展的风险评估，参与自评估的评估人员可由云服务提供商内部涉及云风险管理工作的相关部门的人员组成，通过开展自评估，能够帮助云服务提供商明确其现阶段所面临的风险，帮助其及时采取适当的安全控制措施来降低风险，从而达到安全运营、维持业务连续性的目的。

（2）第三方评估：第三方评估是指云服务提供商委托具有风险评估资质的专业机构开展的评估[50]。第三方评估的评估人员来自专业的风险测评机构。第三方评估与云服务提供商自评估在流程上相同，但第三方评估的评估结果主要面向用户，它是用户了解云服务提供商所面临的风险，以及风险管理能力成熟度的重要方式。

9.1.2.2　云计算风险评估四个阶段

云计算风险评估包括评估准备阶段、评估识别阶段、风险评价阶段和风险处置阶段[3]。

（1）评估准备阶段。在风险评估正式实施之前，云服务提供商应明确风险评估的目标、确定风险评估的范围、组建评估团队、进行系统性调研和制定评估方案等[51]。

（2）评估识别阶段。评估识别阶段的任务是对资产、威胁、脆弱性的识别以及对已有安全控制措施的确认[4]。

① 资产识别：保密性、完整性和可用性是评价资产的三个安全属性。风险评估中资产的价值是由资产在这三个安全属性上的达成程度或者其安全属性未达成时所造成的影响程度来决定的。安全属性达成程度的不同将使资产具有不同的价值，而资产面临的威胁、存在的脆弱性以及已采用的安全控制措施都将对资产安全属性的达成程度产生影响。因此，需要对云服务中涉及的资产进行识别[51]。

② 威胁识别：威胁是产生云计算风险的外因，可以通过威胁主体、资源、动机、途径等多种属性来描述。造成威胁的因素可分为人为因素和环境因素。根据威胁的动机，人为因素又可分为恶意和非恶意两种。环境因素包括自然界不可抗的因素和其他物理因素。威胁的作用形式可以是对云计算信息系统直接或间接的攻击，在资产的保密性、完整性和可用性等方面造成损害，也可能是偶发的或蓄意的威胁事件[50]。

③ 脆弱性识别：脆弱性是资产本身存在的，如果没有被相应地威胁利用，单纯的脆弱性本身不会对资产造成损害，只有被威胁利用的资产脆弱性才可能对云计算信息系统造成

危害。资产的脆弱性具有隐蔽性，有些脆弱性只有在一定条件和环境下才能显现[52]。   。

④ 对已有安全控制措施的确认：在识别资产、威胁和脆弱性之后，评估人员需要对已采取的安全控制措施的有效性进行确认，判断其是否真正地降低了系统的风险，抵御了威胁。对有效的安全控制措施继续保持，以避免不必要的工作和费用，防止安全控制措施的重复实施；对确认为不适当的安全控制措施应核实是否应被取消或进行修正[50]。

（3）风险评价阶段。风险评价阶段包括风险值计算和对风险结果的判定。在这一阶段，评估人员首先需要根据在评估识别阶段已赋值的资产、威胁和脆弱性进行风险值计算，然后通过划分风险等级来对每种资产的风险值进行等级化处理，从而根据资产的风险等级判断对其的处置方式。

（4）风险处置阶段。在风险处置阶段，云服务提供商首先要依据风险评价的结果，结合现有的安全控制措施和当前的安全需求，对风险进行处置，然后对处置之后的残余风险进行评估，使其能够达到云服务提供商可接受的水平。

9.1.2.3 云计算风险分析方法

常见的风险分析方法主要有定量分析法、定性分析法和综合分析法[5]。

（1）定量分析法。定量分析法用数值的形式来描述构成风险的各个要素和潜在的损失程度。在度量风险的所有要素（资产价值、威胁可能性、弱点利用程度、安全控制措施的效率和成本等）都被进行赋值之后，就可以对风险评估的整个过程和结果进行量化[50]。通过定量分析可以对风险进行准确的分级，进而获得较为准确的风险评估结果。常见的定量分析方法有聚类分析法、因子分析法、时序模型等。

（2）定性分析法。定性分析具有很强的主观性，它需要凭借评估分析者的经验和知识，参考相关标准和惯例来评估风险因素的大小或高低程度[51]。定性分析可以通过检查列表、问卷调查、人员访谈等方式来完成[53]。常用的定性分析法有专家评价法、故障树分析法、事件树分析法、因果分析法等。

（3）综合分析法。综合分析法主要是将定量和定性两种方法相结合，最大程度上降低两者的缺点对风险评估所造成的影响。目前比较先进的综合分析法有模糊综合评判法、网络层次分析法。

上述风险评估方法的比较分析如表 9.1 所示。

表 9.1 定量分析法、定性分析法和综合分析的比较

方　　法	定　　义	优　　点	缺　　点
定量分析法	运用数量指标来对风险进行评估	结果直观，随着时间的推移，在大量的数据记录的基础上可以获取经验，分析的精度也会随之提高	计算过程复杂、耗时，需要专业工具支持和一定的专业知识基础
定性分析法	主要依据评估分析者的知识、经验、历史教训、政策走向及特殊案例等非量化资料，对云计算信息系统的风险状况做出判断的过程[54]	可以挖掘出一些蕴藏很深的思想，使评估的结论更全面、更深刻；便于云服务提供商内部的管理、业务和技术人员更好地参与分析工作、提高分析结果的适用性和可接受性	主观性很强，对评估人员的要求很高；缺乏客观数据的支持
综合分析法	定量分析是基础和前提；定性分析是形成概念、观点，做出判断，是得出结论所必须依靠的方法	针对复杂的云计算信息系统，能够将定量和定性法的优点相结合	难度大，复杂度高，对评估者的要求高

9.1.2.4 云计算风险评估流程

云计算风险评估流程如图 9.2 所示。

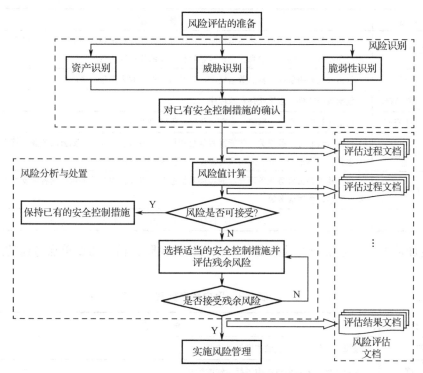

图 9.2 云计算风险评估的流程[49]

云计算风险评估的流程包括风险评估的准备、风险识别、风险分析与处置，以及风险评估文档四个步骤，具体内容如下[6]。

（1）风险评估的准备。云服务提供商在进行风险评估前首先要完成以下五个方面的准备：第一，云服务提供商需要根据其业务战略及相关法律法规明确风险评估的目标；第二，确定风险评估的范围，风险评估的范围可以是云服务提供商整个机构，也可以是云服务提供商内部的子机构或子部门；第三，组建评估团队，无论云服务提供商的自评估，还是委托第三方进行评估，风险评估团队都必须由管理层、业务专家和相关技术人员组成；第四，系统调研，通过对业务战略、业务要求、主要硬件和软件以及相关数据等的调研，以帮助评估人员判断风险评估的内容；第五，制定评估方案，评估人员需要根据系统调研的结果，制订云计算风险评估计划。

（2）风险识别。风险识别包括资产识别、威胁识别、脆弱性识别和对已有安全控制措施的确认。

① 资产识别。与传统信息系统的资产识别不同的是，在云计算信息系统的资产识别中，不仅要识别云服务提供商的资产，还需要识别用户的数据资产。云服务提供商和用户的资产有多种表现形式，在风险评估时首先要对这些资产进行适当的分类，在实际工作中，具体的资产分类方法可以根据具体的评估对象和要求，由评估人员灵活把握。对于云服务提供商和

用户的资产，根据资产的作用形式，可将资产分为基本资产、支撑性资产和其他资产等类型。表 9.2 所示为云计算信息系统的资产分类。

表 9.2　云计算信息系统的资产分类

资 产 类 型		备　注
基本资产		包括业务过程或活动。包括但不限于：一旦丧失或降格将导致不能执行组织使命的过程；组织使命和业务运行的关键信息、确定战略目标所需的战略性信息等
支撑性资产	数据资产	包括云服务提供商自身的数据资产，以及云中承载的用户数据资产
	支撑软件资产	包括系统软件、应用软件和源程序
	支撑硬件资产	包括计算机、存储、网络、安全、传输、保障等设备
	支撑人员资产	包括与云服务业务相关、掌握重要信息和核心业务功能的人员，如云服务业务管理层、主机维护主管、网络维护主管、应用项目经理、开发人员、用户等[55]
	服务资产	包括基于该云服务业务而开展的各类其他服务，以及云服务业务相关的各项支撑性服务，如信息、网络、资源服务等
其他资产		包括企业形象、用户关系、用户信任、知识产权、业务相关的认证证书等

为了更加清晰地描述用户的数据资产，在云计算风险评估中需要重点考虑的用户资产如表 9.3 所示。

表 9.3　用户资产列表

名　称	备　注
虚拟机	虚拟机文件，包括镜像和虚拟机快照
传输的数据	用户在使用云服务过程中进行传输的数据
用户配置信息	用户应用于系统的配置信息、网络的相关拓扑及配置信息
日志记录	用户日志记录
数据	存储在云中的所有用户数据及备份数据
知识产权	用户在使用云服务过程中产生的知识产权
用户个人信息	用户个人信息，或通过分析、统计等方法可以获得个人隐私的相关信息
其他资产	其他与用户的约定，属于用户且不应公开的信息

② 威胁识别。评估人员在进行威胁识别时，需要在业务流程、数据流、数据处理活动单元等不同层面，识别和分析云计算所面临的威胁。在业务流程层面，主要是流程不畅、流程失控、业务欺诈、用户假冒等威胁；在数据流层面，既要考虑正常数据流面临的威胁，也要考虑隐蔽的、非法的数据流对业务构成的威胁；在数据处理活动单元层面，主要考虑用户假冒、木马攻击、数据泄露等威胁[56]。云服务提供商所面临的具体威胁内容参见表 A.1。

在识别威胁源时，一方面要调查存在哪些威胁源，特别要了解用户、伙伴或竞争对手等情况；另一方面要调查不同威胁源的动机、特点、发动威胁的能力等。通过对威胁源的分析，可识别出威胁源名称，类型（包括自然环境、系统缺陷、政府、组织、职业个人等），动机（非人为、人为非故意、人为故意等）[57]。表 9.4 所示为典型的攻击者类型及其攻击动机和攻击能力。

表 9.4　典型的攻击者类型及其攻击动机和攻击能力

攻击者类型		描　述	攻击动机	攻击能力
内部恶意员工		主要指对组织不满或具有某种恶意目的的内部员工	由于对组织不满而有意破坏系统,或出于某种目的的窃取信息或破坏系统	掌握内部情况,了解系统结构和配置;具有系统合法账户,或掌握可利用的账户信息;可以从内部攻击系统薄弱环节
恶意用户		云计算多用户环境中的恶意用户	出于某种目的窃取其他用户信息、破坏云服务系统	利用共享云计算平台资产环境的便利以及多用户隔离的缺陷,能够方便地进行信息搜集,并实施攻击
外部独立黑客		主要指个体黑客,如果以用户的身份进行攻击则演变为恶意用户	企图寻找并利用云计算信息系统的脆弱性,以达到满足好奇心、检验技术能力以及恶意破坏等目的;动机复杂、目的性不强	占有少量资源,一般从系统外部侦察并攻击网络和系统,攻击者水平高低差异很大
有组织的攻击者	国内外竞争者	主要指具有竞争关系的国内外机构	获取商业情报;破坏竞争对手的业务和声誉,目的性较强	具有一定的资金、人力和技术资源,主要通过多种渠道搜集情报,包括利用竞争对手内部员工、独立黑客以及犯罪团伙
	犯罪团伙	主要指计算机犯罪团伙,对犯罪行为可能进行长期的策划和投入	偷窃、诈骗钱财;窃取机密信息	具有一定资金、人力和技术资源;实施网上犯罪,有精密策划和准备
	恐怖组织	主要指国内外的恐怖组织	恐怖组织通过强迫或恐吓政府或社会以满足其需要,采用暴力或暴力威胁方式制造恐慌	具有丰富的资金、人力和技术资源,对攻击行为可能进行长期策划和投入,可能获得敌对国家的支持
外国政府		主要指其他国家或地区设立的从事网络和信息系统攻击的军事、情报等机构	从其他国家搜集政治、经济、军事情报或机密信息,目的性极强	组织严密,具有充足的资金、人力和技术资源;将网络信息系统攻击作为竞争作战手段

③ 脆弱性识别。脆弱性识别可以以资产为核心,针对每一项需要保护的资产,识别可能被威胁利用的弱点,并对脆弱性的严重程度进行评估;也可以从物理、网络、系统、应用等层次进行识别,然后与资产、威胁对应起来。脆弱性识别的依据可以是国际或国家安全标准,也可以是行业规范、应用流程的安全要求。对应于不同云计算平台中的相同弱点,其脆弱性严重程度是不同的,评估人员需要从云服务提供商的安全策略的角度来判断资产的脆弱性及其严重程度[58]。云计算平台脆弱性识别的内容见表 A.2。

在进行脆弱性识别时所采用的数据应来自资产的所有者、使用者,以及云计算领域和软硬件方面的专业人员等。脆弱性识别所采用的方法主要有问卷调查、工具检测、人工核查、文档查阅、渗透性测试等[59]。

上述资产、威胁和脆弱性在识别后需要对每一项进行赋值,以便进行下一步的风险分析。对资产、威胁和脆弱性的赋值可以依据《信息安全技术　信息风险评估规范》(GB/T 20984—2007),也可以根据风险评估的具体情况由评估人员进行赋值。

④ 对已有安全控制措施的确认。安全控制措施可以分为预防性安全控制措施和保护性安全控制措施两种。预防性安全控制措施可以降低利用脆弱性导致安全事件发生的可能性，如入侵检测系统；保护性安全控制措施可以减少因安全事件发生后对组织或系统造成的影响。

对已有安全控制措施的确认与脆弱性识别存在一定的联系。一般来说，安全控制措施的使用将减少系统技术或管理上的脆弱性，但安全控制措施确认并不需要和脆弱性识别过程那样具体到每个资产、组件的脆弱性，安全控制措施是一类具体措施的集合，为风险处理计划的制订提供依据和参考。

（3）风险分析与处置。风险分析与处置包括风险值计算、风险结果判定、风险处置和残余风险评估四个过程。

① 风险值计算。《信息安全技术　信息风险评估规范》（GB/T 20984—2007）中给出了一种风险值计算方法，可为风险分析提供参考[60]。

$$风险值=R(A,T,V)=R[L(T,V),F(I_a,V_a)]$$

式中，R 表示风险计算函数；A 表示资产；T 表示威胁；V 表示脆弱性；I_a 表示安全事件所作用的资产价值；V_a 表示脆弱性严重程度；L 表示威胁利用资产的脆弱性导致安全事件的可能性；F 表示安全事件发生后造成的损失。包括以下三个关键计算环节：

（a）计算安全事件发生的可能性。根据威胁出现频率及脆弱性的状况，计算威胁利用脆弱性导致安全事件发生的可能性，即：

$$安全事件发生的可能性=L(威胁出现频率，脆弱性)=L(T,V)$$

在具体评估中，应综合攻击者技术能力（如专业技术程度、攻击设备等），脆弱性被利用的难易程度（如可访问时间、设计和操作知识公开程度等），资产吸引力等因素来判断安全事件发生的可能性。

（b）计算安全事件发生后造成的损失。根据资产价值及脆弱性严重程度，计算安全事件一旦发生后造成的损失，即：

$$安全事件发生后造成的损失=F(资产价值，脆弱性严重程度)=F(I_a,V_a)$$

安全事件的发生所造成的损失不仅仅是针对该资产本身，还可能影响业务的连续性；不同安全事件的发生对云服务提供商的影响是不一样的，在计算某个安全事件的损失时，应将其对云服务提供商的影响也考虑在内。

（c）计算风险值。根据计算出的安全事件发生的可能性，以及安全事件发生后造成的损失计算风险值，即：

$$风险值= R(安全事件发生的可能性，安全事件发生造成的损失)= R[L(T,V),F(I_a,V_a)]$$

评估人员可根据自身情况选择相应的风险计算方法来计算风险值，如矩阵法或相乘法。矩阵法通过构造一个二维矩阵，形成安全事件发生的可能性与安全事件发生后造成的损失之间的二维关系；相乘法通过构造经验函数，对安全事件发生的可能性与安全事件发生后造成的损失进行运算得到风险值。

② 风险结果判定。为实现对风险的控制与管理，可以对风险评估的结果进行等级化处理。可将风险划分为五级，等级越高，风险越高。评估人员应根据所采用的风险值计算方法，计算每种资产面临的风险值，根据风险值的分布状况，为每个等级设定风险值范围，并对所有风险计算结果进行等级处理。每个等级代表了相应风险的严重程度。表 9.5 提供了一种风险等级划分方法。

表 9.5　风险等级划分列表

等　级	标　识	描　述
5	很高	一旦发生将产生非常严重的经济或社会影响，如云服务提供商信誉严重破坏、严重影响云服务提供商的正常经营，经济损失重大、社会影响恶劣
4	高	一旦发生将产生较大的经济或社会影响，在一定范围内给云服务提供商的经营和信誉造成损害
3	中等	一旦发生会造成一定的经济、社会或生产经营影响，但影响面和影响程度不大
2	低	一旦发生造成的影响程度较低，一般仅限于组织内部，通过一定手段很快能解决
1	很低	一旦发生造成的影响几乎不存在，通过简单的措施就能弥补

　　风险等级划分的目的是在风险管理过程中对不同风险进行直观的比较，以确定云服务提供商的安全策略。云服务提供商应当综合考虑风险控制成本与风险造成的影响，提出一个可接受的风险范围。对某些资产的风险，如果风险值在可接受的范围内，则该风险是可接受的，应保持已有的安全控制措施；如果风险值在可接受的范围外，即风险值高于可接受范围的上限值，则该风险是不可接受的，需要采取安全控制措施以降低、控制风险。另一种确定不可接受的风险的办法是根据等级化处理的结果，不设定可接受风险值的基准，对达到相应等级的风险都进行处理。

　　③ 风险处置。风险处置就是依据风险判定的结果，结合云服务提供商现有的安全控制措施和国家相关的法律、法规，总结当前的安全需求，根据安全需求的轻重缓急，以及相关行业标准、企业标准制订适合的风险处置计划[7]。云服务提供商需要对风险识别阶段所识别出的每一个风险做出风险处置决定，并记录备案。风险处置是一种系统化方法，可通过多种方式实现：

　　（a）风险降低。通过相关安全控制措施的实现来降低风险，将威胁利用资产脆弱性造成的影响降到最低。可以使用入侵检测系统、云计算安全管理平台等安全产品降低风险[61]。

　　（b）风险接受。云服务提供商在审查某项活动的潜在利益和风险时，如果认定风险微乎其微，但回报巨大，则可以选择接受该项活动带来的风险，继续运行云计算信息系统，不对风险进行处理。

　　（c）风险规避。风险规避是风险接受的对立面。风险规避通过对风险原因或后果的消除来规避风险，如果云服务提供商面临的潜在风险成本远远超过可能的收益，云服务提供商可以选择不参与可能导致风险的活动。即消除特定风险唯一可靠的方法是不执行存在高风险的活动或删除云计算信息系统与该风险相关的功能模块。

　　（d）风险转移。风险转移是一种云服务提供商在不接受风险的情况下的处理方式。在风险转移时，云服务提供商会找其他人承担某项活动的潜在风险，云服务提供商只需要承担其中的一小部分风险。云服务提供商可以使用设备托管、购买云保险等风险转移措施达到转移风险的目的。

　　风险处置并不能解决所有的风险，对那些可能对云服务提供商造成严重威胁的风险进行优先级排序，优先解决严重、紧急的风险；同时，不同云服务提供商的公司文化和服务模式各不相同，云服务提供商特定的环境和目标也不相同，则风险的处理方式和安全控制措施也不相同。

④ 残余风险评估。云服务提供商在执行了上述一种或几种风险处置方法后，云计算信息系统仍存在一定的风险，这一部分的风险称为残余风险。云服务提供商通过执行安全控制措施，只是降低了已识别的风险，而残余风险包括三个部分：有意识接受的风险、已识别但误判断的风险和未识别风险。一个严格的风险管理过程应该能减少残余风险的后两个部分。如果残余风险没有降低到云服务提供商可接受的级别，则必须重复风险管理过程，以找出一个将残余风险降低到可接受级别的方法。

（4）风险评估文档。风险评估文档是指在整个风险评估过程中产生的评估过程文档和评估结果文档，包括但不仅限于以下几个方面[51]：

① 风险评估方案：阐述风险评估的目标、范围、人员、评估方法等。

② 风险评估过程：明确评估的目的、职责、过程，以及资产、威胁、脆弱性的分类和判断依据。

③ 资产识别列表：根据云服务提供商在风险评估过程中所确定的资产分类方法进行资产识别，形成资产识别列表，并明确资产的责任人或责任部门。

④ 重要资产列表：根据资产识别和赋值的结果，形成重要资产列表，包括重要资产名称、描述类型、重要程度、责任人或责任部门等。

⑤ 威胁列表：根据威胁识别和赋值的结果，形成威胁列表，包括威胁名称、种类、来源、动机及出现的频率等。

⑥ 脆弱性列表：根据脆弱性识别和赋值的结果，形成脆弱性列表，包括具体脆弱性的名称、描述、类型及严重程度等。

⑦ 已有安全控制措施确认表：根据对已采取的安全控制措施的确认结果，形成已有安全控制措施确认表，包括已有安全控制措施名称、类型、功能描述及实施效果等。

⑧ 风险评估报告：对整个风险评估过程和结果进行总结，详细说明被评估对象，风险评估方法，资产、威胁、脆弱性的识别结果，风险分析的结果等内容。

⑨ 风险处置计划：选择适当的控制目标及安全控制措施对风险进行处置，并通过对残余风险的评价以确定所选择安全控制措施的有效性。

⑩ 风险评估记录：根据风险评估程序，对风险评估过程中的各种现场进行记录，以便能够复现评估过程，进而作为产生歧义后解决问题的依据。

9.2 云计算信息安全相关法律与取证

云计算的复杂性及其面临的风险带来了法律方面的挑战，而云计算信息安全的合同和法律规制在实现云计算安全的过程中发挥着重要的作用，云服务提供商需要遵循相关合同和法律的约束，并在发生违法事件后积极配合相关执法部门进行取证调查。本节将从云计算信息风险与挑战、云计算信息安全相关法律、云计算安全法律工具和云计算电子取证四个方面进行阐述。

9.2.1 云计算信息风险与挑战

9.2.1.1 用户数据保护

云计算利用网络虚拟空间为用户提供服务，用户的数据信息都存储在共享数据资源池中，用户通常没有属于自己的独立存储空间。在这种情况下，用户的数据风险会显著增加。具体表现为：

（1）用户对数据的控制力减弱。用户将数据迁移到云中后，由云服务提供商对用户数据进行统一的管理和调度，用户只需通过云服务提供商或第三方提供的访问端口访问存储在云计算数据中心的数据，并不需要了解云中基础设施的细节。在这一过程中，云计算的具体技术过程和用户数据的最终物理载体对用户是不透明的，用户数据所在的地理位置及存在形态对用户而言是未知并且是不可控的，用户几乎不能通过与云服务提供商建立网络连接以外的途径对数据进行管理和控制[8]。

（2）用户数据的泄露。导致用户数据泄露的因素包括外部的恶意攻击和云服务提供商内部的信息窃取[9]。在云计算中，大量用户共享同一平台的服务模式降低了外部恶意攻击者击破数据保护壁垒的难度，为外部恶意攻击者提供了更多获取用户数据的机会；同时，用户数据在传输过程中可能需要通过一个或多个网络节点，经历漫长的传输路径，因此云计算数据复杂的传输流程也使得用户数据受到外部威胁的数量显著增加。对云服务提供商而言，云中的数据几乎是完全透明的，云服务提供商可以轻易地利用其技术优势获取云中任何用户的数据信息，增加了用户数据泄露的风险。

（3）数据处理过程复杂。在传统的计算机系统中，数据的处理是在一台计算机上独立完成的，不需要进行交互。但在云计算中，数据处理需要先从不同的节点提取相关数据，然后通过云计算信息系统分配到服务器进行处理，再整合处理结果返回到用户指定的终端。用户数据在处理过程中的提取、分析、整合和反馈在不同的位置进行，增加了用户数据泄露的概率。

9.2.1.2 数据跨境

云计算是一个跨地域、跨国的计算平台，云服务提供商和云计算的基础架构可能位于不同的国家，并且用户也来自不同的国家。因此用户所在地的法律、云服务提供商所在地的法律以及数据在传输过程中流经地的法律都可能对云服务的数据跨境流动产生影响，同时也会涉及不同国家或地区的司法管辖权[10]。云计算数据跨境流动的需求和挑战主要体现在以下方面：

（1）用户数据保护困难。由于云计算的跨地域性，当发生用户数据泄露或发生其他侵犯用户权益的行为时，一旦用户数据所在的地区和用户所在的地区属于不同的司法管辖区，则可能造成用户维权困难；同时，云服务提供商通过跨境的形式将用户数据转移到境外，有可能涉及重要信息的跨境泄露。

（2）司法管辖的问题。云计算的分布式文件系统和分布式存储技术将用户数据碎片化并行分布式地存储在不同地理位置的设备上，因此用户的单一法律行为可能会跨越不同的司法管辖权进而导致不同的司法结果。对于涉及云计算的跨国犯罪，单独依靠某一国家的法律难以做出裁决，需要依靠有效的国际公约和国际合作才能更好地规制跨国数据的安全。

9.2.1.3 电子取证

云计算中的虚拟管理程序及其设备相对于地域的独立性使得传统的以单机和独立设备为主的事后取证工作方式难以适应，云计算中的取证工作面临着巨大的风险和技术挑战。下面分别从云数据混合交叉、云存储的动态性和实时性，以及数据格式的非标准化和复杂性来阐述取证工作所面临的风险和挑战[11]。

（1）云数据混合交叉。在云计算中，不同的用户数据混在一起，分布式地存储在不同位置的不同设备上，因此用户上传数据的时间可能因数据存储位置的不同而有所差异，这将对取证人员判断证据的基本信息造成影响。此外，数据的抽象性、资源共享性和存储分布性，使得取证人员无法用传统的取证工具再现原始数据，既无法克隆磁盘，又难以将某个或某类用户的数据单独地提取出来而不涉及其他用户的隐私，并且因为数据是以碎片方式分布式地存储而共享使用的，也很难确保数据的完整性，即使对数据进行迁移，其耗费的时间和资源也很巨大。在证据提取阶段，取证人员首先要确定数据边界，对数据进行定位，对于跨地域或国界的电子取证还要寻求相应的法律支撑，并将数据的时间属性、关联属性、用户特征、传输轨迹，以及系统的审计、安全和应用日志等信息纳入采集范畴，并且在进行证据采集时要注意特定用户数据的提取和日志格式的统一，同时还要重视元数据的采集和使用。在提取证据后，取证人员需要仔细甄别数据是否有价值和冗余，对于无价值和冗余数据，还需要进行清洗处理。上述工作都给云计算中的电子取证带来了具体的挑战，如何通过强大的智能分析方法更迅速地完成电子证据的精确提取分析，是云计算中电子取证需要解决的难题之一。

（2）云存储的动态性和实时性。云计算中每秒都有成千上万的用户在上传、下载数据，并体验不同的应用和服务，新增的数据随时有可能覆盖前面的数据，如何在动态、实时变化的云计算中准确把握取证的时机，快速找到、跟踪线索并固定证据十分重要，否则，证据就极有可能被覆盖、更改，甚至丢失。

（3）数据结构的非标准化和复杂性。云计算中的数据规模超大但却没有统一的数据标准，很多数据格式和数据资源描述都是数据所有人专有的，结构化、半结构化和非结构化的数据并存，证据类型涵盖了文档、音频、视频、邮件、数据库、网络日志等多种形式。这种数据存储的非标准化和复杂性给电子证据的获取和分析带来了很大的挑战，需要反复使用数据解密、数据恢复和数据分析技术，需要取证人员具备较强的数据处理能力和数据关联分析能力，同时也需要云服务提供商的技术支持和协助。

9.2.1.4 数据删除

当用户与云服务提供商签署的合同到期或违反合同规定，或者需要变更云服务提供商时，用户需要退出云服务，这时用户无法确认其数据是否从云服务提供商的存储设备中全部删除，将面临数据残留和数据丢失风险[12]。

（1）数据残留风险。用户在退出云服务后，云服务提供商可能没有按照约定删除其存储设备中的用户数据，或者删除了一台设备中的用户数据，但仍保留了用户数据的备份。在这种情况下，由于用户的数据由云服务提供商进行管理，用户对数据的存放位置也一无所知，因此用户无法判断其数据是否已经从云服务提供商的存储设备中全部删除或在云服务终止后是否被云服务提供商滥用。

（2）数据丢失风险。当云服务暂停、取消或终止时，云服务提供商会按照约定及时删除存储设备中的用户数据，大多数云服务提供商会在删除用户数据前提醒用户及时采取措施将数据迁移或备份到其他位置，或在云服务终止后将用户数据保留一定的期限以避免用户数据的丢失。但一些提供免费云服务的云服务提供商可能会在服务终止后将用户的数据立即删除，如果用户不能在服务终止后及时将数据迁移或备份，用户将面临数据丢失的风险。

9.2.1.5　云服务合同的风险

由于目前数据处理及数据安全保护的相关法律和标准不够完善，云服务提供商和用户在签署合同时都面临着极大的风险[13]。

（1）用户面临的风险如下：

① 格式条款风险：格式条款是云服务提供商在提供云服务时制定的一份详细的格式合同，用以应对在运营过程中可能出现的各种法律问题。为了控制风险并使收益最大化，云服务提供商会控制格式条款的内容，对不熟悉合同的用户可能会造成不利。

② 争议解决风险：云服务提供商通常会在合同条款内指定该合同受某个特定国家法律的约束，在云服务合同的争议解决条款中，云服务提供商通常会单方面选择商业仲裁并强加给用户。

③ 隐私保护风险：云服务提供商在起草合同的隐私条款时，会在保护用户隐私和获取数据利润之间做出平衡，这会导致用户面临隐私泄露的风险。

④ 合同变更风险：由于互联网经济发展迅速，云服务合同必须适应市场变化的需求，不断地改进和升级。当合同的改动幅度过大或频率过高时，可能会增加用户的成本，或在一定程度上违背用户选择该云服务提供商的初衷。

（2）云服务提供商面临的风险如下：

① 违约赔偿风险：由于云计算为大量用户提供服务，当一个用户遇到了云服务提供商违约的情况时，许多同类的用户也会出现同样的状况，在这种情况下，云服务提供商将会面临高额的赔偿。

② 数据保存风险：一份完整的云服务合同应包含服务终止后的数据存储和保留条款。如果云服务提供商和用户没有对该项条款进行协商，那么在服务终止后云服务提供商可能会面临与用户的纠纷，云服务提供商对用户数据的保留或删除都可能违背用户的意愿。

9.2.2　云计算信息安全相关法律

针对云计算中面临的关于用户数据保护、数据跨境、电子取证和数据删除等方面的问题与挑战[14]，各国政府积极进行云计算领域法律法规方面的研究，并制定了相关的法律来对其进行约束，下面介绍各国政府针对上述问题在法律监管方面的工作。

9.2.2.1　云计算用户数据保护的法律

针对云计算中的用户数据保护问题，各国政府都制定了保护用户数据的法律法规，下面将详细阐述欧盟、美国、日本和中国在用户数据保护方面的法律法规。

（1）欧盟。《通用数据保护条例》（General Data Protection Regulation，GDPR）是欧盟在用户数据保护方面颁布的具有代表性的法律。GDPR 于 2018 年 5 月 25 日正式生效，取代了欧盟于 1995 年颁布的《数据保护指令》，旨在保护欧盟公民免受隐私和数据泄露的影响，同时规范欧盟的组织机构处理隐私和数据保护的方式[15]。GDPR 从以下几方面对用户数据保护进行了规范：

① GDPR 规定了数据主体的权利。GDPR 全面保障了数据主体对数据的控制权，明确规定了知情权、查询权、修改权、删除权、许可同意权、可移转权、被遗忘权等方面的内容。

② GDPR 规定了数据控制者的义务。要求数据控制者公开透明处理用户数据，并向公众和数据主体披露数据控制者的信息；同时要求数据控制者采取一定的数据处理安全控制措施，并及时向数据主体汇报用户数据违规事件。

③ GDPR 规定了严格的监督机制并加强处罚力度。GDPR 加强了数据保护监管机构的执法力度，对监管机构的设立、地位、职责与权利等方面进行了详细的规定，同时规定了对违规行为进行严格的行政处罚，按照数据控制者对于违反规则内容的不同，设定了两档罚则。

GDPR 通过不断加强对数据主体权利的保护，不断细化对数据控制者义务与行为的规定，为实现个人权利保护与数据有序自由流通提供了法律保障。因此，云服务提供商在数据的获取、传输、处理和存储等过程中，都需要遵循 GDPR 的相关规定，否则一旦出现由于云服务提供商违背 GDPR 而造成用户数据受损等的情况，云服务提供商将面临高额罚款。

（2）美国。美国涉及用户数据保护方面的立法包括《隐私法》《公共网络安全法》《联邦信息安全管理法案》《健康保险可携带性和责任法案》等。

《隐私法》[16]于 1975 年开始实施，是美国保护隐私权的基本法，其对美国用户数据保护产生的影响最大。《隐私法》规定数据主体享有数据决定权、数据知情权和数据更正修改权，即数据主体享有决定其数据是否被收集、存储、利用的权利，以及享有更正个人错误信息等权利。因此云服务提供商在收集、存储和利用用户数据时，要关注《隐私法》中规定的数据主体的相关权利，避免发生违法事件。

《公共网络安全法》于 1997 年制定，重在调整应用于商务、通信、教育和公共服务等领域的公共网络信息安全。该法结合美国宪法、民商法、行政法的有关规定，规定了网络主体在网络社会享有隐私权、知识产权以及网络主体自身的合法权利，同时规定了网络侵权的惩罚标准[62]。因此云服务提供商要注意保护用户的隐私权、知识产权等权利，防止用户数据泄露和非法转移。

《联邦信息安全管理法案》[17]（FISMA）于 2014 年出台，该法案要求联邦政府机构设立一套强制性的流程和系统来确保网络信息的机密性、完整性和可用性，并提供一个可以保护信息安全的全面框架。对于云计算产业，美国联邦政府以《联邦信息安全管理法案》为法律依据，以《联邦信息资源管理》为政策依据，在国家标准《联邦信息系统和组织的安全及隐私控制》的基础上[18]，形成了云计算安全基线要求，并以第三方机构认定、云服务审查和云服务持续监管三个关键环节为依据，建立了联邦政府云服务安全审查体系[63]。由此联邦政府必须采购和使用满足安全审查要求的云服务，以保证数据的安全性。

《健康保险可携带性和责任法案》[19]（HIPAA）是美国国会于 1996 年颁布的联邦法律，旨在为各种医疗机构及商业合作者提供病人隐私保护方面的行动指南。HIPAA 禁止未经患者本人授权的受保护的健康信息以任何形式进行交易或市场推广，规定受到约束的法律实体包括医疗健康提供方、保险提供方和数据清洗公司[20]。由于越来越多的医疗保健服务提供商、付款人和 IT 专业人士都在使用云服务来处理、存储和传输受保护的健康信息（PHI），因此云服务提供商需要遵守 HIPAA 的相关规定，为受 HIPAA 约束的实体提供安全的云计算来处理、维护和存储受保护的健康信息[21]。

（3）日本。目前，日本针对用户数据保护的法律主要是《个人信息保护法》[22]。《个人信息保护法》于 2003 年颁布，它的规制对象是全部持有并处理个人信息的企事业单位，它规定了个人信息处理者的义务，规定了个人信息的获取和保存原则，并通过直接约束企事业单位的形式保护国民的个人信息。《个人信息保护法》在很大程度上保护了云计算产业中的个人隐私权不受侵犯。

（4）中国。当前针对用户数据保护，我国还没有具有针对性的、系统性的法律章程，对数据主体的权利、数据处理以及数据监管方面的规定还比较模糊，也没有相应的侵犯用户数据安全的法律赔偿标准，只有一些零散的法律规定，主要在《网络安全法》、《电子商务法》、全国人民代表大会常务委员会《关于加强网络信息保护的决定》中体现[14]。

《网络安全法》[23]于 2017 年 6 月 1 日正式生效，是我国第一部全面规范网络空间安全管理的基础性法律。《网络安全法》明确了对用户数据的保护，赋予了用户收集、阻止信息继续传播的权利；规定了任何个人和组织不得窃取或者以其他非法方式获取用户数据，不得非法出售或者非法向他人提供用户数据，同时对网络运营商的用户数据收集、使用和保护做出了严格的规定，明确了网络服务商有义务保护收集到的数据的安全性和私密性。因此云服务提供商需要依法保障用户数据的安全性，防止云中用户数据的丢失和泄露。

《电子商务法》[24]于 2019 年 1 月 1 日正式生效，旨在保障电子商务各方主体的合法权益，规范电子商务行为，维护市场秩序，促进电子商务持续健康发展[64]。《电子商务法》中规定电子商务经营者在收集、使用其用户数据时，应当遵守法律、行政法规有关用户数据保护的规定。由于现阶段电子商务与云计算的关系日益密切，云计算已经成为推动电子商务发展的重要手段，因此《电子商务法》同样适用于云计算中的数据保护问题。

全国人民代表大会常务委员会《关于加强网络信息保护的决定》[25]（以下简称《决定》）于 2012 年正式实施，旨在保护网络信息安全，保障公民、法人和其他组织的合法权益。它规定网络服务提供商在业务活动中收集、使用公民个人电子信息时，应经被收集者同意，且在收集和使用过程中不得违反法律、法规的规定和双方的约定；同时规定了网络服务提供商对在业务活动中收集的公民个人电子信息必须严格保密，不得泄露、篡改、毁损，不得出售或者非法向他人提供。因此云服务提供商要遵守《决定》中规定的内容，否则将依据违反情节轻重而面临警告、罚款、吊销许可证等处罚。

9.2.2.2　数据跨境的法律

为了适应国际商业合作的发展和保障用户数据安全性，经济合作与发展组织 OECD 于 1980 年在《保护隐私和个人数据跨境流动框架》中首次提到了数据跨境流动的概念[65]。目前，各国政府都针对数据跨境流动提出了相应的法律政策，下面分别介绍欧盟、美国、日本和中国在数据跨境方面的法律法规。

（1）欧盟。欧盟的用户（个人）数据跨境转移法律制度分为三个阶段[26]：

① 《数据保护公约》：《有关个人数据自动化处理的个人保护公约》（简称《数据保护公约》）是欧盟第一个涉及用户数据跨境流动，并且具有约束力的法律文件。它规定了欧盟成员国内部的用户数据保护的一般原则，并未涉及成员国之外的用户数据跨境流动问题。《数据保护公约》实现了各成员国之间用户数据的自由流通，协调了用户数据自由流动的需求和用户数据保护之间的冲突，避免了以保护用户数据与隐私为由的信息壁垒的形成[26]。

② 《数据保护指令》：《关于涉及个人数据处理的个人保护以及此类数据自由流动的指令》（简称《数据保护指令》）为构建欧盟用户数据保护法律体系发挥了重要作用。它允许数据在欧盟成员国内自由流动，对欧盟成员国向第三国转移用户数据的行为加以限制，规定第三国

只有达到了对用户数据的"充分保护"水平，并且满足欧盟各国的数据保护机构制定的标准合同条款，欧盟成员国才能向其转移用户数据。通过《数据保护指令》的实施，欧盟成员国内实现了统一的最低水平的用户数据保护，实现了欧盟成员国内部的用户数据的自由流动。

③《通用数据保护条例》：《通用数据保护条例》（GDPR）是欧盟为了适应大数据时代而制定的法律。GDPR 对欧盟成员国之间的数据流动没有限制，但规定了第三国只有在某个领域达到了"充分保护"要求，欧盟成员国才可以在该领域内向其进行用户数据跨境转移；同时，GDPR 遵循属地原则与属人原则相结合的模式，规定即使数据控制者在欧盟境内没有设立机构或不是通过欧盟境内的设备进行跨境数据的转移和处理，但只要数据控制者收集处理的是欧盟成员国公民的数据，则数据控制者应当遵循 GDPR 的规定，并需要在欧盟境内指派特定的代表负责数据合规事项的处理[26]。GDPR 的实施给云服务提供商带来了巨大挑战，GDPR 既不受限于云服务提供商的国籍，也不受限于云服务提供商的地理位置，只要云服务提供商的业务涉及一个欧盟成员国公民的用户数据，那么云服务提供商就要遵守 GDPR 的规定。

（2）美国。美国通过双边或多边协议强化数据跨境的规制体系，包括美国与欧盟之间为了数据的安全流通而签订的"伞形数据协议"和"欧美隐私盾牌"，以及亚洲太平洋经济合作组织（APEC）于 2004 年通过的"隐私框架"。

"伞形数据协议"于 2015 年签订，意在保护调查过程中警方和司法当局之间、企业和执法部门之间的数据交换。"伞形数据协议"为欧美之间所有领域的数据交换提供法律保障，并赋予了欧盟与美国公民同等的司法救济权，也就是说，欧盟成员国公民在发现其数据遭受损害时，有与美国公民同等的权利向法院提起诉讼。

"欧美隐私盾牌"于 2016 年签订，协议中规定对欧美企业为了商业合作而进行的数据传输和使用进行保护，并且这些数据在欧美享有相同的安全保护措施。上述协议保障了欧美之间数据流通的安全性，为欧美云计算产业的发展提供了保障[14]。

"隐私框架"是亚太地区达成的第一份关于数据跨境流动规制的区域性指导文件。"隐私框架"从促进跨境数据自由流动的思想和目的出发，要求成员经济体"采取一切合理及适当步骤避免和消除任何不必要的信息流动障碍"[66]。"隐私框架"在一定程度上促进了云计算产业的发展。

（3）日本。日本关于数据跨境流动的相关规定主要体现在《个人信息保护法》。《个人信息保护法》[27]规定了处理用户数据的经营者在向位于外国的第三方提供用户数据时，需要事先获得数据主体对该提供行为的同意，但如果第三方对数据的保护和处理具有与日本同等的水平，则无须事先获得数据主体的同意。具有与日本法律制度"同等"保护水平的第三国列表由日本个人信息保护委员会公布。此外，如果位于外国的第三方能够确保采用"适当与合理的方式"进行数据传输，那么这种情况下的跨国数据传输即可被允许。是否构成"适当与合理的方式"需要由日本方面进行评估。《个人信息保护法》适用于云计算中的跨国数据流动问题，云服务提供商在对日本公民的数据进行跨境转移时需要遵守《个人信息保护法》的规定。

（4）中国。中国现阶段对数据的跨境流动进行限制的法律规定较少，随着国际合作和信息风险的提高，我国目前也正在出台相应的法律规范和地方法律文件，主要目的在于保护数据安全和合理的限制数据的跨境流动[14]。现阶段涉及数据跨境流动的法律法规主要包括《信息安全技术　个人信息保护指南》《网络安全法》《电子商务法》。

《信息安全技术　个人信息保护指南》[28]（以下简称《指南》）于 2012 年出台，该《指南》首次说明了用户数据的跨境流动问题，规定在未得到数据主体的同意时，数据的管理者不能将这些用户数据交给境外数据管理者进行管理[14]。但该指南只是国家标准化指导性技术文件，从立法效力上来说属于规范性法律文件，并不具有法律约束力。

《网络安全法》[23]对个人信息跨境转移做出了明确的规定，规定了关键信息基础设施的运营者在中华人民共和国境内运营中收集和产生的个人信息和重要数据应当在境内存储；因业务需要，确需向境外提供的，应当按照国家网信部门会同国务院有关部门制定的办法进行安全评估。《网络安全法》表达了我国对"关键信息基础设施"运营者收集、产生的公民个人信息的跨境流动进行立法限制的意图[14]。同时在《电子商务法》中也对从事跨境电子商务的电子商务经营者进行了规范，要求从事跨境电子商务的电子商务经营者，应遵守进出口监督管理的法律、行政法规和国家有关规定[67]。因此大多数云服务提供商为了符合中国的司法监管要求，都在中国境内建立数据中心，用于存储中国公民的数据。

9.2.2.3　跨境电子取证

云计算的数据分布式存储为各国的跨境电子取证带来了挑战，因此各国政府纷纷出台法律法规来对跨境电子取证进行规范。下面对欧盟、美国、日本和中国的跨境电子取证的相关法律法规进行阐述。

（1）欧盟。在欧盟内部，比利时、法国、德国等国于 2010 年 5 月 21 日共同发起建构"欧洲调查令"制度，该制度于 2017 年 5 月 22 日正式生效，适用于除丹麦和爱尔兰（未参与）之外所有的欧盟国家，授权成员国执法部门可根据有效令状进行跨境证据调查。因此，欧盟绝大多数成员国之间可以较为便捷地开展电子取证工作。在欧盟外部，欧盟于 2001 年与美国、加拿大、日本和南非等 30 个国家在布达佩斯签署了《网络犯罪公约》，对跨境电子取证的国际合作进行了专门规定[29]。上述制度和公约均适用于云计算中的跨境电子取证，均为云计算中的跨国电子取证提供了法律规范和依据。

（2）美国。目前美国针对跨境电子取证的规范主要体现在《联邦刑事程序规则》和《合法使用境外数据明确法》中。

《联邦刑事程序规则》[30]于 2016 年重新修订，规定美国执法部门可以对存储位置不确定的网络空间中的电子数据进行远程搜查。远程搜查通常是通过植入技术软件进行在线搜查，这意味着美国执法部门可以通过远程搜查来获取存储在云计算中任意位置的数据。

《合法使用境外数据明确法》[31]（Clarify Lawful Overseas Use of Data Act，CLOUD 法）于 2018 年 3 月由美国总统特朗普正式签署，该法旨在解决美国政府在跨国电子取证中如何合法获取境外数据及外国政府如何合法获取美国境内数据的问题。CLOUD 法规定电子通信服务或远程计算服务的提供商应根据规定保存、备份或披露其拥有、监管或控制的与其用户相关的记录或信息，包括电子通信信息，并且无论该信息位于美国境内还是境外，以此来协助美国政府进行调查与取证；同时针对外国政府在跨国取证中如何获取美国境内数据的问题，CLOUD 法建立了一套新的机制，即签订执行协议，CLOUD 法明确了与美国签订执行协议的外国政府应当满足的先决条件，以及签订执行协议的程序。CLOUD 法为跨国的云计算业务带来了冲击，对于在美国设有营业机构，但数据存储于他国的云服务提供商，一方面要遵守CLOUD 法向美国提交其存储的用户数据，另一方面又面临着他国的司法监管，这会增加云服务提供商的合规成本及法律风险。

（3）日本。日本跨境电子取证的相关法律主要包括《外国法院委托共助法》《国际侦查互助法》以及相关的国际公约和双边条约[32]。《外国法院委托共助法》简单规范了日本作为被请求国协助他国进行调查取证的要求与程序[32]；《国际侦查互助法》主要规定了日本作为被请求国协助他国进行证据收集的范围和内容。在国际公约和双边条约方面，日本加入了《联合国反腐败公约》《联合国打击跨国有组织犯罪公约》等多个有关司法协助取证的国际公约，同时与美国签订了《日美刑事共助条约》，与韩国签订了《日韩刑事共助条约》，与欧盟签订了《日欧刑事共助协定》等双边条约，为日本的跨境电子取证提供了法律依据[32]。

（4）中国。现阶段中国针对跨境电子取证的法律主要是《国际刑事司法协助法》[33]，该法规定非经中华人民共和国主管机关同意，外国机构、组织和个人不得在中华人民共和国境内进行本法规定的刑事诉讼活动，中华人民共和国境内的机构、组织和个人不得向外国提供证据材料和本法规定的协助。《国际刑事司法协助法》强调数据主权原则，旨在抵制外国施行的"长臂管辖权"行为。该法适用于云计算中的跨境电子取证问题，未经主管机关同意，位于中国境内的云服务提供商不得向外国提供电子证据。

9.2.2.4　数据删除的法律

用户对数据进行删除的权利在各国法律中通常以"被遗忘权"或"删除权"的形式体现。欧盟、美国、日本和中国有关数据删除的立法如下。

（1）欧盟。1995 年欧盟在其《数据保护指令》中规定了"每个数据主体有权要求对数据进行删除"被学术界普遍认为是"被遗忘权"这一概念在欧盟立法体系中首次出现[14]。现阶段这一权利在《通用数据保护条例》中进行了较为详细的阐述。

《通用数据保护条例》将第 17 条命名为"被遗忘和删除的权利"，至此，被遗忘权和删除权在欧盟才真正意义上以法律条例的形式呈现。《通用数据保护条例》中的"被遗忘和删除权"由 9 款 16 项组成，对数据主体享有的数据被遗忘和删除权的定义、内容规定等做了较为详细的阐述[14]。GDPR 规定了数据主体行使删除权的六种情形，明确指出当发生以下六种情况时，数据主体有权行使数据删除权[14]：第一，数据已经完成了最初收集目的；第二，数据主体同意使用的期限已到；第三，数据主体撤销了使用者的合理使用权；第四，网络服务商存在非法处理用户数据的行为；第五，根据欧盟法或成员国法数据控制者不得不删除的用户数据；第六，网络服务商在信息社会服务中所收集的用户数据[34]。GDPR 适用于云计算中的数据删除问题，当用户要求云服务提供商删除其位于存储设备中的用户数据时，云服务提供商需要依照 GDPR 中关于数据删除的相关条例进行操作。

（2）美国。美国的被遗忘权以隐私权为基础，其对被遗忘权进行规范的法律主要包括《网络用户隐私法案》、保护未成年人被遗忘权的《儿童在线隐私保护法》和"橡皮擦"法案。《网络用户隐私法案》于 2012 年发布，主要针对损害用户隐私的行为进行了规定，说明了数据主体有权要求网络服务商随时删除其数据并限制网络服务商使用数据的行为[14]。另外，针对未成年人的防范意识薄弱的特点，《儿童在线隐私保护法》[34]赋予了未成年人删除其数据的权利，美国加州地区发布的"橡皮擦"法案规定了未成年人可以要求网络服务商擦除自己的上网痕迹和 Cookies[14]。上述法律适用于云计算中的数据删除问题，云服务提供商有义务依照上述法律的规定来决定是否删除用户数据。

（3）日本。日本涉及个人信息和数据保护的主要立法是《个人信息保护法》。《个人信息保护法》中规定了个人有权要求受《个人信息保护法》管辖的经营者修改或删除其存储的数据。该法适用于云计算中的数据删除，云服务提供商有义务根据用户的需求对存储在设备上的数据进行删除和修改。

（4）中国。中国现阶段没有针对被遗忘权的专门性法律规定，没有将被遗忘权作为一项权利来颁布。关于数据删除的相关规定，主要体现在《关于加强网络信息保护的决定》《网络安全法》中。《关于加强网络信息保护的决定》[35]中对信息侵权行为做出了规定，明确表示公民的个人信息在网络中被非法使用，特别是发生泄露、骚扰时，可以要求网络服务提供商进行信息删除或采取其他减少损害的措施。《网络安全法》[23]规定对于网络运营者违反法律、行政法规的规定或双方的约定收集、使用个人信息的行为，数据主体有权要求网络运营者删除其个人信息[68]。上述法律均赋予了用户在一定条件下要求网络服务提供商对数据进行删除的权利，因此在云计算中，当存储于云服务提供商的设备中的用户数据受到侵犯时，用户有权要求云服务提供商删除此类数据或采取相应措施以减小损害。

9.2.3　云计算安全法律工具

云计算安全法律工具包括合同和服务水平协议（SLA），其中，合同详述双方的责任，约定了服务的内容以及为保证服务的安全性、完整性和可用性需要完成的事项；SLA 是对云服务提供商所提供的云服务的服务质量和服务等级进行阐述的法律文本。合同和 SLA 共同建立和定义云服务提供商与用户之间的关系[69]。下面分别介绍合同和服务水平协议的相关内容，并对两者的关系进行分析。

（1）合同：云服务提供商与用户所掌握的信息量并不对等，掌握丰富资源的云服务提供商处于优势地位，因此为了保障云服务正常运转，云服务提供商通过与用户签订合同的方式来明确云服务提供商和用户的权利和义务，进而实现快捷、高效的云服务。云服务合同可包含的内容为服务水平协议、隐私政策或隐私声明以及可适用政策和版权政策等内容，涵盖对合同条款的修订、适用法律及司法管辖、陈述与保证、有关知识产权的约定、云服务提供商对用户数据的使用限制、数据的保密与安全问题、有关赔偿的约定、免费声明与责任限制，以及合同终止的影响等诸多方面，不同的云服务提供商对于上述内容采取不同的形式来限定与用户之间的权利和义务[36]。对于上述合同中规定的任一条款，云服务提供商和用户都要严格遵守，否则将承担相应的违约责任。

为了避免违约情况发生以及应对云服务合同中存在的风险，云服务提供商和用户需要注意以下几方面的内容[13]：

① 合同的内容：云服务提供商提供的任何类型的云服务合同，都应做到清晰易懂，都应能够根据双方的意图进行解释，并且优先保护用户的权益；云服务提供商在起草合同时应考虑到不同用户的业务类型，使合同适用于不同的部署方式（公有云、私有云、混合云）和服务类型（IaaS、PaaS、SaaS）。

② 争议的解决：在签署云服务合同时，用户要特别注意云服务提供商约定的域外管辖的情况，避免权益受到侵害。

③ 隐私的保护：云服务提供商可以通过增加其服务条款的特定性来保护用户的隐私，特定性体现在三个方面：云服务提供商可访问用户信息的管理标准、访问的范围及云服务提供

商在访问用户数据时对用户的告知。

④ 数据的保存：云服务提供商需要在合同中规定服务终止后的数据存储和保留条款。

⑤ 合同的变更：云服务提供商在变更合同之前，应针对其预变更内容做出用户调查；对合同进行的重大变更，云服务提供商应在变更前及时通知用户；对于拒绝变更合同的用户，云服务提供商应提供继续维持原合同的选择。

⑥ 违约的赔偿：云服务提供商可以在合同中加入一些排除和限制某些损害赔偿责任的条款，并为属于赔偿范围内的损失划定一个最高额限制，高出的部分不予赔偿。

（2）服务水平协议：服务水平协议（SLA）涵盖了主要服务内容的契约术语，能够详细反映用户和云服务提供商双方各自的需求，并对云服务提供商提供的服务内容加以规范。SLA 应重点关注以下几个方面的内容[37]：

① 可用性：可用性是指在所需资源得到保证的前提下，云服务提供商能够在规定的条件下、在给定的时间间隔内，依据之前签订的云服务 SLA 向用户提供相应云服务的能力[37]。

② 可测量性：可测量性是指云服务提供商能够以某种度量单位对其提供给用户的各种云服务进行度量，以根据所测量的业务消费情况向用户收取费用，因此在 SLA 中要明确业务参数和参数的测量方式[37]。

③ 成本计算：由于云服务是一个集成概念，其中还包括诸多可细分的业务类型，云服务提供商要针对不同的业务类型采取不同的收费方式和收取不同的费用，因此云服务提供商在 SLA 中要明确用户所选服务的收费方式和收费金额，避免与用户发生纠纷。

④ 业务配置：云服务提供商需要保证用户能够完成基于虚拟机的业务配置和业务执行等具体的操作，因此在 SLA 中云服务提供商需要对用户所选业务进行清晰的描述，以便用户能够掌握该业务的基本操作。

（3）两者之间的关系：合同和 SLA 同时具备法律效力，SLA 通常作为合同的一部分，用来定义服务类型、服务质量和用户付款等方面的内容，如果在合同执行期间云服务提供商没有达到 SLA 中的某个指标，则应根据合同中的规定对云服务提供商进行处罚；同时，SLA 中包含了用于确定云服务提供商提供的服务是否满足日常性能目标的具体数值指标，为合同中列出的绩效目标指出了具体数值。

9.2.4　云计算电子取证

电子取证是指利用计算机软硬件技术，以符合法律规范的方式对计算机入侵、破坏、欺诈、攻击等犯罪行为进行证据调查、固定、提取和分析的过程。在云计算中，数据资源丰富，用户数量大，用户之间共享资源和服务，临时文件和临时数据冗杂；同时，虚拟化的取证范围和海量的数据信息给取证人员带来了前所未有的挑战，如证据的时效性强，证据发现、定位难，证据的分析处理工作量大等。因此，在证据的发现、固定、提取、处理和分析等各个阶段都需要充分考虑云计算的特殊性，并针对其特点，采取与之相适应的工具与技术或者综合利用各类工具和技术，既需要在细节上缜密考虑，又要使环节处理依规合法，逐步地将取证工作从传统的少推理方式转变到能有效适应云计算并兼具高效证据提取和复杂数据挖掘的新型取证方式。云计算中的取证流程如图 9.3 所示。

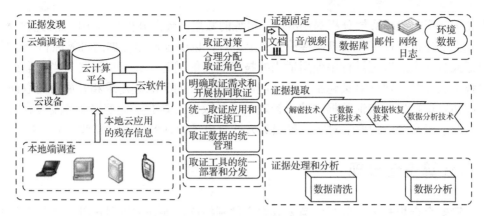

图 9.3　云计算中的取证流程

云计算取证的流程如下[11]：

（1）本地端调查：嫌疑人在利用云计算传输和处理信息的过程中会有一些文件碎片、网址缓存遗留在本地终端（个人计算机、笔记本电脑、手机及其他智能终端），因此，本地终端的电子取证是必不可少的。本地终端调查取证的工作方式和工作原理与传统的取证方式相同，需要确定本地终端的角色，使用现场取证工具收集本地终端的用户活动，根据文件系统的存储原理从残留区、未分配簇和碎片里查找相关的证据。由于很多用户会使用本地数据与云数据的同步机制，因此在进行本地取证调查时，取证人员需要了解用户使用了哪些云服务和资源。本地终端调查数据可以与云端调查数据相互佐证和补充。

（2）云端调查：在云计算中，资源和服务都由云服务提供商提供，用户的操作行为包括数据的传输、服务的申请和资源的获取都是直接通过网络完成的，因此，取证调查的重点将由传统的线下取证转移到线上取证，即从云计算平台去调查涉案的违法证据。取证人员需要了解云端服务类项及其技术类型，如云端设备、云计算平台、软件以及拓扑结构、数据上传工具，以及云服务提供商提供的时间的准确性和时区信息等；同时取证人员要第一时间与云服务提供商沟通以保全系统的日志信息和特定用户的数据信息，以防止证据被覆盖或者丢失。

（3）证据固定：证据固定是指用一定的形式将电子证据固定下来，加以妥善保管，以便将来进行数据分析和认定案件事实时使用[70]。电子证据的固定是整个电子取证的基础，也是电子证据得以运用的前提。在证据调查阶段发现的证据，例如文档、音/视频文件、数据库中的数据、邮件和网络日志等，取证人员需要采取必要的措施对证据加以保全，保证证据的完整性和统一性。

（4）证据提取：在云计算中提取的与证据相关的数据可能包括大量的日志、环境信息及多用户的共享信息。证据提取过程中涉及的相关技术包括解密技术、数据迁移技术、数据恢复技术和数据分析技术等。在证据提取过程中，对于便于提取的数据，取证人员应制订数据提取的计划，计划应包括取证人员、仪器设备、遵循的标准规范、具体的取证步骤、待收集数据的清单、对可能发生的意外情况的防范措施等；对于不便提取的数据，取证人员应制订数据冻结计划，计划应包括取证人员、仪器设备、冻结的技术方法、待冻结的数据清单、对可能发生的意外情况的防范措施等。

（5）证据处理和分析：在证据的处理和分析阶段，对无效和冗余数据的清洗处理至关重要。数据清洗的作用在于删除重复的信息、纠正数据中存在的错误，提供数据的一致性，为取证人员进行下一步的数据分析提供准确、精练的数据。数据分析是电子取证的核心和关键，所有的分析工作都应在克隆硬盘或备份文件上进行，以保证原始证据的可靠性和合法性[70]。

取证人员在上述取证过程中使用适当的技术手段的同时，还可以通过适当的取证对策使取证过程更加完备。取证对策包括合理分配取证角色、明确取证需求和开展协同取证、统一取证应用和取证接口、取证数据的统一管理，以及取证工具的统一部署和分发等。通过使用适当的取证手段和合理的取证对策，可保障云计算电子取证的准确、高效。

9.3 云计算安全合规

云计算安全合规是云服务提供商采取安全控制措施以保证其满足内部和外部合约的一项重要活动，而评估正是证明云服务提供商合规性的重要工具。本节将从云计算安全合规认证和云计算安全合规评估两个方面对云计算安全的合规工作进行阐述。

9.3.1 云计算安全合规认证

云计算的合规性是云服务提供商需要重点关注的问题，本节对国内外有关云计算安全的合规认证进行简要介绍。

9.3.1.1 国际合规认证

云计算安全领域被广泛认可的合规认证包括 ISO 27000 系统认证、CSA STAR 认证、德国 C5 认证和美国 FedRAMP 认证。

（1）ISO/IEC 27000 系列认证。ISO/IEC 27000 系列认证是基于 ISO/IEC 27000 系列的云计算安全相关的标准开展的国际认证，由英国标准协会（BSI）组织开展并颁发证书，包含 ISO/IEC 27001:2013、ISO/IEC 27017:2015 和 ISO/IEC 27018:2014 认证。其中 ISO/IEC 27001:2013 是国际上信息安全领域最权威、最严格，也是最被广泛接受及应用的体系认证标准。通过该认证，代表着企业已经建立了一套科学有效的信息安全管理体系，以统一企业发展战略与信息安全管理的步伐，确保相应的信息风险受到适当的控制与正确的应对。ISO/IEC 27017:2015 是基于 ISO/IEC 27001 和 ISO/IEC 27002 的专门针对云服务的信息安全控制措施实用标准，规范了提供和使用云服务的信息安全控制规则。ISO 27017:2015[38]认证的评估内容包括 ISO/IEC 27002 标准中 37 个基于云端的控制项和 7 个具体涉及云服务的控制项，旨在为云服务提供商和用户提供增强的控制能力。ISO/IEC 27018:2014 是专门针对云中用户数据保护的国际标准认证，旨在保证用户的数据隐私和安全。通过该认证，代表着云服务提供商有能力在个人信息处理的准确性、透明化及安全性等方面为用户提供可靠保护。

（2）CSA 的 STAR 认证。本书 7.2.3.2 节中已经提到过，STAR 认证[39]是由云安全联盟（CSA）与英国标准协会（BSI）联合于 2013 年推出的一项针对云计算安全特性的国际性认证。它将 ISO/IEC 27001 信息安全管理体系进行拓展，以 CSA 的云安全控制矩阵（Cloud Control Matrix，CCM）为审核准则，以评分方式来展现云计算的安全程度，分为金牌、银牌、铜牌和不合格四个等级。对于云服务提供商而言，通过了 STAR 认证，能具体展现云计算在安全方面的完整设计程度，同时也能让用户在选择云服务时，可以客观地评估及掌握风险承受状况，使其在享受使用云计算所带来的竞争优势时，也能够在风险管理层面实现良好的管控。

（3）C5 认证。C5（Cloud Computing Compliance Controls Catalog）认证[40]是由德国联邦信息安全局于 2016 年 2 月推出的云计算认证方案。该认证是业界公认的云服务领域最全面、要求最严格的数据保护认证，包括 114 项基础要求，覆盖物理安全、资产管理、运维管理、鉴权与访问控制、加密和密钥管理等 17 个方面；同时包括了 52 条附加项，对渗透测试周期、密码管理强度、用户安全管理灵活性等提出了更高的要求。C5 认证旨在帮助组织证明其合规性与运营安全性，目前，C5 认证不仅是德国云市场的认证基准，同时也逐渐成为整个欧洲云服务提供体系所认可的云计算认证。

（4）FedRAMP 认证。联邦风险与授权管理项目[41]（Federal Risk and Authorization Management Program，FedRAMP）[71]于 2012 年 6 月正式运作，该项目提供了一整套基于风险评估的、标准化的方法来对云产品和云服务进行安全性评估、认证以及持续监控。FedRAMP 引入了第三方独立评估的机制，即首先由通过 FedRAMP 授权的第三方评估机构依据相关标准对云服务提供商进行风险评估，FedRAMP 根据评估结果进行审查，并对通过审查的云服务提供商给予初始授权，通过初始授权的云服务提供商则有资格向美国政府提供服务[71]。目前，向美国政府提供产品和服务的云服务提供商都必须通过 FedRAMP 认证[42]，同时 FedRAMP 认证还能够帮助云服务提供商提高云计算信息系统和服务的安全性。

此外，国外方面云计算相关的合规认证还包括新加坡政府要求的 MTCS 云计算安全标准认证、PCI-DSS 支付卡行业数据安全认证等。

9.3.1.2　国内合规认证

在国内，也有多家组织推出了云计算安全合规认证，其中被广泛认可的包括可信云服务认证、网络安全等级保护测评、CSA 的 CS-CMMI5 认证和 ITSS 云服务能力评估。

（1）可信云服务认证。可信云服务认证充分借鉴了国外先进经验和国内云计算企业的实践经验，制定了《云服务协议参考框架》《可信云服务认证评估方法》《可信云服务认证评估操作办法》三个标准，对于国内云服务运营商提出了更高的要求。可信云服务认证的具体评测内容包括三大类 16 个指标和诸多款项，主要包括数据管理、业务质量和权益保障三大类，具体评测内容包括：数据存储的持久性、数据可销毁性、数据可迁移性、数据保密性、数据知情权、数据可审查性、业务功能、业务可用性、业务弹性、故障恢复能力、网络接入性能、服务计量准确性、服务变更、终止条款、服务赔偿条款、用户约束条款和服务商免责条款。通过开展可信云服务认证，用户能够利用认证测评的具体结果判断云服务提供商的承诺是否真实可信，同时也提高了云服务提供商的服务水平。

（2）网络安全等级保护测评。网络安全等级保护是我国实行的一项基本制度，是我国网络安全领域关注度最高、应用最广泛的标准体系。等级保护 2.0 在云计算方面提出了专门的等级保护要求，建设云计算平台的政府部门或提供云服务的企业均以网络安全等级保护基本要求为基准，设计自身的网络安全等级保护解决方案，旨在严格遵循国家在云计算信息系统安全建设方面的技术保障和安全管理要求，并争取通过网络安全等级保护的测评，从而证明自身的合规性和可信性。

（3）CSA 的 CS-CMMI5 认证。CS-CMMI（Cloud Security Capability Maturity Model Integration）[43]，即云安全能力成熟度模型集成，是由 CSA 大中华区、亚太区与全球共同开发和研制的，它将《CSA CSTR 云计算安全技术标准要求》和《CSA CCM 云安全控制矩阵》

的技术能力成熟度模型集成到统一的治理框架中，形成了云安全能力成熟度评估模型，从低到高共分为 5 个等级，从 1 级到 5 级技术能力水平和项目经验逐渐递增[72]。CS-CMMI 是针对组织云安全能力进行评估的标准，代表着企业云安全能力的成熟度与技术水平，在云计算安全领域具有广泛影响力。

（4）ITSS 云服务能力评估。ITSS[44]云服务能力评估由中国电子工业标准化技术协会信息技术服务分会（ITSS）组织第三方测试机构开展。ITSS 云服务能力评估面向国内云服务企业或单位，包括云服务运营商、云服务提供商等，围绕云服务中人员、技术、流程、资源、性能等关键环节展开能力测评。通过开展 ITSS 云服务能力评估，能够进一步促进云服务提供商提供可信赖的 IT 服务。

此外，国内云计算相关的合规认证还包括赛宝认证中心推出的 C-STAR 云安全评估以及由中国电子技术标准化研究院开展的云服务能力测评等。通过开展云计算的合规认证，能够帮助云服务提供商将众多的合规控制点融入云计算平台内控管理和产品设计中，同时能够通过独立的第三方机构来验证和提高云服务提供商的标准符合能力。

9.3.2 云计算安全合规评估

国内外云服务提供商争相获取各种云计算安全合规认证，其途径便是要通过权威认证机构的评估。云计算安全合规评估的核心要旨是鉴证云服务提供商的相关行为是否符合既定标准（法律法规、标准制度及合约）。本节从评估方式、评估原则、评估方法和评估流程四个方面对云计算安全合规评估进行介绍。

9.3.2.1 评估方式

根据实施云计算安全合规评估主体的不同，可将安全合规评估划分为内部评估和外部评估。

（1）内部评估。内部评估由云服务提供商内部成立的评估小组开展，要求内审人员独立，不受云服务提供商内部环境和人员的影响。内部评估主要采用配置核查、日志评估等形式。其中，配置核查是指内审人员通过检查云计算平台的安全机制部署和安全策略配置是否与标准规范的安全要求一致；日志评估是指内审人员通过对系统访问、数据操作、进程调用等行为的评估数据进行汇总分析，检查是否存在越权访问、操作失误、恶意攻击等异常行为。通过内部评估能够帮助云服务提供商检查、评估和改善内部云合规策略，提升云服务的安全管控能力。

（2）外部评估。外部评估是第三方评估机构开展的独立评估，评估人员来自专业的合规评估机构。外部评估与内部评估在评估流程上相同，但外部评估主要用于云服务提供商向用户证明其合规性，通过外部合规评估报告，用户能够选择符合合规性要求的云服务提供商。本书主要针对外部评估进行介绍，下文提到的云计算安全合规评估都是指由专业的第三方评估机构开展的评估工作。

9.3.2.2 评估原则

第三方评估机构在对云服务提供商进行云计算安全合规评估时应遵循客观公正、可重复和可再现、灵活、最小影响及保密的原则。

（1）客观公正：第三方评估机构在评估活动中应充分收集证据，对安全控制措施的有效性和云计算平台的安全性做出客观公正的判断。

（2）可重复和可再现：在相同的环境下，不同的评估人员依照同样的要求，使用同样的方法，对每个评估实施过程的重复执行都应得到同样的评估结果。

（3）灵活：在云服务提供商进行安全控制措施裁剪、替换等情况下，第三方评估机构应根据具体情况制定评估用例并进行评估。

（4）最小影响：第三方评估机构在评估时应尽量小地影响云服务提供商现有业务和系统的正常运行，最大程度降低对云服务提供商的风险。

（5）保密原则：第三方评估机构应对涉及云服务提供商利益的商业信息及用户信息等严格保密。

9.3.2.3　评估方法

在开展云计算安全合规评估工作时，第三方评估机构主要采用的方法包括访谈、检查和测试。

（1）访谈。访谈是指评估人员通过与云服务提供商的相关人员进行交谈和提问，对云服务的安全控制措施实施情况进行了解、分析和取证，对一些评估内容进行确认。访谈对象包括：信息安全的第一负责人、人事管理相关人员、系统安全负责人、网络管理员、系统管理员、账号管理员、安全管理员、安全评估员、运维人员、系统开发人员、物理安全负责人和用户等。

（2）检查。检查是指评估人员通过简单比较或使用专业知识分析的方式来获得评估证据的方法，包括：评审、核查、审查、观察、研究和分析等方式。典型的检查包括：评审云服务提供商的信息安全规划、安全建设方案、安全工程实施过程，分析云计算平台的系统设计文档和说明书，核查系统的备份操作，评审和分析事件处置的演练，核查事件响应的操作和过程，检查安全配置设置，分析技术手册和用户/管理手册，查看、研究或观察云计算平台的软硬件中信息技术机制的运行；查看、研究或观察云计算平台相关的物理安全控制措施等。

（3）测试。测试是指评估人员通过人工或自动化安全测试工具对云计算平台进行技术测试来获得相关信息，通过分析以获取证据的过程。测试的对象为机制和活动，典型的测试包括：各种安全机制的功能测试、安全配置的功能测试、云计算平台及其关键组件的渗透测试、云计算平台备份操作的功能测试、事件处理能力和应急响应演练能力的测试等。

9.3.2.4　评估流程

云服务提供商在进行云计算安全合规评估时，应根据其想要获取的云计算安全合规认证来选择合适的第三方评估机构。和传统信息系统的安全合规评估流程基本相同，一个通用的云计算安全合规评估流程包括评估准备、方案编制、现场实施、分析评估四个阶段，与云服务提供商的沟通与洽谈贯穿整个过程，如图 9.4 所示。

（1）评估准备阶段：在该阶段第三方评估机构组建评估实施团队，获取被评估云服务提供商的基本情况，从基本资料、人员、计划安排等方面为整个评估项目的实施做好充分准备。

（2）方案编制阶段：在该阶段第三方评估机构确定评估对象，根据此次评估所依据的云计算安全标准规范确定评估内容，选择评估方法，并根据需要选择、调整、开发和优化测试用例，形成相应安全评估方案。此阶段根据具体情况，可能还需要进行现场调研，主要目的是确定评估边界和范围，了解云服务提供商的系统运行状况，如安全机构、制度、人员等现状，以便制定安全评估方案。

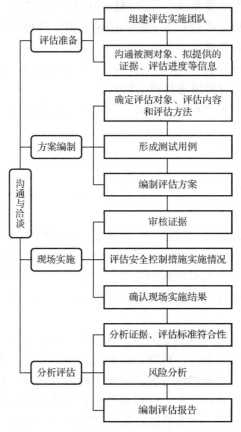

图9.4　云计算安全合规评估流程

（3）现场实施阶段：在该阶段第三方评估机构主要依据评估内容对云计算信息系统的安全控制措施实施情况进行评估，一般包括云计算信息系统开发与供应链保护、系统与通信保护、访问控制、配置管理、维护、应急响应与灾备、审计、风险评估与持续监控、安全组织与人员、物理与环境安全等方面[73]。该阶段主要由云服务提供商提供安全控制措施实施的证据，第三方评估机构审核证据并根据需要进行测试。必要时，应要求云服务提供商补充相关证据，双方对现场实施结果进行确认。

（4）分析评估阶段：在该阶段第三方评估机构对现场实施阶段所形成的证据进行分析，首先给出对所依据标准的每项安全要求的判定结果。第三方评估机构在判定是否满足适用的安全要求时，若有测试和检查，原则上测试结果和检查结果满足安全要求的视为满足，否则视为不满足或部分满足；若无测试有检查，原则上检查结果满足安全要求的视为满足，否则视为不满足或部分满足；若无测试无检查，访谈结果满足安全要求的视为满足，否则视为不满足或部分满足。然后根据对每项安全要求的判定结果，参照相关国家标准进行风险评估。最后综合各项评估结果形成安全评估报告，给出是否达到相应标准要求的评估结论。

通过开展云计算安全合规评估活动，能够避免云服务提供商面临合规性问题，同时云服务提供商能够向用户提供合规性评估报告，帮助用户选择合适的云服务提供商。

9.4　云服务提供商选择标准

云服务提供商作为云计算中的主要角色之一，既是云计算平台的建设者，也是云服务提供商，云计算的安全性直接由云服务提供商的安全意识、安全建设、服务能力、安全技术和管理水平决定。当用户选择云服务时，将数据托管到云端时，节约了技术、软硬设备和运维人员等资源投入，但也意味着将自身数据的访问权、管理权、控制权交给了云服务提供商。选择云服务提供商会带来哪些风险，如何选择云服务提供商，选择云服务提供商时考虑哪些要素和风险，如何避免或规避这些风险，成为用户采用云服务、选择云服务提供商亟待解决的问题。

因此，必须使用户通过标准规范明确选择云服务提供商的程序，以及与云服务提供商签订的合同要约和安全声明等，才能增加用户选择云服务提供商的信心，降低选择云服务提供商带来的风险。

9.4.1　云服务提供商的选择

云计算全新的 IT 服务模式在带给用户方便的同时也给用户带来了很多安全问题，用户对业务和数据的控制能力大大减弱，对云服务的依赖度大大提高，如在 SaaS 中，用户仅可以对应用软件进行有限的配置管理。所以，用户在确定是否采用云服务时，如何选择一个安全可靠的云服务提供商成为一个难题。下面将从用户选择云服务提供商所遵循的原则、用户选择云服务提供商的过程、用户选择云服务提供商考虑的因素三个方面来阐述如何选择一个安全可靠的云服务提供商。

（1）用户选择云服务提供商所遵循的原则。用户在选择云服务提供商时，需遵守"四不变，一审查"原则，具体如表 9.6 所示。

表 9.6　用户在选择云服务提供商时应坚持的原则[45]

原　　则		内　　容
四不变	安全管理责任不变	信息安全管理责任不应随服务外包而转移，无论用户数据和业务位于用户自身的信息系统还是位于云服务提供商的云计算平台上，用户都是信息安全的最终责任人
	资源的所有权不变	用户提供给云服务提供商的数据、设备等资源，以及云计算平台上用户业务系统运行过程中收集、产生、存储的数据和文档等都应归用户所有，用户对这些资源的访问、利用、支配等权利不受限制
	司法管辖关系不变	用户数据和业务的司法管辖权不应因采用云服务而改变。除非中国法律法规有明确规定，云服务提供商不得依据其他国家的法律和司法要求将政府数据及相关信息提供给外国政府[74]
	安全管理要求不变	承载用户数据和业务的云计算平台应按照用户信息系统进行信息安全管理，为用户提供云服务的云服务提供商应遵守我国等级保护制度的政策规定和技术标准
一审查	坚持先审后用原则	云服务提供商应具备保证用户数据和业务安全的能力，并通过信息安全审查和信息安全等级测评。用户应选择通过审查及测评的云服务提供商，并监督云服务提供商切实履行安全责任，落实安全管理和防护措施

（2）用户选择云服务提供商的过程。用户选择云服务提供商的过程包括两个阶段，即用

户需求分析阶段和云服务提供商选择阶段，其中用户需求分析阶段极其重要。用户不仅要根据自身的数据和业务类型，判定是否适合采用云服务以及采用何种部署方式的云服务；而且还要确定云计算平台的安全保护能力。

根据数据和业务的类型确定云计算平台的安全保护能力要求。根据承载的数据、业务受到破坏后影响的用户及对客体的损害程度确定业务信息安全保护等级，根据业务服务中断后影响的客体及对客体的损害程度确定系统服务安全保护等级，具体可参见《信息安全技术　信息系统安全等级保护定级指南》（GB/T 22240—2008）。二者取高作为可选择云服务的最低安全能力要求级别，根据所确定的安全保护等级选择相应等级的安全保护能力要求，并参照《信息安全技术　云服务安全能力要求》（GB/T 31168—2014）调整相应级别（如一般安全保护、增强安全保护及高级安全保护）的安全保护能力。

（3）用户在选择云服务提供商时考虑的因素。用户需根据所确定的云服务部署方式、云服务的安全能力要求来选择满足部署方式和具有相应级别能力要求的云服务提供商。在选择云服务提供商时用户需考虑以下要素[74]：

- 云服务提供商所能提供的服务类型能否满足用户需求；
- 云服务提供商所能提供的部署方式能否满足用户需求；
- 云服务提供商具有的安全能力（与安全保护等级相适应的安全保护及一般安全保护或增强安全保护）能否满足用户需求；
- 需要云服务提供商定制开发的需求；
- 云服务提供商对运行监管的接受程度，是否提供运行监管接口；
- 云计算平台的可扩展性、可用性、可移植性、互操作性、功能、容量、性能指标；
- 云服务提供商能否满足司法管辖权不变的要求；
- 数据的存储位置，包括数据传输的路径；
- 灾难恢复能力能否满足用户需求；
- 资源占用、带宽租用、迁移退出、监管、培训等费用的计费方式和标准；
- 在出现信息安全事件并造成损失时，云服务提供商的补偿能力与责任；
- 云服务提供商是否配合对其雇员进行背景调查。

当然，满足以上因素的云服务提供商也未必能够达到用户的安全要求，还需要与云服务提供商协商合同，包括服务水平协议、安全需求、保密要求等内容。选择云服务提供商时也可以参照其他用户及行业群体的评价，虽然作用有限，但是对于明确已有提供商所具有的问题还是很有价值的。

9.4.2 云服务提供商安全要约

通常，当用户选择云服务提供商时，云服务提供商未必热衷于承担重复回答用户的安全问题所带来的开销。这时，需要云服务提供商对外提供具有法律效力的安全声明和证明，给予用户书面形式的保障。

首先，云服务提供商需提供一份针对自己职责及安全保障能力的具有法律效力的公开声明，强调其所提供的云计算平台所满足的安全标准，如符合 SAS70 或 ISO 27002；但这仅仅意味着云服务提供商具有自我认证的能力，不能证明其所声明的安全能力是否达到声明所述的标准，这时需要第三方评估机构对云服务提供商开展评估工作，其所出具的安全测评证明能够很好地证明云服务提供商所具有的安全能力。然而，第三方评估机构在处理云计算评估时难免会出现盲点，评估结果也只能作为用户选择云服务提供商时的参考，云服务提供商是否符合用户自己的安全需求才是最重要的。

当用户确定了云服务提供商，并将数据托管到云端时，此时用户期待他们放置在云服务器上的数据是安全的，并受到合理的保护。从本质上讲，用户信任云服务提供商会提供合适级别的安全保护与治理。然而，云服务提供商对安全方面的声明往往得不到实践的支撑，常常会出现数据泄露等安全事件，而且，云服务提供商可能会将所有的安全责任转移给用户。为了使云服务提供商能够贯彻其安全能力声明，必须在日常运营中妥善实施和维护其安全机制。这时，用户需要的不仅仅是信任云服务提供商，还需要在一定程度上了解云服务提供商对云计算平台真正做了什么，以及云服务提供商将会去做什么。所以，云服务提供商向用户提供透明度证明是十分必要的。透明度用来描述云服务提供商为用户提供的安全策略及运营的可见程度，要求云服务提供商（CSP）向用户提供足够的信息，这些信息包括表 9.7 所示的内容[46]。

表 9.7　云服务提供商向用户提供的透明度信息

透明度划分	信 息 内 容
CSP 安全策略	CSP 应向用户提供详细的安全策略和安全标准，使用户可以明确预期的安全性，指导用户使用云服务
安全实施和程序	CSP 应提供关于安全实施和运营的细节，提供的信息在技术上无须十分深入，但应该足够用户去衡量 CSP
责任与风险	CSP 不要泄露会导致用户数据、业务，以及第三方机构面临风险的信息
服务问题	CSP 应及时提供服务的安全性和可用性信息，一旦发生安全事件，用户可以及时实施应急预案
监管和法律	CSP 避免发布违背监管或法律的信息
责任划分	CSP 应当描述清楚所负责的领域

此外，用户还需与云服务提供商签订合同、服务水平协议和保密协议等文件，利用法律工具约束云服务提供商，从而保障自身权益。

9.5　小结

本章从云计算风险管理、云计算信息安全相关法律与取证、云计算安全合规以及云服务提供商选择标准四个方面进行阐述。

在云计算风险管理方面，本章从云计算风险管理概述和云计算风险评估两方面进行详细介绍。其中，云计算风险管理概述包括云计算风险管理的定义、原则、依据和流程；云计算风险评估包括云计算风险评估的评估方式（自评估、第三方评估），四个阶段（评估准备阶段、评估识别阶段、风险评价阶段和风险处置阶段），评估流程以及云计算风险分析方法（定量分析法、定性分析法和综合分析法）。

针对云计算信息安全相关法律与取证，本章从云计算信息风险与挑战、云计算信息安全相关法律、云计算安全法律工具以及云计算电子取证四个方面进行了详细分析。首先，从用户数据保护、数据跨境、电子取证、数据删除以及云服务合同等方面，分析了云计算信息安全所面临的风险与挑战；其次，从用户数据保护、数据跨境、跨境电子取证及数据删除等方面，介绍了云计算信息安全的相关法律；此外，对云计算安全的法律工具进行了详细的介绍，包括合同和服务水平协议两方面的内容；最后，对云计算的电子取证流程进行了详细的介绍，将传统的电子取证流程与云计算相融合，以保障电子取证的高效、准确。

在云计算安全合规方面，本章从云计算安全合规认证、云计算安全合规评估两个方面进行了介绍。针对云计算安全合规认证，从国际和国内两个方面介绍了云计算安全领域被广泛认可的合规认证，其中，国际认证包括 ISO 27000 系列认证、CSA 的 STAR 认证、德国 C5 认证和美国 FedRAMP 认证，国内认证包括可信云服务认证、网络安全等级保护测评、CSA 的 CS-CMMI5 认证和 ITSS 云服务能力评估；针对云计算安全合规评估，介绍了评估方式、评估原则、评估方法和评估流程，为云服务提供商和第三方评估机构开展云计算安全合规评估提供参考。

在云服务提供商选择标准方面，从云服务提供商的选择和云服务提供商安全要约两个方面进行了分析介绍。针对云服务提供商选择，从用户在选择云服务提供商时所遵循的原则、用户选择云服务提供商的过程、用户选择云服务提供商时考虑的因素三个方面阐述了如何选择一个安全可靠的云服务提供商。针对云服务提供商安全要约，从云服务提供商应提供的安全声明和云服务提供商应提供的透明度信息两个方面阐述了一个安全可靠的云服务提供商应具备的基本条件。

习题 9

一、选择题

（1）云计算风险评估的流程包括：①风险识别、②风险分析与处置、③风险评估的准备、④风险评估文档。正确的流程是_____。

（A）①②③④   （B）①③②④

（C）③①②④   （D）③①④②

参考答案：C

（2）在风险管理活动中应重点管理的风险是_____。

（A）发生频率低，造成的损失不严重

（B）发生频率低，造成严重损失

（C）发生频率高，造成严重损失

（D）发生频率高，造成损失不严重

参考答案：B

（3）云计算风险评估_____。

（A）只需要实施一次就可以

（B）应该根据变化了的情况定期或不定期地适时进行

（C）不需要形成文件化评估结果报告

（D）仅对网络做定期的扫描即可

参考答案：B

（4）下列说法错误的是_____。

（A）威胁是产生云计算风险的外因，可以通过威胁主体、资源、动机、途径等多种属性来描述

（B）应针对构成云计算的每个资产做风险评价

（C）脆弱性是资产本身存在的，如果没有被相应的威胁利用，单纯的脆弱性本身不会对资产造成损害

（D）保密性、完整性和可用性是评价资产的三个安全属性

参考答案：B

（5）信息风险评估对象确立的主要依据是_____。

（A）系统设备的类型　　　　　　　　（B）系统的业务目标和特性

（C）系统的技术架构　　　　　　　　（D）系统的网络环境

参考答案：B

（6）风险评估是云计算安全管理的基础，是指识别、评定、_____风险的过程。

（A）避免　　　　　　　　　　　　　（B）控制

（C）防范　　　　　　　　　　　　　（D）意识

参考答案：B

（7）云计算风险评估的评估识别阶段包括资产识别、_____、脆弱性识别和已有安全控制措施的确认。

（A）安全识别　　　　　　　　　　　（B）威胁识别

（C）漏洞识别　　　　　　　　　　　（D）攻击识别

参考答案：B

（8）云计算风险评估的定量分析方法不包括_____。

（A）因子分析法　　　　　　　　　　（B）聚类分析法

（C）时序模型　　　　　　　　　　　（D）事件数分析法

参考答案：D

（9）关于欧盟《通用数据保护条例》（GDPR），下列说法错误的是_____。

（A）GDPR 于 2018 年 5 月 25 日正式生效，取代了欧盟于 1995 年颁布的《数据保护指令》

（B）GDPR 在一定程度上加大了对用户数据窃取的惩罚力度

（C）GDPR 规定了数据主体行使删除权的四种情形

（D）GDPR 对欧盟成员国之间的数据流动没有限制，但限制了欧盟与第三国之间的数据流动

参考答案：C

（10）下列不属于用户数据的特点的是_____。

（A）用户数据的所有权为该数据的生成者所拥有

（B）用户数据的内容是数据主体可被识别的个人信息

（C）用户数据是构成个人隐私的重要内容

（D）用户数据控制权丧失后具有可恢复性

参考答案：D

（11）下列说法错误的是_____。

（A）云计算数据跨境流动主要面临用户数据保护问题和司法管辖问题

（B）"欧洲调查令"制度适用于欧盟内部的所有国家

（C）在云的取证调查过程中，快速找到、跟踪线索并固定证据十分重要，否则，证据就极有可能被覆盖、更改，甚至丢失

（D）当云服务暂停、取消或终止时，云服务提供商需要按照约定及时删除存储设备中的用户数据

参考答案：B

（12）关于云计算的合同和服务水平协议，下列说法错误的是_____。

（A）云计算的合同和服务水平协议（SLA）不具备法律效力

（B）云服务提供商在起草合同时应考虑到不同用户的业务类型，使合同适用于不同的部署方式和服务类型

（C）服务水平协议涵盖了主要服务内容的契约术语，能够详细反映用户和云服务提供商双方各自的需求，并对云服务提供商提供的服务内容加以规范

（D）SLA通常作为合同的一部分，用来定义服务类型、服务质量和用户付款等方面的内容

参考答案：A

（13）关于云计算电子取证，下列说法错误的是_____。

（A）电子取证是指利用计算机软硬件技术，以符合法律规范的方式对计算机入侵、破坏、欺诈、攻击等犯罪行为进行证据调查、固定、提取和分析的过程

（B）云计算电子取证的本地终端调查数据可以与云端调查数据相互佐证和补充

（C）云计算中提取的与证据相关的数据包括大量的日志、环境信息及多用户的共享信息等

（D）取证对策的使用对云计算电子取证的实现与否影响不大

参考答案：D

（14）关于ISO/IEC 27000系列认证，下列说法错误的是_____。

（A）ISO/IEC 27000系列认证是基于ISO/IEC 27000系列中云计算安全相关的标准开展的国际认证

（B）ISO/IEC 27001:2013信息安全管理体系是国际上信息安全领域最权威、最严格，也是最被广泛接受及应用的体系认证标准

（C）ISO 27017:2015认证的评估内容包括ISO/IEC 27002标准中37个基于云端的控制项和5个具体涉及云服务的控制项

（D）ISO/IEC 27018:2014是专门针对云中用户数据保护的国际标准认证，旨在保证用户的数据隐私和安全

参考答案：C

（15）关于云计算的国际合规认证，下列说法错误的是_____。

（A）CSA的STAR认证是由云安全联盟（CSA）与英国标准协会（BSI）联合于2013年推出的一项针对云安全特性的国际性认证

（B）C5认证是由德国联邦信息安全局于2016年2月推出的云计算认证方案，该认证是业界公认的云服务领域最全面、要求最严格的数据保护认证

（C）向美国政府提供产品和服务的云服务提供商都必须通过FedRAMP认证

（D）C5 认证包括 115 项基础要求，覆盖物理安全、资产管理、运维管理、鉴权与访问控制、加密和密钥管理等 17 个方面；同时包括了 52 条附加项

参考答案：D

（16）关于云计算的国内合规认证，下列说法错误的是_____。

（A）可信云服务认证的具体评测内容包括三大类 16 个指标和诸多款项

（B）网络安全等级保护是我国实行的一项基本制度，是我国网络安全领域关注度最高、应用最广泛的标准体系

（C）CS-CMMI 由 CSA 大中华区、亚太区与全球共同开发和研制，将云安全能力成熟度评估模型从低到高共分为 5 个等级

（D）ITSS 云服务能力评估由中国信息通信研究院组织第三方测试机构开展

参考答案：D

（17）关于云计算安全合规，下列说法错误的是_____。

（A）根据实施云计算安全合规评估主体的不同，可将安全合规评估划分为内部评估和外部评估

（B）云计算安全合规的内部评估能够帮助云服务提供商检查、评估和改善内部云合规策略，提升云服务的安全管控能力

（C）云计算安全合规的外部评估要求评估审计人员独立，内部评估不需要

（D）云计算安全合规的外部评估主要用于云服务提供商向用户证明其合规性

参考答案：C

（18）下列说法错误的是_____。

（A）第三方评估机构在对云服务提供商进行云计算安全合规评估时应遵循客观公正、可重复和可再现、灵活、最小影响及保密的原则

（B）在开展云计算安全合规评估工作时，第三方评估机构主要采用的方法包括访谈、检查和测试

（C）第三方评估机构应对涉及云服务提供商利益的商业信息以及用户信息等严格保密

（D）在相同的环境下，相同的评估人员依照同样的要求，使用同样的方法，对每个评估实施过程的重复执行都应得到同样的评估结果

参考答案：D

（19）用户选择云服务提供商所遵循的四不变原则是_____。

（A）安全管理技术不变、资源的使用权不变、安全建设标准不变、司法管辖关系不变

（B）安全管理责任不变、资源的所有权不变、司法管辖关系不变、安全管理要求不变

（C）安全管理要求不变、资源的使用权不变、服务模式标准不变、坚持先审后用原则

（D）资源的所有权不变、司法管辖范围不变、安全管理要求不变、坚持先审后用原则

参考答案：B

（20）下列说法错误的是_____。

（A）用户选择云服务提供商的过程包括用户需求分析阶段和云服务提供商选择阶段

（B）承载公开信息的一般业务可优先采用包括公有云在内的云服务

（C）承载敏感信息的一般业务和重要业务，以及承载公开信息的重要业务宜采用安全特性较好的私有云或社区云

（D）在云服务提供商的选择过程中，用户只需根据自身的数据和业务类型，判定是否适合采用云服务以及采用何种部署模式的云服务

参考答案：D

二、简答题

（1）简述云计算风险管理的原则、流程以及云计算风险评估的流程。

（2）简述云计算中的用户数据保护风险。

（3）简述云计算中的电子取证风险。

（4）简述云服务合同的风险。

（5）简述 GDPR 在用户数据保护方面的规范。

（6）简述合同和服务水平协议的概念，并阐述两者的关系。

（7）简述云计算电子取证的流程。

（8）简述国内外云计算安全合规认证。

（9）简述云计算安全合规的评估流程。

（10）简述用户在选择云服务提供商时需遵守的原则。

参考文献

[1] 全国质量管理和质量保证标准化技术委员会．风险管理　原则与实施指南：GB/T 24353—2009[S]．

[2]．Risk management-Guidelines:ISO 31000:2018[S]．

[3] 赵刚．信息安全管理与风险评估[M]．北京：清华大学出版社，2014．

[4] 全国信息安全标准化技术委员会．信息安全技术　信息风险评估实施指南：GB/T 31509—2015．

[5] 毕方明．信息安全管理与风险评估[M]．西安：西安电子科技大学出版社，2014．

[6] 全国信息安全标准化技术委员会．信息安全技术　信息风险评估规范：GB/T 20984—2007[S]．

[7] 全国信息安全标准化技术委员会．信息安全技术　信息风险处理实施指南：GB/T 33132—2016[S]．

[8] 张亚琼．云计算下个人信息保护制度研究[D]．北京：首都经济贸易大学，2017．

[9] 王鹏．云计算环境下数据保护法律问题研究[D]．武汉：华中科技大学，2012．

[10] 赵武．云计算与信息安全法律的思考[D]．上海：上海交通大学，2014．

[11] 许兰川，卢建明，王新宇，等．云计算环境下的电子取证：挑战及对策[J]．刑事技术，2017,42(2):151-156．

[12] 韦尚轲．云计算环境下个人信息保护问题的思考[J]．信息通信，2019(4):145-146．

[13] 谢琳，慕璧阳．云服务合同的法律风险防范[J]．中国发明与专利，2018,15(06):94-100．

[14] 罗桂．云服务生命周期中的信息安全法律规范研究[D]．太原：山西大学，2017．

[15] 汪雪含，张墨涵．GDPR 对我国个人数据保护制度的启示[J]．法制与社会，2019(17):18-20．

[16] 项定宜．比较与启示：欧盟和美国个人信息商业利用规范模式研究[J]．重庆邮电大学学报（社会科学版），2019,31(4):44-53.

[17] 北京藏山资本投资有限公司．云计算产业资讯[R/OL]．[2019-10-28].http://www.doc88.com/p-0522617014414.html.

[18] 杨碧瑶，王鹏．从《联邦信息安全管理法案》看美国信息安全管理[J]．保密科学技术，2012(8):37-39.

[19] 刘抒悦，高上知，商瑾，等．美国《健康保险携带和责任法案》中关于生物医学研究的规定及其影响[J]．中国医学伦理学，2016,29(6):1011-1014.

[20] 王乐子，母健康，朱翀，等．国外医疗信息化领域隐私数据保护现状及其启示[J]．医学信息学杂志，2019,40(2):40-46.

[21] AWS. HIPAA[R/OL]. [2019-11-1].https://aws.amazon.com/cn/compliance/hipaa-compliance/.

[22] 孙继周．日本数据隐私法律：概况、内容及启示[J]．现代情报，2016,36(6):140-143.

[23] 中华人民共和国网络安全法[N]．人民公安报，2016-11-08(3).

[24] 中华人民共和国电子商务法[N]．人民日报，2018-10-24(20).

[25] 全国人民代表大会常务委员会关于加强网络信息保护的决定[J]．中国防伪报道，2013(8):112.

[26] 胡慧凯．个人信息跨境流动的法律问题研究[D]．上海：华东政法大学，2016.

[27] 宫下弘．日本的数据跨境传输规则[EB/OL]．(2018-2-1)[2019-11-3]. http://www.dgcs-research.net/a/xueshuguandian/2018/0122/90.html.

[28] 全国信息安全标准化技术委员会．信息安全技术　公共及商用服务信息系统个人信息保护指南：GB/Z 28828—2012[S].

[29] 梁坤．欧盟跨境快捷电子取证制度的发展动向及其启示[J]．中国人民公安大学学报（社会科学版），2019,35(1):33-43.

[30] 梁坤．跨境远程电子取证制度之重塑[J]．环球法律评论，2019,41(02):132-146.

[31] 胡文华．美国《合法使用境外数据明确法》对中国的影响及应对[J]．信息安全与通信保密，2019(7):30-37.

[32] 明垣宜．日本刑事司法协助调查取证制度研究[D]．济南：山东大学，2018.

[33] 中华人民共和国国际刑事司法协助法[N]．法制日报，2018-10-30(007).

[34] 于靓．论被遗忘权的法律保护[D]．长春：吉林大学，2018.

[35] 全国人大常委会办公厅．全国人民代表大会常务委员会关于加强网络信息保护的决定[J]．中国信息安全，2013(1):24-25.

[36] 朱飞叶．云服务合同实证研究[D]．湘潭：湘潭大学，2012.

[37] 张健．云服务等级协议（SLA）研究[J]．电信网技术，2012(2):7-10.

[38] Information technology—Security techniques—Code of practice for information security controls based on ISO/IEC 27002 for cloud sercives:ISO/IEC 27017:2015[S].

[39] STAR 云安全评估[EB/OL].[2019-11-3].https://www.bsigroup.com/zh-CN/CSA-Star.

[40] BSI.Cloud Computing Compliance Controls Catalog (C5)[S/OL].[2019-11-3].https://amazonaws-china.com/cn/compliance/bsi-c5.

[41] 张如辉，郭春梅，毕学尧．美国政府云计算安全策略分析与思考[J]．信息网络安全，2015(9).

[42] AWS. FedRAMP[S/OL].[2019-11-5].https://amazonaws-china.com/cn/compliance/fedramp.

[43] 深信服科技．深信服获国内 CSA 云安全能力认证[EB/OL]．(2017-3-1)[2019-11-5]. http://www.sangfor.com.cn/about/source-news-product-news/897.html.

[44] 腾讯云. ITSS 认证[EB/OL]. (2020-5-27)[2020-6-8].https://cloud.tencent.com/document/product/363/11669.

[45] ENISA. Critical Cloud Computing:A CIIP perspective on cloud computing services [EB/OL].(2013-2-14)[2020-5-5].https://www.enisa.europa.eu/publications/critical-cloud-computing.

[46] NIST. Challenging Security Requirements for US Government Cloud Computing Adoption[R/OL].(2012-11-30)[2020-5-15].http://collaborate.nist.gov/twiki-cloud-computing/pub/CloudComputing/CloudSecurity/Challenging_Security_Requirements_for_US_Government_Cloud_Computing_Adoption_v6-WERB-Approved-Novt2012.pdf.

[47] 全国质量管理和质量保证标准化技术委员会．风险管理　原则与实施指南：GB/T 24353—2009[S].

[48] 吴兰．信息系统安全风险评估方法和技术研究[D]．无锡：江南大学，2007.

[49] 党莉萍．信息安全风险计算模型的研究与实现[D]．成都：电子科技大学，2009.

[50] 许黎．基于漏洞检测的网络安全风险评估系统的研究与实现[D]．成都：电子科技大学，2007.

[51] 全国信息安全标准化技术委员会．信息安全技术　信息安全风险评估规范：GB/T 20984—2007[S].

[52] 蔡君峰．智能制造工业的无源光网络优化及风险管理研究[D]．南京：南京邮电大学，2018.

[53] 郑兆娜．基于大规模网络的安全风险评估研究[D]．济南：济南大学，2011.

[54] 但强．基于组合评估法的风险评估模型研究及其系统实现[D]．成都：电子科技大学，2009.

[55] 朱小燕．基于 AHP 的电力行业运营信息安全管理的风险评估研究[D]．上海：上海交通大学，2015.

[56] 位莅，刘松森，王自亮．面向业务信息安全的风险评估[J]．山东通信技术，2011,31(04):6-10.

[57] 何璐璐．企业信息安全风险评估实施方法研究与实施[D]．北京：北京邮电大学,2010.

[58] 蔡君峰．智能制造工业的无源光网络优化及风险管理研究[D]．南京：南京邮电大学，2018.

[59] 梁永谦．电子政务信息安全风险评估技术研究及应用[D]．成都：电子科技大学,2010.

[60] 国务院信息化办公室．信息安全风险评估指南（征求意见稿）[EB/OL]．(2011-11-15)[2020-5-18].https://wenku.baidu.com/view/631c7046336c1eb91a375d76.html.

[61] 周升进．信息安全风险评估研究及应用[D]．北京：北京邮电大学，2014.

[62] 李岫．国外网络信息安全立法现状概况[J]．信息安全与通信保密，2015(08):23-25.

[63] 刘晨鸣，王一梅，叶志强．云计算技术在广电行业应用安全风险及对策分析[J]．现代电视技术，2016(08):44-47;110.

[64] 马俊宇．电子商务平台数据安全政策协同研究[D]．哈尔滨：黑龙江大学，2019.

[65] 袁立鸣．个人数据跨境流动规则法律研究[D]．上海：华东政法大学，2019．

[66] 许多奇．个人数据跨境流动规制的国际格局及中国应对[J]．法学论坛，2018,33(03):130-137．

[67] 张岩．密集政策的出台促跨境电商行业强劲增长[J]．中国对外贸易，2019(01):28-31．

[68] 饶泽龙．论跨境数据传输的法律规制[D]．上海：华东政法大学，2019．

[69] 赵又霖，邓仲华，黎春兰．云服务等级协议的生命周期管理研究[J]．图书与情报，2013(01):51-57．

[70] 李亮．电子证据取证规则和取证方法研究[J]．商，2015(21):202．

[71]刘晨鸣，王一梅，叶志强．云计算技术在广电行业应用安全风险及对策分析[C]//第24 届中国数字广播电视与网络发展年会暨第 15 届全国互联网与音视频广播发展研讨会论文集，2016:130-135．

[72]平安科技平安云获 CSA 云安全能力最高级别认证——CSA CS-CMMI 5 认证[EB/OL].(2018-6-28)[2020-5-20].https://yun.pingan.com/ssr/news/645．

[73] 王惠莅，罗锋盈，杨建军．云计算服务安全关键标准研究[J]．信息技术与标准化，2013(11):6-9;13．

[74] 王鸣．基于云计算的电子政务平台安全风险分析方法及应用研究[D]．上海：上海交通大学，2016．

第10章

云计算安全实践

经过十多年的发展，云计算安全已经逐步从理论研究走向实践应用。一方面，国内外各大云服务提供商积极投入云计算安全建设，部署最佳安全实践；另一方面，各个行业也都非常重视云计算安全问题，结合行业发展特点提出相应安全解决方案。同时，云计算在网络安全领域也得到了创新应用，促进了安全服务模式的改变和发展，产生了云计算安全服务行业，为各种云计算应用提供安全能力。本章结合国内外云计算安全发展现状，从业界云计算安全最佳实践、行业云安全实践及云计算安全服务三个方面来介绍云计算安全的发展。

10.1 业界云计算安全最佳实践

国内外云服务提供商积极部署云计算安全控制措施，不断地完善自有云计算平台的安全解决方案，努力构建安全、可信、合规的云计算平台，以求实现云服务长足的发展。本节从国外和国内两个方面介绍云服务提供商在云计算安全领域的最佳实践案例。

10.1.1 国外最佳实践案例

许多云服务提供商都把安全视为云计算发展的重要保证，纷纷提出并部署了相应的云计算安全解决方案。本节以微软 Azure、亚马逊 AWS 和谷歌 GCP 为例，介绍国外云服务提供商在云计算安全方面的最佳实践，使读者全面了解各大云服务的安全部署。

10.1.1.1 微软 Azure

Azure 是微软全力打造的全球可信云，采用全球分布式数据中心基础架构，在全球部署了52 个区域、100 多个高度安全的基础设施，在 140 个国家、地区、区域中可用。其确立的可信云基本原则包括安全性、隐私性、合规性、透明性。

（1）安全性：Azure 采用先进的技术、流程和认证构建起强大的安全壁垒，从而保护用户数据的机密性、完整性和可用性，协助用户抵御黑客攻击和未经授权的访问。

（2）隐私性：Azure 能够使用户管理自己的数据及权限，决定数据的存储位置，在终止协议时将数据迁出，并根据要求删除用户数据。同时，Azure 确保用户数据不会被挖掘，不会被用于广告或其他商业目的，未经授权不会被其他人员使用。

（3）合规性：Azure 确保用户数据的存储和管理符合适用的法律、法规和标准，确保用户能够查看认证信息。

（4）透明性：Azure 会清楚准确地阐述云服务提供商如何使用、管理和保护用户数据，确保用户能够清楚地了解自身数据是如何被处理和使用的。

为了遵从这四项基本原则，Azure 一直致力于完善其云计算安全最佳实践方案，并于 2019

年 4 月发布了《Azure 安全最佳实践》最新版[1]，以安全责任共担模型为基础，分别描述了微软为保护 Azure 基础平台、用户数据和应用程序的安全而实现的安全功能，以及 Azure 为用户提供的可用于保护数据和应用程序的安全功能。

（1）Azure 安全功能汇总。表 10.1 简要描述了微软为保护 Azure 基础平台、用户数据和应用程序的安全而实现的安全功能，从安全平台、隐私和控制、合规性和透明度四个方面说明了微软如何以安全的方式管理 Azure 平台，解决用户信任问题。

表 10.1　Azure 安全功能

安 全 平 台	隐私和控制	合 规 性	透 明 度
安全开发周期，内部审核	随时进行数据管理	建立信任中心	Azure 服务中的用户数据保护说明
强制性安全培训、背景检查	控制数据位置	建立通用控制中心	Azure 服务中的数据位置管理说明
渗透测试、入侵检测、抗 DDoS 攻击、审核和日志记录	根据条件提供数据访问	云服务审计调查清单	Microsoft 中的访问控制方案
最先进的数据中心、物理安全性、安全网络	响应监管部门	服务、位置和行业的符合性	Azure 服务和透明度中心的认证
安全事件响应、共担责任	严格的隐私标准		

（2）Azure 为用户提供的安全功能。根据 Azure 安全责任共担模型，用户需负责其部署在 Azure 上的应用程序和数据的安全。为帮助用户承担这些安全责任，Azure 以内置的方式提供了如下安全功能，包括安全操作、应用程序防护、存储安全、网络安全、计算安全、身份标识和访问管理等。用户可通过配置的方式快速获取这些安全功能，以实现应用程序和数据的安全保护。

10.1.1.2　亚马逊 AWS

亚马逊于 2009 年发布了第一版《AWS 云安全白皮书》，2011 年发布《AWS 安全最佳实践》，介绍了 AWS 在数据安全传输、数据存储加密、安全证书访问、身份与访问管理、Web 应用防护等方面执行的安全最佳实践。此后，AWS 不断增加云安全产品和功能，完善云安全机制。亚马逊于 2016 年发布了更加详细的《AWS 安全最佳实践》[2]，以 AWS 责任共担模型为基础，阐述了 AWS 和用户之间的安全责任划分、用户如何定义和分类资产、用户如何使用特权账户和用户组管理数据访问、AWS 如何保护用户数据和网络安全、监控和预警如何实现安全目标等领域的安全最佳实践。

（1）AWS 责任共担模型。AWS 安全责任共担模型与业界广泛认可的云安全责任共担模型相同，AWS 负责提供安全的基础设施和服务，用户负责保护其操作系统、平台和数据。此外，AWS 提供了三种不同类型服务的责任共担模型，即基础设施服务、容器服务和抽象服务，每种责任共担模型由于基础设施和平台服务的不同而存在一些差异。

（2）资产分类。AWS 建议用户在设计信息安全管理体系（ISMS）之前，首先确定其需要保护的所有信息资产，并根据资产属性对资产进行分类。AWS 提出了资产矩阵示例，以供用户参考。

（3）设计 ISMS。在确定了资产、类别和成本之后，AWS 要求用户制订其在 AWS 上实施、运行、监控、审核、维护及改进 ISMS 的计划，并提出了在 AWS 中设计和构建 ISMS 所建议采用的分阶段方法。

（4）账号管理：AWS 采用包含 AWS 账户、IAM（Identity and Access Management，身份与访问管理）用户和 IAM 组的多层账户体系进行权限管理。其中，AWS 账户是用户首次注册 AWS 服务时创建的账户，管理其所有的 AWS 资源和服务，安全性要求非常高；IAM 用户是 AWS 账户下需要通过管理控制台、CLI（Command-Line Interface，命令行界面）或 API 访问其 AWS 资源的人员、服务或应用程序；IAM 组是多个访问需求相同的 IAM 用户的集合。通过对 AWS 账户下的资源进行权限细分并分配到 IAM 组，可确保每个 IAM 用户仅具有完成任务所需的最小权限。

（5）数据保护：在数据安全方面，AWS 始终坚持用户拥有和控制自身数据的原则。AWS 通过执行资源授权访问、CloudHSM 硬件密钥管理、静态数据加密、数据安全传输等最佳实践，确保 AWS 上的用户数据安全。

（6）操作系统和应用程序安全。针对操作系统和应用程序安全，AMS 要求创建安全的虚拟机实例，并在发布之前进行全面的安全检查和配置，发布之后及时更新补丁、防范恶意软件、减少资源滥用等。

（7）基础设施安全。在基础设施保护方面，AWS 安全最佳实践包括创建虚拟私有云（VPC）、进行安全分区、构建网络分段、安全配置网络设备、使用安全组、部署网络安全防护设备、外部漏洞评估、外部渗透测试、防护 DDoS 攻击等。

（8）运维安全。AWS 通过对多种来源的日志进行收集、传输、存储、分类、分析关联、安全保护，为审计跟踪提供依据，并通过执行安全监控、威胁预警和事故响应等措施增强运维安全。

10.1.1.3　谷歌 GCP

安全和数据保护是谷歌云计算平台（Google Cloud Platform，GCP）设计和构建的基础。GCP 核心安全特征包括基础设施安全、数据保护、监控审计、身份认证、安全合规等方面[3]。

（1）基础设施安全。GCP 基础设施安全包括四个核心特色，一是全球数据中心的所有数据都通过谷歌前端服务器（Google Front End，GFE）并使用安全的网络链路；二是所有 GCP 的应用均使用默认存储加密策略；三是 GCP 所有物理机上均装了 Titan 硬件芯片作为硬件可信信任根，提供可信计算服务；四是进入数据中心需要经过生物识别和基于激光的入侵检测系统。

（2）数据保护。GCP 承诺用户拥有和控制自己的数据，用户在 GCP 系统上存储和管理的数据仅用于为该用户提供 GCP 服务，不会用于其他的目的和用途。用户在 GCP 中的所有数据在存储和传输时均默认加密。用户可以通过 CMEK（Customer-Managed Encryption Keys）功能管理其在 GCP 上的密钥。此外，用户还可以使用 DLP（Cloud Data Loss Prevention）功能来保护敏感信息，进而防止敏感或者私有信息泄露。

（3）监控审计。GCP 拥有强大的内部控制和审计机制，以防止内部人员访问用户数据。GCP 是唯一提供访问透明（Access Transparency）功能的云服务提供商。GCP 可以让用户监控自身账号的活动，提供报告和日志，以便用户管理员易于检查潜在的风险、跟踪访问权限、分析用户活动等。

（4）身份认证。2017 年 9 月，谷歌启动了"Google Cloud Identity and Access Management"（Cloud IAM）项目，通过预设角色赋予不同用户对不同资源的访问权限，防止用户对其他资源的非授权访问，与 AWS IAM 类似。

（5）安全合规。GCP 通过独立第三方审核取得了 SAE16、ISO 27017、ISO 27018、PCI、HIPAA 等安全认证，以此证明 GCP 安全保护实践符合标准规范要求和对用户的承诺。

10.1.2　国内最佳实践案例

与微软、亚马逊、谷歌等国际巨头相比，国内云服务提供商也纷纷部署云安全保障措施，阿里云、华为、腾讯也相继提出了云安全解决方案及云安全产业布局，不断发展自有云的安全产业生态。

10.1.2.1　阿里云

阿里云一直致力于打造公共、开放、安全的云服务平台，将基于互联网安全威胁的长期对抗经验融入云计算平台的安全防护中，将多种合规标准的安全要求融入云计算平台的合规内控管理和应用设计中，通过独立的第三方验证取得国内外十余种云安全相关标准认证，旨在提供稳定、可靠、安全、合规的云计算基础服务。在《阿里云安全白皮书 V3.0》[4]中，阿里云提出了其安全责任共担架构，如图 10.1 所示。

图 10.1　阿里云安全责任共担架构

基于阿里云的用户应用，其安全责任由双方共同承担：阿里云确保云服务平台的安全，包括基础设施、物理设备、飞天分布式云操作系统及之上的各种云服务产品的安全控制、管理和运营，从而为用户提供高可用和高安全的云服务平台；用户负责以安全的方式配置和使用云服务器（ECS）、数据库（RDS）实例及其他云产品，基于这些云产品以安全可控的方式构建自己的应用。用户可选择使用云盾安全服务或者阿里云安全产业生态里的第三方安全厂商的安全产品为其应用提供安全防护。

基于上述安全责任共担模型，阿里云提出了其安全架构，该架构共分为两个层面，即云计算平台安全架构和用户安全架构，如图 10.2 所示。

业务安全	防垃圾注册	防交易欺诈	活动防刷	实人认证	
安全运营	态势感知	操作审计	应急响应	安全众测	
数据安全	全栈加密	镜像管理	密钥管理	HSM	
网络安全	虚拟专用网络（VPN）	专有网络（VPC）	分布式防火墙	防DDoS攻击	
应用安全	Web应用防护	代码安全检测			
主机安全	入侵检测	漏洞管理	镜像加固	自动宕机迁移	
账户安全	访问控制	账户认证	多因素认证	日志审计	

云产品安全	ECS安全	OSS安全	RDS安全	MaxCompute安全	云产品安全生命周期
虚拟化安全	用户隔离	补丁热修复	虚拟机逃逸检测		
硬件安全	硬件固件加固	加密计算	可信计算		
物理安全	机房容灾	人员管理	运维审计	数据擦除	

图 10.2　阿里云安全架构

（1）云计算平台安全架构。云计算平台的安全架构包括物理安全、硬件安全、虚拟化安全、云产品安全四个层面。在物理安全方面，阿里云计算数据中心建设满足 GB 50174《电子信息机房设计规范》A 类和 TIA 942《数据中心机房通信基础设施标准》中 T3+标准，从机房容灾、人员管理、运维审计、数据擦除四个方面部署了安全控制措施。在硬件安全方面，阿里云采用了硬件固件加固、芯片级加密计算、基于 TPM 2.0 的可信计算等技术保障硬件安全，进而提高用户数据安全和密钥安全。在虚拟化安全方面，阿里云主要通过用户隔离、虚拟机逃逸检测、补丁热修复、虚拟化系统变更管理等安全技术来保障虚拟化层的安全。在云产品安全方面，阿里云通过云产品安全生命周期（Secure Product Lifecycle，SPLC）管理，将安全融入整个产品的开发生命周期中，在产品架构审核、开发、测试、应用发布、应急响应各个环节实施安全审核机制，确保产品的安全性能够满足上云要求。

（2）用户安全架构。阿里云在用户侧的安全架构包括账户安全、主机安全、应用安全、网络安全、数据安全、安全运营及业务安全。在账号安全方面，阿里云提供多种安全机制来帮助用户保障账户安全以防止未授权的用户操作，包括账户登录、多因素认证、子用户创建、子用户权限集中管理、子用户操作审计、数据传输加密等。在主机安全方面，阿里云通过部署入侵检测、漏洞管理、镜像加固、自动宕机迁移等技术保障主机安全。在应用安全方面，阿里云采用了 Web 应用防护和代码安全检测技术，防护各种常见攻击，过滤海量恶意访问，保障网站的安全与可用性。在网络安全方面，阿里云通过网络隔离、虚拟专用网络、专有网络、分布式防火墙、防护 DDoS 攻击等，全面保障用户网络的安全。在数据安全方面，阿里云从数据安全生命周期角度出发，通过采用数据所有权管控、多副本冗余存储、全栈加密、镜像管理、密钥管理、硬件加密、残留数据清除等技术，建设了全面、系统的阿里云数据安全管理体系。在安全运营方面，阿里云提供态势感知、操作审计、应急响应、安全众测等多种安全机制，提高运营安全能力。在业务安全方面，阿里云基于大数据风险控制能力，通过海量风险数据和机器学习模型，解决账号注册、认证、交易、运营等关键业务环节存在的各种风险问题，保障用户业务健康持续发展。

10.1.2.2　华为云

华为云将安全作为其重要发展战略之一，同样以业界广泛认可的云计算安全责任共担模型为基础，在遵从所有适用的国家和地区的安全法规政策、国际网络安全和云计算安全相关标准，从组织、流程、规范、技术、合规和生态等方面建立了安全保障体系，以开放透明的方式，全面满足用户的安全需求[5]。

（1）在组织方面：华为建立了全球网络安全与隐私保护委员会，并将该委员会作为其最高网络安全管理机构，负责决策和批准公司总体网络安全战略。同时设立全球网络安全与用户隐私保护官，负责领导团队制定安全战略，统一规划、管理和监督研发、供应链、市场与销售、工程交付及技术服务等相关体系的安全组织和业务，确保网络安全保障体系的实施。

（2）在业务流程方面：将安全保障活动融入研发、供应链、市场与销售、工程交付及技术服务等各主业务流程中。华为建立内部审计机制，并接受各国政府安全部门及第三方独立机构的安全认证和审计，以此来监督改进各项业务流程。华为云在公司级的业务流程基础上，将已在华为全面采用的安全开发周期管理（Security Development Lifecycle，SDL）集成于当前适合云服务的 DevOps 工程流程中，形成有华为特色的 DevSecOps 方法论和工具链，既支撑云业务的敏捷上线，又确保研发部署的全线安全质量。

（3）在人员管理方面：华为云严格执行华为长期以来行之有效的人事和人员管理机制。华为全体员工、合作伙伴及外部顾问都必须遵从公司相关安全政策，接受安全培训。华为对积极执行网络安全保障政策的员工给予奖励，对违反政策的员工给予处罚。违反相关法律法规的员工，还将依法承担法律责任。

（4）在云计算安全技术能力方面：依托华为自身强大的安全研发能力，以数据保护为核心，开发并采用世界领先的云计算安全技术，致力于实现高可靠、智能化的云计算安全防护体系和自动化的云计算安全运维体系。同时，通过大数据分析技术来分析网络安全态势，有目的地识别出华为云存在的重要风险、威胁和攻击，并采取防范、削减和解决措施；通过多维、立体、完善的云计算安全防护、监控、分析和响应等技术体系来支撑云服务运维安全，实现对云风险、威胁和攻击的快速发现、快速隔离和快速恢复，全面保障用户安全。

（5）在云计算安全合规方面：面向提供云服务的地区，华为云积极与监管机构沟通，理解其担忧和要求，提供华为云的知识和经验，不断巩固华为在云技术、云服务和云计算安全方面与相关法律法规的契合度。同时，华为也将法律法规的分析结果共享给用户，避免用户因信息缺失导致的违规风险，通过合同明确双方的安全职责。华为一方面通过获得跨行业、跨区域的云计算安全认证满足监管机构要求，另一方面通过获得重点行业、重点区域所要求的安全认证建立用户信赖度，最终在法律法规制定者、管理者和用户三者间共建安全的云计算。

（6）在云计算安全产业生态方面：华为云建立云计算安全市场，与业界领先的安全产品与服务供应商一起为用户提供易部署、易管理、完善的安全解决方案，以及主机安全、网络安全、数据安全、应用安全、安全管理等各领域的安全技术产品和服务，协助用户应对各种已知和未知的安全威胁。

10.1.2.3　腾讯云

腾讯基于多年业务实践形成了较为完善云计算整体架构，为游戏、视频、移动、医疗、政务、金融和互联网+等多个领域提供云应用和服务支持。与阿里云和华为云相同，腾讯云也非常重视云计算安全，基于全面规划的整体架构，在物理安全、网络安全、数据安全、业务安全、运营管理安全等各个层面部署了安全防护机制，形成了从安全体检、安全防护到安全监控与审计的事前、事中、事后的全过程防护。腾讯云的云计算安全管理体系同样基于业界广泛认可的安全责任共担模型[6]，由其与云上用户共同保障整个云计算信息系统的安全。然而，腾讯云的安全责任共担模型还有其独特之处，不仅清晰地界定了腾讯云的责任和用户的责任，还阐述了应由二者共同承担责任的部分，这在其他云服务提供商的安全责任共担模型中未曾出现，其责任共担模型如图 10.3 所示。

图 10.3　腾讯云安全责任共担模型

在 IaaS 中，腾讯云为用户提供的是基础云产品，类型主要包括云主机、云存储、负载均衡、物理服务器、CDN（Content Delivery Network，内容分发网络）等。腾讯云负责整个云计算中底层的物理和基础架构安全，使用腾讯云的用户对数据安全、终端安全、访问控制管理和应用安全负责。物理基础架构和应用安全之间的主机和网络安全则由腾讯云和用户共同承担。在该层面中，腾讯云对虚拟化控制层、数据库管理系统、磁盘阵列网络等云产品底层系统提供包括漏洞发现、补丁修复、升级更新、审计监控等安全管理措施；用户对已购买的云主机的操作系统、数据库实例文件、云主机间的网络通信，以及由内向外的网络通信等加以安全控制。

在 PaaS 中，腾讯云为用户提供的是平台类云产品，主要包括云数据库、云缓存、音/视频云通信等。腾讯云负责整个云计算中底层的物理和基础架构安全，以及为平台类云产品提供支撑能力的主机和网络层的安全。使用腾讯云此类产品和服务的用户对数据安全、终端安全负责。应用安全和访问控制管理则由用户与腾讯云共同承担。其中，在应用安全层面，腾讯云通过对平台类云产品的应用系统制定并实施详细的安全控制措施，来帮助用户减少信息安全的成本和投入；用户则需要负责对平台类云产品进行正确的使用配置，并根据更高的安全需求整合额外的安全能力（如身份管理等）。在访问控制管理层面，腾讯云为用户提供基于角色的访问控制、账号保护、多因子身份验证、单点登录等安全能力；用户则应根据业务需求和合规要求，自行管理并合理设置平台类云产品的账号和权限。

在 SaaS 中，腾讯云为用户提供的是应用类云产品，主要包括云通信、云搜索、人脸识别等。腾讯云负责底层的物理和基础架构、主机和网络层面以及应用层面的安全；使用腾讯云此类产品和服务的用户对数据安全负责；访问控制管理和终端安全则由用户与腾讯云共同承担。其中，在访问控制管理层面，腾讯云和用户的责任划分与 PaaS 中的安全责任相似。在终端层面，腾讯云通过天御业务安全产品为用户提供终端设备类型识别、登录保护、应用安全评测与加固、应用分发渠道监测、安全 SDK（Software Development Kit，软件开发工具包）、真机适配检测等终端安全保护能力；用户则负责终端设备（如笔记本电脑、PC 终端、移动电话等）的使用限制和接入控制，并合理运用腾讯云提供的终端安全能力来获得完善的安全保护。

可以看出，无论哪种云计算服务类型，腾讯云不仅可以全面保障自身产品的安全性，还可以通过构建云计算安全产业生态，提供各种安全能力供用户选择使用。此外，腾讯云也一直致力于安全合规能力建设，获得了多项国际国内信息安全和云计算安全相关行业认证，建立了内部统一的云计算安全内控体系，持续参与相关安全标准的制定及推广，不断优化自身的安全性能和安全管控能力。

10.2　行业云安全

前文介绍了云计算在政务、金融、医疗、电商、工业等行业领域的应用发展，以及不同行业云计算平台因自身行业特点而面临的特殊风险。随着云计算安全技术的发展，不同行业云计算平台在云计算安全通用解决方案的基础上，结合该行业应用的具体安全问题和特殊安全要求，提出了适用的云计算安全解决方案。本节以我国电子政务行业为例，基于政务行业云计算应用的特点，介绍政务云安全解决方案，同时为其他行业云安全建设提供参考。

10.2.1　政务云安全建设问题

根据中国信息通信研究院 2019 年最新发布的《云计算发展白皮书》，在 2018 年，全国 31 个省级行政区都构建了政务云，地市级行政区覆盖比例达到 75%[7]。整体来看，政务云行业呈现三个特点：一是逐步走出快速建设期；二是应用成效不断提升；三是政务云正在成为"数字城市"建设的关键基础设施，结合大数据、物联网、人工智能等技术为打造智慧城市提供保障。

然而，各地政务云在安全建设方面存在的问题如下：

（1）安全管理权责边界不清晰。一是政务云一般采用"政企合作、管运分离"的建设模式，但受人员和技术等方面的限制，导致无法全面掌握建设运营单位实际安全防护方案的实施细节，对风险把控不足等问题；二是政府各部门将业务数据托管到政务云，数据的"三权"归属发生变化，但并未形成清晰的数据"三权"责任边界，也缺乏相关管理制度约束相关责任方。

（2）安全防护有技术、缺体系。政务云在初期建设时主要集中在理顺机制体制和"上业务、建平台"等基础性应急性工作，缺乏机构建立、力量配备、管理机制、监督机制等方面的安全顶层设计。在技术方面，建设运营单位仍按传统模式部署成熟的安全防护方案，并未深入分析政务云资源整合后面临的新的风险，造成安全防护有技术、缺体系。

（3）安全运营重技术、轻管理。一方面，政务云计算平台的建设缺乏从规划设计、方案评审到工程建设、监督管理等成体系的安全管理体系，没有对人员和设备操作、维护进行约束的全面、系统规范的安全管理规章制度。另一方面，缺乏科学高效的信息安全突发事件应急响应预案，应急响应演练相关规章制度不完备，对突发安全事件准备不足。

（4）安全监管缺手段、少抓手。对照国家电子政务安全相关法律法规要求，政务云的安全监管力度普遍比较薄弱。一方面，没有统一监管体系为监管部门提供监管支撑，对政务外网边界和传输数据内容的安全监管、政务云动态合规监管等监管手段缺失。另一方面，政务云安全建设主要依托建设运营单位，安全力量过于单一，过于依赖或者相信原有安全防护系统，对于安全团队提出的安全方案，缺乏第三方测评机构的有效评审和监督。

针对上述问题，在进行政务云安全建设时，必须明确划分参与各方的权责，完善安全管理体系，强化系统及数据的安全防护，提升安全运营保障能力，加强安全监管和预警。

10.2.2　政务云安全建设思路

为解决政务云在安全建设时存在的问题，构建一个安全、可信、持续服务的政务云，首先必须在安全体系规划思路上实现四个转变：

（1）实现安全权责归属从单元向多元转变：将传统电子政务数据所有权、管理权、执行权均集中在建设单位的旧模式，转变为数据所有者、管理者、运营者的权限进行严格分离，实现"多方参与、分确三权"的新模式。

（2）实现安全防护从分散向集中转变：将原来政府各部门各自为政、安全防护能力参差不齐的"封闭"式安全体系，转变成统筹建设、统一部署的云计算平台防护体系，制定统一安全管理策略，将传统多个政府部门的多个安全防护系统转换为一套安全防护体系。

（3）实现安全建设思想从"外挂"向"内置"转变：采用"内置"建设思想，改变传统信息系统建成后再开展安全防护体系的"外挂"思想，将安全作为信息系统建设的"内置"基因，统筹考虑规划、设计、建设、运营全程的安全问题，实现安全与数据和业务的深度融合。

（4）实现风险防护手段从被动向主动转变：采用安全态势感知、"蜜罐"、APT 监测、深度渗透测试、攻防演练等手段，将重在封堵处置的被动式防护转变为基于风险预防的主动式防护，实现对各类行为和环境数据的实时监控，主动对各类风险因素进行防护处置，减少和降低潜在风险。

10.2.3　政务云安全架构

结合四个转变的安全建设思路，政务云安全体系建设需以全局、整体的思路整合资源、优化流程，建立权责相符的安全责任机制，以及覆盖管理、技术、运营、监管四个维度的全方位政务云安全防护体系，为政务云、政务大数据和政务应用提供全面的安全保障。政务云安全架构如图 10.4 所示。

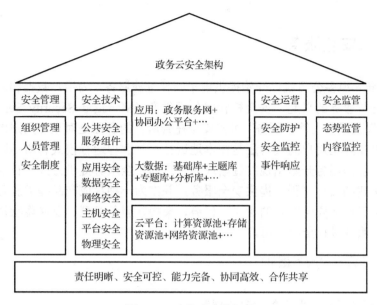

图 10.4　政务云安全架构

（1）建立政务云安全责任机制：基于"多方参与、分确三权"的模式，严格落实网络安全法的规定，建立政务云安全建设工作责任制，按照"谁主管谁负责"的原则，明确各参与单位及个体的安全责任与义务。

（2）建立政务云安全管理体系：依照"责任明晰、协同高效"的原则，构建涵盖设计、执行、监督三个维度的政务云安全组织架构，加强对人员的背景调查和安全保密管理，建立行之有效和及时响应的合规管理机制，建立确保安全总体方针和安全策略实施的安全管理制度。

（3）建立政务云安全技术体系：遵循"立体防护、纵深防御"理念，以政务云、大数据中心、应用为防护核心，构建涵盖物理安全、平台安全、主机安全、网络安全、数据安全、应用安全的政务外网安全六层防护体系，以及提供公共安全服务组件的公共支撑体系，提升政务云的安全防护能力。

（4）建立政务云安全运营体系：面向"主动防护、实时预警"的安全要求，建立规范化、流程化、智能化的安全运营体系，提升安全防护、安全监控、事件响应等安全运营能力，保障政务云稳定持续运行。

（5）建立政务云安全监管体系：对应"遵守法律、标准合规"的安全监管要求，建立业务监管与行业监管有机结合的安全监管体系，通过对政务云基础设施层、数据层、应用层进行实时监控，保障政务云满足网络安全等级保护等标准法规要求。

基于上述政务云安全架构建设政务云安全保障体系，能够全面提升政务云的安全防护能力、隐患发现能力、风险管理能力、应急响应能力和系统恢复能力，使政务云基础设施、政务应用服务、数据信息资产等具有抵御各种威胁的能力，从而形成安全、可靠、持续服务的政务云。

10.3 云计算安全服务

早在 1999 年，很多公司就已开始提供电子邮件过滤服务，为用户数据和隐私提供安全保障。随后安全托管服务的兴起，安全托管服务提供商（Managed Security Service Provider，MSSP）为用户提供了安全管理服务，虽然安全托管服务的意图是对企业用户的安全设备进行远程管控，但是实际上用户的设备还是在本地运行，与远程运行模式有所不同。随着云计算概念的提出，安全即服务开始出现并逐渐成为主流的安全服务提供方式。目前已有一些安全厂商采用自己构建的云计算平台提供安全服务，并作为一种集成产品提供服务，即云计算安全服务。本节从云计算安全服务的含义、优势、架构、服务类型、发展现状及典型案例等方面对云计算安全服务进行全面介绍。

10.3.1 云计算安全服务概述

10.3.1.1 云计算安全服务的含义与优势

云计算安全服务，又称为安全即服务（Security as a Service，SECaaS），是将云计算技术和业务模式应用于网络安全领域的一种技术和业务模式。SECaaS 通过提升网络安全能力（包括身份认证、访问控制、DDoS 防护、病毒和恶意代码的检测及处理、网络流量的安全检测和过滤、邮件等应用的安全过滤、网络扫描、Web 等特定应用的安全检测、数据加密与检索等）的资源集群和池化，以云服务的方式交付安全能力，提供安全产品或服务，使用户在不需要管理安全设施的情况下以最小化成本获取安全服务[8]。云计算安全服务的优势包括如下几点。

（1）人员力量增强。保障信息系统安全需要很大的人力成本，云计算信息系统的复杂性使其安全保障需要更多的人力成本，虽然很多安全工作可以通过自动化来完成，但最终还需要人工判断。系统始终不间断地记录着信息，但是这些信息需要足够的专业人员来进行分析，如果不进行分析，安全设备的部署就等于形同虚设。而云计算的特征是以资源共享的方式实现规模经济，云计算安全服务的交付模式可以指派信息安全管理团队处理特定安全活动（如监控日志），由多用户分摊安全服务成本，与企业自建安全管理平台相比，可降低生产成本。

（2）提供先进的安全工具。对于企业 IT 运维人员来说，无论购买专业安全工具，还是下载使用开源安全工具，都需要投入大量的人力及时间成本，例如，启动 IDS 需花费大量时间来寻找 Snort 规则。云计算安全服务的提供商拥有专业的安全运维团队，能够熟练使用各种商用、开源安全工具，可以通过专业的安全工具箱快速、全面地发现应用系统的风险，保护用户应用系统的安全运行。

（3）提供专业技术知识。在企业里，由于信息安全专业人员掌握安全知识过于单一或者不够深入而导致对风险评估失败的事件时有发生，而云计算安全服务可以解决这个问题。云计算安全服务提供商可以侧重于信息安全的某个特定方面来提高安全服务。例如，一些云计算安全服务提供商提供基于云的漏洞扫描服务，另一些云计算安全服务提供商则围绕如何抵御拒绝服务攻击来构建自己的服务。这样，企业就可以利用这些专家和资源的优势来控制企业信息安全风险。

（4）降低安全运营成本。传统的安全业务部署方式操作复杂，无法满足业务快速部署的需求。将安全能力作为服务集成于云计算中，用户可根据应用的安全需求快速申请并自动化部署相关安全策略，有效解决安全业务部署的效率问题。同时，安全服务所需的硬件、软件、人员成本能够在所有用户间分摊，可有效降低用户成本。通过购买安全服务的方式，企业能够真正做到按需使用安全能力并支付相应的成本，减少系统建设初期的一次性投资，降低应用生命周期内的安全运维成本[13]。

10.3.1.2　云计算安全服务的架构

云计算安全服务的本质是软件定义安全（Software Defined Security，SDS），即将物理及虚拟的网络安全设备与其接入模式、部署方式、实现功能进行解耦，将底层抽象为安全资源池里的资源，顶层通过软件编程的方式进行智能化、自动化的业务编排和管理，以完成相应的安全功能，从而实现一种灵活的安全防护。在工作机制上，SDS可以分解为软件定义流量、软件定义资源、软件定义威胁模型，三个部分环环相扣，形成一个动态、闭环的工作机制[9]，如图 10.5 所示。

图 10.5　软件定义安全工作机制

（1）软件定义资源：通过统一的管理中心对安全资源进行统一注册、池化管理、弹性分配。在虚拟计算环境下，管理中心还要支持虚拟安全设备模板的分发和设备的创建。

（2）软件定义流量：采取软件编程的方式实现网络流量的细粒度定义和转发控制管理，通过将目标网络流量转发到安全设备上，实现安全设备的逻辑部署和使用。

（3）软件定义威胁模型：对网络流量、网络行为、安全事件等信息进行自动化采集、分析和挖掘，实现对未知威胁甚至一些高级安全威胁的实时分析和建模。之后自动基于建模结果指导流量定义，实现一种动态、闭环的安全防护。

基于 SDS 的云计算安全服务架构[10]如图 10.6 所示，包括底层基础设施、安全资源池和安全控制平台三个部分。

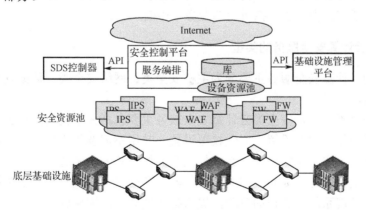

图 10.6　基于 SDS 的云计算安全服务架构

安全资源池通过 NFV（Network Function Virtualization，网络功能虚拟化）技术将各类软硬件安全设备（如防火墙、入侵检测系统、WAF、负载均衡器等）进行池化处理，根据上层的安全资源需求动态分配对应的安全资源，支持弹性扩展、快速交付和按需使用。被分配的安全资源作为安全服务策略的承载者动态部署在应用和访问者之间，根据用户配置的安全策略执行对应的安全业务逻辑。

安全控制平台实现策略管理、安全分析和安全编排，通过响应用户的安全服务需求，将安全需求解析成抽象的安全策略，分发给虚拟安全设备和网络设备，申请安全服务所需的资源，然后通过标准的接口（API）向用户提供安全服务部署所需的能力，实现安全防护的智能化、自动化、服务化。

基于 SDS 的云计算安全服务架构可以解决云计算应用中的众多安全问题，如流量可视化、微隔离、全网行为分析、安全功能更新、安全服务灵活扩展、支持业务迁移等。

（1）流量可视化：在云计算安全服务架构中，安全模块能够对任一虚拟机上的任一端口或任一任务进行流量监控，每个安全模块监控到的局部流量可以汇总到统一控制平台，从而能够实现细粒度和全局性的流量可视化。

（2）微隔离：用于分割处于同一虚拟网络上的不同业务虚拟机，检测并遏制源自内部的攻击。基于 SDS 的云计算安全服务架构可以对用户虚拟机的任一端口或整个用户虚拟网络实施微隔离，通过安全模块上的默认策略和安全策略的配置，实现对单一业务或一组业务虚拟机的安全防护。

（3）全网行为分析：可以对每个安全模块监测到的局部流量信息、业务信息和攻击事件进行汇总，结合虚拟机、接口、网络、用户等全局信息，在整个云计算数据中心视角下进行业务分析、威胁分析和安全防护。

（4）安全功能更新：基于软件的安全功能编排、与硬件安全设备的解耦合使安全功能的更新不再依赖硬件安全设备的升级，控制层全局化使安全功能更容易根据云计算数据中心实时运行情况做出调整。

（5）安全服务灵活扩展：针对单一报文或单一数据流的检测和防护可以在安全模块上完成，包括防火墙、攻击防护、应用识别、入侵检测和 URL 过滤等。针对多机、多网络、非实时性的检查，可以通过灵活扩展安全模块的形式来完成。

（6）支持业务迁移：安全策略能够随业务虚拟机实时迁移，当业务虚拟机完成迁移时，安全状态也完成迁移，保证了虚拟机上的业务不中断。

10.3.1.3　云计算安全服务的类型

目前常见的云计算安全服务主要分为主机安全类、网络安全类、数据安全类、应用安全类和安全运营类。

（1）主机安全类。主机安全类云计算安全服务主要包括云主机加固和云主机防护。云主机加固服务包括数据库安全设置、磁盘权限设置、禁用不需要的服务、删除不需要的组件、关闭不常用的端口、安全策略设置、系统权限全面检查等安全服务，旨在帮助用户排除云主机服务器常规的安全隐患，如系统漏洞、软件漏洞和磁盘危险权限等。云主机防护服务通过风险识别来主动发现系统中存在的风险，提供持续的风险监测和分析服务；通过入侵检测来实时发现入侵事件，提供快速防护和响应服务；通过资产清点来主动识别系统内部资产情况，并与风险和入侵事件自动关联，提供灵活高效的安全事件回溯服务。

（2）网络安全类。网络安全类云计算安全服务主要包括漏洞扫描、虚拟防火墙、全流量分析、微隔离和渗透测试。漏洞扫描服务通过定期对网络进行扫描，帮助用户及时发现威胁，客观评估风险等级，并根据扫描结果修复安全漏洞，防患于未然。虚拟防火墙服务通过多维、精细化的安全管控策略阻断云主机发起的违规访问行为，对进出云主机的流量进行深度检测，阻断病毒、木马、僵尸程序等恶意代码的植入，并基于威胁情报检测进行实时威胁预警。全流量分析服务基于网络全流量分析技术，对网络链路全流量进行采集、存储和全数据分析，对网络攻击进行定位与取证，为识别和发现漏洞利用、高级木马通信、APT 攻击、数据窃密等提供有效的检测手段。微隔离服务通过对云计算数据中心的内部流量进行全面精细的可视化分析和细粒度的安全策略管理，帮助用户快速便捷地实现环境隔离、域间隔离及端到端隔离。渗透测试服务通过模拟黑客可能使用的漏洞发现技术和攻击技术，对目标系统进行深入漏洞挖掘和漏洞利用，并提供安全整改建议、漏洞修复指导和配套安全培训。

（3）数据安全类。数据安全类云计算安全服务主要包括数据脱敏、密钥管理、数据加密、敏感信息风险监控和数据备份恢复。数据脱敏服务根据内置规则扫描发现敏感数据，然后采用专用的脱敏算法进行脱敏，并保留原有的数据格式，而无须改变相应的业务系统，从而低成本、高效率、安全地使用生产环境的敏感数据。密钥管理服务使用硬件安全模块保护密钥安全，提供基于用户组的密钥管理策略，支持对称密钥、非对称密钥、数字证书和认证令牌等多种加密方式的管理，减少用户密钥管理系统的维护成本，满足用户多应用、多业务的密钥管理需求。数据加密服务基于透明加密技术和主动防护机制，实现数据加密存储、访问控制增强、应用访问安全、权限隔离等功能，可有效防止明文存储引起的数据泄密、突破边界防护的外部黑客攻击、来自内部高权限用户的数据窃取等风险，真正实现数据高度安全、应用完全透明、密文高效访问等安全目标。敏感信息风险监控服务基于静态/动态传输的敏感信息检测技术，通过内置精准的个人信息、敏感信息识别知识库和个人信息法律合规知识库，对用户敏感信息进行检测和识别，然后对比用户数据安全制度和标准，以法律法规为准绳帮助用户发现和处理数据风险。数据备份恢复服务一方面提供数据备份服务，支持完全、差异、增量、合成等多种备份方式，支持 SAN 备份和 Lan Free 备份模式，支持跨网络、跨平台、跨数据库的全方位数据备份服务；另一方面提供数据恢复服务，支持数据库、虚拟机等整机恢复，提供单文件、单邮件等细粒度的数据恢复机制。

（4）应用安全类。应用安全类云计算安全服务主要包括云 WAF 防护、源码加固和 VPN 安全接入。云 WAF 防护服务是以安全服务的方式提供云应用安全防护能力，全面保障用户部署在云上的应用安全，防范已知的 Web 安全攻击类型，如恶意扫描、CC 攻击、SQL 注入、XSS 跨站、文件注入、网站挂马等。源码加固服务是以安全服务的方式提供云应用源码加固能力，通过控制流混淆、字符串加密、符号混淆、完整性保护、防动态调试和防动态注入等技术保护云应用的源代码安全。VPN 安全接入服务为用户提供安全、快速、易用的远程接入解决方案，保证端到端的安全连接。

（5）安全运营类。安全运营类云计算安全服务主要包括云堡垒机和安全测评。云堡垒机服务为用户提供连接云资源的安全管理工具，提供账号管理、认证管理、权限管理、审计管理、自动化运维等功能，解决系统账号复用、运维权限混乱、运维过程不透明等 IT 运维难题，帮助用户更加安全、精细地管理云上的虚拟机、数据库等资源。安全测评服务基于云计算安全相关标准、政策、认证等提供针对云计算平台或应用的安全合规咨询服务、业务安全培训服务、安全整改实施服务、安全评估审计服务等，帮助云服务提供商或用户通过云计算安全合规认证。

10.3.2 云计算安全服务发展现状

Gartner 在发布的最新报告中提出，全球云计算安全服务市场在 2017 年已达到 59 亿美元，相比 2016 年增长 21%，并将保持续持强劲增长势头，预计到 2022 年，全球云计算安全服务市场将达到 120 亿美元[11]。

在我国，云计算安全服务行业起步略晚，2011 年开始萌芽。然而，随着国家政策的支持和技术的发展，网络安全发展呈现出了技术加速创新迭代、服务化转型、产品融合发展等趋势，以云技术为服务载体的云计算安全服务快速成为市场发展趋势。根据赛迪统计，2018 年，我国云计算安全服务市场规模达到 37.8 亿元，同比 2017 年增长 44.8%。预计到 2021 年，我国云计算安全服务市场规模将达到 115.7 亿元，未来三年年均增长率为 45.2%，行业正处爆发式增长趋势。

在云计算安全服务行业快速发展的趋势影响下，云服务提供商在发展自身云服务的基础上不断重视云计算安全问题，开始为用户提供云计算安全服务，2014 年阿里云等公有云服务商正式上线云计算安全服务。同时，传统网络安全企业也开始基于自身技术实力向云计算安全服务市场发展，众多技术驱动的创业型公司也加入该领域。目前，在我国的云计算安全市场参与者中，主要有以下三类企业：

（1）云服务提供商。云服务提供商定位于为用户提供坚实、通用、标准化的安全防护，确保云计算平台和云应用不受外部的攻击。云服务提供商具有一定的安全防护建设能力，所以一般采用自建及与第三方合作的方式共筑良性的云计算安全产业生态，利用专业云计算安全厂商的能力，在自营云计算平台上集成安全能力，为用户提供云计算安全服务。代表性企业包括阿里云、腾讯云、华为云等。

（2）专业云安全解决方案提供商。专业云安全解决方案提供商定位于为用户自建的云计算平台提供定制化的云计算安全解决方案，其利用技术上的优势和创新能力为用户设计安全解决方案、研发安全产品、提供安全服务，通过不断丰富云计算安全服务来满足用户的多元化需求。代表性企业包括光通天下、知道创宇、途隆科技、上海云盾等。

（3）传统网络安全解决方案提供商。传统网络安全解决方案提供商基于其多年在网络安全行业的技术和经验积累，通过适应云计算架构的技术改进和功能更新，提供云计算安全服务。代表性企业有 360、杭州安恒、深信服、亚信安全、绿盟科技、启明星辰等。

10.3.3 云计算安全服务典型案例

目前，国内外安全服务提供商提供的较为成熟的云计算安全服务产品主要聚集在网络安全防护、身份管理和认证授权（IDaaS）、数据加密和密钥管理、安全信息和事件管理（SIEM）等领域。本节以典型的网络安全防护云服务——阿里云的云盾为例，介绍其功能和优势。

云盾是基于阿里云云计算平台打造的云计算安全服务产品，是我国首个百万级用户的云计算安全服务产品，每天保护着全国超过 37% 的网站，致力于成为互联网安全的基础设施[12]。云盾提供全景的安全情报分析、安全态势感知、攻击溯源回溯、基础安全防护等功能，其产品体系如图 10.7 所示。

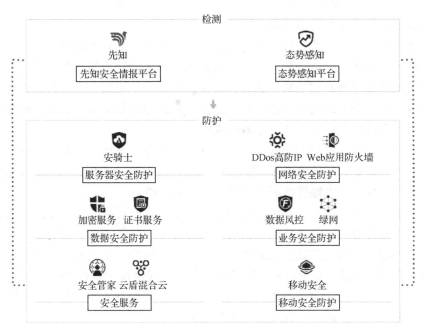

图 10.7　云盾产品体系

（1）先知安全情报平台。先知安全情报平台提供安全众测服务，包括渗透测试、漏洞修复、漏洞复测等，可帮助用户全面发现业务漏洞及风险。

（2）态势感知平台。态势感知平台通过机器学习和数据建模发现潜在的入侵行为和攻击威胁，并通过溯源系统追踪黑客身份，帮助用户建设自己的安全监控和防护体系，从而解决因网络攻击导致企业数据泄露的问题。态势感知平台提供的功能包括安全监控、入侵检测、弱点分析、可编程引擎、威胁分析和可视化大屏，能够还原黑客攻击链路、发现正在发生的攻击、展现全景的安全视图。

（3）服务器安全防护。云盾中针对服务器安全防护服务的产品是安骑士，它是一款集安全配置核查、漏洞管理、入侵防护于一体的轻量级主机安全产品。安骑士由轻量级 Agent 和云端组成，通过 Agent 和云端大数据的联动，提供网站后门查杀、Web 软件 0 Day 漏洞修复、安全基线巡检、分布式主机防火墙等功能。用户可按需获取这些功能组件，定制、搭建自身专属的防护系统。

（4）网络安全防护。云盾中针对网络安全防护服务的产品有 DDoS 高防 IP 和 Web 应用防火墙。用户可以通过购买配置高防 IP，降低遭受 DDoS 攻击后服务不可用的风险。Web 应用防火墙（Web Application Firewall，WAF）是阿里自主研发的安全产品，可防护 SQL 注入、XSS 跨站脚本、常见 Web 服务器插件漏洞、木马上传、非授权核心资源访问等常见攻击，保障网站的安全性与可用性。

（5）数据安全防护。云盾中针对数据安全防护服务的产品有加密服务和证书服务。加密服务使用多种加/解密算法保障用户数据的机密性，并对密钥进行管理；同时，加密服务器使用经国家密码管理局认证的硬件密码机，帮助用户满足数据安全方面的监管合规要求。证书服务为用户提供证书签发和证书生命周期管理服务，证书签发提供在云上签发 Symantec、CFCA、SSL 证书服务，保障网站防劫持、防篡改、防监听；证书生命周期管理服务可以对云上证书进行统一管理，提供一键分发服务。

（6）业务安全防护。云盾中针对业务安全防护服务的产品有数据风控和绿网。数据风控提供注册防控、登录防控、活动防控、消息防控和其他风险防控等服务，解决用户账号、活动、交易等关键业务环节存在的欺诈威胁。绿网提供图片、视频、文字等多媒体的内容风险智能识别服务，不仅能帮助用户降低色情、暴恐、涉政等违规风险，解决广告推广、谩骂等用户体验痛点，而且能大幅度降低人工审核成本。

（7）移动安全防护。移动安全防护为移动应用提供覆盖设计、开发、测试到上线的全生命周期安全服务，其安全产品为"移动安全"。该产品能够准确发现应用中的安全漏洞、恶意代码、仿冒应用等风险，大幅提高应用反逆向、反破解能力。

（8）安全服务。安全服务包括混合云防护和安全管家。混合云防护以阿里云互联网攻防技术为核心，以数据与情报联动分析为驱动，能够在用户自有 IDC、私有云、公有云、混合云等多种业务环境下，为用户建设涵盖网络安全、应用安全、主机安全、安全态势感知的全方位互联网安全攻防体系。安全管家为用户提供全方位安全技术和咨询服务，包括场景描述、安全事件管理、安全检查、策略管理、漏洞管理、安全架构咨询等功能，旨在为用户建立和持续优化云计算安全防护体系，保障用户业务安全。

10.4 小结

本章从业界云计算安全最佳实践、行业云安全、云计算安全服务三个方面对当前云计算安全的实践情况进行了详细的介绍，使读者能够对国内外云计算安全的应用发展现状有较为全面的了解。

在业界云计算安全最佳实践方面，从国外和国内两个方面介绍了最具代表性的云服务提供商在云计算安全方面的最佳实践方案。在国外最佳实践案例方面，重点介绍了微软 Azure、亚马逊 AWS 和谷歌 GCP 的云计算安全解决思路，以及部署的云计算安全控制措施；在国内最佳实践案例方面，重点介绍了阿里云、华为云和腾讯云的安全责任共担模型、云计算安全保障体系和云计算安全防护措施。

在行业云安全方面，本章以电子政务行业为例，首先介绍了政务云在安全建设方面存在的问题和安全建设时应遵循的思路，然后介绍了一种权责明晰、安全可控、能力完备的政务云安全架构，为政务云安全建设提供参考。

在云计算安全服务方面，首先对云计算安全服务的基本内容进行了概述，介绍了云计算安全服务的含义和优势，描述了云计算安全服务的架构，梳理了云计算安全服务的主要类型；然后从市场规模、服务提供商类型等方面介绍了云计算安全服务的发展现状；最后以阿里云的云盾为典型案例，介绍了云计算安全服务产品的功能和优势。

云计算安全问题一直困扰着云计算产业发展的每一位专业人士，虽然国内外云服务提供商一直在为保障云计算安全不懈努力，国际上安全组织为云计算安全的保障提出了很多有效的建议，科研机构在云计算安全的研究中也取得了很多成果，但是在云计算安全方面还有很多工作需要我们去尝试，在实践中总结经验。尤其是云计算作为大数据、物联网、移动互联网和工业互联网的基础设施，其安全性同样制约着各种前沿信息技术的发展。这就要求我们要以务实的态度和坚定的信心投入云计算安全的研究中，以长远的眼光把握云计算安全领域的发展战略，这样才能在云计算安全领域做出成绩和贡献，为信息产业的进步贡献力量。

习题 10

一、选择题

（1）Azure 致力于打造全球可信云，其可信云基本原则不包括＿＿＿＿＿。

（A）安全性　　　　　　　　　　（B）隐私性

（C）稳定性　　　　　　　　　　（D）合规性

参考答案：C

（2）关于亚马逊 AWS 云计算安全最佳实践，下列哪个说法是不正确的？（　　　）

（A）AWS 建议用户在设计信息安全管理体系（ISMS）之前，先进行资产分类

（B）AWS 用户只拥有一个 AWS 账户，具备该用户的所有权限

（C）AWS 在数据保护方面，坚持用户拥有和控制自身数据的原则

（D）创建虚拟私有云、构建网络分段、部署网络安全防护设备等是 AWS 在基础设施保护方面的最佳实践

参考答案：B

（3）关于谷歌 GCP 云计算安全最佳实践，下列哪个说法是不正确的？（　　　）

（A）安全和数据保护是 GCP 设计和构建产品的基础

（B）GCP 中所有的物理机均装了 Titan 硬件芯片，作为硬件可信信任根，提供可信计算服务

（C）用户在 GCP 中存储和管理的数据不仅仅用于为该用户提供 GCP 服务

（D）GCP 取得了 SAE16、ISO 27017、ISO 27018、PCI、HIPAA 等安全认证。

参考答案：C

（4）阿里云安全架构包括以下哪四个方面？（　　　）

（A）物理安全、硬件安全、主机安全、云产品安全

（B）物理安全、硬件安全、虚拟化安全、网络安全

（C）物理安全、虚拟化安全、网络安全、云产品安全

（D）物理安全、硬件安全、虚拟化安全、云产品安全

参考答案：D

（5）关于华为云，下列哪个说法是不正确的？（　　　）

（A）华为云从组织、流程、规范、技术、合规和生态等方面建立了完善、高可信、可持续的安全保障体系

（B）华为云 DevSecOps 方法论和工具链集成了安全开发周期管理 SDL

（C）华为云力求实现对云风险、威胁和攻击的快速发现、快速隔离和快速恢复，全面保障用户安全

（D）华为云建立并巩固华为云业务的用户信赖度，最终仅在法律法规制定者和用户间共建安全的云计算

参考答案：D

（6）在腾讯云 SaaS 中，下列哪项需要腾讯云和用户共同承担责任？（　　）

（A）物理和基础架构安全　　　　　　　　（B）主机和网络安全

（C）终端安全　　　　　　　　　　　　　（D）数据安全

参考答案：C

（7）关于云计算安全服务的理解，下列说法不正确的是＿＿＿＿。

（A）云计算安全服务是以云服务的方式交付安全能力

（B）云计算安全服务可以使用户通过网络获得便捷、按需、可伸缩的网络安全防护服务

（C）云计算安全服务将安全资源进行抽象和池化

（D）云计算安全服务和安全即服务（SECaaS）是两种不同的服务

参考答案：D

（8）云计算安全服务的本质是软件定义安全（SDS），在工作机制上，SDS 不包括＿＿＿＿。

（A）软件定义流量　　　　　　　　　　　（B）软件定义服务

（C）软件定义资源　　　　　　　　　　　（D）软件定义威胁模型

参考答案：B

（9）云计算安全服务可以解决云计算应用中的众多安全问题，下列说法不正确的是＿＿＿＿。

（A）安全模块能够对任一虚拟机上的任一端口或任一任务进行流量监控

（B）微隔离用于分割处于同一虚拟网络上的不同业务虚拟机，检测并遏制源于内部的攻击

（C）基于软件的安全功能编排、与硬件安全设备的解耦合使安全功能的更新更加容易

（D）云计算安全服务不支持安全策略随业务虚拟机实时迁移

参考答案：D

（10）目前在我国的云计算安全市场参与者中，主要有三类企业，腾讯云属于＿＿＿＿。

（A）云计算平台服务提供商　　　　　　　（B）专业云安全解决方案提供商

（C）传统 IT 安全解决方案提供商　　　　　（D）以上都是

参考答案：A

二、简答题

（1）对比总结 Azure、AWS 和 GCP 三者安全最佳实践的相同之处和不同之处。

（2）对比总结阿里云、华为云和腾讯云三者安全最佳实践的相同之处和不同之处。

（3）简述政务云安全建设存在的问题。

（4）简述政务云安全建设思路的四个转变。

（5）简述政务云安全体系架构。

（6）简述云计算安全服务的含义。

（7）简述云计算安全服务的优势。

（8）简述云计算安全服务的架构。

（9）简述云计算安全服务的类型有哪些。

（10）总结并描述阿里云的云盾产品体系。

参考文献

[1] Microsoft Corporation．Security best practices for Azure solutions[EB/OL]．[2019-11-12]. https://azure.microsoft.com/en-us/resources/security-best-practices-for-azure-solutions．

[2] Dob Todorov, Yinal Ozkan. AWS Security Best Practices[EB/OL]. [2019-11-10]. https://d1. awsstatic.com/whitepapers/Security/AWS_Security_Best_Practices.pdf.

[3] Google Cloud．Google Infrastructure Security Design Overview, 2017.

[4] 阿里云．阿里云安全白皮书 V3.0[R]，2017.

[5] 华为技术有限公司．华为云安全白皮书 V3.0[R]，2017.

[6] 腾讯云．腾讯云安全白皮书[R]，2016.

[7] 中国信息通信研究院．云计算发展白皮书（2019）[R]，2019.

[8] Rich Mogull, James Arlen, Francoise Gilbert, et al. Security Guidance for Critical Areas of Focus in Cloud Computing v4.0[EB/OL]．(2018-10-19)[2019-11-12]. https://cloudsecurityalliance. org/artifacts/security-guidance-v4-spanish-translation/．

[9] 何利文，李杰，陈向东，等．面向大数据的软件定义安全服务[C]//第二届 CCF 大数据学术会议论文集，2014.

[10] 张焕国，赵波，王骞，等．可信云计算基础设施关键技术[M]．北京：机械工业出版社，2018.

[11] 云计算开源产业联盟．云计算安全白皮书（2018）[R]，2018.

[12] 云盾[EB/OL]．[2019-11-17].https://security.aliyun.com.

[13] 袁克东．云安全建设思路[J]．广播电视信息，2016(9):45-46.

威胁分类列表和云计算平台脆弱性识别列表

表 A.1 威胁分类列表

威胁种类	威胁子集（二级威胁）	描　　述
硬件威胁	设备硬件故障	由于设备故障、通信链路中断、云计算平台的集成能力差等，导致对业务高效稳定运行的影响
	传输设备故障	
	介质故障	
	云基础设施的各个模块对安全的要求不一致	
	云计算平台集成能力差	
软件威胁	系统软件故障	云服务系统本身、系统设计缺陷、软件 Bug、增加新模块、虚拟机管理软件和失效等对业务高效稳定运行产生影响
	应用软件故障	
	数据库软件故障	
	开发环境故障	
	增加新模块带来的新风险	
	Hypervisor 隔离失败	
物理环境威胁	供电故障	环境问题和自然灾害（如闪电、风暴、地震等）对云服务产生影响
	静电	
	灰尘	
	潮湿	
	超过正常温度范围	
	鼠蚁虫害	
	电磁干扰	
	洪灾	
	火灾	
	闪电	
	风暴	
	地震	
	空调故障	
维护错误或操作失误	维护错误	由于应该执行而没有执行相应的操作，或无意地执行了错误的操作，对系统造成影响
	操作失误	
恶意代码和病毒	恶意代码攻击	具有自我复制、自我传播能力，对云计算信息系统构成破坏的程序代码
	木马后门攻击	
	网络病毒传播	
越权访问	未授权访问网络资源	因云服务的共享环境，系统、网络或用户数据访问控制不当引起的非授权访问
	未授权访问系统资源	
	未授权访问用户数据	

威胁种类	威胁子集（二级威胁）	描　　　述
滥用	数据滥用	利用云服务进行非法行为；云服务提供商内部员工滥用自己的职权，做出泄露或破坏信息系统及数据的行为等
	权限滥用	
泄密	泄密威胁	信息泄露给其他用户
数据恶意恢复	数据恶意恢复威胁	从存储空间中恢复其他用户数据
数据丢失	数据丢失威胁	云计算信息系统中的数据丢失，如因为密钥丢失、硬件损坏、遭受攻击等引起的数据丢失
数据篡改	篡改网络配置信息	通过恶意攻击非授权修改信息，破坏信息的完整性
	篡改系统配置信息	
	篡改安全配置信息	
	篡改用户或业务数据信息	
抵赖	原发抵赖	不承认交易处理（请求和响应）的来源
	接受抵赖	
	第三方抵赖	
探测窃密	网络探测和信息采集	通过窃听、恶意攻击等手段获取系统的秘密信息
	系统信息收集或漏洞探测	
	嗅探系统安全配置数据，如账号、口令、权限等	
	用户身份伪造和欺骗	
	用户账号或身份凭证窃取与劫持	
	用户或业务数据的窃取	
控制和破坏	控制和破坏网络通信	通过恶意攻击非授权控制系统并破坏整个系统或数据
	控制和破坏系统运行	
	控制和破坏用户或业务数据	
服务中断	拒绝服务攻击	通过恶意攻击使得云服务中断或不可用
	电子逻辑炸弹	
物理攻击	物理接触、物理破坏、盗窃	物理接触、物理破坏、盗窃云计算平台资产
社会工程	社会工程威胁	社会工程活动引起的安全威胁
组织管理不到位	云服务安全组织管理职能不健全	因未设置系统安全组织机构或安全组织机构建立未有效履行安全管理职责而引起的安全威胁
	人员管理不当	
	缺乏有效或完善的安全策略	
	云服务提供商、用户、IT 管理人员、数据拥有者等的职责定义不清晰	
技术管理不到位	物理与环境管理不当	因系统信息技术或安全技术管理不到位而引起的安全威胁
	通信和操作管理不当	
	访问控制策略管理不当，包括 API 的不安全管理	
	系统开发和维护管理不当	
	业务连续性管理不当	
云服务提供商锁定	云服务提供商锁定	因 API 没有标准化、云服务提供商锁定而导致服务无法迁移

威胁种类	威胁子集（二级威胁）	描　述
云服务提供商服务终止	云服务提供商服务终止威胁	由于云服务提供商破产等原因导致服务终止、数据丢失
服务威胁	安全职责纠纷	云服务提供商与用户签订的合同、SLA 中没有明确地规定后续服务中的安全职责、数据所有权、知识产权、服务价格、服务质量等而产生的纠纷
	数据所有权纠纷	
	知识产权纠纷	
	服务价格纠纷	
	服务质量纠纷	
	云服务交付和中断的风险	
	云服务不可用	
不符合法律政策	违背当地的法律法规	不符合国家法律法规或相关政策，如数据位置，因数据跨司法管辖区域而产生的威胁（如个人信息保护、司法取证、行政检查等）；云服务提供商缺乏对云端软件版权的有效管理

表 A.2　云计算平台脆弱性识别列表

类　型	脆弱性示例	备　注
硬件	维护不善/介质的错误维护	—
	缺乏定期更换计划	—
	受潮湿、灰尘、污染的影响	—
	对电磁辐射的敏感	—
	缺乏有效的变更控制	—
	受电压波动的影响	—
	受温度变化的影响	—
	缺乏防护的存储	—
	对废弃处置缺乏关注	—
	不受控的复制	—
软件	众所周知的软件缺陷	—
	Hypervisor 漏洞被利用	Hypervisor 对云计算中的物理资源和虚拟机具有完全控制权，要防止 Hypervisor 漏洞被利用
	不受控的虚拟机	攻击者利用虚拟机漏洞脱离监控，存在虚拟机逃逸问题
	缺乏源代码托管协议	缺乏托管协议，有可能会产生软件生产商倒闭而导致软件不可用
	服务供应链存在的隐含依赖性	这种依赖性影响云服务提供商连续运作
	不可信的软件	不可信软件的存在会导致服务的不可信
	缺乏对浏览器的保护	用户通常通过浏览器使用云服务，因而必须保证浏览器的安全
	缺乏审计痕迹	—
	错误的分配权限	—
	缺乏对注入攻击的防范	注入攻击包括 SQL 注入攻击、命令行注入攻击和跨站脚本攻击

类　　型	脆弱性示例	备　　注
软件	不成熟或新的软件	—
	开发规范不清晰或不完整	—
	广泛的分布式软件	—
	复杂的用户界面	—
	缺乏技术文档	—
	缺乏有效的变更控制	—
	错误的参数设置	—
	错误的日期	—
网络	用户身份认证机制的脆弱性	云系统各个组件没有同步身份信息
	使用弱的认证和授权方案	云计算平台使用弱的用户身份认证方案容易遭受破坏，云计算一般至少推荐使用双因子认证
	缺乏保护的密码表	—
	弱的密码管理	—
	密钥生成时使用低熵随机数	低熵随机数容易导致密钥信息泄露
	可能会发生云内网络探测	用户可能在云内网络扫描其他用户的端口和做别的测试
	攻击者可能会对多用户的资源做共存检测	攻击者可通过测信道攻击对缺少资源隔离进行检测，以判断哪些资源由哪些用户共享
	虚拟网络中的不充分控制	由于虚拟网络的特殊性，一些常用的标准控制（如基于 IP 地址的网络控制）不能使用
	缺乏有效的变更控制	
	不受控的下载和使用软件	—
	缺乏备份	—
	缺乏对建筑物、门、窗等的物理保护	—
	未形成管理报告	—
	缺乏证据的邮件发送和接收	—
	通信加密的脆弱性	通过中间人攻击，弱认证和接受自己签名的证书，可在通信中读取通信的数据
	不受保护的敏感信息的传送	—
	不良的接线	—
	单点失效	—
	缺乏会话劫持防范机制	用户一般通过网络使用云服务，很容易产生会话劫持攻击
	不安全的网络架构	—
	错误的网络管理（路由的健壮性）	—
	远程访问管理界面的漏洞	管理界面（如用户终端）可能存在被利用的漏洞而导致云基础构架陷入危险
	不受保护的公共网络连接	
人员	人员缺乏	
	不合适的招聘程序	—
	软硬件的不正确使用	

类　型	脆弱性示例	备　注
人员	缺乏安全意识	—
	缺乏监视机制	—
	缺乏职责分离机制	云计算要求职责分离以减少欺骗和错误风险
	缺乏对由外部人员或清洁工工作的监督	—
	不充分或误配置的过滤资源	—
	缺乏正确使用电子媒介和电子消息的措施	—
场所	建筑物或房间的不合适或随意的物理访问控制	—
	位于易受洪水等各种灾害影响的区域	场所不只是受洪水灾害，还有雷击、龙卷风、海啸、地震、火山等灾害
	不稳定的电网	—
	缺乏对建筑物、门、窗等的物理保护	—
组织	缺乏正式的用户注册和注销机制	—
	缺乏资源隔离机制	缺少资源隔离机制，容易导致一些用户可以使用其他用户的资源
	缺乏声誉隔离机制	缺少声誉隔离机制，可能会导致某个用户的活动影响另外用户的声誉
	缺乏标准技术和标准解决方案	容易导致云服务提供商锁定风险
	证书方案不适用于云基础架构	有可能采用的证书方案不适合云架构，导致认证方案不可用
	安全度量不可用	没有云服务相关的标准安全度量供用户来监控其云资源的安全状态，从而导致安全评估、审计和计量的困难或代价加大，甚至不可能进行
	缺乏访问权限评审过程（监督）	—
	与用户和/或第三方的合同中缺乏（关于安全）相应的条款，或条款不充分	—
	缺乏监视信息处理设施的程序	—
	缺乏定期审计（监督）	—
	缺乏风险识别和评估	—
	管理员和操作员日志中记录缺乏错误报告	—
	不充分的服务维护响应	—
	缺乏对脆弱性评估过程的控制	宜限制用户进行端口扫描和脆弱性测试等活动
	缺乏取证准备	没有做响应的准备，可能会面临着法律取证的困难
	工作说明书中缺乏安全职责	—
	与员工的合同中缺乏（关于信息安全）相应的条款，或条款不充分	—
	缺乏信息安全事件的记录处理过程	—
	缺乏正式的迁移计算机的方案	—
	缺乏对组织场所外设备的控制	—

续表

类　　型	脆弱性示例	备　　注
组织	缺乏清空桌面和屏幕的方案	—
	缺乏对信息处理设施的授权	—
	缺乏明确的信息安全违背监控机制	—
	缺乏定期评审	—
	缺乏报告信息安全弱点的机制	—
	缺乏保证知识产权的机制	—
	缺乏资产清单或清单不完整、不准确	清单不完整导致风险评估无法覆盖所有的资产，从而无法对某些资产进行风险控制
	缺乏资产分类或分类不完整、不充分	—
	资产所有权不明确	容易导致数据等的滥用
	缺乏资源限制策略	如果没有给用户或云服务提供商提供灵活和可配置的方案来设置资源权限，那么资源的使用将是不可预测的，会带来问题
	云服务提供商选择不当	选择云服务提供商不当时，会给业务带来麻烦
	缺乏云服务提供商冗余	如果没有足够的云服务提供商，那么在选择云服务提供商上会存在问题
	低劣的项目需求识别	—
	云服务提供商不遵守保密协议	将导致用户服务质量得不到保障
	存在量度、计费逃避等漏洞	云服务的一个特点是可计量服务，计量数据用于优化服务交付质量和记账，因此存在这方面的风险
	缺乏补丁管理或管理很差	云服务提供商和用户的补丁策略产生冲突，使用未经过测试的补丁
服务	不精确的资源使用模型	云服务可能存在资源耗尽的问题
	启用不必要的服务	—
	服务等级协议条款冲突	协议条款产生矛盾，或和其他云服务提供商的协议条款存在矛盾
	服务等级协议中包含了过多的商业风险	协议可能给云服务提供商带来过多的商业风险。从用户角度看，协议可能包含对知识产权不利的条款，如云中存储的任何内容都属于云服务提供商
	缺乏审计方面的保证	云服务提供商不能通过审计鉴定来对用户做任何保证，因为云服务提供商大都使用 Xen 等开源 Hypervisor，而这些系统都达不到 CC 标准（信息技术安全评估通用标准）的要求
	基础架构资源提供和投入不足	基础架构投资需要时间，如果预测模型失效，云服务提供商提供的服务会在很长一段时间内失效
	缺乏司法行政区的信息	数据可能存储在高风险地区，或在高风险地区处理数据，会导致数据泄露风险。如果用户无法获得这些信息，那么他们将无法采取措施避开这些风险
	使用缺乏完整性和透明性	—
	资源消耗脆弱性	—

续表

类　型	脆弱性示例	备　注
数据	缺乏对虚拟机镜像的保护	虚拟机镜像的安全性应得到充分的保护
	缺乏对加密数据的保护	在处理数据时未对加密数据进行保护，可能导致用户对云服务提供商不信任
	存在丢失数据的责任问题	云服务提供商可能要为用户的数据丢失负责任
	在介质的处置和再利用前没有正确地清除数据	—
	按时间点利用应用程序时，导入错误数据	—
	对数据的非法访问	攻击者通过底层云计算技术对数据进行非法访问
	云中的数据缺乏完整性监控	无法对云中的数据进行完整性监控
	无法充分使用数据	由于对云中数据的访问限制，用户无法充分使用数据
	数据的归档和传输过程的弱加密	—
	数据无法被完全删除	其他用户仍在使用磁盘，介质无法被物理破坏

注：对部分容易造成混淆的脆弱性示例，在备注里进行了解释。